BEST PKNU 국립부경대학교
본 교재는 교육과학기술부의 재원으로 한국연구재단의 지원을 받아 수행된 광역경제권 선도산업

Automobile IT Convergence Component and System Engineering

자동차 융합부품 및 시스템 공학

최혁환 · 정완영 · 류지구 · 최영식 · 문광석 · 박상홍

이 책은 중요한 자동차 분야의 전자융합부품에 대한 전문인력을 양성하기 위한 기본적인 지식을 제공하고, 또한 자동차 분야의 신기술 융합을 위한 정보기술(IT), 센서, 반도체, 디스플레이 등의 기본 원리 및 더 나아가 고부가가치의 미래 신성장 동력 산업으로 발전하는 데 필요한 융합부품시스템에 대한 기초를 제공한다. 대학 학부생 수준으로 쉽게 이해가 되도록 하기 위하여, 이 책에서는 기본 이론 설명 후, 자동차에 적용한 예를 여러 그림 및 도표와 함께 쉽게 설명하였다.

도서출판 GS인터비전

머리말

과거 자동차 산업은 종합기계 산업으로서 주로 기계 분야에서 전후방 연관산업에 미치는 효과가 양적으로나 질적으로 매우 컸다. 하지만 최근 소자, IC 칩 및 다양한 융합부품 기술들의 폭넓은 응용으로 자동차는 전자장치의 집약체'가 되었으며, 21세기에도 핵심산업의 위치를 굳게 지켜나갈 것으로 예상되고 있다. 이 때문에 선후진국을 불문하고 자동차 산업을 유지하고 발전시키는 것은 일반인과 전문가들의 주요한 관심의 대상이 되어 왔다.

이 책은 이러한 중요한 자동차 분야의 전자융합부품에 대한 전문인력을 양성하기 위한 기본적인 지식을 제공하고자 한다. 또한 자동차 분야의 신기술 융합을 위한 정보기술(IT), 센서, 반도체, 디스플레이 등의 기본 원리 및 더 나아가 고부가가치의 미래 신성장 동력 산업으로 발전하는 데 필요한 융합부품시스템에 대한 기초를 제공하고자 한다. 제공되는 지식이 대학 학부생 수준으로 쉽게 이해가 되도록 하기 위하여, 이 책에서는 기본 이론에 관하여 설명한 후, 자동차에 적용한 예를 여러 그림 및 도표와 함께 쉽게 설명하였다. 또한 각 장마다 풍부한 참고문헌을 포함하여 심층적인 학습에 도움이 되도록 하였다.

이 책은 총 6장으로 구성되어 있다. 제 1장은 전반적인 전자 소자에 대한 내용을 다룬다. 반도체 재료와 전자 소자의 기본 개념 및 전기적 특성을 설명하며, 여러 소자의 기본 동작 원리에 대한 기본 지식을 제공한다. 2장은 운전자와 탑승자의 안전과 편의를 제공하기 위한 자동차 안전편이 시스템의 개념 및 관련 기술들을 설명하며, 3장은 자동차 제어에 필수적인 자동차용 센서의 종류 및 기본 원리에 대한 심층적인 지식을 제공한다. 4장은 자동차용 무선 통신 시스템에 필요한 집적회로인 저잡음증폭기, 전력증폭기와 주파수합성기의 기능과 원리를 중심으로 기술하였으며, 5장은 다양한 자동차에 적용될 수 있는 디스플레이 기술 및 현재 활발히 연구되고 있는 디스플레이 장치에 대한 정보를 제공한다. 마지막으로, 6장은 다양한 센서 기술의 결합체인 차량용 레이더에 대한 기본 정보를 제공하며, 이를 이용한 2차원 이미징 기술을 소개한다.

끝으로, 이 책이 현재 개발 중인 다양한 형태의 자동차에 적용되는 융합부품 시스템에 필요한 지식을 배양하는데 도움이 되며, 자동차뿐만 아니라 모든 전자 분야에 참고자료로 사용될 수 있기를 기대해 본다.

2012년 2월 저자 일동

차 례

제1장 전자소자이론

제2장 차량용 안전편의 시스템

제3장 차량용 센서

제4장 차량용 통신시스템 IC

제 5 장 디스플레이

6장 차량용 레이더 이미징

제 1 장

전자소자이론

1.1 전자소자의 기초이론

1.2 PN접합 다이오드

1.3 바이폴러 트랜지스터

1.4 MOSFET

1.5 요약

이 장은 전자 소자에 대한 전반적인 내용을 다룬다. 먼저 반도체 재료와 전자 소자의 전기적 성질과 특성을 소개하고, 전자 소자의 동작과 특성을 이해하기 위하여 전자와 정공의 개념, 그리고 전자들의 운동과 특성을 설명한다. 그리고 전류-전압 특성을 유도하기 위하여, 에너지 밴드와 Fermi 에너지 개념을 이해하고, 드리프트와 확산에 의한 전하의 흐름을 다룬다. 기본적인 개념을 이해한 후, pn 접합, BJT, MOSFET 각각의 동작원리와 전류-전압 특성에 관하여 알아볼 것이다.

1.1 전자소자의 기초이론

1.1.1 고체의 결정구조

반도체는 일반적으로 단결정이다. 단결정의 전기적 성질은 화학성분 뿐만 아니라 고체의 원자 배열에 의해서 결정된다. 단결정의 형성과 성장은 반도체 기술의 주요한 부분이다. 여기서는 반도체 소자 구조를 설명하는 몇 가지 용어들을 설명하고 반도체와 소자의 전기적 성질을 이해하는데 필요한 기본적인 배경을 제공 할 것이다.

(1) 반도체 재료

반도체는 전도도가 도체와 절연체 사이에 있는 물질의 집단이다. 반도체의 일반적인 두 가지 분류는 주기율표의 4족에 있는 원소 반도체(elemental semiconductor)와 3족과 5족 원소들의 특수한 결합으로 이루어지는 화합물 반도체(compound semiconductor)이다. 표1.1과 표1.2는 각각 통상적인 반도체들을 발견할 수 있는 주기율표의 일부분과 몇 가지 반도체 목록이다.

[표 1.1] 주기율표의 일부분

Ⅲ	Ⅳ	Ⅴ
B	C	
Al	Si	P
Ga	Ge	As
In		Sb

[표 1.2] 몇 가지 반도체들의 목록

Elemental semiconductors	
Si	silicon
Ge	Germanium
Compound semiconductors	
AlP	Aluminum phosphide
AlAs	Aluminum arsenide
GaP	Gallium phosphide
GaAs	Gallium arsenide
Inp	Indium phosphide

1.1.2 에너지밴드와 통계역학

반도체소자의 전류-전압 특성을 해석하는데 필요한 반도체재료의 전기적 성질을 알기 위하여 단일 원자에서 발생하는 전자의 에너지 양자화 개념을 단결정 고체에서 일어나는 전자의 에너지밴드 개념으로 확장한다. 이 에너지밴드 이론은 반도체재료물리의 기초 원리이고, 도체, 절연체 및 반도체의 전기적 특성의 차이를 설명하는데 활용될 수 있다.

고체에서 흐르는 전류는 전하의 운동에 기인하기 때문에 전계와 같은 외부 힘에 대한 전자의 운동을 아는 것이 중요하다. 격자 속에서 전자의 운동은 자유공간에서의 운동과 다르므로 반도체의 새로운 입자인 정공이라는 개념을 정의하게 된다. 반도체에서는 전자와 정공, 두 입자의 운동으로부터 전류가 발생하게 된다. 반도체의 전자의 수는 대단히 많기 때문에 각 개별 입자의 운동을 추적하기란 불가능하다. 그래서, 통계적 처리 방법을 사용하게 되는데, 여기서 Pauli의 배타율(두 개의 전자가 같은 양자상태를 차지할 수 없는 원리)이 전자가 반드시 따라야 하는 통계법칙을 결정하는 중요한 요소이며 결과로 얻어지는 확률함수는 에너지상태 공간에서 전자의 분포를 결정하게 된다. 에너지밴드 이론과 확률함수는 평형상태의 반도체 이론을 설명하는데 광범위하게 활용될 것이다.

(1) 허용 에너지 밴드와 금지대

갇힌 전자의 에너지는 양자화 되어 전자의 에너지는 단지 불연속적으로 떨어진 값만 갖는다. 전자의 반경 확률밀도는 원자핵으로부터 특정 거리에서 전자를 발견할 확률을 나타낸다. 또한 전자는 주어진 반경에서 국한되어 존재하지 않는다. 이 개념을 결정으로 확장시켜 정성적으로 허용 및 금지 에너지 밴드의 개념을 이끌어 낼 수 있다. 전자의 에너지 상태들은 금지대로 분리된 허용 에너지 밴드에서 형성된다.

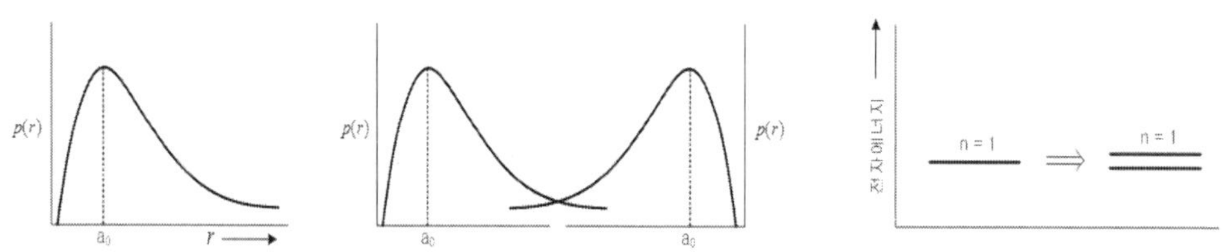

[그림 1.1] (a) 고립된 수소원자의 확률밀도함수 (b) 두 개의 근접한 수소원자들의 중첩된 확률밀도 함수 (c) $n = 1$ 상태의 분리

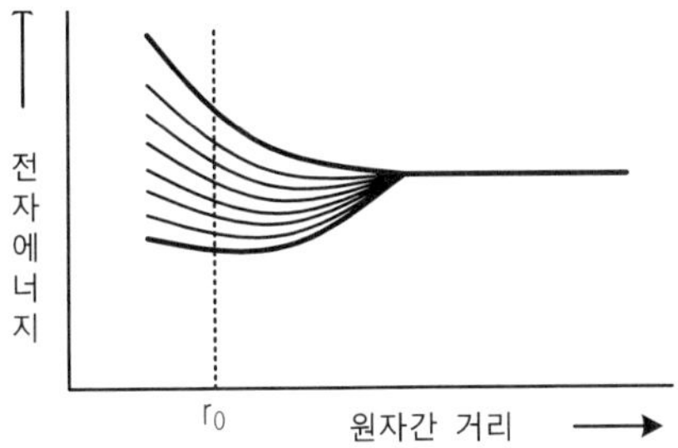

[그림 1.2] 하나의 에너지 상태가 허용된 에너지 밴드로 분리됨

그림 1.1(a)는 단일 수소원자의 최저 전자 에너지 상태의 반경 확률밀도함수를 보여준다. 그리고 그림 1.1(b)는 서로 가까이 근접한 두 원자들의 확률곡선을 나타낸다. 두 원자 전자들의 파동함수들은 중첩되어 두 전자가 상호작용함을 보여준다. 이러한 상호작용 혹은 교란(perturbation)은 불연속으로 양자화 된 에너지 준위가 그림 1.1(c)에서 보듯이 두 개의 불연속 에너지 준위로 분리되게 만든다. 불연속 상태가 두 상태로 분리되는 것은 Pauli 배타원리와 일치한다.

초기에는 서로 멀리 떨어져 있으면서 규칙적 주기 배열을 하고 있다가 서로 가까이 밀착하는 수소형 원자들의 경우 초기에 양자화 된 에너지 준위는 불연속 에너지 준위 밴드로 분리된다. 이 효과가 그림 1.2에 나타나 있다. 여기서 파라미터 r_0는 결정에서 원자간 평형 간격을 나타낸다. 원자간 평형 간격에서 허용된 에너지 밴드가 있지만 허용밴드 내부에는 에너지들이 불연속적으로 존재한다.

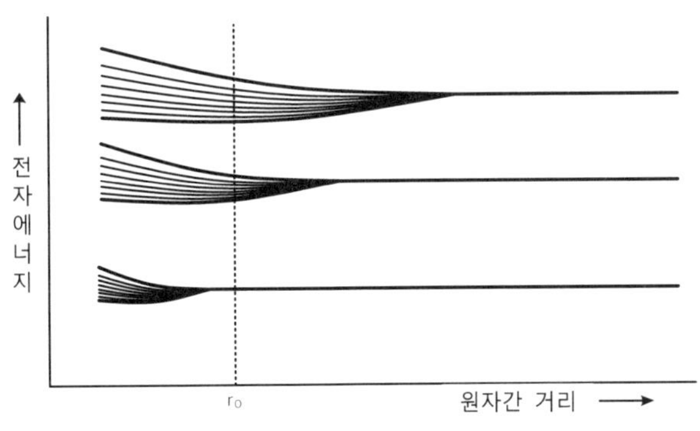

[그림 1.3] 3개의 에너지 상태가 허용 에너지 밴드로 분리되는 것을 보여주는 개념도

Pauli 배타율에 의하여 시스템(결정)을 이루기 위해서 모인 원자들이 아무리 많더라도 각 원자의 총 양자 상태수는 변하지 않는다. 그러나 두 개의 전자가 같은 양자상태를 차지 할 수 없으므로 각 전자가 분리된 양자상태를 차지하기 위해서 에너지 상태는 에너지 밴드로 분리되어야 한다.

다시 규칙적인 원자배열을 생각하자. 여기서 각 원자는 하나 이상의 전자를 갖고 있다. 이 결정에서 원자는 $n=3$에 있는 최외각 전자들은 상호작용을 시작하고 이러한 불연속 에너지 준위는 허용 에너지 밴드로 분리된다. 원자들이 더 가까이 접근하면 $n=2$의 전자들이 상호작용을 시작하고 허용 에너지 밴드로 분리된다. 마지막으로 원자들이 더욱 접근하면 $n=1$의 최내각 전자들이 상호작용하게 되고, 이 에너지 준위도 허용 에너지 밴드로 분리된다. 이러한 불연속 에너지준위의 분리가 정성적으로 그림 1.3에 나타나 있다. 평형상태의 원자간 거리가 r_0이면 금지대로 분리되어 전자들이 점유한 허용 에너지 밴드를 갖게 된다. 이러한 에너지 밴드의 분리와 허용 및 금지 밴드의 형성이 단결정 물질의 에너지 밴드이론이다.

결정의 실제 밴드 분리는 그림 1.2에서 보다 훨씬 복잡하다. 독립된 실리콘 원자의 도식적 표현이 그림 1.4(a)에 나타나 있다. 실리콘 원자의 14개의 전자들 중 10개는 원자핵에 가까운 깊은 에너지 준위를 차지한다. 4개의 남은 가전자들은 비교적 약하게 구속되어 있고 화학적 반응에 관여하는 전자들이다. 그림 1.4(b)는 실리콘의 밴드 분리를 보여주고 있다. 가전자에 해당하는 $n=3$에너지 준위만 고려한다. 왜냐하면 첫 두 에너지 각들은 완전히 채워져 있고 핵에 단단히 구속되어 있기 때문이다. $3s$ 상태는 $n=3$과 $l=0$에 해당하고 원자당 두 개의 양자상태를 내포하고 있다. 이 상태는 $T=0\,K$에서 2개의 전자들을 차지한다. $3p$상태는 $n=3$과 $l=1$에 해당하며 원자당 6개의 양자상태를 갖는다. 이 상태는 나머지 2개의 전자들을 차지한다. 원자간 간격이 감소함에 다라 $3s$와 $3p$상태들이 상호작용하고 겹치게 된다. 평형상태의 원자간 거리에서 밴드는 다시 분리되지만 원자당 4개의 양자상태들은 낮은 밴드에 4개의 양자상태는 높은 밴드에 각각 위치한다. 절대온도 $0\,K$에서 전자들은 가장 낮은 에너지 상태에 위치하므로 낮은 밴드(가전자대 : valence band)의 모든 상태들은 가득 차게 되고, 높은 밴드(전도대 : conduction band)의 모든 상태들은 완전히 비어있게 된다. 가전자대의 꼭대기와 전도대의 밑바닥 사이의 밴드갭(band gap) 에너지 Eg는 금지대의 폭이다.

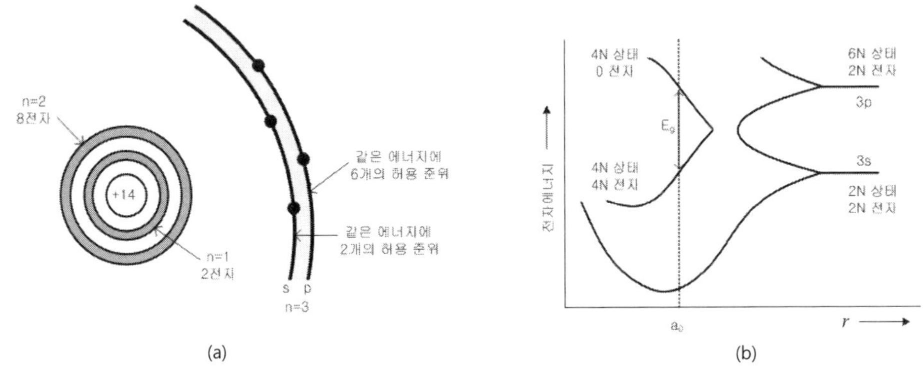

[그림 1.4] (a) 독립된 실리콘 원자의 개념도 (b) 실리콘의 $3s$와 $3p$ 상태가 허용 에너지 밴드와 금지 에너지 밴드로 분리 되는 것을 보여주는 개념도

(2) 통계역학

많은 수의 입자들을 다루는데 있어서 각 개별 입자의 거동보다는 전체로서 집단의 통계적 거동을 취급하게 된다. 예를 들면 용기 속에 든 가스는 용기벽에 평균 압력을 가하게 된다. 이 압력은 사실은 용기 속의 개별 가스 입자들의 충돌에 의한 것이지만 입자가 벽에 부딪힐 때 각 개별 분자를 추적하지 않는다. 결정에서도 마찬가지로 전기적 특성은 많은 수의 전자들의 통계적 거동에 의하여 결정된다.

어떤 입자계의 상태를 나타내는 파동함수가 입자의 교환에 대해 그 부호를 바꿀 때 그들 입자는 Fermi-Dirac 통계를 따른다고 한다. 일반적으로 스핀양자수가 반정수인 입자, 즉 전자, 양성자 그리고 중성자 및 이들 입자의 홀수 개로 되는 입자에 대해서는 이 관계가 성립한다. 이 경우 입자들은 구분 불가능하지만 각 양자상태에 오직 하나의 입자만이 허용된다. 각 경우 입자들은 상호간에는 서로 영향을 주지 않는 것으로 가정한다. 변수를 고려한 최대확률분포함수는 다음과 같다.

$$\frac{N(E)}{g(E)} = f_F(E) = \frac{1}{1+\exp\left(\frac{E-E_F}{kT}\right)}$$

여기서 E_F를 Fermi 에너지라고 부른다. 수 밀도 $N(E)$는 단위 에너지당 단위부피당 입자의 수이며, 함수 $g(E)$는 단위 에너지당 단위 부피당 양자상태의 수이다. 함수 $f_F(E)$를 Fermi-Dirac 분포 혹은 확률함수라고 하며, 에너지 E에 있는 하나의 양자상태를 전자가 차지할 확률을 나타낸다. 이 분포함수의 다른 의미는 어느 에너지 E에 있는 총 양자상태 중에서 전자로 채워진 양자상태의 비율이다.

(3) Fermi 에너지

열 평형 상태 하의 양자 에너지 상태들이 전자에 의해 점유될 확률(페르미 분포함수)이 1/2이 되는 에너지 준위를 Fermi 에너지라 한다. 또한 페르미 입자 계의 바닥상태로부터 채워지는 가장 높은 에너지 준위이다. Fermi 에너지는 이용 가능한 전자 및 양자 에너지 상태에 의해 결정된다. 반도체일 경우 도핑 종류와 농도에 따라 변하게 되며, 단일 소자가 열평형 상태에 있을 경우 Fermi 준위는 전체 접합 소자에서 일정하다.

1.1.3 평형상태의 반도체

평형상태 혹은 열평형상태는 전압, 전계 자기장 혹은 온도와 같은 외부 힘이 반도체에 작용하지 않는 상태를 의미한다. 이 경우 반도체의 모든 성질은 시간과 무관하다. 그러면 전압이 반도체소자에 인가되었을 때와 같이 평형상태로부터 벗어났을 때 초래되는 특성들을 결정할 수 있게 된다. 반도체의 전기적 성질은 결정에 도펀트(dopant) 원자라고 부르는 특정 불순물을 일정량 첨가함으로써 원하는 방법으로 변화시킬 수 있다. 첨가하는 도펀트 원자의 형태에 따라 반도체의 주된 전하 캐리어가 전도대의 전자일수 있고 혹은 가전자대의 정공이 될 수 있다. 도펀트 원자를 첨가하는 것은 에너지 상태에서 전자의 분포를 변화시키므로 Fermi 에너지가 불순물의 형태와 농도의 함수가 된다. 진성반도체는 불순물이나 결함이 없는 순수한 결정의 성질을 가진다.

(1) 반도체의 전하 캐리어

전류는 시간당 이동한 전하량이다. 반도체에는 전자와 정공의 두 가지 형태의 전하캐리어가 전류에 기여한다. 반도체에서 전류는 주로 전도대의 전자의 수와 가전자대의 정공의 수에 의하여 결정되므로 반도체의 중요한 특성은 이러한 전하 캐리어의 농도이다. 전자와 정공의 농도는 상태밀도함수와 Fermi 분포함수에 관련된다.

전류는 시간당 이동한 전하량이다. 반도체에는 전자와 정공의 두 가지 형태의 전하캐리어가 전류에 기여한다. 반도체에서 전류는 주로 전도대의 전자의 수와 가전자대의 정공의 수에 의하여 결정되므로 반도체의 중요한 특성은 이러한 전하 캐리어의 농도이다. 전자와 정공의 농도는 상태밀도함수와 Fermi 분포함수에 관련된다.

(2) 평형상태의 전자와 정공분포

전도대의 에너지에 대한 전자분포는 양자상태 밀도와 하나의 양자상태가 전자에 의하여 채워질 확률의 곱으로 주어진다. 이것은 다음과 같은 방정식으로 나타내어 질수 있다.

$$n(E) = g_c(E) f_F(E)$$

여기서 $f_F(E)$는 Fermi-Dirac 확률함수이고, $g_c(E)$는 전도대의 양자상태 밀도이다. 이와 유사하게 가전자대의 에너지에 대한 정공의 분포도 가전자대의 양자상태밀도와 양자상태가 전자에 의하여 채워지지 않을 확률의 곱과 같다. 즉 다음과 같이 주어진다.

$$p(E) = g_v(E)[1 - f_F(E)]$$

열평형상태의 전자와 정공의 농도를 구하기 위해서 전도대 하단부 E_c와 가전자대 상단부 E_v에 대한 Fermi 에너지 E_F의 위치를 결정하는 것이 필요하다. 이상적인 진성반도체($T = 0\,^\circ K$)에서 가전자대의 모든 에너지 상태는 전자로 채워지고 전도대의 모든 에너지 상태는 전자의 빈 상태이다. 그러므로 Fermi 에너지는 E_c와 E_v사이에 있어야 한다.

온도가 $0K$이상으로 증가함에 따라 가전자들은 열에너지를 얻게 된다. 가전자대의 일부 전자들은 충분한 에너지를 얻어서 전도대로 올라가게 된다. 전자가 가전자대에서 전도대로 올라가게 됨에 따라 가전자대에 전자의 빈자리, 즉 정공이 생성된다. 따라서 진성반도체에서는 열에너지에 의하여 전자와 정공의 쌍이 생성되므로 전도대의 전자의 수와 가전자대의 정공의 수는 같다.

만약 $g_c(E)$와 $g_v(E)$가 대칭이면 전자와 정공농도가 같이 위하여 Fermi 에너지는 중간갭 에너지에 위치해야한다. 만약 전자와 정공의 유효질량이 같지 않으면 상태밀도함수 $g_c(E)$와 $g_v(E)$는 중간갭 에너지에 대하여 대칭이 안된다. 그러면 진성반도체에서 전자와 정공농도가 같기 위해서는 Fermi 준위가 중갑갭 에너지로부터 약간 이동하게 된다.

(3) 전자와 정공의 농도

열평형 상태의 전자농도 즉 전도 대역 내 전자의 농도 n_0와 정공의 농도 p_0는 그림 1.5

의 캐리어 분포에서 전자와 정공 부분의 면적으로 주어진다. 전자의 농도를 산출하기 위해 적분의 상한을 무한대로 두어 n_0에 대한 닫힌 형태의 표현식을 구하면 다음과 같이

$$n_0 = N_c \exp[\frac{-(E_C - E_F)}{kT}]$$

이 된다. 파라미터 N_c를 전도대의 유효상태밀도함수(effective density of states function)라고 부른다. 다음으로 에너지 상태가 정공에 의해 점유될 확률은 에너지 상태가 전자에 의해 점유되지 않을 확률이므로 p_0는

$$p_o = N_v \exp[\frac{-(E_c - E_v)}{kT}]$$

가 된다. 파라미터 N_v는 가전자대의 유효상태밀도함수(effective density of states of the valence band)라고 부른다.

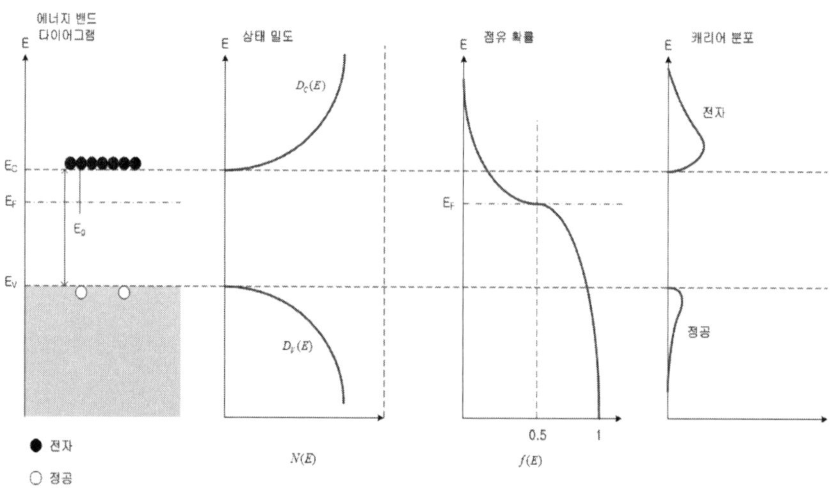

[그림 1.5] 도표화한 밴드 다이어그램, 상태 밀도, Fermi-Dirac 분포, 캐리어 분포 대 에너지

(4) 진성캐리어농도

진성반도체에 대하여 전도대의 전자농도는 가전자대의 정공농도와 같다. 진성반도체의 전자와 정공농도를 각각 n_i와 p_i라고 표시하고, 보통 진성전자농도와 진성정공농도라고 부른다. 그러나 $n_i = p_i$이므로 간단히 파라미터 n_i를 사용하여 진성캐리어농도를 표시하고, 이것은 진성전자와 정공농도를 동시에 의미한다. 진성반도체의 Fermi에너지 준위를 진성 Fermi에너지(intrinsic Fermi energy)라고 부르고, $E_F = E_{Fi}$로 표시한다.

$$n_i^2 = N_c N_v \exp[\frac{-(E_c - E_{Fi})}{kT}] \cdot \exp[\frac{-(E_{Fi} - E_v)}{kT}] = N_c N_v \exp[\frac{-(E_c - E_v)}{kT}]$$
$$= N_c N_v \exp[\frac{-E_g}{kT}]$$

이다. 여기서 E_g는 밴드갭 에너지이다. 특정 온도에서 주어진 반도체에 대하여 n_i값은 일정하고, Fermi에너지에 대하여 무관하다. 반도체에서 전자와 정공의 농도는 보통 매우 다르다. N형 반도체에서, 풍부한 양의 전자를 다수 캐리어(majority carrier)라 부르고 거의 존재하지 않는 정공을 소수 캐리어(minority carrier)라고 부른다. P형 반도체에서는, 정공이 다수 캐리어이고 전자는 소수 캐리어이다.

(5) 진성 Fermi 준위 위치

진성반도체에서 Fermi 에너지는 밴드갭 중앙에 위치하므로

$$N_c \exp[\frac{-(E_c - E_{Fi})}{kT}] = N_v \exp[\frac{-(E_{Fi} - E_v)}{kT}]$$

이고, 양변에 자연 log를 취하여 E_{Fi}를 구하면

$$E_{Fi} = \frac{1}{2}(E_c + E_v) + \frac{1}{2}kT\ln(\frac{N_v}{N_c}) = \frac{1}{2}(E_c + E_v) + \frac{3}{4}kT\ln(\frac{m_p^*}{m_n^*})$$

가 된다. 첫 항 $\frac{1}{2}(E_c + E_v)$는 E_c와 E_v의 사이의 정확히 가운데 에너지이므로 $\frac{1}{2}(E_c + E_v) = E_{midgap}$으로 정의하면

$$E_{Fi} - E_{midgap} = \frac{3}{4} kT \ln\left(\frac{m_p^*}{m_n^*}\right)$$

이다. 전자와 정공의 유효질량이 같으면 즉 $m_p^* = m_n^*$이면, 진성 Fermi준위는 정확히 밴드갭의 중앙이 된다. 정공의 유효질량이 크면 진성 Fermi 준위는 약간 중앙의 위에 위치하고 정공의 유효질량이 작으면 밴드갭 중앙의 아래에 위치한다. 상태밀도함수는 캐리어 유효질량과 직접 관계되므로 유효질량이 크면 상태밀도함수가 커진다. 진성 Fermi 준위는 전자와 정공의 수가 같아지기 위해서 상태밀도함수가 큰 밴드로부터 멀어진다.

(6) 도펀트 원자와 에너지 준위

진성반도체가 흥미로운 재료일 수 있으나 반도체의 실제 저력은 소량의 특정 도펀트 혹은 불순물 원자를 첨가함으로써 발휘된다. 이 도핑(doping)공정은 반도체의 전기적 특성을 크게 변화시킬 수 있다. 외인성(extrinsic)반도체라고 부르는 도핑된 반도체가 반도체소자들을 제작할 수 있는 주된 원인이다.

(7) n형, p형 반도체

단결정 실리콘 격자에 인(P)과 같은 5족 원소를 치환불순물로서 첨가한 경우를 생각하자. 5족 원소는 5개의 가전자를 가진다. 이 중 4개는 실리콘 원자와 공유결합 하는데 사용되고, 5번째 전자는 인 원자와 느슨하게 결합되어 남게 된다. 이 효과가 그림 1.6에 도식되어 있다. 5번째 가전자를 도너(Doner)전자라고 부른다.

열에너지와 같은 작은 양의 에너지가 도너 전자에 가해지면 양전하를 띤 인 이온을 남기고 도너 전자는 전도대로 상승한다. 전도대 전자는 결정 내부를 이동하면서 전류를 생성시키는 반면에 양이온은 결정 내에 공정되어 있다. 이러한 형태의 불순물 원자는

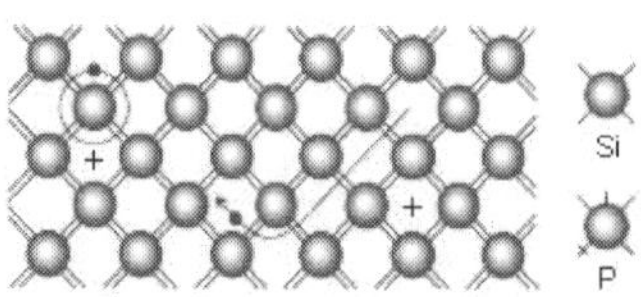

[그림 1.6] 인 원자로 도핑된 실리콘 격자의 2차원 그림

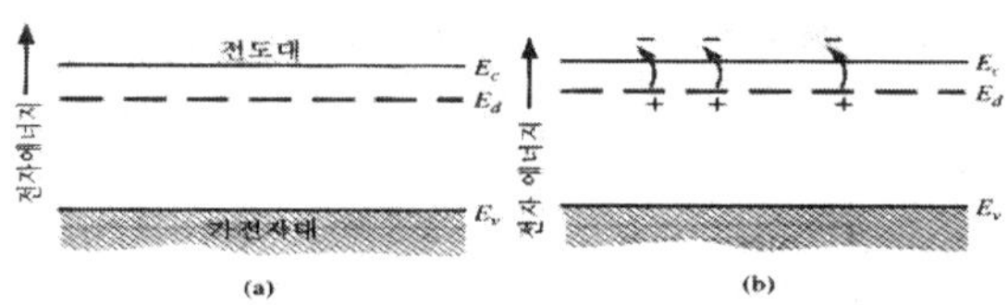

[그림 1.7] (a) 개별 도너 에너지 상태와 (b) 이온화된 도너 상태의 영향을 나타낸 에너지 밴드 (에너지 준위 E_d는 도너 전자의 상태이다.)

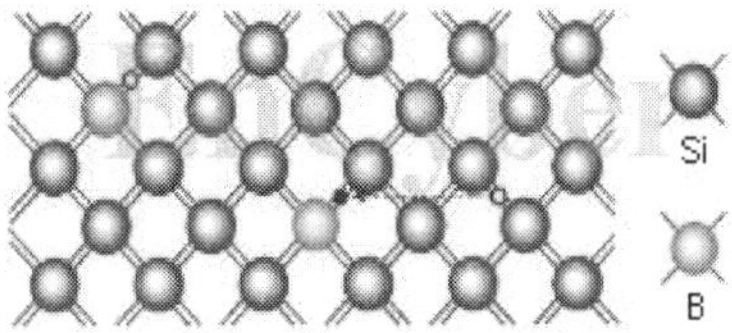

[그림 1.8] 붕소 원자가 이혼화 되어 정공을 생성시킨 실리콘 격자의 2차원 그림

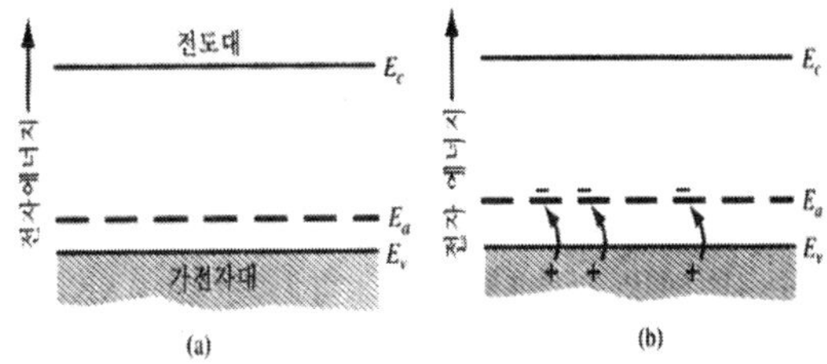

[그림 1.9] (a) 개별 억셉터 에너지 상태와 (b) 이온화된 억셉터의 영향을 나타낸 에너지밴드

전자를 전도대에 제공하기 때문에 도너 불순물 원자라고 부른다. 도너 불순물 원자는 가전자대에 정공을 만들지 않고 전도대에 전자를 제공한다. 따라서, 이러한 반도체를 n형 반도체라고 부른다.(n은 음전하를 전자를 의미한다.)

이제 3족의 붕소(B)를 치환 불순물로서 실리콘에 첨가한다. 3족 원소는 3개의 가전자를 갖고, 모두 공유결합에 참여한다. 붕소가 치환 불순물로서 사용되면 인(P)과는 다르게 1개의 공유결합 자리가 비게 된다. 만약 하나의 전자가 이 빈 자리를 차지하려면 이 전자의 에너지는 가전자 보다 커야하는데 이것은 전자가 낮은 에너지 상태를 하지 하기 때문이다. 그러나, 이 빈 자리를 차지하는 전자는 전도대로 상승할 만큼 큰 에너지를 갖지 못 하기 때문에 빈 자리의 에너지 상태는 전도대 에너지 보다 훨씬 작은 에너지를 갖는다. 그림 1.8는 가전자들이 어떻게 작은 열에너지를 얻게 되어 결정 내에서 이동하는지를 보여준다. 붕소 원자와 관련된 빈 자리는 채워지고, 다른 가전자 자리는 비게 된다.

이 다른 빈 전자 자리는 반도체의 정공으로 생각할 수 있다. 그림 1.9은 빈자리의 예측되는 에너지 상태와 전도대의 정공 생성을 보여준다. 정공은 결정 내를 이동하면서 전류를 생성하는 반면에 음전하의 붕소원자는 결정 내에 공정되어있다. 3족 원소는 가전자대로부터 전자를 받아들이므로 억셉터(acceptor)불순물 원자라고 부른다. 억셉터 원자는 전도대에 전자를 생성하지 않고 가전자대에 정공을 생성한다. 이러한 형태의 반도체를 p형 반도체라고 부른다.(p는 양전하 정공을 의미한다.)

순수한 단결정 반도체를 진성반도체라고 부른다. 도너 혹은 억셉터와 같은 도펀트 원자를 조절된 양을 첨가하는 것은 외인성 반도체라고 부르는 물질을 만든다. 외인성 반도체는 전자 우성(n형)을 갖던지 혹은 정공 우성(p형)을 갖는다.

1.1.4 캐리어 전송 현상

반도체에서 전자와 정공의 순 흐름은 전류를 생성한다. 이러한 전하 입자들이 이동하는 현상을 전송이라고 한다. 반도체에는 두 가지 전송 메커니즘이 존재한다. 즉 드리프트(drift)−전계에 의한 전하의 이동과 확산(diffusion)−농도 차에 의한 전하의 흐름이다. 전계에 의한 전자와 정공의 드리프트(drift)는 드리프트(drift) 전류를 생산하며, 이것은 이동하는 전자와 정공의 농도의 함수이고 또한 이러한 전하 캐리어의 순 드리프트 속도의 함수이다. 캐리어의 평균 드리프트 속도는 이동도(modify)라고 부르는 파라미터를 통하여 전계와 관련된다. 전자와 정공은 완전히 방해받지 않고 반도체를 통과하는 것은 아니고, 반도체 원자 그리고 이온화된 불순물 원자와의 충돌에 관여한다. 이동도는 캐리어가 얼마나 잘 반도체에서 이동하는지를 나타내는 표시이다.

확산은 입자가 높은 농도 영역에서 낮은 농도 영역으로 이동하는 현상이다. 만약 이러한 입자들이 전자와 정공 같이 전하를 띤다면 이러한 입자들의 확산은 확산전류를 만든다. 확산전류밀도는 확산계수(diffusion coefficient)라고 부르는 파라미터를 통하여 캐리어 농도의 변화도에 관계된다. 확산계수는 입자들이 농도 변화도에 의하여 얼마나 잘 반도체에서 이동하는지를 나타내는 표시이다.

(1) 드리프트 전류 밀도

반도체에 작용한 전계는 전자와 정공에 힘을 가하게 되므로 전도대와 가전자대에 이용할 수 있는 에너지 상태가 있으면 전자와 정공들은 순 가속과 순 이동을 겪게 된다. 이러한 전계에 의한 전하의 순 이동을 드리프트라고 한다. 전하의 순 드리프트는 드리프트 전류를 만든다.

평균 드리프트 속도 v_d로서 이동하는 양의 전하밀도 ρ가 있으면 드리프트 전류밀도는

$$J_{drf} = \rho v_d$$

로 주어진다. 여기서 J는 $C/cm^2 - \sec \ A/cm^2$의 단위를 갖는다. 만약 전하밀도가 양의 정공에 의한 것이면

$$J_{p|drf} = (ep)v_{dp}$$

이다. 여기서 $J_{p|drf}$는 정공에 의한 드리프트 전류밀도이고, v_{dp}는 정공의 평균 드리프트 속도이다.

전계가 있는 상황에서 양 전하의 정공 운동 방정식은

$$F = m_p^* a = eE$$

이다. 여기서 e는 전자의 전하 크기이고, a는 가속도, E는 전계 그리고 m_p^*는 정공의 유효질량이다. 만약 전계가 일정하면 속도는 시간에 대하여 선형적으로 증가함을 예상할 수 있다.

정공이 전계에 의하여 결정에서 가속됨에 따라 속도는 증가한다. 전하 입자들이 결정의 원자들과 충돌할 때 입자는 자기의 에너지를 전부 혹은 대부분 잃어버린다. 입자는 다시 가속하기 시작하고 다시 충돌할 때까지 에너지를 얻게 된다. 이러한 현상은 계속 반복된다. 이러한 과정을 통하여 입자는 평균 드리프트 속도를 갖게 되고, 저 전계에서는 전계에 직접 비례한다. 이것을 수식으로 쓰면

$$v_{dp} = \mu_p E$$

이다. 여기서 μ_p는 비례상수이고 정공 이동도라고 부른다. 이동도는 입자가 전계에 의하여 얼마나 잘 반도체를 통과하는지를 나타내므로 반도체의 중요한 파라미터이다. 이동도의 단위는 보통 $cm^2/V-\sec$로 표현된다. 앞 식의 결합으로 구할 수 있는 정공에 의한 드리프트 전류밀도는 $J_{p|drf} = (ep)v_{dp} = e\mu_p pE$이 된다. 정공 드리프트 전류는 작용하는 전계와 같은 방향을 갖는다. 같은 논리가 전자에 적용되므로 전자 드리프트 전류밀도의 식을 쓰면

$$J_{n|drf} = \rho v_{dn} = (-en)v_{dn}$$

이다. 여기서 $J_{n|drf}$는 전자 드리프트 전류밀도이고, v_{dn}은 전자의 평균 드리프트 속도이다. 전자의 순 전하밀도는 음이다.

전자의 평균 드리프트 속도도 역시 작은 전계영역에서 전계에 비례한다. 그러나 전자는 음의 전하를 가지므로 전자의 이동은 전계 방향과 반대이다. 따라서

$$v_{dn} = -\mu_n E$$

이다. 여기서 μ_n은 전자이동도이고, 양의 값을 갖는다. 따라서

$$J_{n|drf} = (-en)(-\mu_n E) = e\mu_n nE$$

이 된다. 비록 전자의 이동은 반대 방향이지만 전자 드리프트 전류도 또한 작용하는 전계와 같은 방향을 갖는다. 전자와 정공이 드리프트 전류에 기여하므로 총 드리프트 전류밀도는 개별 전자와 정공 드리프트 전류밀도의 합이다. 따라서

$$J_{drf} = e(\mu_n n + \mu_p p)E$$

이다.

(2) 이동도 효과

전자와 정공 이동도는 캐리어 드리프트의 특성을 결정하는 중요한 반도체 파라미터이다. 정공의 가속도와 전계와의 관계는

$$F = m_p^* \frac{dv}{dt} = eE$$

로 나타낼 수 있다. 여기서 v는 전계에 의한 입자의 속도이고, 불규칙 열속도(themal velocity)는 포함하지 않는다. 만약 유효질량과 전계가 일정하다고 가정하면 정공의 가속도와 전계와의 관계식을 적분하여

$$v = \frac{eEt}{m_p^*}$$

을 얻을 수 있다.

시간 t 대신에 충돌 평균시간 τ_{cp}를 사용하면 충돌 혹은 산란 바로 직전 평균 피크속도는

$$v_{d|peak} = \left(\frac{e\tau_{cp}}{m_p^*}\right)E$$

이다. 평균 드리프트 속도는 피크 값의 1/2이므로

$$< v_d > = \frac{1}{2}\left(\frac{e\tau_{cp}}{m_p^*}\right)E$$

이다. 그러나 만약 무작위 열속도에 대한 충돌시간을 적절히 평균하면 1/2은 무시된다. 그러면 정공 이동도는

$$\mu_p = \frac{v_{dp}}{E} = \frac{e\tau_{cp}}{m_p^*}$$

이 된다. 같은 분석이 전자에도 적용되므로 전자의 이동도는

$$\mu_n = \frac{e\tau_{cn}}{m_n^*}$$

이 된다. 여기서 τ_{cn}은 전자의 평균충돌시간이다.

(3) 전도도

앞에서 보았던 전체 드리프트 전류식은

$$J_{drf} = e(\mu_n n + \mu_p p)E = \sigma E$$

로 주어진다. 여기서 σ는 반도체의 전도도이다. 전도도는 $(\Omega - cm)^{-1}$의 단위를 가지고, 전자와 정공농도 그리고 이동도의 함수이다. 전도도의 역수는 저항도이다. 이것은 ρ으로 표시하고 $ohm - cm$의 단위를 갖는다. 저항도 공식은

$$\rho = \frac{1}{\sigma} = \frac{1}{e(\mu_n n + \mu_p p)}$$

이다.

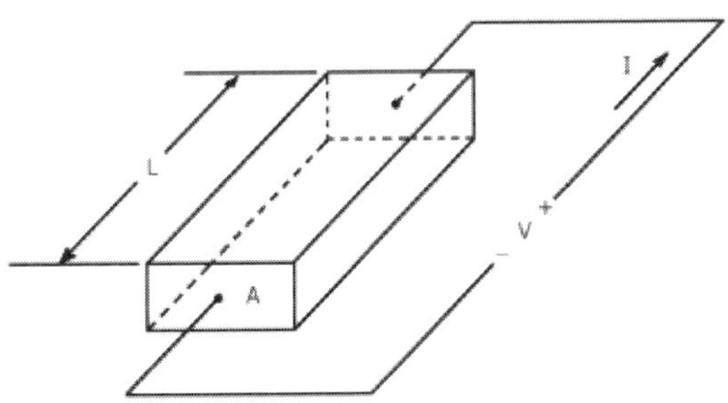

[그림 1.10] 저항으로서 반도체 막대

만약 그림 1.10과 같이 전압이 인가되어 전류 I를 생산하는 반도체 막대가 있으면

$$J=\frac{I}{A}$$

이다. 그리고

$$E=\frac{V}{L}$$

이다. 전체 드리프트 전류밀도 식을 다시 쓰면

$$\frac{I}{A}=\sigma(\frac{V}{L})$$

혹은

$$V=(\frac{L}{\sigma A})I=(\frac{\rho L}{A})I=IR$$

이며, 이 식은 반도체에 대한 옴의 법칙이다. 이 저항은 저항도 혹은 전도도 그리고 반도체의 모양의 함수이다.

만약 예를 들어 $N_a(N_d=0)$이고, $N_a \gg n_i$로 억셉터 도핑된 p형 반도체를 생각하고 전자와 정공 이동도가 같은 크기라고 가정하면 전도도는 $\sigma=e(\mu_n n+\mu_p p)\approx e\mu_p p$이 된다. 또한 완전 이온화를 가정하면 $\sigma \approx e\mu_\rho N_a \approx \frac{1}{\rho}$이 된다. 외인성 반도체의 전도도와 저항도는 주로 다수 캐리어 파라미터의 함수이다.

(4) 확산전류밀도

반도체에서 드리프트 외에 전류를 유도할 수 있는 두 번째 메커니즘인 확산이 있다. 확산은 캐리어 농도의 기울기로 인하여 입자들이 높은 농도 영역에서 낮은 농도 영역으로 이동하는 현상이다. 만약 기체 분자들이 전기적 전하를 띠고 있으면 전하의 순 흐름은 확산전류를 만든다.

반도체의 확산현상을 이해하기 위해서 간단한 해석을 생각하자. 전자의 농도가 1차원에서 그림 1.11와 같이 변한다고 가정하자. 온도는 일정하므로 전자의 평균 열속도는 x와 무관하다고 가정한다. 전류를 계산하기 위해서 단위 시간 단위 면적당 $x=0$에 있는 평면을 가로지르는 전자의 순 흐름을 결정할 것이다. 만약 그림 1.12에서 보듯

이 거리 l이 전자의 평균자유행정(mean free path) 즉 전자가 충동할 때까지 이동한 평균 거리이면, 평균적으로 $x=-l$에서 오른쪽으로 이동하는 전자들과 $x=+l$에서 왼쪽으로 이동하는 전자들은 $x=0$ 평면을 통과한다. $x=-l$에 있는 전자의 1/2은 어느 경우든 오른쪽으로 이동하고, $x=l$에 있는 전자의 1/2은 왼쪽으로 이동한다. $x=0$에서 $+x$ 방향으로 이동하는 순 전자 흐름율 F_n은

$$F_n=\frac{1}{2}n(-l)v_{th}-\frac{1}{2}n(+l)v_{th}=\frac{1}{2}v_{th}[n(-l)-n(+l)]$$

로 주어진다. 만약 전자의 농도를 $x=0$근처에서 테일러 전개하여 첫 두 항만 취하면 F_n은 다음과 같이

$$F_n=\frac{1}{2}v_{th}\left\{[n(0)-l\frac{dn}{dx}]-[n(0)+l\frac{dn}{dx}]\right\}$$

로 쓸 수 있고,

$$F_n=-v_{th}l\frac{dn}{dx}$$

이 된다.

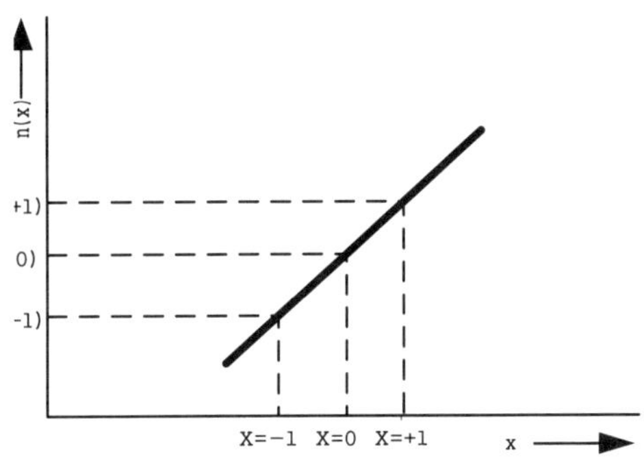

[그림 1.11] 전자농도 대 거리

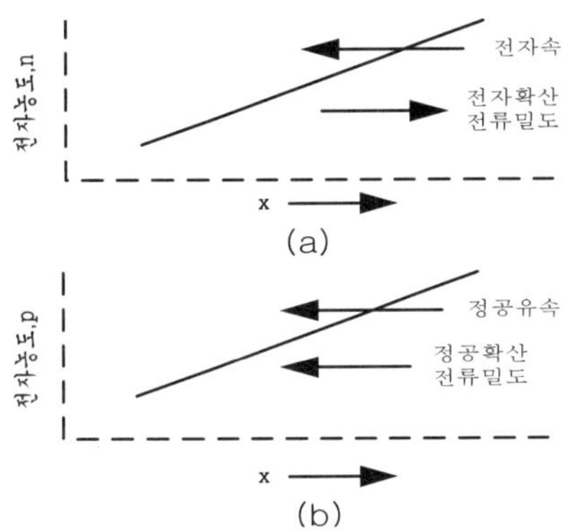

[그림 1.12] (a) 농도 차에 의한 전자확산, (b) 농도 차에 의한 정공확산

각 전자는 전하$(-e)$를 가지므로 전류는

$$J = -eF_n = +ev_{th}l\frac{dn}{dx}$$

이 된다.

높은 전자농도 영역에서 낮은 전자농도 영역으로의 전자 확산은 이 예의 경우 음의 x방향으로 흐르는 전자 속을 만든다. 전자는 음의 전하를 가지므로 전류의 방향은 양의 x방향이 된다. 그림 1.12(a)는 이러한 1차원 전자 속과 전류 방향을 나타낸다. 이러한 1차원의 경우 전자 확산전류밀도는 다음과 같이 쓸 수 있다.

$$J_{nx|dif} = eD_n\frac{dn}{dx}$$

여기서 D_n을 전자 확산계수라고 부르고, 단위는 $cm^2/\sec$이며, 양(positive)의 량이다. 만약 전류밀도 기울기가 음이면 전자 확산전류밀도는 음의 x방향이 된다.

그림 1.12(b)는 반도체에서 거리의 함수로서 정공농도를 나타내고 있다. 농도가 높은 영역에서 낮은 영역으로 흐르는 정공 확산은 음의 x방향의 정공 속을 만든다. 정공은 양의 전하를 띤 입자이므로 확산전류밀도는 음의 x방향을 갖는다. 정공 확산전류밀도는 정공농도 기울기와 전자 전하에 비례하므로 1차원의 경우 다음과 같이 쓸 수 있다.

$$J_{px|dif} = -eD_p\frac{dp}{dx}$$

파라미터 D_p를 정공 확산계수라고 부르고, 단위는 $cm^2/\sec$이며, 양(positive)의 량을 갖는다. 만약 정공농도 기울기가 음이면, 정공 확산전류밀도는 양의 x방향을 갖는다.

(5) 총 전류밀도

반도체에는 4가지의 독립된 전류 메커니즘이 있다. 이 성분들은 전자 드리프트와 확산 그리고 정공 드리프트와 확산이다. 총 전류밀도는 이러한 4가지 성분의 합이고, 1차원인 경우

$$J = en\mu_n E_x + ep\mu_p E_x + eD_n\frac{dn}{dx} - eD_p\frac{dp}{dx}$$

이 된다. 이 방정식은 3차원으로 일반화할 수 있고

$$J = en\mu_n E + ep\mu_p E + eD_n \nabla n - eD_p \nabla p$$

이 된다.

전자 이동도는 전자가 반도체에서 전계에 의하여 얼마나 잘 이동하는지를 나타낸다. 전자 확산계수는 전자가 반도체에서 농도 기울기에 의하여 얼마나 잘 이동하는지를 나타낸다. 전자 이동도와 확산계수는 독립 파라미터가 아니다.

1.1.5 확산 방정식

정공과 전자의 일차원적인 전류밀도는 다음과 같다.

$$J_p = e\mu_p pE - eD_p \frac{\partial p}{\partial x}$$

및

$$J_n = e\mu_n nE + eD_n \frac{\partial n}{\partial x}$$

이다. 이때 정공 전류밀도를 $+e$로 나누고 전자 전류밀도를 $-e$로 나누면 각각 입자의 흐름을 얻을 수 있으며 이 식은 다음과 같다.

$$\frac{J_p}{(+e)} = F_p^+ = \mu_p pE - D_p \frac{\partial p}{\partial x}$$

및

$$\frac{J_p}{(-e)} = F_n^- = -\mu_n nE - D_n \frac{\partial n}{\partial x}$$

이 두 식을 연속 방정식에 대입시킨 후, 삼차원적 해석으로 일반화 하기 위하여 벡터식으로 바꾸면 다음과 같은 형태로 쓸 수 있다.

$$D_p \frac{\partial^2 p}{\partial x^2} - \mu_p \left(E \frac{\partial p}{\partial x} + p \frac{\partial E}{\partial x}\right) + g_p - \frac{p}{\tau_{pt}} = \frac{\partial p}{\partial t}$$

및

$$D_n \frac{\partial^2 n}{\partial x^2} + \mu_n (E \frac{\partial n}{\partial x} + n \frac{\partial E}{\partial x}) + g_n - \frac{n}{\tau_{nt}} = \frac{\partial n}{\partial t}$$

이는 각각 정공과 전자에 대한 시간의존 확산 방정식을 나타낸다. 정공 농도 p와 전자 농도 n에는 모두 과잉 농도가 포함되어 있으므로 두 식은 과잉 캐리어의 공간과 시간에 대한 경향을 나타내고 있다.

정공와 전자의 농도는 $n = n_0 + \delta n$와 $p = p_0 + \delta p$에서 주어진 열평형값 및 과잉값에 대한 함수이다. 열평형 농도 n_0와 p_0는 시간의 함수는 아니다. 균일 반도체의 특별한 경우에 대해 n_0와 p_0는 또한 공간에 독립적이다. 그렇다면 정공과 전자에 대한 시간의존 확산 방정식은 다음과 같은 형태로 쓸 수 있을 것이다.

$$D_p \frac{\partial^2 p}{\partial x^2} - \mu_p (E \frac{\partial (\delta p)}{\partial x} + p \frac{\partial E}{\partial x}) + g_p - \frac{p}{\tau_{pt}} = \frac{\partial (\delta p)}{\partial t}$$

및

$$D_n \frac{\partial^2 n}{\partial x^2} + \mu_n (E \frac{\partial (\delta n)}{\partial x} + n \frac{\partial E}{\partial x}) + g_n - \frac{n}{\tau_{nt}} = \frac{\partial (\delta n)}{\partial t}$$

이다. 이 식에서 중요한 것은 전체농도 n과 p항 및 과잉농도 δn과 δp항만을 포함하고 있다는 점이다.

1.2 PN접합 다이오드

PN접합 다이오드는 3족 원소로 도핑된 P형 반도체와 5족 원소로 도핑된 N형 반도체를 물리적으로 서로 접촉 시킨 것이다. 대부분의 반도체 소자들은 P형 및 N형 반도체의 접합을 가지고 있다. 이 접합은 반도체 소자의 동작과 특성에 영향을 미치기 때문에 다른 반도체 소자의 구조나 특성을 알아보는데 가장 기초적인 지식이 된다. 또한 가장 기본적이 이 접합 구조는 다이오드로써 정류기나 스위치 회로에 사용될 수 있다. 이번 장에서는 PN접합의 기본적인 구조와 제로 바이어스, 역방향 바이어스, 순방향 바이어스 된 다이오드의 특성을 다루게 될 것이다.

1.2.1 PN 접합의 구조

그림 1.13은 P형 반도체와 N형 반도체가 접합되어 있는 PN접합의 구조를 나타내었다. P영역과 N영역이 만나는 부분을 금속학적 접합면이라고 부른다. P형 반도체는 4족 실리콘 원소에 3족 원소가 도핑 되기 때문에 정공이 만들어 지게 되고, N형 반도체는 5족 원소가 도핑 되기 때문에 전자가 만들어 진다. P형 및 N형 반도체는 금속학적 접합이 이루어지면 P형에서의 다수 캐리어 정공은 N형 쪽으로 확산하게 되고, N형에서의 다수 캐리어 전자는 P형 쪽으로 확산하게 된다.

그림 1.14에는 각각의 확산을 끝낸 PN접합 다이오드가 도식적으로 나타나 있다. P형 반도체의 정공이 N형 반도체로 확산함에 따라 P형 반도체에는 확산한 정공 수만큼 음이온이 남게 되고, 마찬가지로 N형 반도체에는 P형 반도체로 확산한 전자 수만큼 양이온이 남게 된다. 여기서 이동이 가능한 것은 캐리어(전자 또는 정공)이고, 이동이 불가능 한 것은 이온(양이온 또는 음이온)이다. 이런 과정이 계속 이루어지면 각 반도체 내에 양이온과 음이온으로 이루어진 영역이 형성되고, 이 영역을 공간 전하 영역(Space Charge Region)이라고 한다. 확산하고 있던 각각의 캐리어들은 일정한 공간 전하 영역이 생기게 되면 더 이상 확산할 수 없게 되는데 그 이유는 양이온과 음이온으로 만들어진 전계 때문인데, 이 전계는 각각의 캐리어가 확산하는 방향의 반대로 작용하게 되어 확산을 막는 역할을 한다. 전계가 발생함에 따라 캐리어들은 공간 전하 영역 밖으로 점점 밀려나고, 일정 크기의 전계가 형성 되면 캐리어들은 다른 쪽 영역으로 확산 할 수 없게 된다.

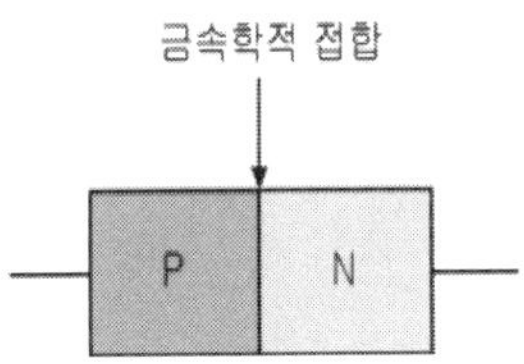

[그림 1.13] PN접합의 구조

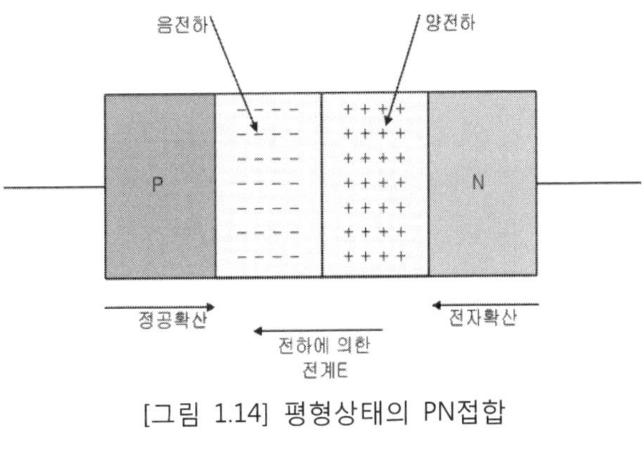

[그림 1.14] 평형상태의 PN접합

1.2.2 제로 바이어스

제로 바이어스란 외부에 아무런 힘도 인가되지 않은 열평형상태를 의미한다. 열평형상태는 전체 시스템에 걸쳐 페르미 에너지 준위가 일정하게 형성되어있는 것을 의미한다. 열평형상태로 이루어지기까지의 과정은 앞선 절에서 살펴보았고, 여기서는 열평형상태에서의 에너지밴드 다이어그램, 전계, 전위 등을 살펴볼 것이다.

(1) 내부 장벽

그림 1.15는 PN접합 내에 열평형 상태로 형성된 에너지 밴드 다이어그램을 나타낸 것이다. P형 반도체의 페르미 준위와 N형 반도체의 페르미 준위를 일직선상에 놓고, 그에 맞춰서 전도대 및 가전자대 에너지를 그리면 그림 1.15와 같은 모양이 된다. 공간 전하 영역에서의 전도대 및 가전자대 에너지는 서로 연속이어야 하기 때문에 휘어지게 된다. P영역의 가전자대 아래 부분과 N영역의 전도대 윗부분에는 각각 다수캐리어인 정공과 전자가 존재한다. N영역의 전자는 P영역의 전도대로 가기 위해서는 N영역에서보다 더 높은 곳으로 올라가야 함을 알 수 있다. 마찬가지로 P영역의 정공 역시 N영역의 가전자대로 이동하기 위해서 더 높은 곳으로 이동해야 한다.[1] 이렇게 각각의 캐리어가 느끼는 에너지 차이를 전위 장벽이라고 하며 내부 장벽(built-in potential barrier)라고 부른다. 열평형 상태에서의 내부 장벽은 PN접합 내부에서 캐리어간의 평형을 유지시킨다.

내부 장벽의 크기는 진성 페르미 준위와 P형 및 N형 반도체의 페르미 준위로부터 구할 수 있는데 그림 1.15에 나타난 것으로부터 유도할 수 있고, 이를 식으로 나타내면

$$
\begin{aligned}
V_{bi} &= |\phi_{Fn}| + |\phi_{Fp}| \\
&= |\frac{-kT}{e}\ln(\frac{N_d}{n_i})| + |\frac{kT}{e}\ln(\frac{N_a}{n_i})| \\
&= \frac{kT}{e}\ln(\frac{N_a N_d}{n_i^2}) = V_t \ln(\frac{N_a N_d}{n_i^2})
\end{aligned}
$$

---

1) 에너지밴드 다이어그램은 y축이 전자에너지 단위이기 때문에 위로 올라갈수록 마이너스이고, 아래로 갈수록 플러스이다. 정공의 전하량은 (+)이기 때문에 정공의 에너지는 아래쪽으로 갈수록 더 크게 된다. 즉, 이 말은 정공이 P영역의 가전자대에서 N영역의 가전자대로 이동하려면 더 큰 플러스 에너지를 가져야한다.

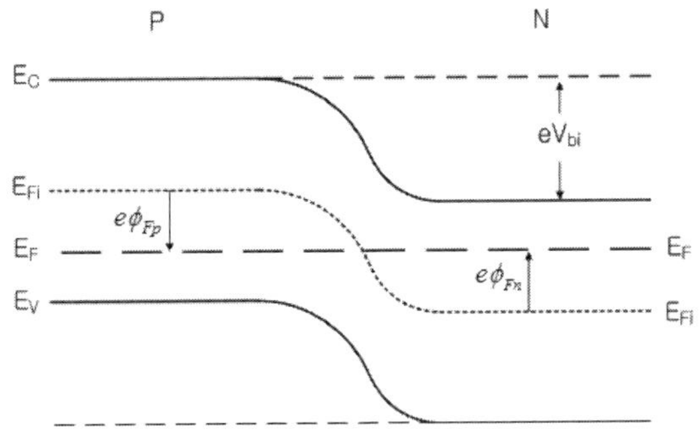

[그림 1.15] PN접합 다이오드의 제로 바이어스 에너지밴드 다이어그램

과 같다. 여기서 V_t는 열전압이라고 부르며 상온(300 K)에서 보통 0.0259의 값을 가진다.

(2) 전계

전계는 양전하와 음전하 사이에서 발생이 되는데 PN접합에서는 공간 전하 영역에 생성된다. 프아송 방정식(Poisson's Equation)을 이용하면 전계를 공간 전하 영역 내에 있는 전하량으로부터 구할 수 있게 된다. 단 수식의 유도를 좀 더 간편하게 하기 위해 P영역과 N영역의 공간 전하 영역은 특정한 거리 내에서만 존재한다고 가정하였다. 그림 1.16은 $-x_p \sim x_n$거리 사이에 있는 공간 전하 밀도를 도식화한 것이다. 프아송 방정식은 $-\dfrac{\rho(x)}{\epsilon_s} = -\dfrac{dE(x)}{dx} = \dfrac{d^2\phi(x)}{dx^2}$으로 주어지는데 이것은 전하밀도, 전계, 전위는 거리에 대한 미분 또는 적분으로 관계된다는 것을 의미한다. 여기서 $\rho(x)$는 체적전하밀도, $E(x)$는 전계, $\phi(x)$는 전위, ϵ_s는 반도체의 유전율이다. 프아송 방정식을 이용하여 공간 전하 영역 내에 있는 전하밀도를 한번 적분하게 되면 전계를 구할 수 있고, 그림 1.17과 같이 나타난다. 마찬가지로 전위를 구하기 위해 앞서 구한 전계를 한 번 더 적분하게 되면 그림 1.18과 같이 된다.

프아송 방정식을 이용하여 구한 전위를 보면 흥미로운 사실을 알 수 있는데 그림 1.15에 있는 에너지밴드 다이어그램을 x축으로 대칭한 것과 같다는 점이다. 즉, 이것은 에너지 밴드 다이어그램이 주어지면 전위의 그래프를 유추할 수 있고, 이를 이용하여 전계, 전하밀도의 그래프까지 모두 알 수 있다는 것을 의미한다.

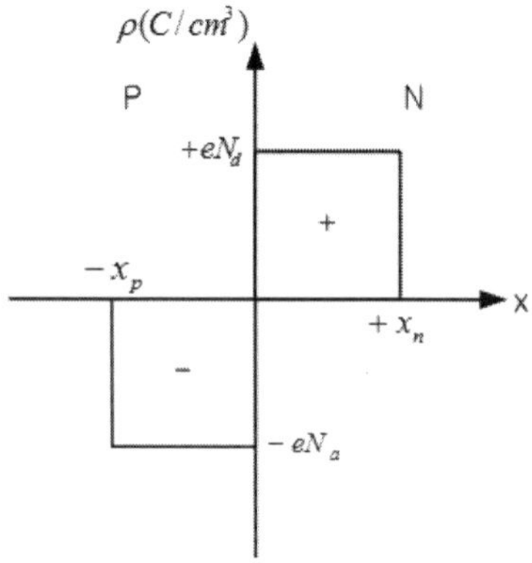

[그림 1.16] 공간 전하 영역 내에서의 전하 밀도

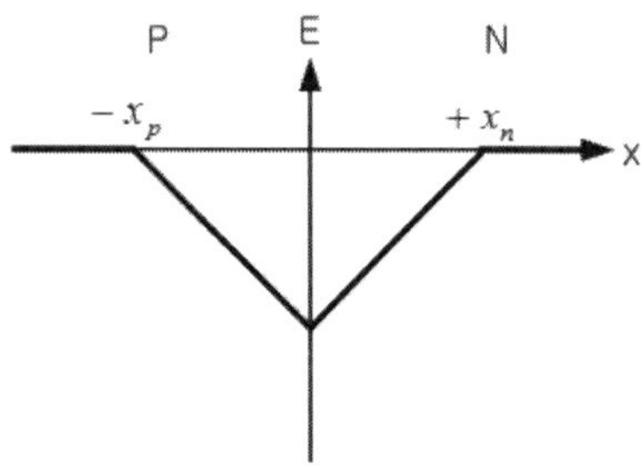

[그림 1.17] 공간 전하 영역 내에서의 전계

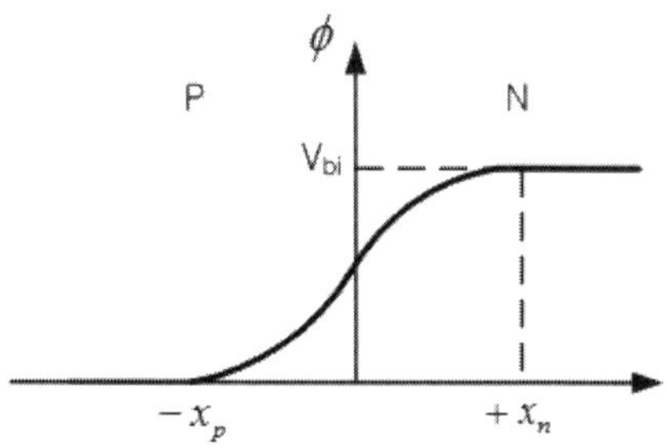

[그림 1.18] 공간 전하 영역 내에서의 전위

(3) 공간 전하 폭

열평형 상태에서의 공간 전하 영역의 폭을 구하기 위해 그림 1.16에 나타난 전하 밀도를 이용하면 $N_a x_p = N_d x_n$라는 식이 나오고, 이 식을 프아송 방정식으로부터 구한 전위 식에 대입하게 되면 $x_n = [\frac{2\epsilon_s V_{bi}}{e}(\frac{N_a}{N_d})(\frac{1}{N_a + N_d})]^{\frac{1}{2}}$을 알 수 있게 된다. 유사하게 x_p도 구 할 수 있고 $x_p = [\frac{2\epsilon_s V_{bi}}{e}(\frac{N_d}{N_a})(\frac{1}{N_a + N_d})]^{\frac{1}{2}}$로 주어진다. 이렇게 구한 x_n과 x_p를 더하면 최종적으로 공간 전하 영역의 폭 W를 알 수 있고, 다음과 같다.

$$W = x_n + x_p = [\frac{2\epsilon_s V_{bi}}{e}\frac{N_a + N_d}{N_a N_d}]^{\frac{1}{2}}$$

1.2.3 역방향 바이어스

지금까지는 PN접합 다이오드의 외부에 아무런 힘 또는 전압이 인가되지 않은 상태였다. 만약 PN접합 다이오드 외부에 어떤 전압이 인가된다면 그때부터 PN접합은 열평형상태가 아니게 되고, P영역과 N영역의 페르미 준위는 전체 시스템에 걸쳐 일정해지지 않게 된다. 이 절에서 다루게 될 내용은 P영역에는 (-)전압을 N영역에는 (+)전압을 인가한 역방향 바이어스에 대해 알아볼 것이다.

그림 1.19(a)는 역방향 바이어스 된 PN접합 다이오드의 에너지밴드 다이어그램이다. 그림 1.15과의 차이점은 페르미 준위가 전체 시스템에 걸쳐 일정하지 않다는 점이고, 전위장벽 또한 더 높아졌다는 점이다. V_R만큼 인가된 역방향 바이어스가 전위장벽을 더욱 크게 만들었고, P형과 N형 반도체의 캐리어 이동을 더욱 방해한다. 이것은 공간 전하 영역이 제로 바이어스 일 때보다 더 넓어진다는 것을 의미한다. 이때의 전위장벽 $V_{total,Reverse}$는 다음과 같이 주어진다.

$$V_{total,Reverse} = V_{bi} + V_R$$

그림 1.19(b)는 역방향 바이어스 된 PN접합 다이오드 내부의 공간 전하 영역을 도식화 한 것이다.

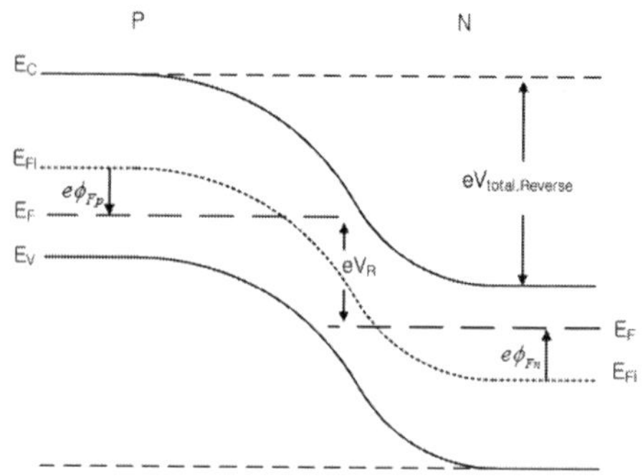

(a) 에너지 밴드 다이어그램

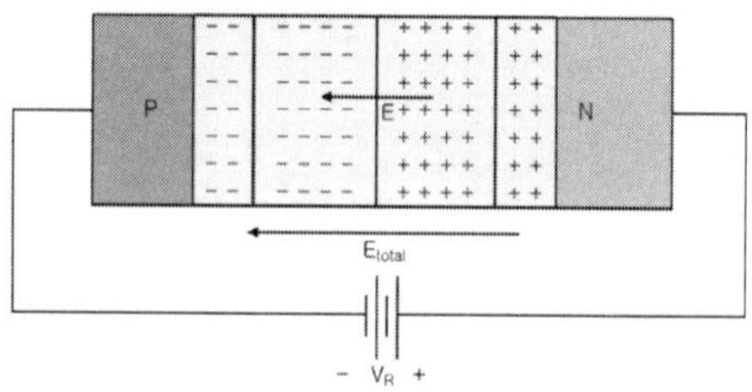

(b) 다이오드 내의 공간 전하 영역

[그림 1.19] 역방향 바이어스 된 PN접합 다이오드.

(1) 접합 커패시턴스

PN접합 다이오드에 역방향 바이어스가 인가되면 공간 전하 영역이 더 넓어지고 이것은 P영역과 N영역의 전하 밀도가 증가한다는 것을 의미한다. 증가한 전하밀도는 공간 전하 영역에 추가적으로 커패시턴스를 형성하게 되고 이것을 접합 커패시턴스라고 부른다. 접합 커패시턴스를 구하기 위해 역방향 바이어스 전압을 $V_R + dV_R$로 인가하고, 역방향 바이어스 전압이 dV_R만큼 증가하면 P영역과 N영역에서는 증분의 음전하와 양전하가 생기고, 접합 커패시턴스는 다음과 같이 정의한다.

$$C' = \frac{dQ'}{dV_R}$$

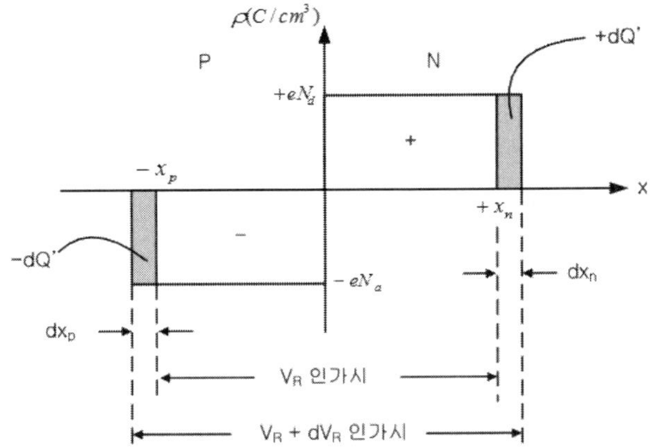

[그림 1.20] 접합 커패시턴스를 구하기 위한 전하 밀도 그림

그림 1.20에 표현된 것을 이용하여 dQ'을 구하면 $dQ' = eN_d dx_n = eN_a dx_p$이다. 여기서 구한 dQ'을 C'에 대입하면 접합 커패시턴스는 아래 식과 같이 표현된다.

$$C' = \frac{dQ'}{dV_R} = eN_d \frac{dx_n}{dV_R}$$

여기에 1.2.2 (3)에서 구한 x_n을 대입하면 최종적으로 접합 커패시턴스를 구할 수 있다.

$$C' = \left[\frac{e\epsilon_s N_a N_d}{2(V_{bi} + V_R)(N_a + N_d)} \right]^{\frac{1}{2}}$$

1.2.4 순방향 바이어스

이번 장에서는 역방향 바이어스와는 반대로 인가한 순방향 바이어스에서의 이상적인 PN접합 다이오드에 대해 살펴볼 것이다. 역방향 바이어스 때와는 다르게 비로소 PN접합 다이오드에 전류가 흐르게 되는데 이 때 내부에 어떻게 전하가 흐르는 가를 알아보고, 그 이해를 돕기 위한 개념들을 소개한다.

(1) 순방향 바이어스 된 PN접합 내에서의 전하 흐름

그림 1.21는 순방향 바이어스 된 PN접합 다이오드의 에너지밴드 다이어그램이다. 역방향 바이어스 때와는 다르게 N영역의 페르미 에너지 준위가 P영역보다 더 높이 있는 것을 알 수 있다. 이것은 N영역에서는 전자가 P영역으로 이동할 수 있음을 의미하고, P영역에서는 정공이 N영역으로 이동할 수 있음을 의미한다. 이렇게 이동한 각각의 캐리어들은 영역이 옮겨짐에 따라 소수캐리어화 된다.[2] P영역과 N영역으로 주입된 캐리어들은 과잉 소수 캐리어로써 PN접합 다이오드 내의 전류량에 기여하게 된다.

PN접합의 P영역에 양의 전압을 인가하고 N영역에 음의 전압을 인가하게 되면, PN접합 내의 전위장벽은 줄어들게 된다. 이를 도식화 한 것이 그림 1.20이다. 이상적으로 P영역과 N영역은 저항 성분이 없다고 가정하기 때문에 인가한 모든 전압은 공간 전하 영역에 걸리게 된다. 인가된 전압에 의한 전계 Ea는 열평형 상태에서의 공간 전하 영역 전계와 반대 방향이 되고, 이 때문에 열평형 상태에서의 전계 E는 열평형 상태일 때보다 감소하게 된다. 결국 열평형 상태일 때의 전자/정공의 확산력과 공간 전하 영역 내의 전계의 균형은 깨지게 되고, 각 영역에서의 다수캐리어는 이동할 수 있게 된다. 인가한 전압 V_a가 유지되고 있는 한 캐리어는 계속 해서 이동할 수 있게 되고, 이때의 바이어스를 순방향 바이어스라고 한다.

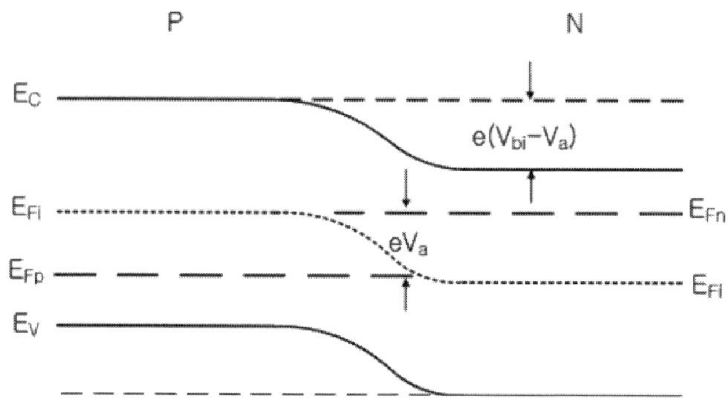

[그림 1.21] 순방향 바이어스 된 PN접합 다이오드의 에너지밴드 다이어그램

2) N영역에서 전자는 다수캐리어지만 순방향 바이어스로 인해 P영역으로 주입되면 소수캐리어로써의 특성을 나타내게 된다. P영역에서의 정공도 전자와 마찬가지로 N영역에서 소수캐리어적인 특성을 나타낸다.

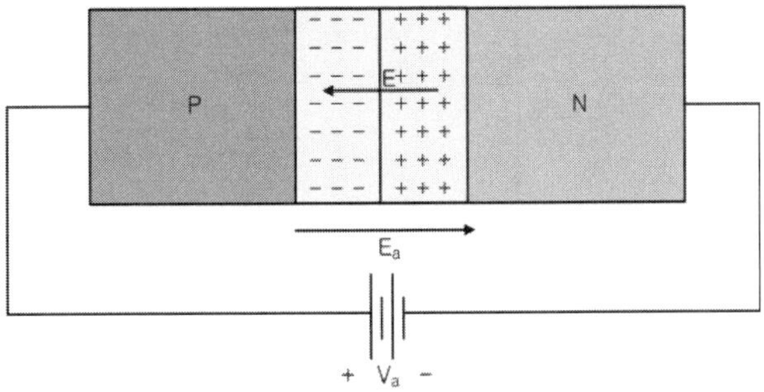

[그림 1.22] 순방향 바이어스 된 PN접합 다이오드 내의 전계

PN접합이 순방향 바이어스로 인가되었을 때의 전위 장벽 V_{bi}는 역방향 바이어스 때와는 반대로 (V_{bi}-V_a)로 대체할 수 있다. 이를 이용하여 순방향 바이어스 때의 P영역 소수 캐리어 전자의 식을 표현하면 다음과 같다.

$$n_p = n_{n0}\exp\left(\frac{-e(V_{bi}-V_a)}{kT}\right) = n_{n0}\exp\left(\frac{-eV_{bi}}{kT}\right)\exp\left(\frac{V_a}{kT}\right)$$

이 때, n_p는 p영역의 소수캐리어 전자를 의미하고 n_{n0}는 n영역의 열평형 상태 전자 농도, V_{bi}는 열평형 상태 전위 장벽, V_a는 인가한 순방향 바이어스 전압이다.

(2) 순방향 바이어스 된 PN접합 내에서의 소수 캐리어

P영역과 N영역에서는 다수캐리어인 정공/전자 외에도 소수캐리어인 전자/정공들이 존재한다. 이 소수캐리어들은 순방향 바이어스 일 때(또는 역방향 바이어스), 영역내의 분포가 열평형 상태일 때와는 다르게 된다. 그림 1.23은 순방향 바이어스 일 때의 소수캐리어 분포를 나타낸 그림이다. x=0인 지점이 금속학적 접합부분을 의미하고 -x_p와 x_n은 P영역과 N영역의 공간 전하 영역을 나타낸다. 앞선 절에서 설명했듯이 순방향 바이어스 상태에서는 P영역의 다수캐리어 정공은 N영역으로 주입되어 소수캐리어화 되고, N영역의 다수캐리어 전자는 P영역으로 주입되어 소수캐리어화 된다. 이렇게 소수캐리어화 된 전자와 정공의 분포를 나타낸 것이 그림 1.23이다. 그림을 보면 각 영역의 공간 전하 영역 끝부분의 소수캐리어 농도가 가장 크고, 점차 거리가 멀어질수록 열평형 상태일 때의 농도로 가까워지는 것을 알 수 있다. 이는 각 영역으로 주입된 전자/정공이 확산하게 되면서 다수캐리어 정공/전자와 결합하기 때문이다.

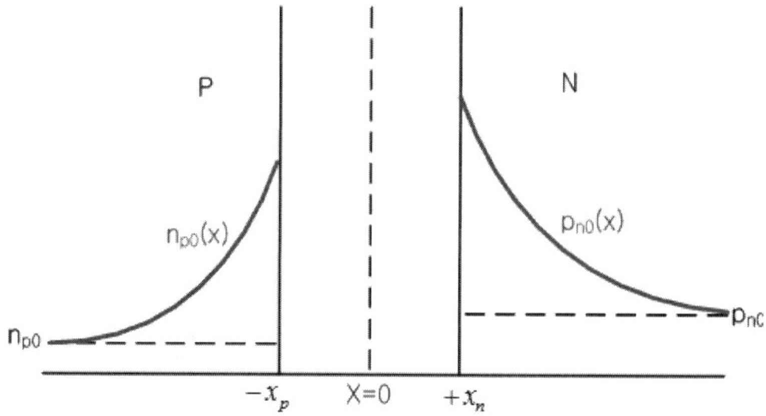

[그림 1.23] 순방향 바이어스에서의 PN접합 소수캐리어 분포

(3) 확산 커패시턴스

앞선 절에서 역방향 바이어스 일 때의 접합 커패시턴스를 알아보았다. 이번에 다를 내용은 순방향 바이어스에 미세한 교류 전압이 인가되었을 때 발생하는 커패시턴스를 알아본다. 그림 1.24는 그림 1.23의 소수캐리어 분포 그래프에서 미세한 교류 전압이 인가되었을 때의 소수캐리어 분포 그래프를 나타낸 것이다. 그림에 표현된 교류 전압이 t_0일 때는 그림 1.23과 같게 되고 최대로 올라간 시간인 t_1에서는 약간 증가하며, 최소로 된 시간인 t_2에서는 t_0일 때보다 감소한 것을 알 수 있다. t_1 시간에서 P영역에서의 소수캐리어 전자는 증가한 전압만큼 농도가 상승하게 되고, t_2 시간에서는 감소한 전압만큼 농도가 작아진다. N영역 소수캐리어 정공에 대한 것도 마찬가지 원리로 이해할 수 있다. 이러한 동작은 순방향 바이어스 상태일 때 커패시턴스를 유도하게 되는데 이것을 확산 커패시턴스라고 한다. 일반적으로 이러한 동작에 의해 생성된 확산 커패시턴스는 역방향 바이어스 상의 접합 커패시턴스보다 매우 크다.

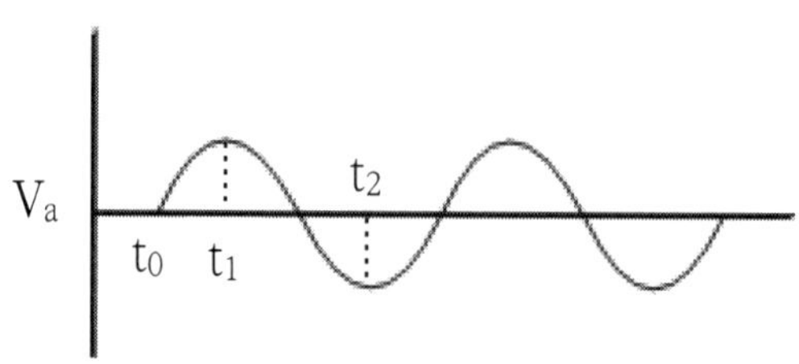

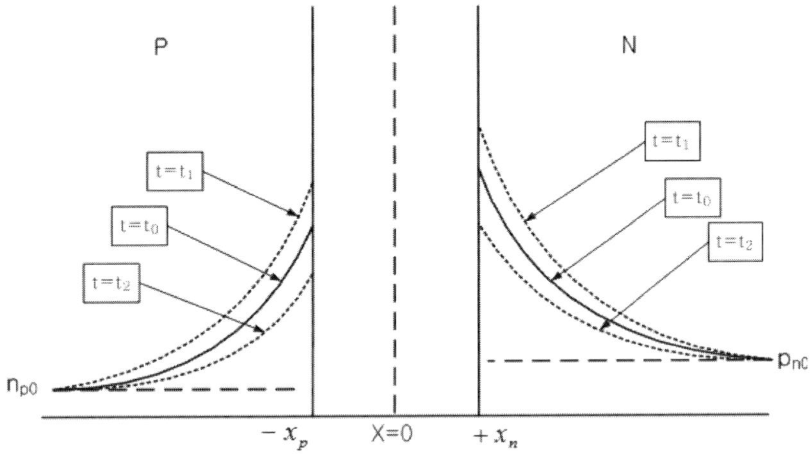

[그림 1.24] 확산 커패시턴스를 나타낸 소수캐리어 분포 그래프

1.2.5 이상적인 PN접합 다이오드 전류

PN접합에 흐르는 이상적인 전류를 구하기 위해서는 다음과 같은 가정을 해야 한다.

- 총 전류는 모든 PN접합 구조에 걸쳐 일정하다.
- 각각의 전자 및 정공 전류는 PN접합 구조에 걸쳐서 일정하다.
- 각각의 전자 및 정공 전류는 공간 전하 영역에 걸쳐서 일정하다.

이와 같은 가정을 적용하면 PN접합 내의 총 전류는 전류 기여 인자인 정공과 전자에 의해 발생되는 전류의 합이 된다. 그림 1.25에는 이를 적용하여 나타낸 PN접합 구조 전체에 걸친 전류밀도를 나타낸다. 여기서는 이상적인 PN접합 다이오드 전류이기 때문에 P영역과 N영역에 있는 소수캐리어 정공/전자가 인가된 바이어스 전압에 의한 드리프트 성분은 무시하였다.[3] P영역에서는 공간 전하 영역 부분까지 소수캐리어 전자에 의한 확산 전류 식을 구할 수 있게 되고, N영역에서는 소수캐리어 정공에 의한 확산 전류를 구할 수 있다. 이를 식으로 표현하면 다음과 같다.

---

3) 이상적인 PN접합 다이오드 조건일 때, 중성 P영역과 N영역에는 아무런 전계가 인가되지 않는 상태이기 때문에 이 부분에서는 전계에 의한 드리프트가 일어나지 않는다. 따라서 순방향 바이어스 상에서 주입된 전자/정공은 중성영역에서는 단지 확산에 의한 전류만 생성된다.

$$J_p(x_n) = \frac{eD_p p_{n0}}{L_p}[\exp(\frac{eV_a}{kT}) - 1]$$

$$J_n(-x_p) = \frac{eD_n n_{p0}}{L_n}[\exp(\frac{eV_a}{kT}) - 1]$$

여기서 D_p/D_n는 확산 계수, L_p/L_n는 확산 길이를 의미한다. P영역과 N영역에서의 소수캐리어 순방향 바이어스 확산 전류를 구하게 되면 다수캐리어에 의한 전류는 앞서 한 가정 2에 의해 알 수 있게 되고, 이로써 최종적으로 이상적인 PN접합 다이오드 전류를 구할 수 있다. 역방향/순방향 바이어스와 전류의 상관관계는 그림 1.26에 나타나 있다. 이것을 다이오드의 I-V특성 곡선이라고 하고, 그림 1.26(a)는 가장 이상적인 그래프이고, 그림 1.26(b)는 일반적으로 사용하는 그래프이다. 그래프 상에서 나타나는 PN접합 다이오드의 Turn-on 전압은 약 0.7 V인 것을 알 수 있다.

이렇게 구한 소수캐리어 정공/전자 확산 전류를 더하면 다이오드 내에 흐르는 전체 전류를 구할 수 있게 된다. 그 식은 다음과 같다.

$$J_{total} = J_p(-x_n) + J_n(x_p) = [\frac{eD_p p_{n0}}{L_p} + \frac{eD_n n_{p0}}{L_n}][\exp(\frac{eV_a}{kT}) - 1]$$

전체 전류 Jtotal에서 확산 계수와 확산 길이로 이루어진 부분을 JS라고 정의하고 역포화 전류밀도라고 부른다. 이것을 이용하여 식을 다시 쓰면 다음과 같이 쓸 수 있다.

$$J_S = [\frac{eD_p p_{n0}}{L_p} + \frac{eD_n n_{p0}}{L_n}]$$

$$J_{total} = J_S[\exp(\frac{eV_a}{kT}) - 1]$$

이렇게 구한 Jtotal을 이상적인 다이오드 방정식이라고 부르고 이 식은 넓은 전압과 전류 범위에 걸쳐 PN접합 다이오드의 I-V특성 곡선을 잘 나타내어 준다.

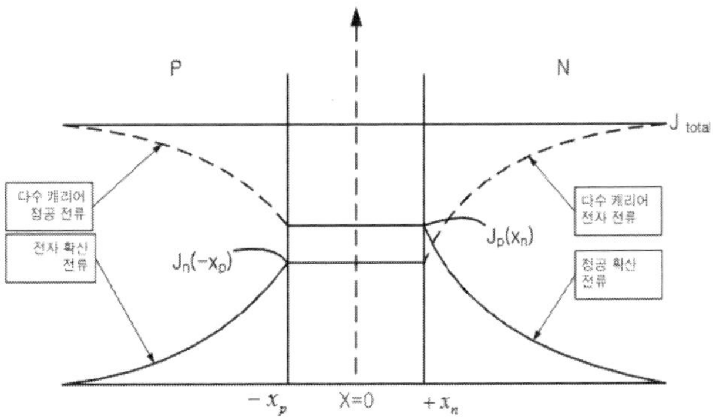

[그림 1.25] 이상적인 PN접합 다이오드 내의 전류 밀도 그래프

(a) (b)

[그림 1.26] PN접합 다이오드 I-V곡선 (a)이상적인 그래프 (b)일반적인 그래프

1.2.6 PN접합 다이오드의 등가회로

PN접합 다이오드는 전체 어드미턴스 식 Y를 통해서 구할 수 있는데 그 식은 다음과 같이 주어진다.

$$Y = g_d + j\omega C_d$$

파라미터 g_d는 확산 컨덕턴스라고 하고, C_d는 앞 절에서 설명한 확산 커패시턴스이다. 이 어드미턴스를 이용하여 순방향 바이어스 된 PN접합 다이오드의 소신호 등가회로를 그린 것이 그림 1.27(a)이다. 또한 그림 1.27(b)는 순방향 바이어스 일 때의 등가회로 그림 1.27(a)의 등가회로에 역방향 바이어스 상의 접합 커패시턴스, 그리고 중성 P영역과 N영역의 직렬저항 효과를 나타낸 r_s를 추가하여 완성한 PN접합 다이오드의 등가회로이다.

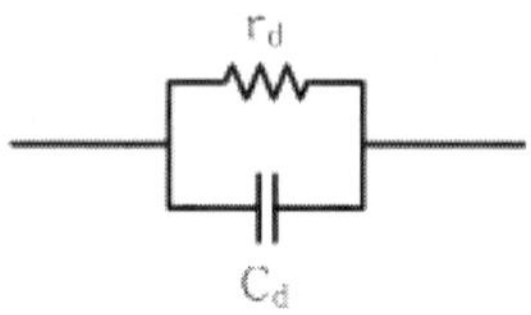

(a) 순방향 바이어스

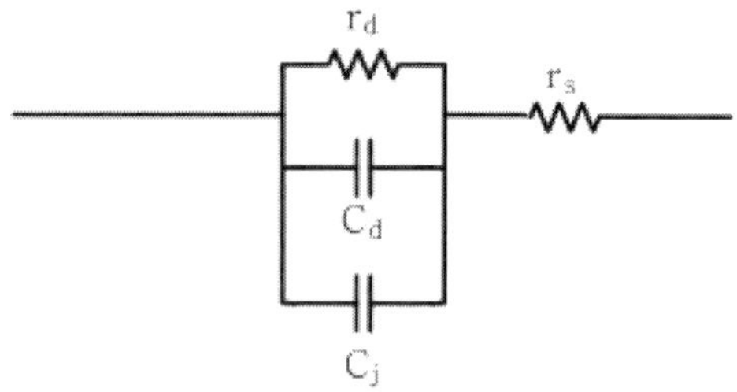

(b) 완성된 등가회로

[그림 1.27] 다이오드의 소신호 등가회로

그림 1.28은 다이오드를 이용한 간단한 회로 구성을 나타내고 있다. 이 회로의 순시 전류 i_D를 구하기 위해 DC 해석을 해서 직류전류 I_D를 구하면 $I_D = \frac{V_D - V_r}{R_1}$가 되고, AC해석을 해서 소신호 전류 i_d를 구하면 $i_d = \frac{V_i}{r_f + R_1}$이 된다. 여기서 r_f는 다이오드의 저항을 나타내고, V_D는 $V_D = V_r + I_D R_1$이다. 소신호 저항 r_d를 구하면 $r_d = \frac{V_T}{I_D}$가 된다. 이로써 전체 회로에 흐르는 순시전류 i_D는 다음과 같이 구할 수 있다.

$$i_D = \frac{V_i}{r_d + R_1}$$

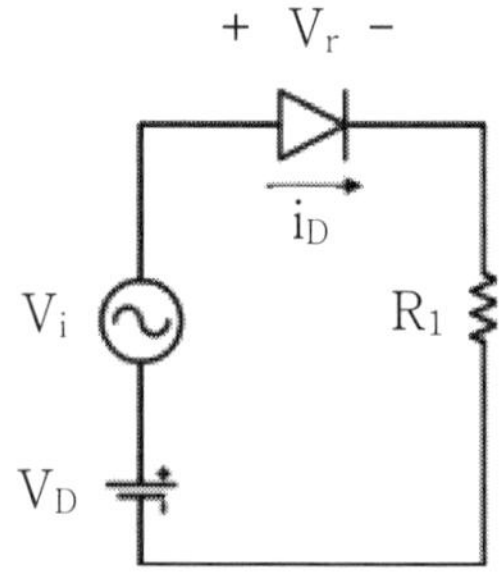

[그림 1.28] 다이오드를 이용한 회로

1.3 바이폴러 트랜지스터

바이폴러 접합 트랜지스터(bipolar junction transistor)는 1948년 미국 뉴저지에 있는 벨 전화 연구소에서 존 바딘, 월터 브래튼 그래고 쇼클리에 의해 발명되었다. 트랜지스터는 바이폴러 트랜지스터(BJT), 금속-산화막-반도체 전계효과 트랜지스터(MOSFET), 접합 전계효과 트랜지스터(JFET)이 있다. 바이폴러 트랜지스터는 MOSFET(MOS Field effect transistor)보다 10여 년 먼저 양산된 첫 번째 트랜지스터이다. 현재 MOSFET는 고집적과 저전력의 장점에 바이폴러 보다 많이 사용되는 추세이다. 그러나 BJT는 고속, 저잡음, 그리고 고출력 전력의 장점을 가지고 있기 때문에 MOS 기술과 융합시켜 BiCMOS 기술이 선호되고 있다.

바이폴러 트랜지스터는 기본적으로 PN접합에 바탕을 두고 있다. 세 개의 도핑 영역과 상호작용하는 두 접합 사이에서 일어나는 전자와 정공의 흐름으로 인해 동작한다. 바이폴러(쌍극성, bipolar)라는 용어는 트랜지스터가 동작할 때 전자와 정공이 둘 다 관여하기 때문에 붙여진 이름이다.

1.3.1 바이폴러 트랜지스터 동작

(1) 바이폴러 트랜지스터의 기본원리

바이폴러 트랜지스터는 이미터(emitter)와 베이스(base), 컬렉터(collector) 각각 세 개의 도핑 영역으로 두 개의 PN 접합으로 구성된다. 그림 1.29는 npn과 pnp 바이폴러 트랜지스터의 기본 구조를 보여준다. 일반적으로 npn 트랜지스터는 pnp 트랜지스터 보다

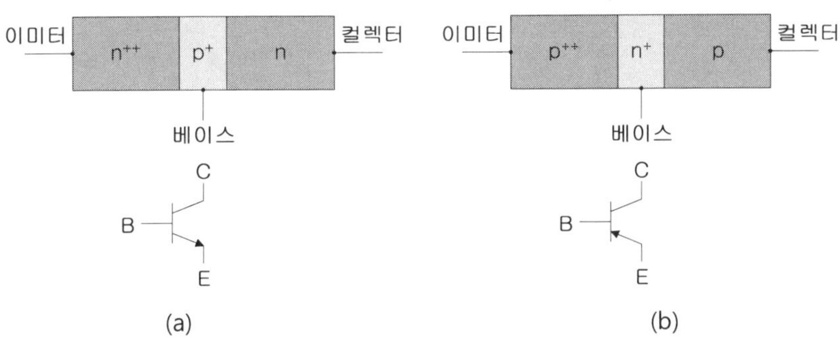

[그림 1.29] (a) npn과 (b) pnp 바이폴러 트랜지스터의 간략화한 블록 다이어그램과 회로심볼

보다 더 높은 트랜스컨덕턴스와 속도를 가지는데, 그 이유는 전자의 이동도가 정공의 이동도 보다 더 크기 때문에 pnp 보다는 npn형 바이폴러 트랜지스터가 많이 사용된다. 그림 1.29에서 +는 도핑 정도를 나타내는 표시로 이미터는 베이스와 컬렉터에 비해 상대적으로 높은 농도로 도핑이 되었음을 알 수 있다.

npn 바이폴러 트랜지스터의 경우, 정상적인 바이어스에서 베이스-이미터 PN 접합은 순방향으로 바이어스를 인가하고 베이스-컬렉터 PN 접합은 역방향으로 바이어스를 인가하는데 이를 순방향-활성 동작모드라고 한다. 베이스-이미터 접합은 순방향 바이어스가 걸려 있어서 전자는 이미터로부터 베이스 속으로 주입한다. 이들 주입 전자들은 베이스 내에서 소수 캐리어의 과잉농도를 형성한다. 베이스-컬렉터

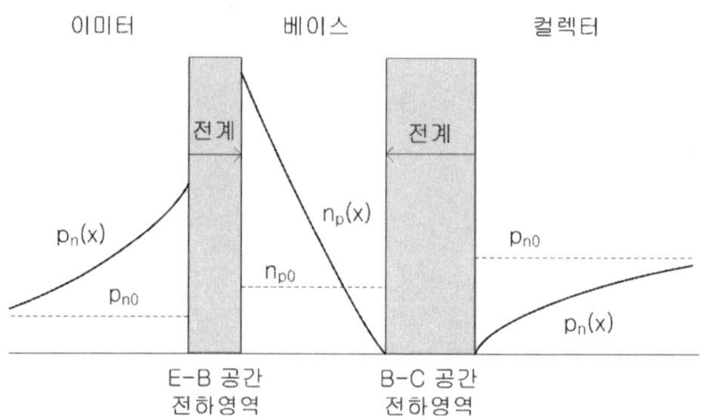

(a) 순방향-활성 모드의 동작에서 소수캐리어 분포

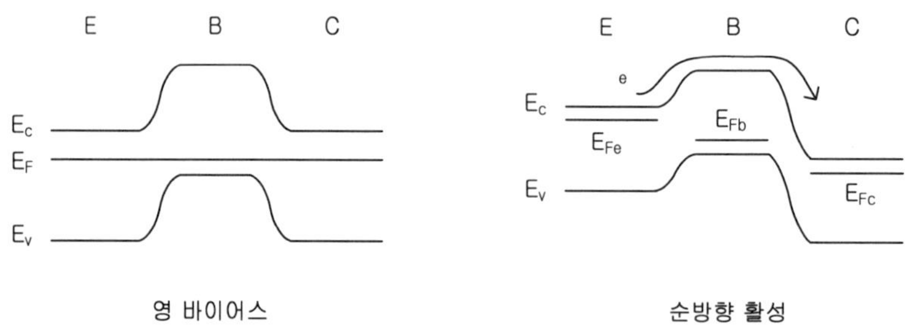

(b) 순방향-활성 모드의 영 바이어스 하에서 에너지 밴드 다이어그램

[그림 1.30] npn 바이폴러 트랜지스터의

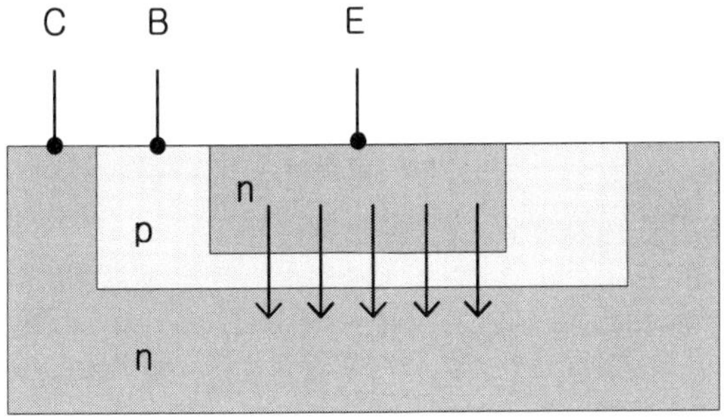

[그림 1.31] npn 바이폴러 트랜지스터의 순방향 활성 모드에서 전자의 주입을 보여주는 단면도

접합은 역방향으로 바이어스가 걸려 있어서 접합 가장자리에 소수 캐리어 농도는 0이다. 따라서 그림 1.30(a)에 나타낸 그래프와 같이 예측 할 수 있다. 베이스 내에서 전자의 농도는 이미터에서 주입한 전자들이 베이스를 거쳐 베이스-컬렉터 공간전하 영역속으로 확산되기 때문에 큰 기울기를 가진다. 이 베이스-컬렉터 공간전하 영역의 전계가 전자들을 컬렉터로 보낼 것이다. 가능하면 많은 전자들을 컬렉터로 보내기 위해서는 베이스 폭이 소수 캐리어의 확산길이보다 짧을 필요가 있다. 만약 베이스 폭이 짧다면 소수 캐리어인 전자 농도는 이미터-베이스와 베이스-컬렉터 두 접합 전압의 함수이다. 이 두 접합들은 상호작용 하는 PN접합이라 불리울 만큼 충분히 가깝다. 그림 1.30(b)는 영 바이어스 상태와 순방향 활성 모드일 때 에너지 밴드 다이어그램을 비교하였다.

그림 1.31은 npn 바이폴러 트랜지스터의 순방향 활성 모드에서 전자가 이동하는 것을 간략히 나타내었다. 이미터-베이스 사이에 순방향 바이어스를 인가하면 이미터 내의 다수캐리어인 전자를 베이스로 주입시키게 되고, 베이스-컬렉터 사이의 역방향 바이어스로 인해 컬렉터가 전자들을 집속시킴으로 전류를 형성한다.

(2) 바이폴러 트랜지스터 전류

- 컬렉터 전류

베이스 내에서 전자의 농도는 그림 1.30(a)에 나타낸 분포와 같다. 이상적이라면 전자 농도는 거리의 선형적인 함수이다. 베이스에서 이상적인 선형 전자 분포를 가정하면 컬렉터 전류는 다음 식으로 나타낼 수 있다.

$$i_c = I_s \exp\left(\frac{v_{BE}}{V_t}\right)$$

컬렉터 전류는 베이스-이미터 전압으로 제어한다. 즉 한 소자의 한 단자에서 전류는 소자의 다른 두 단자에 인가하는 전압으로 제어한다.

- 이미터 전류

이미터 전류는 그림 1.32에서 나타낸 이미터로부터 베이스로 주입하는 전자의 흐름(iE1)과 베이스-이미터 접합의 순방향 바이어스로 인한 베이스-이미터 접합전류(iE2)로 구분할 수 있다. 이들 성분을 다음 식으로 나타낼 수 있다.

$$i_E = I_{SE} \exp\left(\frac{v_{BE}}{V_t}\right)$$

위의 식에서 모든 전류성분은 $\exp(v_{BE}/V_t)$의 함수이기 때문에 이미터 전류에 대한 컬렉터 전류의 비는 상수이며 다음과 같다.

$$\frac{i_C}{i_E} = \alpha \ (0.95 \le \alpha \le 1)$$

여기서 α는 공통-베이스 전류 이득이라 부른다. 일반적으로 공통-베이스 전류 이득은 $\alpha < 1$이다. 컬렉터 전류 $i_C = \alpha i_E$이므로 이미터 전류는 컬렉터 전류와 같이 베이스-

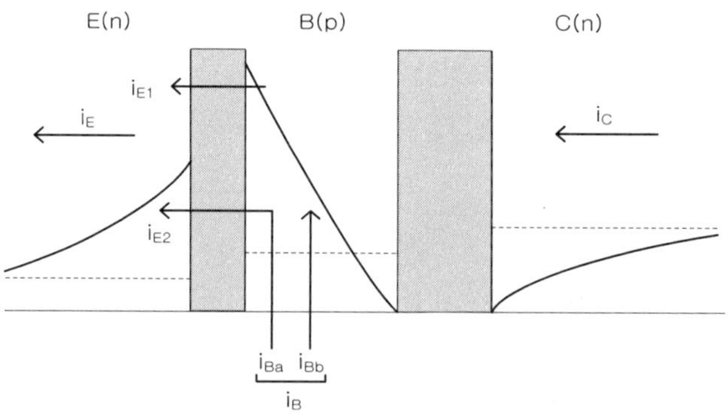

[그림 1.32] 순방향 바이어스의 npn 바이폴러 트랜지스터에서 기본적인 전류와 소수캐리어 분포

컬렉터 전압에 대해 독립적이다. 공통-베이스 트랜지스터 특성은 그림 1.33로 나타낼 수 있다. 바이폴러 트랜지스터는 정 전류원처럼 동작한다.

- 베이스 전류

베이스 전류는 두 가지 성분으로 나눌 수 있다. 첫 번째 성분은 이미터 전류 성분 중 베이스-이미터 접합 전류는 베이스 전류의 한 성분(i_{Ba})이다. 베이스 전류에서 이 성분은 $\exp(v_{BE}/V_t)$에 비례한다. 두 번째 성분(i_{Bb})은 베이스에서 다수캐리어 정공과 소수캐리어 전자의 재결합이 일어나지 않는 이상적인 경우를 고려하자. 베이스에서 다수 캐리어인 정공이 없어지기 때문에 그들은 베이스 단자 속으로 양전하의 흐름으로 재공급되어야 한다. 베이스에서 단위시간 당 재결합 정공의 수는 베이스에서 소수 캐리어 수에 정비례한다. 그러므로 이 전류성분 또한 $\exp(v_{BE}/V_t)$에 비례한다. 전체 베이스 전류는 이 두 성분의 합이고 $\exp(v_{BE}/V_t)$에 비례한다.

베이스 전류 대비 컬렉터 전류의 비는 양 전류가 $\exp(v_{BE}/V_t)$에 비례하기 때문에 일정하다. 그 때 아래와 같이 쓸 수 있다.

$$\frac{i_C}{i_B} = \beta \quad (20 \le \beta \le 500)$$

여기서 β는 공통-이미터 전류 이득이라 부른다. 일반적으로, 베이스 전류는 상대적으로 너무 적어서 공통-이미터 전류 이득은 보통 1보다 훨씬 크다. α, β 사이의 관계는 다음 식으로 표시된다.

$$\alpha = \frac{\beta}{\beta + 1}, \quad \beta = \frac{\alpha}{1 - \alpha}$$

[그림 1.33] 이상적인 바이폴러 트랜지스터의 공통-베이스 전류-전압 특성

(3) 동작모드

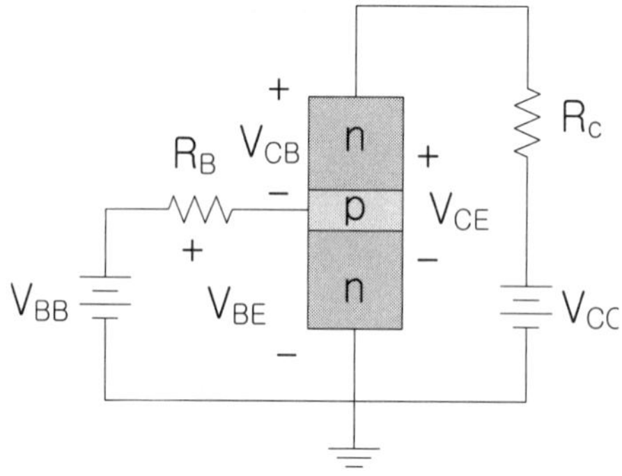

[그림 1.34] 공통 이미터 회로 모양에서 npn 바이폴러 트랜지스터

차단모드

그림 1.34는 간단한 회로에서 npn 트랜지스터를 보여준다. 이 구조에서 트랜지스터는 세 개의 동작모드 중 하나의 모드로 바이어스가 걸려 있을 수 있다. 만약 베이스-이미터 전압이 0이거나 역방향 바이어스라면 이미터로부터 다수 캐리어 전자는 베이스로 주입되지 않을 것이다. 베이스-컬렉터 접합이 또한 역방향 바이어스이면 이미터와 컬렉터 전류는 이 경우에 대해서 0일 것이다. 이 조건을 트랜지스터에서 모든 전류가 0인 차단모드(Cut-off) 라고 한다.

순방향 활성모드

베이스-이미터 접합에 순방향 바이어스로 인가하면 이미터 전류가 생성되고 베이스 속으로 주입한 전자들은 컬렉터 전류가 된다. 만약 Vcc가 충분히 크다면 베이스-컬렉터 접합이 역방향 바이어스로 인가된 것이고, 따라서 이 조건은 순방향 활성 영역의 동작이다.

포화모드

순방향으로 바이어스된 베이스-이미터 전압을 증가시킴에 따라 컬렉터 전류가 증가하고, 컬렉터-베이스 전압은 감소한다. 베이스-이미터 전압을 증가 시키다가 컬렉터-베이스 전압이 0 전압이 될 때 컬렉터 전류는 충분히 증가할 수 있다. 이 지점 이상에서 I_C는 약간의 증가가 컬렉터-베이스 전압 감소를 일으키고 베이스-컬렉터 접합은 순방향 바이어스가 걸린다. 이 조건을 포화(Saturation) 라고 한다. 포화 모드 동작에서 베이스-이미터와 베이스-컬렉터 접합은 모두 순방향으로 바이어스가 인가되고 컬렉터 전류는 더 이상 베이스-이미터 전압으로 조절이 되지 않는다.

그림 1.35는 트랜지스터가 공통-이미터 모양으로 연결할 때에 일정 베이스 전류에 대해 I_C대 V_{CE}, 트랜지스터 전류 특성을 보여준다. 컬렉터-이미터 전압은 베이스-컬렉터 접합이 역방향 바이어스 될 만큼 매우 클 때, 컬렉터 전류는 이 일차항 이론으로 상수이다. 컬렉터-이미터 전압의 작은 값에 대해서 베이스-컬렉터 접합은 순방향 바이어스로 되고 컬렉터 전류는 일정 베이스 전류에 대해서 영으로 감소한다.

컬렉터-이미터 루프 주위에 키르히호프 전압식을 쓰면 다음과 같다.

$$V_{CE} = V_{CC} - I_C R_C$$

이 식은 컬렉터 전류와 컬렉터-이미터 전압사이에 선형적인 관계를 나타낸다. 이 선형적 관계를 부하선이라 하고 그림 1.35에 나타내었다. 트랜지스터 특성에 중첩시킨 부하선은 트랜지스터의 바이어스 조건과 동작 모드를 나타내는데 사용할 수 있다. 차단모드는 I_c=0일 때 일어나며 포화모드는 베이스 전류 변화에 대한 컬렉터 전류 변화가 더 이상 없을 때 발생하고, 순방향 활성 모드는 관계식 $I_c = \beta I_B$가 타당할 때 일어난다. 이 세 가지 동작 모드를 그림으로 표시하였다.

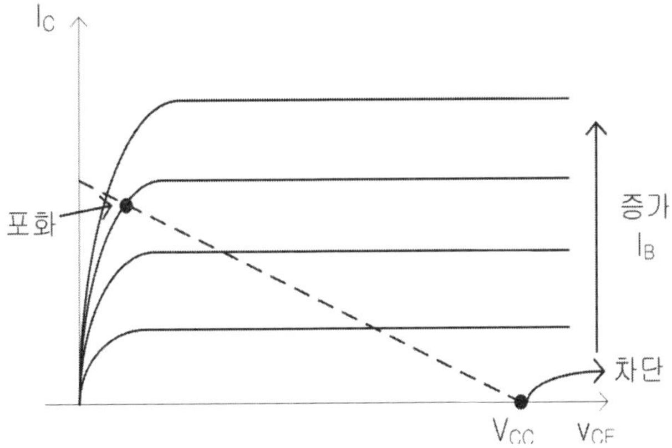

[그림 1.35] 중첩시킨 부하선을 갖는 바이폴러 트랜지스터의 공통-이미터 전류-전압 특성

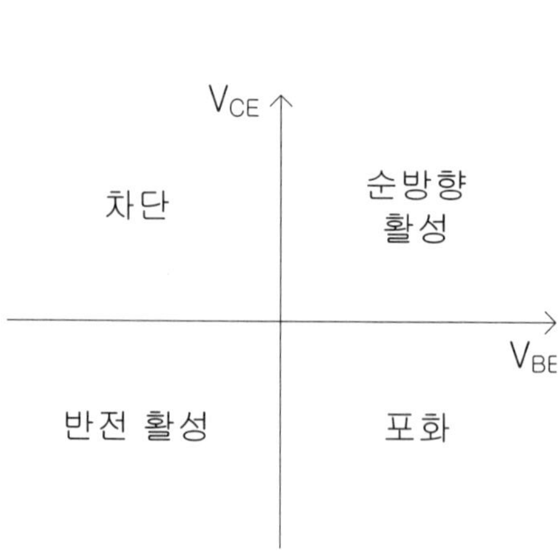

[그림 1.36] 바이폴러 트랜지스터의 네 가지 동작 모드에 대한 접합의 전압조건

반전 활성 모드

베이스-이미터 접합이 역방향으로 바이어스 시키며 베이스-컬렉터 전합은 순방향으로 바이어스 시킬 때 트랜지스터는 거꾸로 동작을 하고 이미터와 컬렉터의 역할이 반대가 된다. 이 조건을 반전 활성 모드라고 한다.

바이폴러 트랜지스터에서 베이스-이미터 컬렉터-베이스 전압 조건에 따른 4가지 동작 모드를 그림 1.36에 나타내었다.

(4) 바이폴러 트랜지스터 증폭

바이폴러 트랜지스터는 다른 회로 소자와 연결하여 전압이나 전류를 증폭할 수 있다. 그림 1.37는 공통-이미터 모양의 npn 트랜지스터를 보여준다. 이 회로는 순방향 활성 모드에서 동작한다. 그림 1.38은 v_i가 정현파 전압에 따른 회로의 전류와 전압변화를 보여준다. 베이스단의 정현파 전압은 dc 0 전압값에 중첩 시킨 베이스 전류의 정현파 성분을 유기시킨다. $i_C = \beta i_B$이므로 상대적으로 큰 정현파 컬렉터 전류가 컬렉터 전류의 dc 값에 중첩이 된다. 키르히호프의 전압법칙에 의해 시간-변화 컬렉터 전류는 R_C저항 양단에 시간-변화 전압을 유기시킨다는 것은 바이폴러 트랜지스터의 컬렉터와 이미터 사이에 존재하는 dc값에 중첩시킨 정현파 전압을 의미한다. 회로의 컬렉터-이미터 부분에서 정현파 전압은 신호 입력 전압보다 크며, 그러므로 회로는 시간-변화 신호에 대해서 전압이득을 얻는다. 따라서 회로는 전압 증폭기로 알려져 있다.

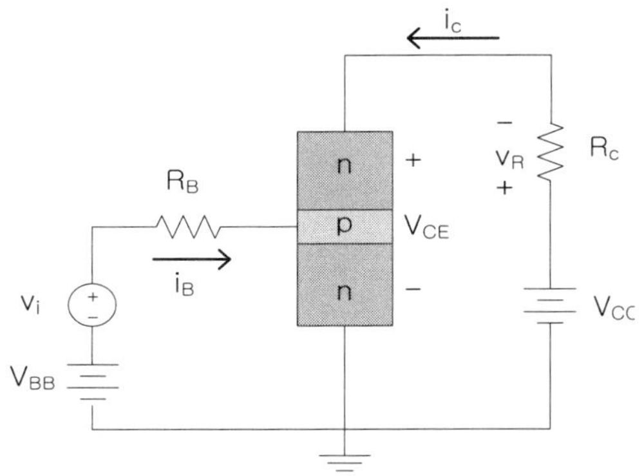

[그림 1.37] 베이스-이미터 루프에 포함된 시간-변화 정현파 전압 vi를 갖는 공통-이미터 npn 바이폴러 회로 모양

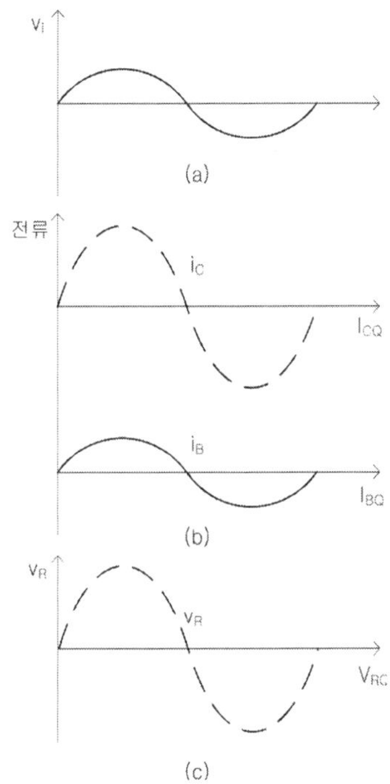

[그림 1.38] 회로의 전류와 전압변화
(a) 입력 정현파 신호 (b) 0dc 전압을 중첩한 정현파 베이스와 컬렉터 전류 (c) 0dc 값을 중첩한 RC 저항에 걸리는 정현파 전압

1.3.2 소수캐리어 분포

(1) 순방향 활성 모드

순방향 활성 모드에서 베이스-이미터 접합은 순방향으로 베이스-컬렉터 접합은 역방향으로 바이어스를 인가한 상태이다. 그림 1.39는 순방향 활성 모드에서 소수캐리어 분포를 나타내었다. 두 개의 n영역이 있기 때문에 이미터와 컬렉터 양쪽 모두 소수 캐리어인 정공이 존재할 것이다. 그림에서 파라미터 p_{E0}, n_{B0}와 p_{C0}는 각각 이미터, 베이스와 컬렉터에서의 열평형상태 소수 캐리어 농도를 나타낸다. 함수 $p_E(x')$, $n_B(x)$와 $p_C(x'')$는 각각 이미터, 베이스와 컬렉터에서의 정상상태 소수 캐리어 농도를 표시한다.

(2) 다른 동작모드

바이폴러 트랜지스터는 순방향 활성 모드 이외에 차단, 포화, 반전활성 모드로 동작시킬 수 있다. 이들 각각의 동작에 대한 소수 캐리어 분포를 정량적으로 다룰 것이다.

차단모드

그림 1.40는 차단 상태에서 npn 바이폴러 트랜지스터에서의 소수 캐리어 분포를 나타낸다. 차단 상태에서는 베이스-이미터와 베이스-컬렉터 접합 양쪽에 역방향으로 바이어스가 걸리므로, 즉 소수캐리어 농도는 각 공간전하 영역 가장자리에서 0이 된다. 이 그림에서 이미터와 컬렉터 영역이 '길다'고 가정하면, 베이스는 소수 캐리어 확산

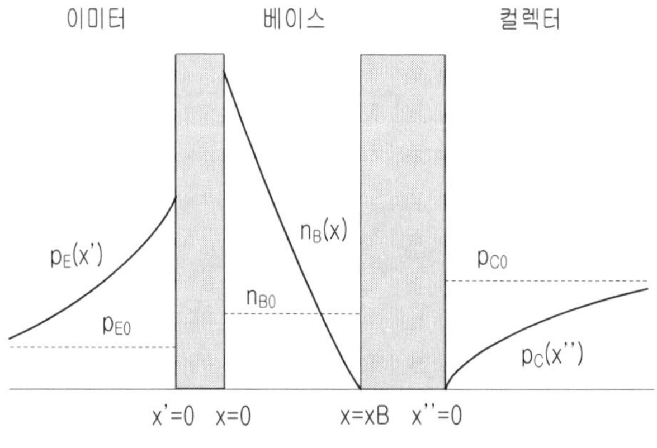

[그림 1.39] 순방향 활성 모드로 동작하는 npn 바이폴러 트랜지스터에서의 소수 캐리어 농도

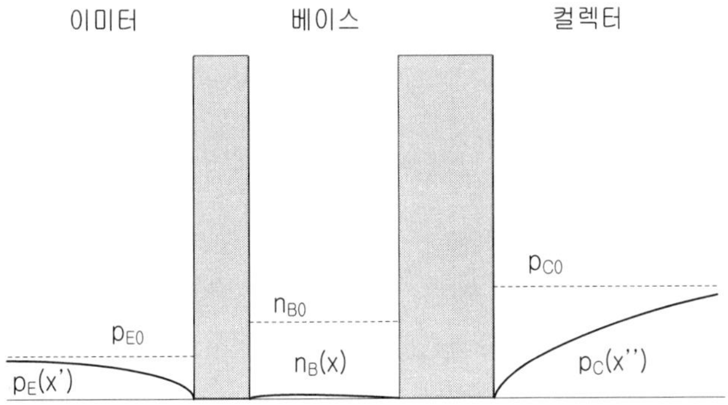

[그림 1.40] 차단 모드로 동작하는 npn 바이폴러 트랜지스터에서의 소수 캐리어 농도

길이에 견줄 만큼 짧다. 따라서 x_B << L_B이기 때문에, 필연적으로 모든 소수 캐리어들은 베이스 영역으로부터 빠져나간다.

포화모드

그림 1.41은 포화상태에서 동작하는 npn 바이폴러 트랜지스터의 소수 캐리어 분포를 나타낸다. 포화상태에서는 베이스-이미터와 베이스-컬렉터 접합 양쪽에 순방향을 바이

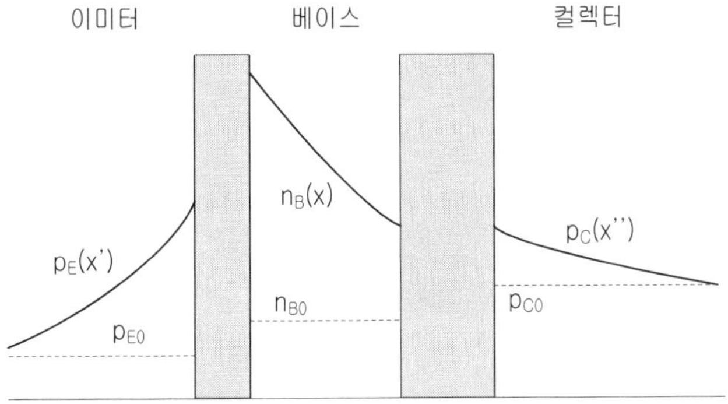

[그림 1.41] 포화 모드로 동작하는 npn 바이폴러 트랜지스터에서의 소수 캐리어 농도

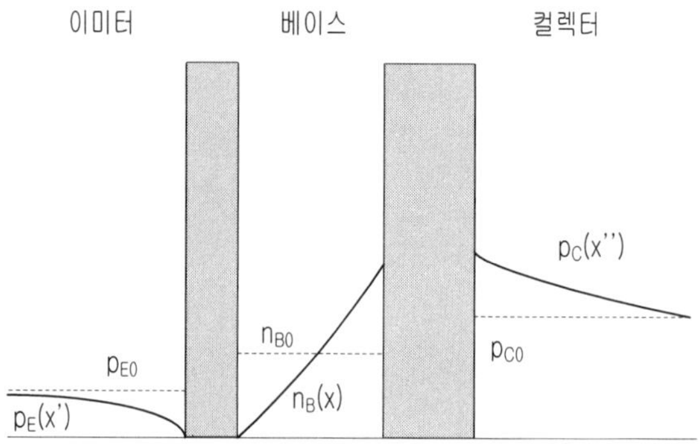

[그림 1.42] 반전활동 모드로 동작하는 npn 바이폴러 트랜지스터에서의 소수 캐리어 농도

어스가 걸리므로, 즉 과잉소수 캐리어가 공간전하 영역의 가장자리에 존재한다. 그러나 컬렉터 전류는 트랜지스터가 포화상태일 때도 여전히 존재하기 때문에 베이스에서 소수 캐리어 전자농도의 기울기는 여전히 존재할 것이다.

반전활성모드

그림 1.42는 npn 트랜지스터에서 반전활성 모드에 대한 소수 캐리어 분포를 보여준다. 이 경우에서 베이스-이미터 접합은 역방향으로 베이스-컬렉터 접합은 순방향으로 바이어스가 걸리므로 컬렉터로부터 전자들은 계속 베이스로 주입한다. 베이스에서 소수 캐리어 전자농도의 기울기는 순방향 활성모드와 비교할 때 반대 방향이어서 이미터와 컬렉터 전류의 방향도 반대가 된다.

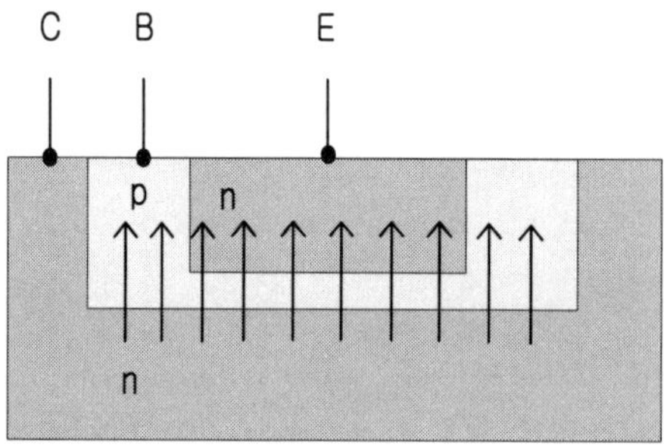

[그림 1.43] 반전활동 모드에서 전자의 주입과 집속을 보이는 npn 바이폴러 트랜지스터의 단면도

그림 1.43는 컬렉터에서 베이스로 전자주입을 보여주고 있다. 베이스-컬렉터 면적이 정상적으로 베이스-이미터 면적보다 훨씬 크기 때문에 주입한 전자 모두가 이미터로 집속되는 것은 아니다. 베이스와 컬렉터의 상대적 도핑 농도는 베이스와 이미터의 도핑 농도와 비교하여 차이가 있다. 즉 트랜지스터는 대칭적이 아니다. 동작에서 순방향 활성과 반전활성 동작모드 사이에는 상당한 특성 차이가 있는 것을 예상할 수 있다.

1.3.3 등가회로 모델(하이브리드-파이 모델)

트랜지스터를 사용한 회로는 용도에 따라 스위칭 회로와 증폭 회로로 나눌 수 있다. 이를 해석하기 위해서는 트랜지스터의 수학적 모델이나 등가회로가 필요하다. 바이폴러 트랜지스터를 해석하기 위한 수학적 모델이나 등가회로가 여러가지 존재하지만 용도에 따른 가장 일반적인 두 가지 모델은 Ebers-Moll 모델과 하이브리드-파이 모델이다. 그 중 증폭 회로를 해석하기 위해서 일반적으로 사용하는 모델이 하이브리드-파이 모델이다.

그림 1.44(a)는 소신호 단자전압과 전류를 갖는 공통 이미터 구조의 npn 바이폴러 트랜지스터를 나타낸다. 그림 1.44(b)는 npn 트랜지스터의 단면도를 나타낸다. C, B, E 단자는 트랜지스터의 외부 연결단자이고, C', B', E' 은 이상화 시킨 컬렉터, 베이스, 이미터 영역이다. 이들 단자들을 개별적으로 고려함으로써 트랜지스터의 등가회로를 만들 수 있다.

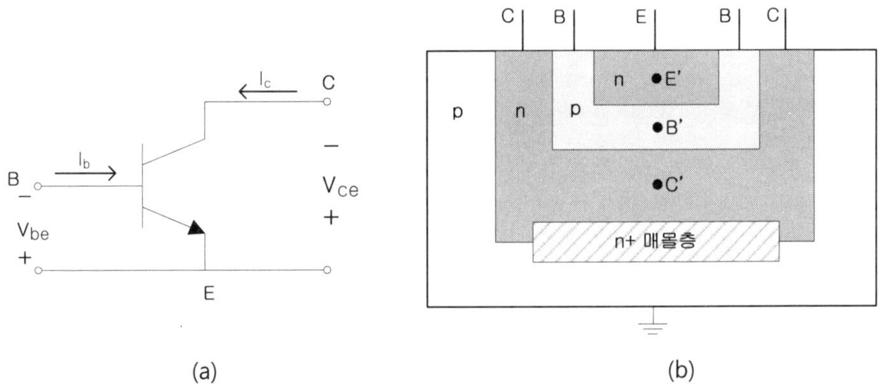

[그림 1.44] (a) 소신호 전류와 전압을 갖는 공통 이미터의 npn 바이폴러 트랜지스터 (b) 하이브리드-파이 모델에 대한 npn 바이폴러 트랜지스터의 단면도

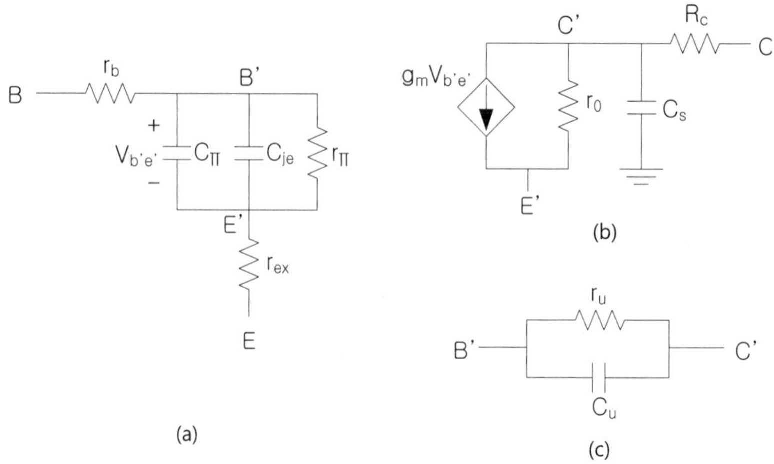

[그림 1.45] (a) 베이스와 이미터 (b) 컬렉터와 이미어 (c) 베이스와 컬렉터 사이에 있는 하이브리드-파이 등가회로의 성분

그림 1.45(a)는 외부 입력 베이스 단자와 외부 이미터 단자 사이의 등가회로를 나타낸다. 저항 r_b는 외부 베이스 단자 B와 내부 베이스 단자 B' 사이의 베이스 내에 있는 직렬 저항이다. C_π는 접합 확산 커패시턴스이고 r_π는 접합 확산 저항이다. 이들 두 요소는 접합 커패시턴스 C_{je}와 병렬로 되어 있다. 마지막으로 r_{ex}는 외부 이미터 단자와 내부 이미터 영역 사이의 직렬저항이다. 이 저항은 보통 1~2Ω 정도이다.

그림 1.45(b)는 컬렉터 단자에서 본 등가 회로를 나타낸다. 저항 r_c는 외부와 내부 컬렉터 단자를 연결하는 직렬저항이고 커패시턴스 C_s는 컬렉터와 기판 접합의 접합 커패시턴스이다. 종속전류원 $g_m V_{b'e'}$는 내부 베이스-이미터 전압으로 제어하는 트랜지스터 내의 컬렉터 전류이다. 저항 r_o는 출력 컨덕턴스 g_0의 역수이고 일차적으로 Early 효과 때문에 나타난다.

마지막으로 그림 1.45(c)는 역방향 바이어스 시킨 B'-C' 접합의 등가회로이다. 파라미터 C_u는 역방향 바이어스 시킨 접합 커패시턴스이고, r_u는 역방향 바이어스된 확산 저항이다. 정상적으로 r_u는 M_π정도여서 무시할 수 있다. C_u의 값은 보통 C_π보다 매우 작지만 밀러효과와 밀러 커패시턴스를 유도하는 궤환효과 때문에 C_u는 대부분의 경우에 있어서 무시할 수 있다.

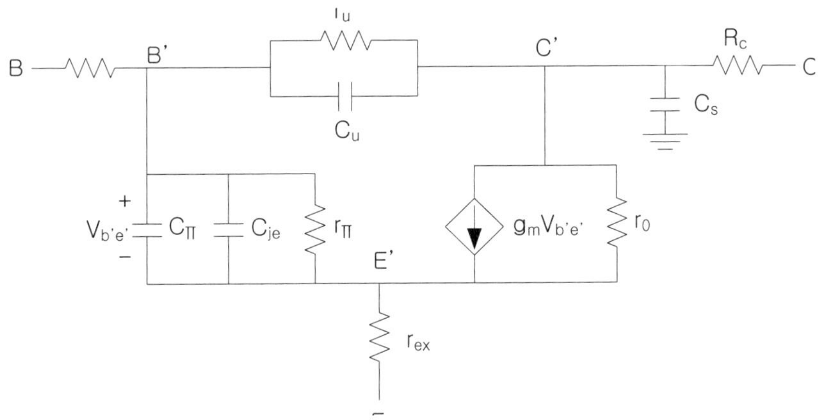

[그림 1.46] 하이브리드-파이 등가회로

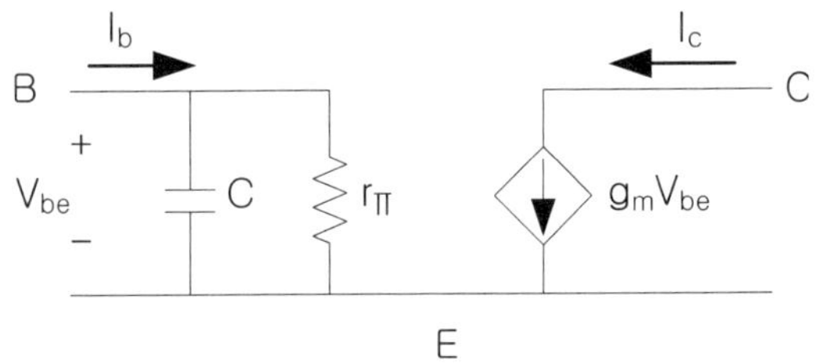

[그림 1.47] 간략화한 하이브리드-파이 등가회로

그림 1.46은 그림 1.40의 각각의 단을 조합하여 완전한 하이브리드-파이 등가회로를 나타낸다. 컴퓨터 시뮬레이션을 사용할때는 완전한 모델을 요구하기 때문에 그림 1.46의 등가회로를 사용하지만, C_u, C_s, r_u, C_{je}, r_o 그리고 직렬 저항성분들을 무시하고 그림 1.47와 같이 간략화한 하이브리드-파이 등가회로로 나타낼 수 있다.

바이폴로 트랜지스터 공통 이미터(CE) 증폭기

그림 1.48에 바이폴러 트랜지스터 CE 증폭기 회로의 간단한 예를 나타내었다. 이 증폭 회로의 소신호 특성을 해석하기 위해 그림 1.49에 소신호 모델로 교체한 바이폴러 트랜지스터의 등가회로로 나타내었다. 이때 테브냉 변환에 의해 다음과 같이 나타낼 수 있다.

$$v_{TH} = \frac{R_B}{R_B + R_S} v_s,\ R_{TH} = \frac{R_B R_S}{R_B + R_S}\ (R_B = R_1 \parallel R_2)$$

$$A_v = \frac{V_0}{V_s} = -\frac{g_m r_\pi R_L}{r_\pi + R_{TH}} \frac{R_B}{R_B + R_s} = -\frac{g_m R_L}{1 + \frac{R_{TH}}{r_\pi}} \frac{1}{1 + \frac{R_s}{R_B}}$$

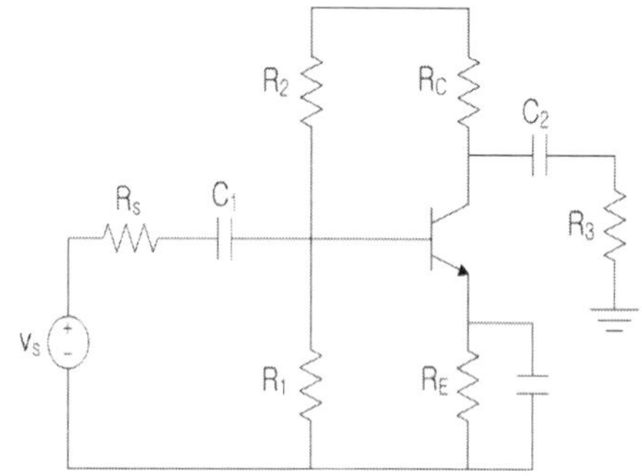

[그림 1.48] 바이폴러 트랜지스터를 사용한 공통 이미터 증폭기 회로

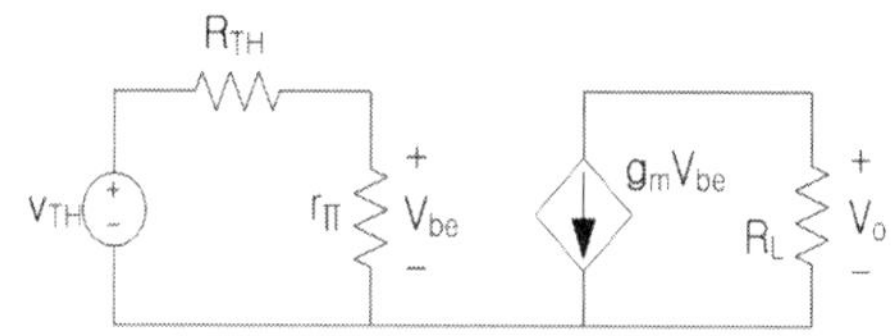

[그림 1.49] 소신호 모델로 교체한 바이폴러 트랜지스터의 등가회로

1.4 MOSFET(Metal-Oxide-Semiconductor Field-Effect Transistor)

MOSFET(Metal-Oxide-Semiconductor Field-Effect Transistor)은 금속-산화막-반도체 전계효과 트랜지스터로서 가장 범용적인 반도체 소자이다. 디지털, 아날로그, 메모리 회로에 있어 가장 기본적인 구현 단위로, 상대적으로 작은 크기 때문에, 저비용 고집적 회로를 제작할 수 있다. 또한 전력 소모가 적고 속도가 빠르므로 기가헤르츠(GHz) 수준의 처리 속도를 갖는 컴퓨터 프로세서와 고주파(RF) 대역의 신호를 사용하는 휴대전화 칩에 사용된다.

MOSFET 동작의 이해를 돕기 위해서, MOS 즉, 금속-이산화실리콘(SiO_2)-실리콘 구조의 MOS 커패시터의 동작을 살펴 본 후, MOSFET의 동작과 특성들을 알아보고, 전류-전압 특성에 대한 개념을 다룰 것이다.

1.4.1 MOS 커패시터

그림 1.50는 MOS 커패시터의 구조를 나타낸다. 바디(Body)라고도 하는 실리콘 기판과 실리콘 산화막(SiO_2), 게이트(Gate)라고 부르는 금속 단자로 구성된다. 예전에는 게이트가 알루미늄과 같은 금속 물질로 만들어지는 것이 일반적이었지만, 1970년 이후부터 고농도로 이온 주입된 다결정 실리콘(polycrystalline silicon), 줄여서 폴리실리콘(poly-Si) 사용하는데, 고온에서 SiO_2와 반응하지 않으면서 안정성을 유지하기 때문에 표준적인 게이트 물질로 사용하고 있다. 최근에는 좀 더 발전된 트랜지스터를 위해 다른 금속물질의 게이트를 사용하고, 실리콘 산화막 대신 보다 향상된 특성의 유전물질로 바꾸는 추세지만, 별도로 명시되지 않았다면 일반적인 MOS의 게이트는 폴리실리콘이라고 생각해도 무방하다.

(1) 에너지 밴드 다이어그램

에너지 밴드 다이어그램을 그릴 때에는 그림 1.51과 같이 실리콘 산화막을 중간에 두고 게이트와 바디를 각각 왼쪽과 오른쪽에 그리는 것이 일반적이다. 그림 1.51(b)는 Vg=0일 때의 에너지 밴드 다이어그램이다.

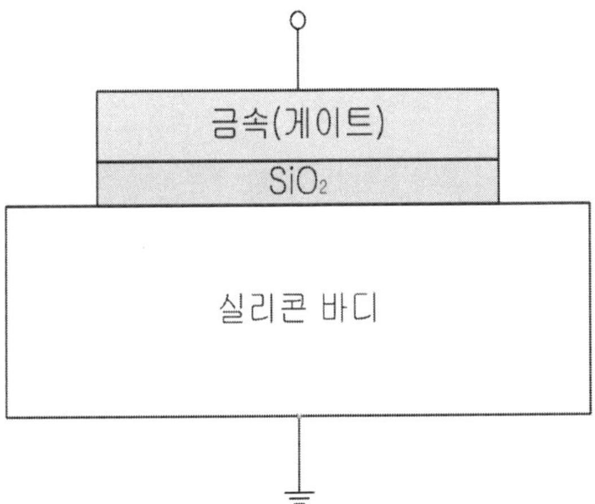

[그림 1.50] MOS 커패시터

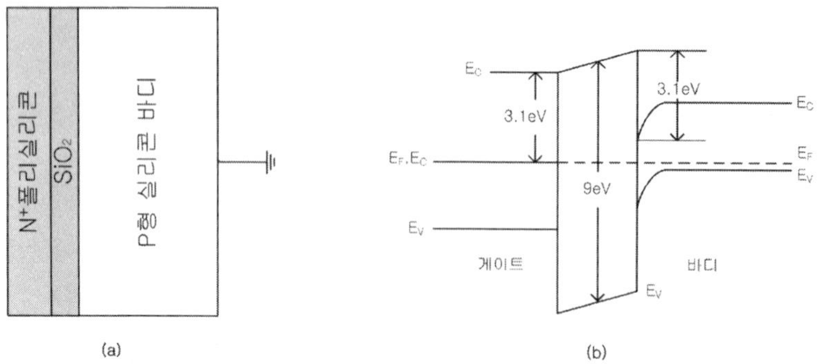

[그림 1.51] (a) 폴리실리콘 게이트/산화막/반도체 커패시터, (b) 전압이 가해지지 않은 상태에서의 에너지 밴드 다이어그램

그림 1.51(b)의 에너지 밴드 다이어그램은 어떻게 해서 나온 것일까? 먼저 그림 1.52(a)의 MOS 커패시터의 각 게이트, 산화막, 실리콘의 접촉 전 에너지 준위를 살펴보자. N^+ 폴리게이트를 사용하였으므로, 게이트의 $E_F \simeq E_C$라고 가정하고, ϕ_g는 게이트 물질의 일함수를 의미한다. E_0는 진공레벨을 의미하며 해당물질의 외부에서 전자가 갖는 에너지 상태를 나타낸다. 가운데 위치한 E_C와 E_V는 실리콘 산화막의 전도대와 가전자대로 사이의 간격은 9eV이다. P형 실리콘 기판의 에너지 밴드는 E_F가 가전자대 근처에 위

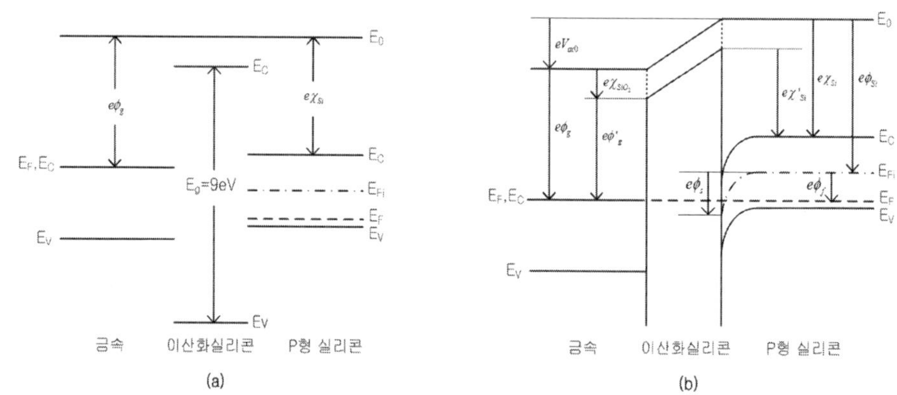

[그림 1.52] (a) 접촉 전 MOS 커패시터의 에너지준위, (b) 접촉 후 열적 평형에서의 에너지 밴드 다이어그램

치하며, χ_{Si}는 실리콘의 전자친화력을 의미한다. 그림 1.52(b)는 접합 후의 에너지 밴드를 나타내고 있다. 게이트와 기판에서 E_F는 일정하므로 기판의 에너지 밴드 가장자리가 휘어진 형태로 나타난다. $q\phi_S$는 밴드가 휘어진 정도를 나타내며, ϕ_g는 표면전위라고 한다.

게이트 금속의 일함수 ϕ_g와 실리콘의 일함수 ϕ_{Si}의 차이를 V_{fb}(평탄 밴드 전압)이라고 하며, 이 전압이 게이트에 인가 할 경우 게이트 쪽 에너지 밴드 다이어그램이 상승하여, 휘어져 있던 에너지 밴드를 수평으로 만들어 주며, 산화막 내의 전기장의 크기도 0으로 만든다. 즉, ϕ_s=0, V_{ox}=0인 상태가 된다. 평탄 밴드 전압과 게이트 전압을 수식으로 나타내면 다음과 같다.

$$V_{fb} = \phi_g - \phi_{Si} - Q_{OX}/C_{OX}$$

$$V_g = V_{fb} + \phi_s + V_{ox}$$

(2) 표면 축적

앞에서 게이트에 V_{fb}를 인가하게 되면 에너지 밴드가 수평이 된다고 했다. 그렇다면 V_{fb}보다 낮은 음의 전압이 게이트에 인가되면 그림 1.53(a)는 어떻게 될까? 게이트 쪽 에너지 밴드는 음의 전압으로 인해 위쪽으로 밀려 올라갈 것이다. 그 결과로 나타나

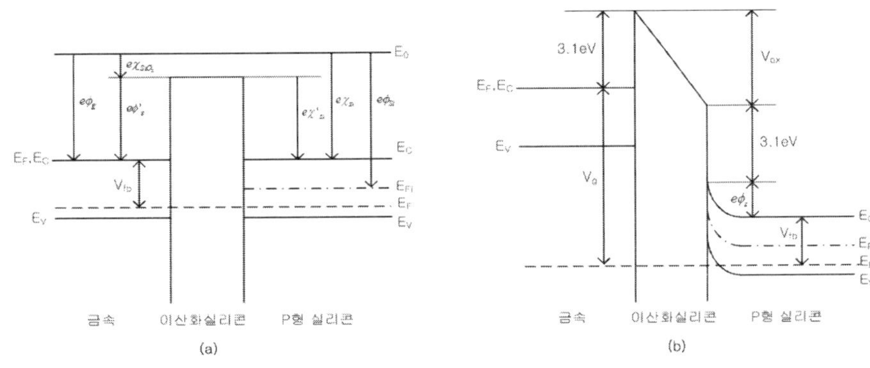

[그림 1.53] (a) 게이트에 V_{fb}를 인가한 경우의 에너지 밴드 다이어그램, (b) 게이트에 V_{fb}보다 낮은 전압을 인가한 경우 에너지 밴드 다이어그램

는 에너지 밴드 다이어그램은 그림 1.53(b)와 같다. 기판의 에너지 밴드 가장자리가 위쪽으로 휘어져 ϕ_s는 음의 값을 가지고, V_{ox}또한 음의 값을 가진다. 표면 근처에서 E_V의 값이 E_F에 가깝기 때문에 기판의 정공 농도 $p_0 = N_a$보다 높다. 이러한 사실은 표면 근처에 많은 수의 정공이 존재함을 의미하며, 이 정공들은 축적층(accumulation layer)를 형성하고 축적층 정공(accumulation layer hole)이라고 한다, 그리고 이 정공들을 전하로 환산한 양을 축적전하(accumulation charge)Q_{acc}라고 한다. 이렇게 표면의 정공농도가 높아지는 현상을 표면 축적(surface accumulation)이라고 한다. 기판이 N형이라면 축적층을 형성하는 케리어는 전자가 된다.

(3) 표면 공핍

게이트에 V_{fb}보다 큰 값을 인가하면 그림 1.53(a)는 어떻게 변할까? 그림 1.54에서와 같이 게이트 쪽의 밴드 다이어그램은 아래로 밀려 내려갈 것이다. 그리고 기판 쪽의 E_F가 E_C와 E_V로부터 멀기 때문에 전자나 정공의 밀도가 매우 작아 표면에는 공핍 영역이 형성된다. 이러한 상황을 표면 공핍(surface depletion)이라고 한다. 공핍 영역은 W_{dep}만큼의 폭을 갖는다.

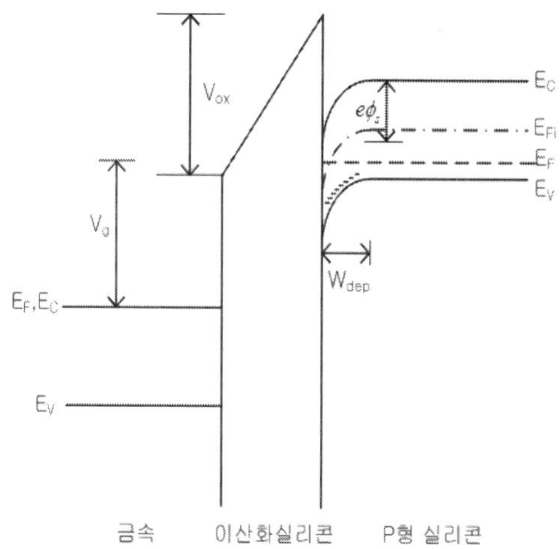

[그림 1.54] 게이트에 V_{fb}보다 높은 전압을 인가한 경우 에너지 밴드 다이어그램

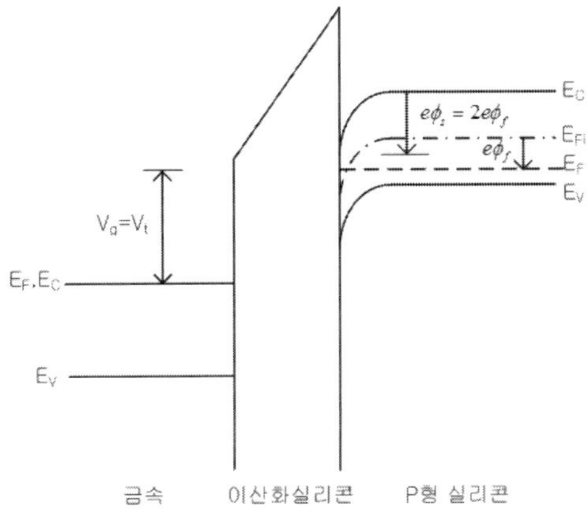

[그림 1.55] 문턱 전압 조건에서의 에너지 밴드 다이어그램

(4) 문턱 조건 및 문턱 전압

앞에서 설명한 표면 공핍이 나타나는 전압 보다 더 높은 양의 전압을 게이트에 인가시키면 에너지 밴드는 아래쪽으로 더욱 많이 휘게 되고, V_g값을 더 증가시키다 특정한 값에 도달하면 기판-산화막 계면에서 E_F와 E_C가 충분히 가까워져 표면은 더 이상 공핍 상태에 있지 않고 반전 문턱 조건에 도달하게 된다. 반전(inversion)이라는 말은 실리콘 표면이 P형에서 N형으로, 즉 전자들의 수가 매우 많은 상태로 뒤집힘을 의미한다. 문턱(threshold)이라는 말은 흔히 표면에서의 전자 농도 n_s가 실리콘 기판 영역의 도핑농도 N_a와 같아지는 조건을 의미한다. 그림 1.55에서 표면전위 즉, ϕ_s가 $2\phi_f$가 되며, 문턱 조건에서의 V_g는 문턱 전압(threshold voltage) V_t라고 한다.

(5) 문턱 조건 이후의 강반전

그림 1.56은 게이트에 V_t보다 높은 전압을 인가했을 때의 에너지 밴드 다이어그램이다. 게이트에 더 높은 양의 전압을 가하게 되어 계면에서의 전자 농도가 증가하며 이 반전 상태로 만드는 전자들은 반전층(inversion layer)을 형성한다. 이 장에서는 E_C와 E_F가 가까운 상황에서는 전자가 지체되지 않고 생성되어 반전층을 형성한다고 가정하였지만, 실제로는 P형 기판 내에 존재하는 전자 수가 매우 적기 때문에 반전층을 형성하기 까지 시간이 오래 걸린다. 이러한 문제를 해결하기 위하여 MOS트랜지스터를 사용하는데, 이 부분에 대해서는 뒤에 자세히 다루겠다.

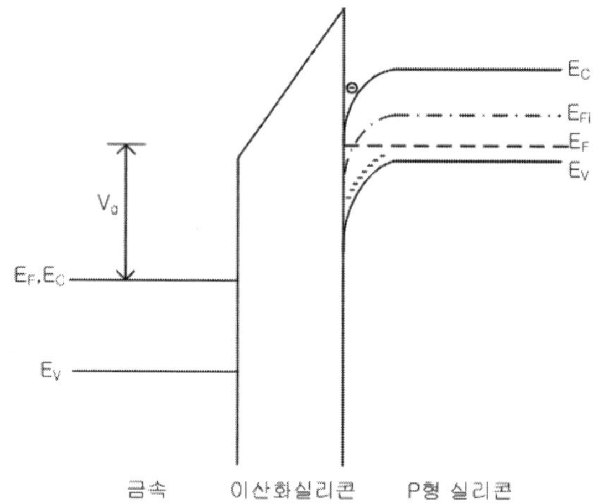

[그림1.56] 게이트에 V_t보다 높은 전압을 인가한 경우 에너지 밴드 다이어그램

(6) MOS 커패시터의 C-V 특성

커패시턴스-전압(C-V)의 측정은 게이트 산화막의 두께, 기판의 도핑 농도, 문턱 전압 및 평탄 밴드 전압 등을 구하는데 있어 빈번히 사용되는 매우 유용한 방법이다. 커패시턴스는 전체 기판 전하를 게이트 전압으로 미분하여 구하는데, 먼저 전체 기판 전하에 대하여 알아보자.

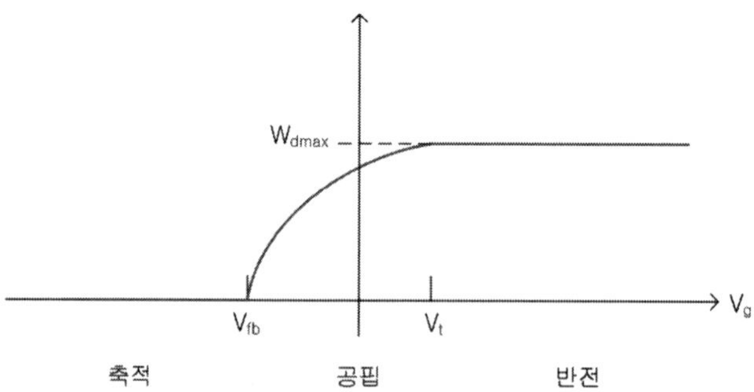

(a)

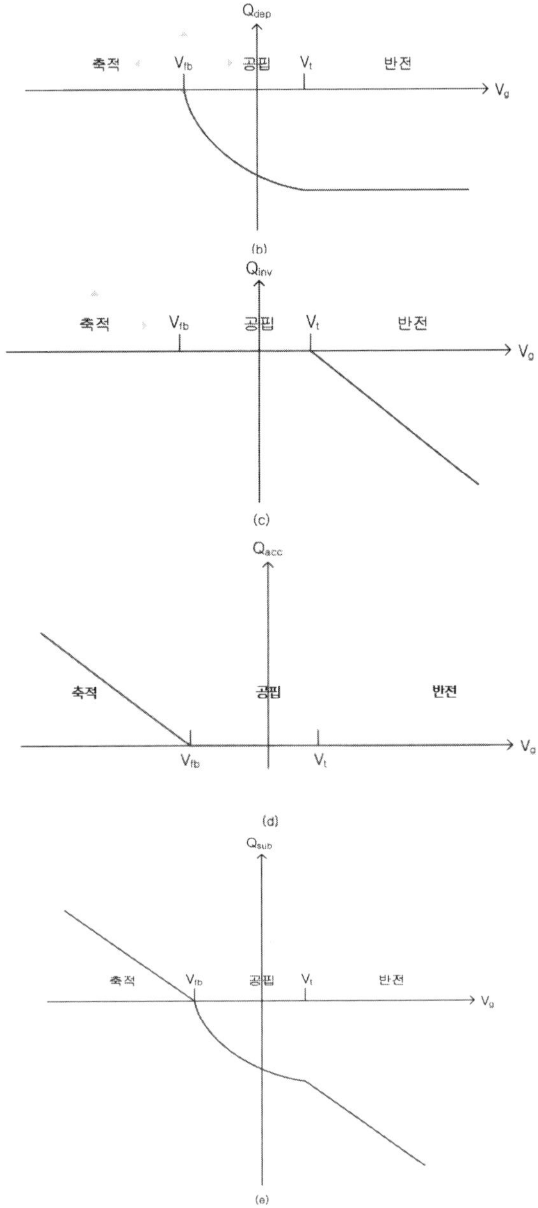

[그림 1.57] (a) 기판 내 공핍 영역 폭, (b) 공핍층 전하, (c) 반전층 전하, (d) 축적층 전하, (e) 전체 기판전하

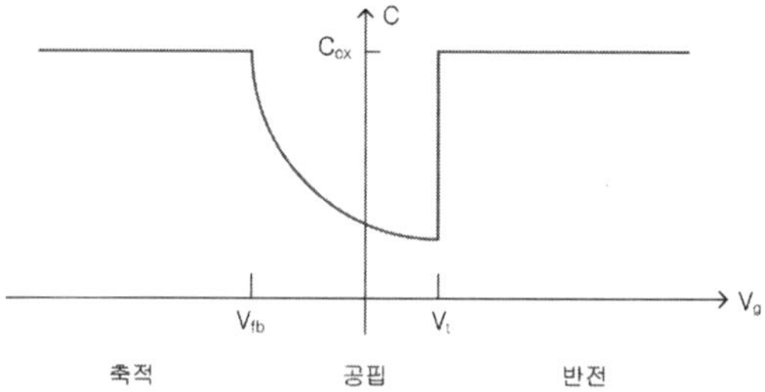

[그림1.58] MOS C-V 특성

그림 1.57(a)는 V_g에 따른 공핍영역의 폭을 나타내는데 공핍영역 이후로 증가하다가 반전영역에서 고정된다, 그림 1.57(b)는 공핍층 전하로 W_{dep}에 반비례하고, 반전영역 이후로 고정된다. 나머지 그림도 각각 반전층 전하와 축적층 전하를 나타내며, 그림 1.57(e)는 전체 기판 전하를 나타낸다. 전체 기판 전하는 공핍층 전하, 반전층 전하, 축적층 전하의 합으로 나타내며, 이를 미분하면 MOS커패시터의 C-V 특성을 알 수 있다.

1.4.2 MOSFET

그림 1.59은 MOSFET의 기본 구조를 나타낸다. 두 개의 PN접합은 각각 트랜지스터에 전자나 정공을 공급하는 소스(source)와 전자나 정공을 빨아내는 드레인(drain)에 해당한다. 전계효과 트랜지스터 또는 FET라는 용어는 게이트가 산화막을 통해 전기장을 사용하여 트랜지스터를 켜거나 끄는 동작 원리에 기인한다. 트랜지스터는 신호원에 대하여 높은 입력저항을 가지고, 소모되는 입력 전력이 극히 낮으며, 출력 회로에 대하여 저항이 낮아 회로 부하를 구동하는데 필요한 많은 전류를 공급할 수 있는 이점을 가진 소자이다.

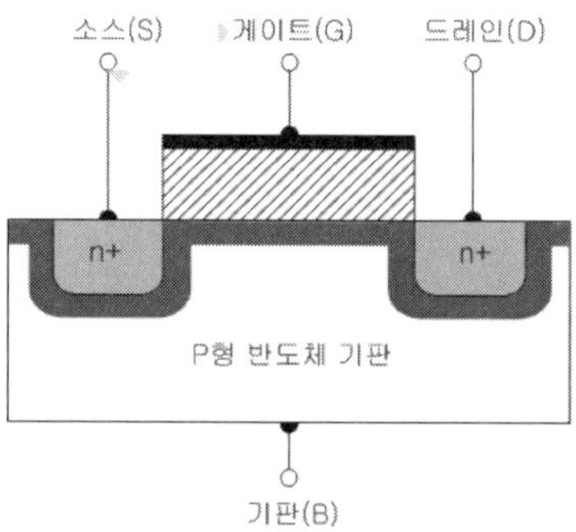

[그림 1.59] MOSFET의 기본구조

(1) MOSFET 구조

MOSFET은 생성되는 채널의 종류에 따라 n형, p형으로 나뉘며, 제로 게이트 전압에서 채널의 존재 유무에 따라 증가형과 공핍형으로 나뉜다. 그림 1.60(a)는 n채널 증가형 MOSFET을 나타낸다. 증가형이란 표현은 제로 게이트 전압에 대해 반도체 기판 영역이 산화막 아래와 접해 있어 바로 반전되지 않음을 의미한다. 양의 게이트 전압은 전자 반전층을 유도하고, 이것은 n형 소스와 드레인 영역을 연결한다. 소스 단자는 채널을 통해 드레인 단자로 흐르는 캐리어의 공급원이다. 이러한 n채널 소자의 경우 전자들이 소스로부터 드레인으로 흐르므로, 전류는 드레인에서 소스로 흐른다.

그림 1.60(b)는 n채널 공핍형 MOSFET을 나타낸다. 제로 게이트 전압이 인가된 상태에서도 n채널 영역이 산화막 아래에 존재한다. 이러한 상태는 문턱전압이 음이며, 게이트에 0의 전압이 인가된 상황에서도 이미 전자 반전층이 존재하고 있음을 의미하는데 이러한 소자를 공핍형 소자라 한다.

그림 1.60(c)와 그림 1.60(d)는 p채널 MOSFET으로 전자가 아닌 정공 반전층이 채널을 형성한다.

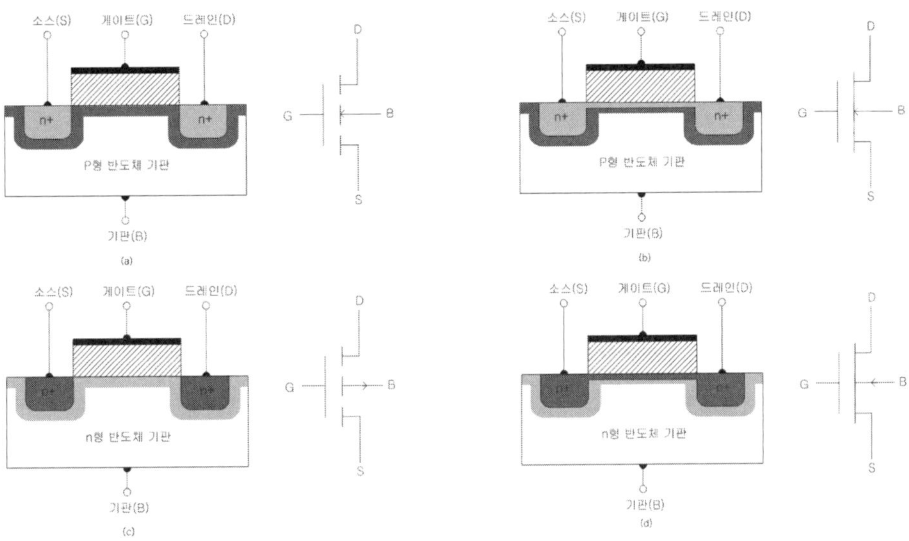

[그림 1.60] 단면도와 회로기호 (a) n채널 증가형 MOSFET, (b) n채널 공핍형 MOSFET, (c) p채널 증가형 MOSFET, (d) p채널 공핍형 MOSFET

(2) 전류-전압 관계 및 개념

그림 1.61(a)는 문턱전압보다 낮은 게이트-소스 전압과 매우 작은 드레인-소스 전압만을 가진 n채널 증가형 MOSFET를 나타낸 것이다. 소스와 기판은 접지되어 있으며, 전자 반전층이 형성되지 않으므로 드레인 전류는 0이다.

그림 1.61(b)는 문턱전압보다 높은 전압이 게이트에 인가된 MOSFET을 나타낸다. 문턱전압 이상의 전압이 게이트에 인가되었으므로 전자 반전층이 형성되고 드레인에 작은 전압이 인가되어 반전층 내의 전자들이 소스에서 양의 드레인 단자로 흐른다. 전류는 드레인 단자로 들어가서 소스 단자로 나온다. 작은 V_{DS}값에 대하여 채널영역은 저항의 특성을 가지며 다음과 같은 식으로 표현할 수 있다.

$$I_D = g_d V_{DS}$$

여기서 g_d는 채널 컨덕턴스라고 정의하며, 반전층 전하량에 비례한다. V_{GS}값이 커짐에 따라 반전층 전하밀도는 증가하고, 채널 컨덕턴스 또한 증가한다. 큰 g_d값은 I_d대 V_{DS}특성의 초기 기울기를 더 크게 만든다.

그림 1.62(a)는 $V_{GS} > V_T$와 인가된 V_{DS}전압이 작은 경우에 대한 기본적인 MOS구조를 나타낸 것이다. 그림에서 반전 채널층의 두께는 상대적인 전하밀도를 나타내며, 채널 길이를 따라 일정하다. 그에 대한 I_D-V_{DS} 특성곡선이 오른쪽에 표현되어 있다. 그림 1.62(b)는 V_{DS}값이 증가 할 때의 상황을 나타낸다. 드레인 전압이 증가함에 따라 드레인 단자 근처의 산화막 양단 전압강하는 감소하며, 이것은 드레인 단자 근처에 유도된

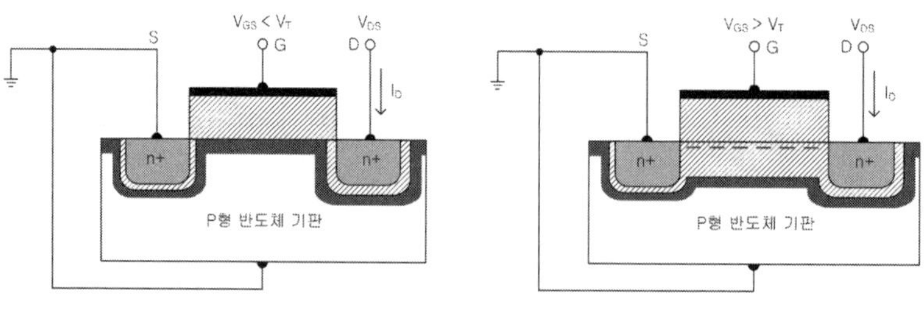

(a) 인가된 게이트 전압 $V_{GS}<V_T$인 경우 (b) 인가된 게이트 전압 $V_{GS} <V_T$인 경우

[그림 1.61] n채널 증가형 MOSFET

반전층 전하밀도 역시 감소함을 의미한다. 또한 채널의 컨덕턴스가 감소하여 I_D-V_{DS} 곡선의 기울기가 감소한다.

V_{DS}가 드레인 단자에서 산화막 양단의 전압강하가 V_T와 같아지는 점까지 증가 할 때 유도된 반전 전하밀도는 드레인 단자에서 0이 되고, 드레인에서의 컨덕턴스 또한 0이 된다. 이것은 I_D-V_{DS}곡선의 기울기가 0이며 더 이상 드레인 전류가 증가하지 않는다는 것을 의미한다. 그래서 이때의 드레인 전압을 $V_{DS(sat)}$이라고 하며, 드레인 단자에서 0의 반전 전하밀도를 생성하는 드레인-소스 전압이라고 정의한다. 여기에 대한 상황은 그림 1.62(c)에 표현되어 있다.

V_{DS}가 $V_{DS(sat)}$보다 커질수록 반전전하가 0이 되는 점은 소스단자 쪽으로 이동한다. 이 때 전하가 0이 되는 지점에서 끊어진 채널로 인해 공간전하 영역으로 주입되는 전자들은 전계에 의해 드레인으로 쓸려가게 된다. 드레인 전압으로 인해 짧아진 채널 길이가 본래의 길이와 비교해서 차이가 작다고 가정하면, $V_{DS} > V_{DS(sat)}$일지라도 드레인 전류는 일정할 것이다. 더 이상 전류가 증가하지 않는 이 영역을 일컬어 포화영역(saturation region)이라 하며, 그림 1.62(d)에 동작영역을 표현하고 있다.

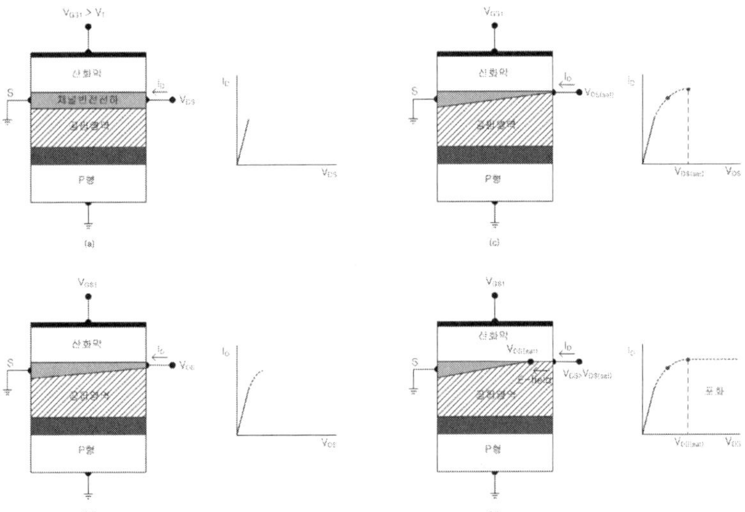

[그림 1.62] $V_{GS} > V_T$인 경우 단면도와 I_D-V_{DS} 곡선 (a) V_{DS}가 작을 때, (b) V_{DS}가 클 때, (c) $V_{DS} = V_{DS(sat)}$일 때, (d) $V_{DS} > VV_{DS(sat)}$일 때

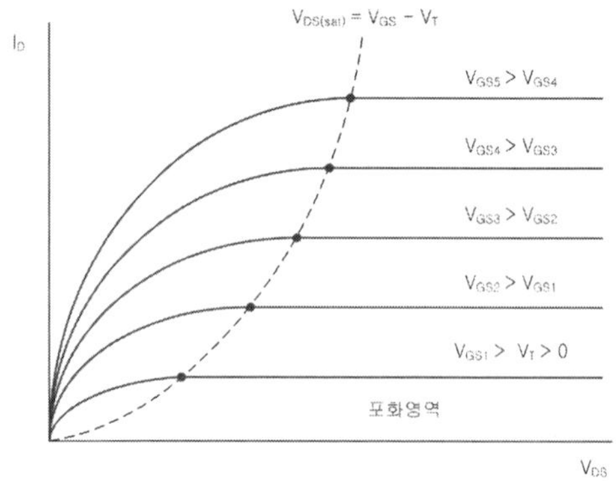

[그림 1.63] n채널 증가형 MOSFET에 대한 I_D-V_{DS} 곡선

V_{GS}가 변할 때, I_D-V_{DS} 곡선 또한 변할 것이다. VGS가 증가하면 I_D-V_{DS} 곡선의 초기 기울기가 증가한다. 그림 1.63에 n채널 증가형 MOSFET에 대한 I_D-V_{DS} 곡선을 표현하고 있다. 점선으로 나타낸 부분은 $V_{DS(sat)}$를 이은 선으로 왼쪽은 선형영역, 오른쪽은 포화영역을 나타낸다. 기본적인 I_D와 포화영역에서의 I_D를 수식으로 표현하면 다음과 같다.

$$I_D = \frac{W}{L} C_{ox} \mu_s (V_{gs} - V_t - \frac{m}{2} V_{ds}) V_{ds}$$

$$I_{D(sat)} = \frac{W}{1mL} C_{ox} \mu_s (V_{gs} - V_t)^2$$

1.4.3 소신호 등가회로

그림 1.64(a)는 기본적인 MOSFET구조의 회로성분과 내부 저항, 커패시터를 나타낸다. 이 그림을 소신호 등가회로로 표현하면 그림 1.64(b)와 같이 나타낼 수 있다. 여기서 C_{gdT}와 C_{gsT}는 총 게이트 소스 및 총 게이트 드레인 커패시턴스를 나타낸다. 그리고 r_{ds}는 그림 1.64(a)에 표현되어 있지 않은데, 이 값은 I_D 대 V_{DS}기울기와 관련된 파라미터 이다. 그림 1.64(c)는 저주파에서 적용되는 간략화 된 소신호 등가회로이다. 직렬저항 r_s와 r_d는 무시하였고, 이 모델에서 입력 게이트 임피던스는 무한대 값을 가진다.

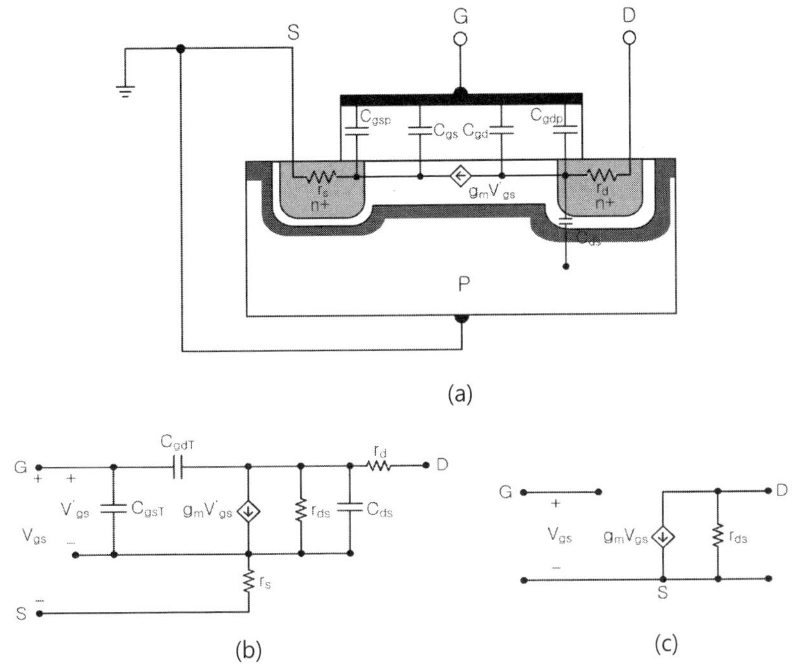

[그림 1.64] (a) n채널 MOSFET 구조에서 내부저항과 커패시턴스, (b) 소신호 등가회로, (c) 간략화 된 저주파에서의 소신호 등가회로

(1) 소신호 등가회로를 이용한 CE(Common Emitter)증폭기 해석

그림 1.65(a)는 NMOS를 이용한 간단한 CE증폭기이다. 소신호 등가회로를 이용하여 회로를 간략화 하면 그림 1.65(b)와 같은 모양으로 대체할 수 있다. 이 회로의 전압이득은 다음과 같이 구할 수 있다.

$$V_{gs} = \frac{R_1//R_2}{R_i + R_1//R_2} \cdot V_i \qquad V_{out} = -g_m \cdot V_{gs} \cdot r_{ds}//R_D//R_L$$

$$A_V = \frac{V_{out}}{V_i} = -g_m \cdot \frac{R_1//R_2}{R_i + R_1//R_2} \cdot r_{ds}//R_D//R_L$$

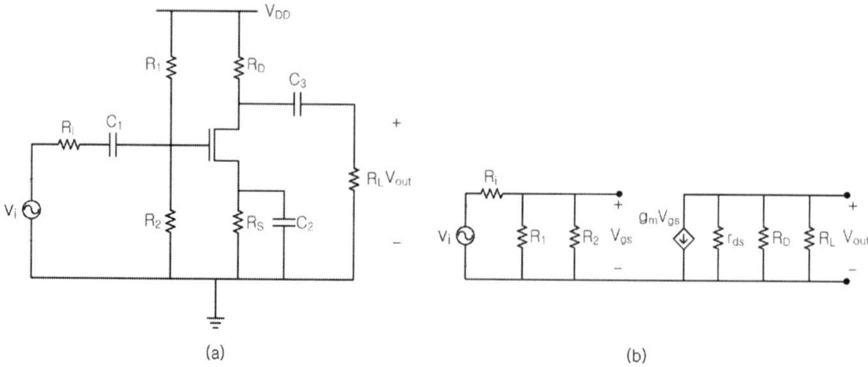

[그림 1.65] (a) NMOS CE증폭기, (b) 소신호 등가회로

1.5 요약

1.1장에서는 반도체와 다른 재료들의 성질은 단위 셀로 표현되는 단결정 격자 구조에 의하여 결정된다. 단위셀은 전체 결정을 재현하는데 사용되는 작은 부피의 결정이다. 세 가지 간단한 격자 구조(단순입방, 체심입방, 면심입방)를 살펴보았다. 고체양자이론을 통해 에너지 밴드에 대해서 알고 페르미에너지와 캐리어의 확산에 대해서 알아보았다.

1.2장에서는 실리콘에 도너와 억셉터를 도핑한 P형 반도체와 N형 반도체를 접합시킨 PN접합 다이오드에 대해 알아보았다. PN접합 다이오드의 전류는 각 반도체 내에 흐르는 다수캐리어 드리프트 전류와 소수캐리어 확산 전류로 이루어진다는 것을 알 수 있고, 이상적인 다이오드 전류를 구하기 위한 가정을 살펴보았다. 또한 역방향 바이어스와 순방향 바이어스 상에서 PN접합에 어떤 현상이 발생하는지 알아보았고, 여기서 생성되는 커패시턴스와 저항성분을 고려하여 최종적으로는 등가회로로 어떻게 나타내는지 살펴보았다.

1.3장에서는 npn과 pnp 바이폴러 트랜지스터의 구조와 기본적인 동작을 설명하였다. 각각의 바이어스에 대한 각 단의 전류 특성을 알아보고 바이폴러 트랜지스터를 이용한 증폭기 회로를 등가회로를 통해 분석해 보았다. 그리고 순방향 활성모드, 차단모드, 포화모드, 반전 활성모드 각각의 특징과 각 모드에서의 소수캐리어 분포를 통해 바이폴러 트랜지스터의 기본적인 동작과 특성을 알아보았다.

1.4장에서는 MOSFET의 기본적인 동작을 설명하기 위하여, MOS구조의 커패시터의 기본적인 동작원리를 살펴보고, 공핍모드, 축적모드에서의 동작과 에너지 밴드 다이어그램을 살펴보았으며, 문턱전압 조건에 대한 내용과 C-V특성에 대하여 알아보았다. MOS 커패시터의 동작을 바탕으로 MOSFET의 동작원리를 설명하고, I-V특성을 유도하였다. 마지막으로 내부 커패시터와 저항을 고려한 등가회로 모델을 소개하고, 저주파에서의 간략화 된 등가회로에 대하여 알아보았다.

참고문헌

[1] Neamen, D.Semiconductor Physics and Devices, 3rd ed. New York : McGraw-Hill, 2003

[2] Streetman, B. G. Solid State Electronic Devices, 6th ed. Upper Saddle River, NJ : Prentice-Hall, Inc., 2006.

[3] Pierret, R.F. Semiconductor Device Fundamentals. Reading, MA : Addison-Wesley, 1996

[4] Sze, S.M. Semiconductor Devices. New York : Wiley, 1985

[5] Muller, R. S., T. I. Kamins, and M. Chen. Device Electronics for Integrated Circuits, 3rd ed. New York : John Wiley & Sons, 2003

[6] Roulston, D.J.Bipolar Semiconductor Devices. New York : McGraw-Hill, 1990

[7] Taur, Y., and T.Ning. Fundamentals of VLSI Devices. Cambridge, UK : Cambridge University

제 2 장

차량용 안전편의 시스템

2.1 안전편의 시스템

2.2 운전자 졸림/스트레스/건강 모니터링 시스템

2.3 차량용 카메라 모듈

2.4 스마트폰과 자동차

2.5 자동차 사고 예방기술

2.6 요약

지능형의 미래형 자동차의 개발은 차세대 10대 성장동력사업의 하나로 선정되어있을 정도로 성장성이 예고된 주요 산업의 하나이다. 자동차에 관한 연구개발이 이전에는 기계장치로서 어떻게 하면 연비가 낮으면서 성능(힘)이 좋은 엔진을 만드느냐하는 것에 중심이 맞추어졌다면, 최근과 미래에는 얼마마큰 안전하냐 또는 얼마만큼 운전자 또는 탑승자의 편의를 보장하느냐 하는 것에 초점이 맞추어 질 것이다. 따라서 차량에서의 IT기술의 접목이 늘어나고 전기장치인 전장부품의 비율이 크게 늘어나고 있다. 전장부품이 차지하는 비중은 1980년 1%에서 2004년 19%로 증가하였으며, 2015년에는 약 40%까지 확대될 것으로 예상되며, 또한 차량 내의 전장부품의 원가비중이 2002년 20%, 2010년에는 32%이며, 2020년 이후에는 70%로 예상되고 있으며, 이러한 변화가 결국은 미래 자동차의 패러다임을 근본적으로 변화시키는 요인이 될 것이다.

2.1 안전편의 시스템

2.1.1 자동차산업에서의 전장기술

과거 자동차는 기계장치 및 동력장치로서의 능력이 주를 이루었으나 최근에 안전장치와 편의성이 부각되면서 지능형 자동차로서의 능력이 부각되고 있다. 이들 지능형 자동차는 각종 지능형 센서부품 장착을 통하여 차량의 진단, 안전과 편의 등을 획기적으로 향상시킴으로써 안전하고 쾌적한 교통 환경을 확보하고 교통사고를 방지하여 사회적인 인적, 물적 손실을 최소화하고 차량이 단순한 운송수단에서 정보, 업무, 휴식 공간으로 발전하는데 필요한 지능형 기술을 적용한 자동차로 다음과 같은 다양한 시스템으로 구성될 예정이다.

자동차에 적용되는 부품 및 센서는 전자제어시스템화가 가속화됨에 따라 각종 센서의 채택비중에 증가하고 있으며, 특히 편의와 안전 등의 분야에 적용되는 전장 부품의 비율이 1980년 1%, 2004년 19%이며 2015년경에는 40%에 이를 것으로 예측되고 있다 [1], [2].

자동차의 전장기술의 발전은 1990년대 이전의 전기장치위주 또는 한정된 전자장치위주였으나, 1990년대 초반에는 기본적인 안전시스템이 채택되기 시작했으며, 1990년대 후반에는 차량에 편의시스템이 추가되고 안전시스템이 크게 강화되었으며, 2000년대 이후에는 지능형 자동차와 하이브리드/전기 자동차에 대한 관심이 크게 높아지고 있다.

한편 연비 및 안전에 대한 규제 강화와 고객의 첨단 기능 요구 증가에 따라 전자제어시스템 적용이 지속적으로 확대되고 있다. 그림 2.1은 자동차에 적용된 전자제어시스템의 예를 보인 것이다. 차량내의 전장품의 원가비중이 2002년에 20%, 2010년에 32%이었으며, 2020년도 이후에는 70%에 달할 것으로 예상이 되고 있다.

자동차의 전자제어시스템은 크게 센서(입력), 제어기(연산/제어), 엑츄에이터(출력)으로 구성되며, 두뇌역할을 담당하는 제어기에 자동차용 반도체를 포함한 전자부품이 집중되어 있다. 그림 2.2에 전자제어 시스템의 구성을 보여주고 있다.

[그림 2.1] 자동차에 적용된 전자제어 시스템.

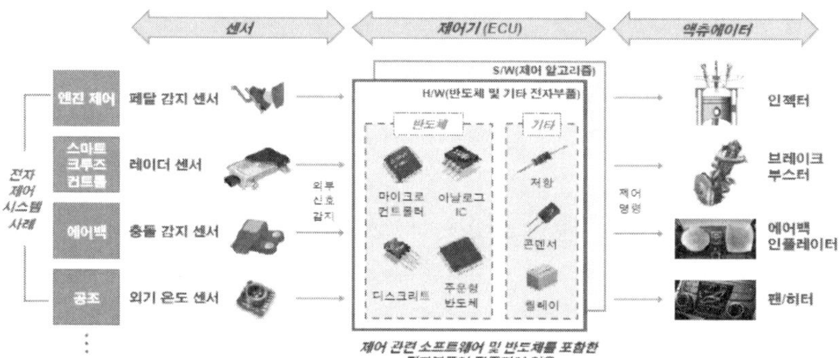

[그림 2.2] 차량의 전자제어시스템 구성도.

2.1.2 자동차의 안전편의 부품 및 소재

차량용 자세 제어장치(ESP), 자동차 모니터링 모듈(차선이탈 모니터링), 운전자 주변 상황 감응식 제어 모듈(졸음방지 등)은 2008년에 포브스지에 의해서 10대 미래의 안전기술에 선정될 정도로 미래 자동차의 중요 안전기술로 채택이 되고 있다.

ESP 장치는 ABS(anti-lock brake system)와 TCS(traction control system) 계통을 통합 제어하여 차량의 안정을 꾀하는 장치인데, 차량이 좌우로 미끄러지는 것을 방지하는 수단으로 널리 사용되고 있다. 사고 발생 뒤에 작동하여 탑승자의 안전을 꾀하는 수동적 안전시스템(Passive Safety System)과 달리 사고 발생 전에 작동하여 사고 자체를 방지하는 능동적 안전 시스템(Active Safety System)이다. 단순히 ABS와 TCS를 통합한 것일 뿐 아니라 사고로 이어질 만한 상황을 사전에 탐지하여 차량의 움직임을 안정시키고 안전한 주행을 유지하게 하는 획기적인 시스템이다. 1초당 25회씩 운전자의 스티어링휠 조작을 체크하며, ESP용 센서가 위험신호를 보내면, 마이크로컴퓨터에 의해 자동으로 각 바퀴에 적절한 브레이크 압력을 가하거나 엔진토크를 떨어뜨리고 자동변속기를 변속하여 차량의 상태를 수정한다. 독일의 로베르트 보슈가 개발하여 유럽 지역에서 널리 쓰인다.

이러한 ESP 장치는 2006년에 장착율이 미국의 경우에는 35%, 유럽에서는 41%, 독일의 경우에는 77%이고 일본의 경우에는 17%에 그쳤지만, 2012년도에는 그 장착율이 미국에서는 99%, 유럽의 경우에는 77%, 독일의 경우에는 99%, 일본의 경우에도 50% 정도의 차량에 장착이 될 것으로 Frost & Sullivan 의 예측자료에서 나타나고 있다.

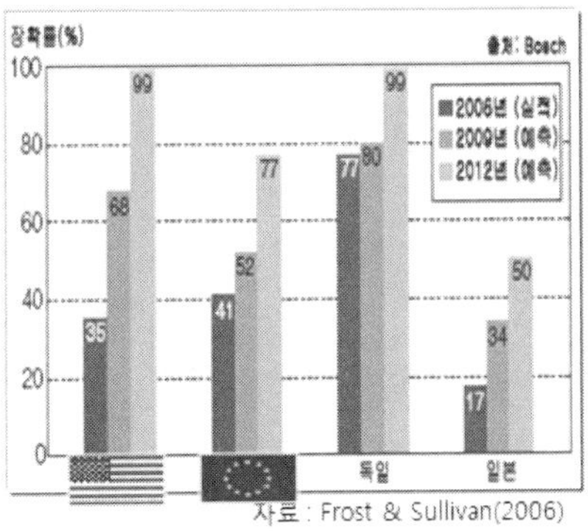

자료 : Frost & Sullivan(2006)

[그림 2.3] 각국의 ESP 장착율.

[표 2-1] 대표적인 자동차 안전편의 부품 및 그 핵심기술

유망 상품	차량주행 안전성 측정 모듈	정밀동력 전달장치	무인운송차량 자율구동장치	모니터링 모듈	운전자 주변상황 감응식 제어모듈	고급차용 의장 소재부품
핵심 부품 소재	•ESP(ESP)모듈	•다단변속기 •볼스크류	•복합항법센서	•차량충돌방지 레이더 시스템	•주변상황감응식 센싱모듈 •바이탈사인 모니터링 스티어링 •주행시선 집중형 디지털 클러스터 •스마트정션 제어 모듈	•크래쉬패드 소재 •시트 •몰딩
핵심기술	•고신뢰성 MEMS 기반 센서 제작 기술 •극환경용(차폐 등) 패키징 기술 •친환경 회로 설계 기술(SoC) •오차예측 및 자가 진단 기술	•최적화/설계기술 및 공정기술 •소재 및 열처리 기술 •정밀 성형 및 가공 기술 •고정밀 차체 설계·제작기술 •편의성 제고를 위한 변속제어 기술 •변속조작력 최적화 및 동기화장치 기술 •소음진동저감 기술	•자율위치인식기술 •레이저 빔 및 영상인식 제어 기술 •자율충전기술 •장애물 인식 및 회피 기술 •자율주행 제어 기술 및 안전 기술 •운송프레임 및 동력장치 설계, 제작 •복합항법센서를 위한 센서합성 및 SoC 기술 •복합항법센서 시험평가 및 적용기술	•친환경 회로 설계 기술(SoC) •Robust 환경용 고신뢰성 센서 제작 기술 •지능형 진단/제어 H/W, S/W 기술 •유무선 통신 프로토콜 표준화 기술 •고속 데이터 처리 장치 기술	•비젼/센서 기반의 데이터 획득 및 융합 기술 •비젼/센서 기반의 상황정보 인식/판단/제어 기술 •운전자 안전/편의 강화 인터페이스 기술 •이종간 차량네트워크를 기반한 통신기술 •차량 환경용 패키징 기술 •차량 환경 신뢰성 확보 기술 •능동형 에코 조정식 페달 시스템 •HEV 차량용 핵심 시스템 모듈개발 기술	•내스크래치 개선 경량소재 표면 제어기술 •안전성/고감성이 향상된 하이브리드소재 •전자가교제 개발 •PAD PRINTING 기술 •Bio polyolbased 시트폼개발 •나노복합 방식안료의 분산 및 도장기술 •친환경 Renewable Resource와 micro-pelletizing 공정활용 PSM용 TPU개발

표 2-1에 대표적인 자동차 안전편의 부품을 요약하였다.

앞으로 모든 자동차에 차량 균형 제어와 안전 예방 시스템과 같은 ASV(Advanced Safety Vehicle)시스템이 추가적으로 적용됨으로서 자동차 센서 전장부품의 수요는 점차 점유율 증가할 추세에 있다. 또한 앞으로 유해가스 배출량을 줄일 수 있는 환경자동차, 무공해자동차 등의 첨단 안전차량 및 친환경자동차의 지능형 센서 등과 같은 전장부품 산업이 시장을 주도해 나갈 것으로 예상된다.

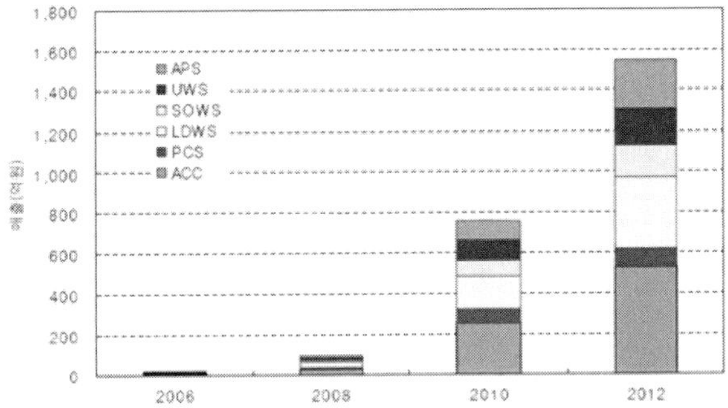

[그림 2.4] 국내 차량 안전편의 부품 시장.

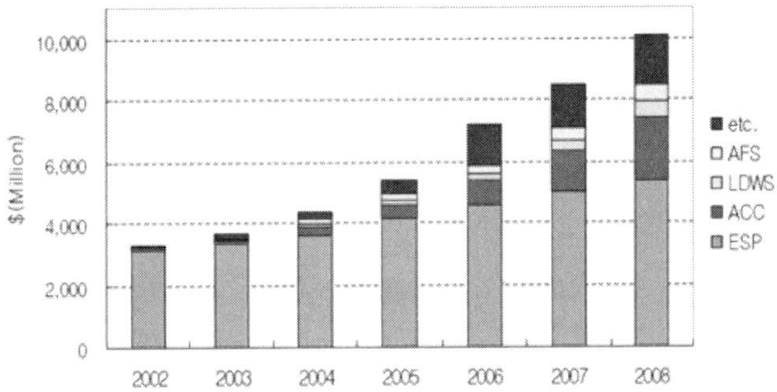

[그림 2.5] 해외 차량 안전편의 부품 시장(ABI Research).

특히, 지능형 자동차 전체 제작비용에서 센서와 같은 전장부품이 차지하는 비중은 1980년 1%에서 2004년 19%로 증가하였으며, 2015년에는 약 40%까지 확대될 것으로 예상되고 있다.

국내자동차 센서 전체 수요는 2010년 약 5천억 원 이상 규모에 있으며, 그림 2.4에서 보는 것처럼, 전장부품의 수요 비용이 점차적으로 증가하는 것을 확인할 수 있으며, 최근에는 센서와 회로, 액추에이터를 실리콘 기판에 집적화시키고, 또는 센서에 메모리와 컨트롤러를 접목하는 추세이다.

그림 2.6은 차량의 안전성을 향상시킨 고안전차량(ASV)의 시스템구성 상황을 보여주고 있다. 최근 차량의 안전성 향상을 위해 다양한 시도가 이루어지고 있음을 보여주고 있다. 이에 따라 그림 2.7과 같이 자동차에서 각종 센서들의 사용도 급속하게 늘고 있다.

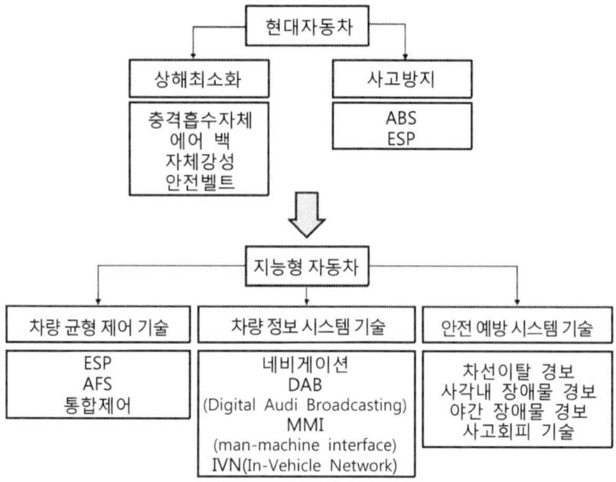

[그림 2.6] 지능형 센서를 적용한 ASV(Advanced Safety Vehicle) 차량

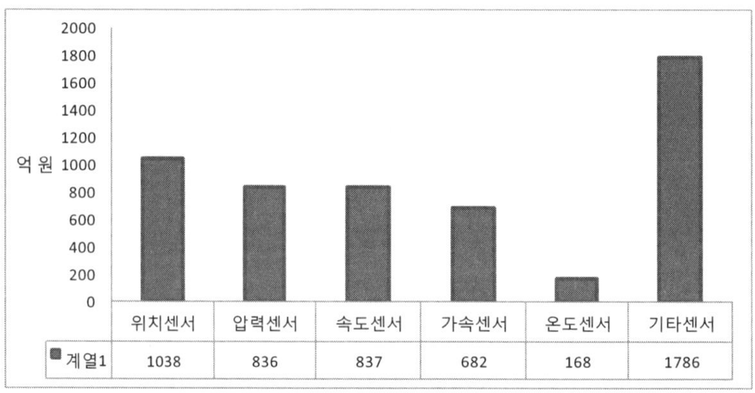

[그림 2.7] 자동차 센서분류 및 국내수요[Strategy Analytics 2010년 9월]

해외에서의 자동차 전장부품 시장은 2000년도와 2010년도 사이에 2배에 달하는 성장률을 보였으며, 앞으로 지속적으로 성장이 예상되며, 국내에서도 수출 부품시장이 2배가량 증가하고 있는 추세이다.

2.2 운전자 졸림/스트레스/건강 모니터링 시스템

2.2.1 필요성

차량 운전자의 졸림에 의한 사고는 자동차 사고의 주요한 사고원인이다. 도로교통공단 자료에 따르면 2006년부터 2008년까지 3년간 졸음운전에 의한 교통사고는 8,267건이며 사망자는 513명으로 나타난다. 또한 2010년 우리나라 고속도로에서 발생한 전체 사고의 16%가 졸음운전에 의한 사고이며, 120명의 사망자가 발생하였다. 이는 전체 고속도로사고 사망자 353명중 34%를 차지하는 최대 사망사고 원인이다.

즉, 고속도로 사망사고의 1/3이 운전자의 졸음이 원인인 것으로 밝혀졌다. 미국의 국가 고속도로 안전청(NHTSA)에 따르면 미국에서 매년 운전자 졸음에 의해서 56,000건의 교통사고가 발생하며, 이러한 사고에 의해 40,000건의 부상과 1,550건의 사망자가 발생한다고 한다[3]. 졸림에 의해 발생하는 많은 수의 운전자의 부주의한 운전에 의한 사고는 위의 숫자에 포함되지 않기 때문에 실질적인 희생자 수는 이 통계보다 훨씬 많을 것으로 생각된다. 미국 국가 수면재단(NSF)은 또한 작년 한 해 동안 60%의 성인 운전자가 졸음 상태에서 운전을 한 경험이 있으며, 37%가 운전 중에 실제로 잠에 빠진다는 조사결과를 보고하고 있다. 한국도로공사에 따르면 2010년 우리나라 전국 고속도로에서 전체사고의 16%가 졸음으로 발생해서 120명의 사망자가 나왔다고 한다. 전체 고속도로 사망자 353명 중 34%를 차지한다. 특히 졸음운전의 치사율은 21%로 일반사고보다 47%가 높다. 졸음 상태에서는 사고 직전까지 방어운전을 제대로 못하기 때문에 충격력을 운전자가 다 받게 되는 것으로 판단된다.

이러한 이유 때문에 실시간 운전자 졸림 감지기술은 졸림에 의한 교통사고를 방지하기 위해 매우 중요한 기술로서 대두되고 있다. 만약 졸림 상태가 정확하게 검지된다면 운전자를 깨우고, 운전을 더 이상 하지 못하게 하여서, 역으로 사고 방지가 가능하게 될 것이다.

이번 절에서는 현재 상용 자동차에 사용되고 있는 각종 운전자 졸림 감지 시스템의 원리를 살펴보면서 또한 그 장단점을 비교해보고자 한다. 또한 현재 연구되고 있는 각종 운전자 졸림 감지장치를 비교하고자 한다. 한편 기존의 운전자 졸림 감지기술인 운전자 눈의 카메라 영상인식에 의한 졸음감지기술과 새롭게 소개되고 있는 운전자 생체신호에 의한 졸음검출기술을 통합하여, 운전자 졸음, 스트레스, 건강 등을 복합적으로 감지하면서 보다 정확하게 졸음을 감지할 수 있는 새로운 형태의 복합 운전자 졸림 감지기술에 대해서도 소개할 예정이다.

2.2.2 상용차량의 운전자 졸음 경보장치

현재 상용화되어서 차량에 적용되고 있는 운전자 졸림 경보장치는 카메라를 이용하여 운전자의 눈을 인식하는 직접적인 방법이 아닌 전반주시 카메라에 의한 차선이탈 경보 시스템이 주를 이루고 있다. 차선이탈 경보시스템(LDWS; Lane Departure Warning System) 또는 차선이탈 방지시스템(LDP; Lane Departure Prevention)은 전방주시 카메라가 차량의 차선이탈을 감지하면, 대시보드에 경고메시지가 주어지고, 경고음, 운전대 떨림, 안전벨트의 조임 등의 추가적인 경고가 이루어진다. 여기에 더하여 어떤 장치에서는 자체 자세제어장치가 동작을 하여, 각 바퀴의 브레이크압력 조절에 의해 주행차선으로 복귀를 유도하기도 한다. 10년 후까지 신차의 약 60% 정도가 졸음경보장치를 장착할 것으로 예상되고 있다.

다만 가장 많은 차량 모델에 이 장치를 장착하고 있는 일본의 도요타의 경우에는 카메라를 이용하여 운전자의 얼굴각도 및 눈꺼풀 상태를 분석하여 눈을 감는 시간이 일정시간 이상이 되면 경고음을 발생하고 추가적으로 LDWS 장치를 활용하여 안전벨트가 진동하도록 하는 방식을 채택하고 있다. 또한 자동차 부품을 제작하고 있는 지멘스의 경우에는 운전자의 눈 감김을 검출하여 대시보드에 메시지를 나타내고 경고음을 주는 운전자 주의시스템을 제작하여 출시하고 있다.

메르데스 벤츠의 경우에는 운전대에 장착된 각도센서와 기타 차량의 센서들로부터 비정상적인 감지 값을 감지하여 대시보드에 경고메시지를 주고 경고음을 발생하게 되는 차선이탈 방지 어시스트 장치를 활용하고 있다.

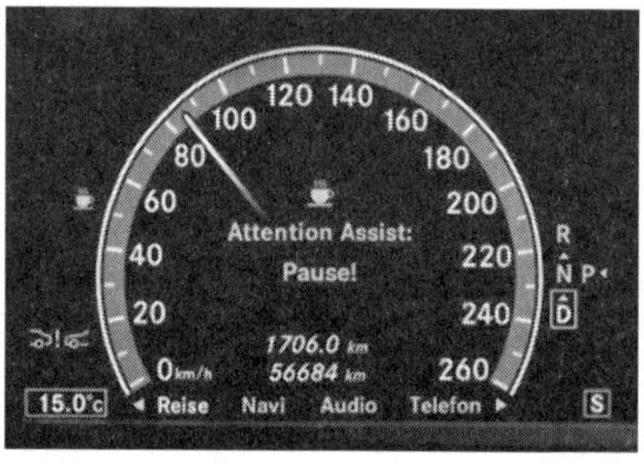

[그림 2.8] 메르데스 벤츠 차량의 대시보드에서의 '휴식'을 권고하는 경고메시지.

[그림 2.9] 현대모비스의 차선이탈 경고시스템.

[표 2.2] 시판되고 있는 차량에서의 졸림 경보장치 사용 예

회사명	차종 및 검지방식
기아자동차	• 차량모델 : K5,K7 • 방식 : LDWS에 의한 경고음, 경고등, 안전벨트진동
현대자동차	• 차량모델 : 에쿠스, 제너시스 • 방식 : LDWS에 의한 경고음, 경고등, 안전벨트진동
도요타	• 차량모델 : 2009년 현재 11개 차종 • 방식 : 운전자의 얼굴각도+눈꺼풀상태인식에 의한 경고음과 LDWS에 의한 안전벨트진동
닛산	• 차량모델 : 인피니티 M • 방식 : LDWS에 의한 경고음, 자세제어장치에 의한 주행차선으로 복귀유도
BMW	• 차량모델 : 5, 6, 7 시리즈 • 방식 : LDP에 의한 차선이탈 경고 및 운전대 떨림
메르데스 벤츠	• 차량모델 : 뉴제너레이션 S-클래스 • 방식 : 차선 이탈 방지 어시스터, 운전대의 움직임과 패달동작에서 검출, 대시보드에 경고메시지 및 경보음

표 2.2는 각 완성차 회사에서 최근 출시하고 있는 졸림 경보장치를 요약한 것이다. 현재는 중형차 이상의 차량에 장착이 되고 있지만, 10년 이내에 신차의 약 60%에 졸림 경보장치가 장착될 것으로 예상되고 있다.

2.2.3 비디오 카메라방식 졸음 경보장치

운전자 졸음을 감지하기 위한 카메라는 보통 야간에도 사용이 가능하도록 IR조명을 포함하는 IR 카메라를 사용한다. 표 2.3은 현재까지 연구 또는 활용되고 있는 비디오 카메라방식의 졸음 검지장치를 비교한 것이다. 3분 동안에 눈이 80%(또는 70%) 이상 감기는 시간비율로서 운전자의 졸림 정도를 표시하는 방법인 PERCLOS(Percentage of Eyes Closure)[4]는 정확성에서 좋은 평가를 받고 있다.

특정 시간동안의 눈 깜박임의 횟수를 측정하는 BLINKFREQ(Blink Frequency)[4], 평균 눈 감김 속도를 나타내는 AECS(Average Eyes Closure Speed)[5], 눈 깜박임 사이의 평균 시간을 나타내는 MEANCLOS(Mean Eye Opening)[6], 눈 깜박임 간격을 나타내는 BLINKDUE(Blink Duration)[6], 0.5초 보다 긴 눈 감김의 횟수를 나타내는 MICROSLEEP[7] 등이 운전자의 졸음 정도를 나타내는 지표로 사용되고 있으며, 운전자 머리의 끄덕임의 횟수를 나타내는 HEADNOD(Head Nodding Frequency)[8]도 최근 활용되고 있다.

[표 2.3] 비디오 카메라를 활용한 각종 졸음 감지방식

명칭	측정방법
BLINKFREQ	• Blink Frequency • 특정시간 동안의 눈 깜박임 수
AES	• Average Eyes Closure Speed • 평균 눈 감김 속도
PERCLOS	• Percentage of Eyes Closure • 3분 동안에 눈이 80%(또는 70%) 이상 감기는 시간 비율
MEANCLOS	• Mean Eye Opening • 눈 깜박임 사이의 평균시간
BLINKDUR	• Blink Duration • 시작점에서 중간지점 또는 중간지점에서 끝점까지의 시간
MICROSLEEP	• 0.5초 보다 긴 눈 감김의 횟수
HEADNOD	• Head Nodding Frequency • 머리의 끄덕임 횟수

2.2.4 생체신호 검출에 의한 졸음 경보장치

운전자의 졸림을 검출하는 방법으로 운전자를 향한 카메라를 이용한 눈 깜박임 또는 머리의 흔들림을 감지하는 방법과 차량 전방 주시 카메라를 이용한 차선이탈을 검지하는 방법이외의 방법으로 최근에 주목을 받고 있는 방법은 운전자의 신체신호를 이용하는 방법이다. 측정되는 운전자 생체신호는 EEG(electroencephalogram), EOG(electrooculograph), ECG(electrocardiogram) 등의 신호가 사용되며, 이러한 신호로부터 운전자 신체의 생리학적인 변화를 측정하게 되는 것이다.

표 2.4에 운전자의 신체신호를 측정하여 졸음을 감지하는 방법을 요약하였다. 수면리듬은 뇌와 심장의 활동성과 깊은 상호관계를 가지기 때문에, 이러한 생리적인 생체신호가 졸음을 정확하게 감지하게 되는 것이다. 다만 현재까지의 대부분의 관련연구에서는 운전자의 머리, 얼굴, 가슴 등에 부착하는 전극을 사용하여왔다. 이러한 유선화는 운전자의 활동을 방해하기 때문에 어떻게 이러한 불편함을 해소하느냐 하는 것이 또 다른 연구방향이었다.

운전자의 신체신호를 측정하는 방법은 졸음이외에도 동일한 생체신호 분석에 의해

운전자의 기초건강, 스트레스정도, 졸림 등을 복합적으로 검지할 수 있다는 장점을 가지고 있다. 또한 운전대 또는 운전석에 운전자가 자연스럽게 앉아서 운전을 하면, 자연히 운전자의 생체신호가 측정되어서 그 신호분석에 의해 졸림 등의 운전자 상태측정이 이루어진다는 장점을 가지게 된다. 더불어서 대부분의 운전자가 주기적으로 또는 매일 운전석에 앉아서 운전대를 잡게 되기 때문에 정기적인 건강 체크가 가능하고, 또 중장기적인 데이터를 저장하여 건강 체크가 가능해진다는 장점을 가지게 된다. 즉, 특별한 장치를 사용한다는 불편함이 없이 건강점검은 물론 졸음까지 감지하게 되는 것이다. 운전대에 부착된 전도성섬유쌍 전극을 이용하면 그림 2.10과 같이 쉽게 운전자의 직접적인 방법으로 생체신호인 ECG신호를 획득할 수 있다.

[표 2.4] 생체신호를 활용한 각종 졸음 감지방식

종류	세부설명
운전대 전도성 전극쌍	• ECG 측정 • 스트레스, 건강, 졸림 검지
운전대에 반사식 PPG센서	• PPG 측정 • 스트레스, 건강, 졸림 검지
운전석에 임피던스 측정	• ECG 측정 • 스트레스, 건강, 졸림 검지

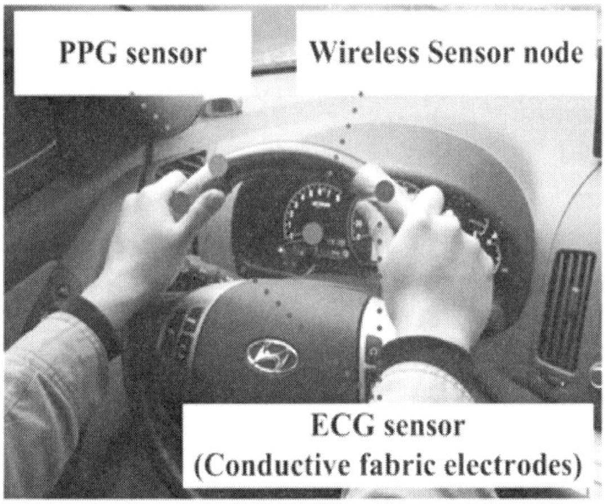

[그림 2.10] 운전대에 부착된 전도성 섬유 전극쌍을 이용한 ECG 측정장치.

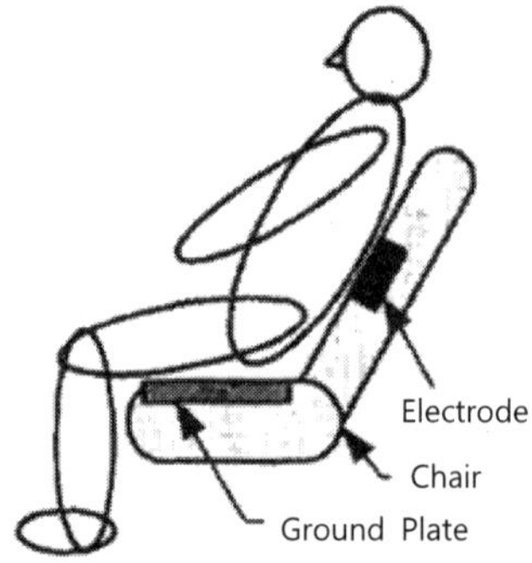

[그림 2.11] 운전석과 등받이에 부착된 전도성섬유 전극쌍과 운전석 받침에 있는 그라운드 전극.

그림 2.11은 운전석 등받이에 설치된 전도성섬유 전극쌍을 이용한 커패시턴스를 측정하여, ECG신호를 얻는 방법을 설명하고 있다. 이 경우는 운전대에 부착된 전극에 직접 양손을 잡는 직접적인 방법 보다 더 편리하게 운전자의 이동성이나 활동성을 보장하기는 하지만, 등받이 전극 사이의 커페시턴스를 측정하기 때문에, 운전자의 신체와 전극의 간접적 접촉을 이용하게 된다. 따라서 운전자가 입고 있는 상의 의복의 형태에 따라 깨끗한 ECG를 측정할 수 있는 환경이 제한된다. 즉 겨울철에 뚜꺼운 상의를 입는 경우에는 ECG신호의 검출이 어려울 가능성이 있다. [9]

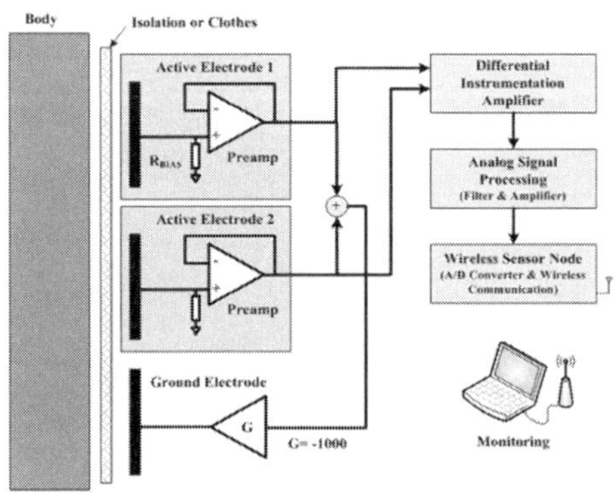

[그림 2.12] 커패시터 전극(용량성 전극)의 블록 다이아그램.

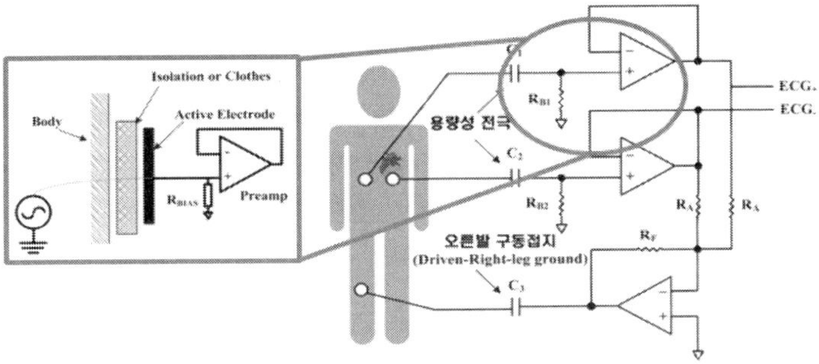

[그림 2.13] 용량성 전극을 이용한 초단 증폭기 회로도.

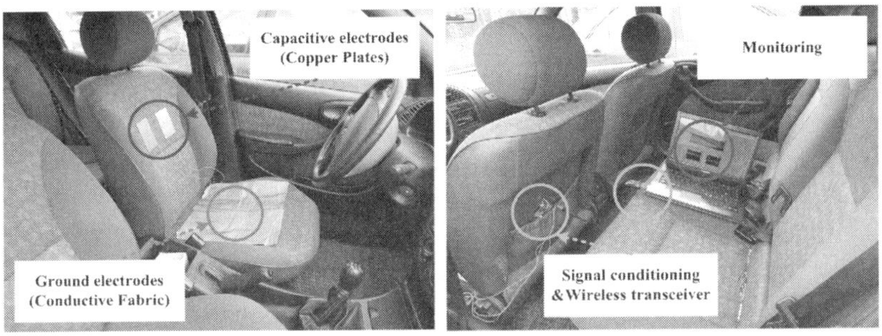

[그림 2.14] 용량성 전극의 배치와 측정.

[그림 2.15] 반사형 PPG센서(오른쪽 상단)의 형태와 측정원리.

그림 2.15는 산소포화도를 나타내는 PPG 신호를 쉽게 측정하기 위해, 반사형 PPG 광센서를 운전대에 부착한 모습을 보여주고 있다. 산소포화도를 측정하는 PPG는 일반적인 형태인 손가락에 끼는 형태의 소자의 경우에는 투과형 구조를 가지면서 광원 LED와 광감지소자가 양쪽에 자리를 잡고 있지만, 본 연구에서는 동일한 쪽에 광원과 광감지소자를 평형하게 배치하여, 운전자가 손가락하나를 소자면에 접촉함으로써 쉽게 운전자의 PPG신호가 측정되도록 하였다.

운전자의 ECG나 PPG신호는 HRV(Heart Rate Variation;심박변이율)로 계산이 되어서 이전에 연구되어 있는 정신생리학적 분석에 따라 스트레스 상태, 졸림 상태, 깨어있는 상태, 기타 건강 정보를 확인할 수가 있게 된다. 보통 HRV신호는 시간영역과 주파수영역에서 분석된다.

2.2.5 복합장치에 의한 졸음 검출

현재 가장 널리 사용되고 있는 운전자 졸음 검출 방법은 차량의 전방카메라가 인식하는 차선이탈 경보시스템을 활용하는 방법이다. 기아자동차, 현대자동차, BMW, 닛산 등이 이러한 방법을 활용하고 있다.

운전자의 졸림 감지 정확성을 높이기 위해 2가지 이상의 복합적인 감지방식을 활용하는 경우가 늘고 있다. 최근의 운전자 졸음검출장치는 복합 동작 장치를 활용하는 경우가 많아지고 있다. 오래전부터 도요타는 운전자 쪽을 향하는 차량내부의 카메라에 의한 운전자의 얼굴각도인식 및 눈꺼풀 상태인식과 더불어 차량 외부 카메라를 이용한 차선이탈 경보시스템을 병합하여 사용하고 있다. 메르데스 벤츠는 차선이탈경보시스템에 더하여, 운전대의 움직임과 패달동작에서 운전자의 졸음을 검출하여 그 검출의 정확성을 높이고 있다.

아직 연구실내에서의 연구개발 단계이기는 하지만 운전자 생체신호방식과 차량내부 운전자 눈 인식을 결합하여 운전자의 졸림 상태, 건강 상태를 모니터링하려는 움직임도 있다[9].

2.2.6 기타 방식에 의한 졸음 검출

간단한 방식으로 팬시제품형태의 졸음방지 장치도 시판되고 있다. 그림 2.16의 귀걸이형은 귀걸이 내부에 센서를 내장하여서 고개를 숙이는 각도를 측정하여서 고개가 30도 이상 숙여지면 알람을 발생하거나 진동을 하여서 운전자를 깨우게 하는 간이형 운전자 졸림 방지장치이다.

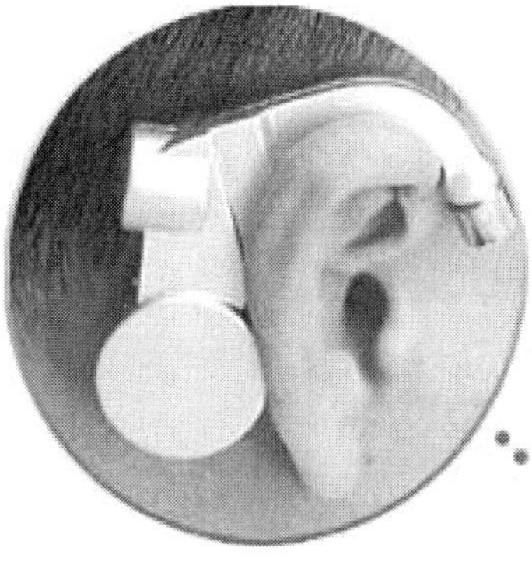

[그림 2.16] 귀고리형의 운전자 졸음방지 장치.

최근에는 운전자의 졸림을 감지하면 창유리를 강제로 내려서 외부의 시원한 공기가 들어오게 하던지 차량내의 공기정화장치를 동작시키게 하는 방법도 사용되고 있다.

자동차 사고원인 중 가장 비율이 높은 졸음운전을 방지하기 위한 여러 기술들이 고급차종을 중심으로 적용이 되다가 최근에는 중급차종으로 확산되고 있다. 10년 이내에 출시되는 신차의 60% 가량이 이 장치를 장착할 것으로 예측되어 있다. 외장형 카메라를 이용한 차선이탈검지에서부터 운전자의 운전습관을 고려한 졸림 검출, 차량 내부에 장착된 카메라를 이용하는 얼굴 및 눈 모양 검출, 얼굴각도검출을 이용하는 방법, 또 최근에는 운전자의 생체신호를 이용하여 건강점검과 졸음운전을 동시에 해결하려는 노력들이 이루어지고 있다. 따라서 가까운 장래에 보다 정밀한 졸음운전의 검지가 가능해질 뿐만 아니라 단순 졸음운전 검지가 아닌 졸음운전가능성 측정이 서비스 될 전망이다.

2.3 차량용 카메라 모듈

2.3.1 필요성

카메라모듈 사업의 새로운 성장 동력이 되고 있는 자동차 부문에서의 카메라 모듈산업은 새로운 성장 동력이 되고 있으며, 신규수요는 세계에서 판매되는 시차 1대당 평균 1개의 카메라가 탑재되더라도 이미지센서의 소비개수는 디지털카메라에 의한 소비와 비슷하며 만약 2개 이상의 카메라가 탑재될 경우 휴대폰용 카메라 모듈시장을 능가

할 것으로 전망되어 앞으로의 성장성이 주목되는 분야이다.

자동차에 장착되는 카메라는 전방 카메라, 후방 카메라, 블랙박스형 카메라 등이 있다. 최근에는 선진국과 신흥국을 중심으로 환경과 안전에 대한 우려가 증대되고 규제가 지속 강화되고 있으며 소비자의 친환경적인 제품, 안전 중심의 제품에 대한 선호도 또한 증가하고 있다. 이러한 추세에 따라 운전자의 안전에 대한 신기술이 개발되고 있으며 차량용 카메라의 보급이 블랙박스형 카메라의 수요와 맞물려 크게 증가하고 있는 추세이다.

2.3.2 자동차용 카메라 모듈의 용도

최근 출시되는 차량에는 전방 카메라, 후방 카메라, 블랙박스형 카메라 등 자동차 카메라 장착이 필수 옵션으로 채택되고 있다. 위와 같은 차량용 카메라는 다양한 카메라가 운전자의 안전 운전과 주차시의 편리성을 높여준다는 점은 물론이고 다양한 부가기능을 통해 빠르게 시장을 확대해 나가고 있다.

차량용 카메라는 크게 세 종류로 나뉘는데 운전자 전방 사각지대를 모니터링해서 안전한 주행을 돕는 전방 카메라와 주차 시 운전석 옆 화면에 가이드라인을 제시하는 후방 카메라, 그리고 차량의 사고 당시 상황을 촬영하거나 주차 시 외부의 상황을 촬영할 수 있는 블랙박스형 카메라가 있다.

이 중, 후방 카메라는 차량 후진 운행시 운전자의 시야확보가 어려운 차량 후방부를 모니터(TV, DVD, 내비게이션)를 통해 보여줌으로써 후진 운행시 인명 보호 및 접촉사고에 대한 사전 예방 기능으로 각광받고 있다.

[표 2.5] 차량용 카메라의 용도

구 분	전방카메라	후방카메라	블랙박스형 카메라
기 능	전방 서행시 운전석에서 보이지 않는 좌우측 사각지대를 저속 운행시 모니터로 직접 확인 가능함.	차량 후진 운행시 시야확보가 어려운 차량 후방부를 영상으로 보여줌으로서 인명보호 및 접촉사고를 사전에 예방할 수 있음.	주행 중 상시녹화, 사고전후의 영상을 저장 할 뿐만 아니라 가속도센서 정보 및 차량과 연결된 센서의 운행기록 정보 저장, 최근에는 졸음운전 방지기술이 접목된 제품(LDWS; Lane Departure Warnning System)이 개발됨.

한편 후방형 카메라를 리어 뷰(Rear View)카메라라고도 말하는데, 리어 뷰카메라를 가니쉬 위쪽 또는 차량 번호판 위쪽에 장착하느냐에 따라 가니쉬 일체형과 일반형으로 나뉜다.

보통 리어 뷰카메라를 생산하는 업체는 어떤 차종에든 사용이 가능한 일반형을 생산한다. 일반형 리어 뷰카메라를 구매하면 차량의 종류에 상관없이 번호판 위쪽에 장착해 이용할 수 있는 것이다. 가니쉬 일체형이란 차량의 미관을 고려해서 만든 것이다.

그림 2.17과 같이 초광각 카메라를 이용하는 경우, 시각 사각지대가 없는 360도 영상을 제공할 수 있기 때문에, 운전자의 충돌사고를 사전에 방지할 수 있다. 또한 향상된 이미지처리기술과 함께 영상패턴인식기술을 적용함으로써 영상내의 물체 종류, 위치, 거리 및 움직임을 함께 인식하여 종합된 정보를 운전자에게 제공함으로써 보다 안전한 운행을 가능케 할 수 있으며, 더 나아가 자동차의 동작 상태를 파악하여 운전자에게 정보를 제공할 뿐만 아니라 운전자와 함께 능동적으로 대처할 수 있는 기술들이 발표되고 있다. [10]

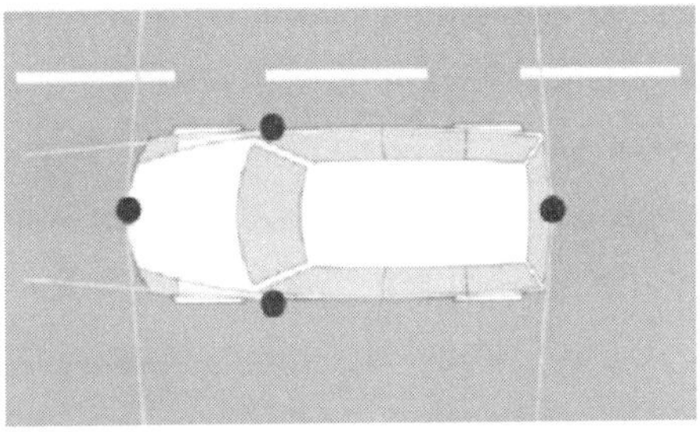

●:카메라 위치

[그림 2.17] 초광각 카메라를 이용한 사각지대제고 예.

[그림 2.18] 인피니티 EX35 모델에 장착된 어라운드 b 모니터 모습.

차량용 카메라는 이미지 센서 방식에 따라서 크게 CCD와 CMOS로 나뉜다. 이미지 센서는 디지털 카메라와 카메라폰 모듈 등에 탑재해 외부에서 빛을 받아들여 전기적 신호로 전환하는 기능을 하는 반도체 소자이다.

CCD 센서는 저잡음에서 신호 출력이 가능하며 화소간 균일성을 유지하여 고화질을 구현할 수 있다. 하지만 최근에는 CMOS 센서가 반도체를 포함한 여러 가지 부품을 하나의 칩에 집적하는데 유리하다는 장점으로 시장을 넓혀 가고 있다.

또한 CCD 센서에 비해 저소비 전력을 구현할 수 있으며 가격도 절반 수준이기 때문에 양산에 유리하다는 장점을 갖고 있다. CCD칩 업체는 소니, 샤프, 파나소닉이 CMOS 업체는 소니, 마이크론, 옴니비전, 캐논, 산요 등이 포진해있다.

2.3.3 자동차용 카메라 모듈의 시장동향

차량용 카메라 시장은 차량 출고 시 차 외부에 장착되어 나오는 형태(Before Market)와 운전자가 직접 카메라를 구입해 장착하는 형태(After Market)로 구분되고 있다. 물론 전방 카메라의 경우 출고 시 장착되어 나오는 형태가 대부분이며 후방 카메라 및 블랙박스형 카메라의 경우 자동차에 장착되어 출시되는 형태보다는 직접 구입하여 카메라를 장착하는 경우가 많다.

운전자들의 안전 운전과 사고 시 증거 확보에 대한 인식이 바뀌고 있는 추세에 따라 후방 카메라 및 블랙박스형 카메라의 수요가 증가하고 있으며 자동차 회사 및 제조업체들의 경쟁으로 향후 차량용 카메라 시장은 자동차 시장과 연계하여 성장해 나갈 것으로 전망된다.

(1) 시장 특성 및 구조

시장의 특성상 규모 및 범위의 경제에 의한 시너지 효과가 크기 때문에 일정 규모 이상의 물량을 확보 시 지속적인 수익 창출이 가능하다. 또한 시장 선점이 중요하기 때문에 원가 경쟁력 및 품질수준을 유지하는 것이 경쟁의 필수요소로 작용할 것이다.

새로운 미래 자동차 사업의 키워드인 '안정성'을 중심으로 다양한 분야로의 시장 확대가 가능하다. 특히 최근 강화되고 있는 각국의 자동차 안전 관련 규제는 탑승자 중심에서 보행자 중심으로 빠르게 변화하고 있다. 당장 유럽의 경우 2010년부터 보행자 안전 시스템이 의무화된다. 제조 차량의 70%를 해외로 수출하고 있는 국내 자동차 제조업체들은 위의 규제를 만족해야 한다.

보행자의 안전을 위해 최신 출시되는 고급차를 중심으로 전방 카메라와 후방 카메라 장착이 기본 옵션으로 채택되고 있다. 과거 차량용 카메라는 거의 일본에서 제작하고 조립된 카메라를 수입하여 장착하는 형태로 초창기 수입되는 모델은 수입차를 중심으로 이루어졌다.

그러나 국내 휴대폰용 카메라 제조사인 세코닉스, 엠네스틱 등의 업체에서 사각지대를 촬영하는 카메라를 개발하여 시판 중에 있으며 가격 경쟁력을 확보하기 위해 노력하고 있다.

수입차(BMW, 메르세데스 벤츠, 혼다)는 차량 앞부분에 설치되어 있는 원적외선 카메라를 이용, 전방 300 m까지 열을 방출하는 사람이나 동물 또는 장애물을 포착해 실내 모니터에 보여주는 나이트 비전(Night Vision)을 장착하였다. 운전자는 어두운 밤에도 대낮처럼 훤히 볼 수 있기 때문에 육안으로 인식이 불가능한 잠재된 위험 상황에 대처할 수 있다. 그러나 아직 고급 차량에만 장착되는 등 보급률이 낮은 편이다.

기아차의 '뉴 오피러스'의 경우 운전자의 눈에 보이지 않는 '사각 감시 시스템'을 장착하였다. 차량 전방의 좌우사각 지대와 후방에 소형 카메라를 장치, 육안으로 볼 수 없는 곳의 모습을 운전석 앞쪽 모니터에 표시해 주기 때문에 운전자의 사각지대에 위치해 있는 아동, 노약자, 장애인 등 보행약자들의 안전을 지켜준다. 현대차에서는 그랜저, 에쿠스 등에 적용됐다.

차량용 카메라가 기본 장착된 차량 외에 안전성을 추구하고자 하는 소비자의 요구에 따라 보급형 전방, 후방 카메라, 블랙박스형 카메라의 수요는 증가할 것으로 전망된다. 또한 앞으로 차량용 카메라는 주차만을 도와주는 형태에서 카메라 센서를 이용해서 다른 차량의 접근 시 센서가 작동해서 운전자 또는 원격으로 제어가 가능한 기술로 발전할 가능성이 커 수요처가 크게 늘어날 것으로 기대되고 있다.

(2) 국내시장 동향

카메라의 기술은 반도체 산업과 통신기술의 발달로 다양한 어플리케이션으로 적용되어 시장이 형성되고 있다. 현재 카메라 기능이 융화되어진 산업 중 휴대폰용 카메라 시장 이후로 신흥 시장으로 떠오르고 있는 차량용 카메라 시장은 Parking Assist로 기존 센서를 이용한 거리감지 방식을 대체하는 신기술이다. 많은 전자부품 제조회사는 일찍이 에어백이나 ABS 브레이크와 마찬가지로 자동차에 표준 탑재하게 될 것으로 예상하고 있다.

차량에 장착되는 카메라는 전방, 실내, 외부 등에 장착되어 전후좌우 또는 사각지대의 물체를 인식하여 운전자에게 HUD 장치를 통하여 알려주거나 직접 조향장치 또는 브레이크 등을 조작하여 사고를 방지하는 기능을 하고 있다. 특히, 대형버스나 트럭 등에는 후방의 사각지대로 인한 사고를 방지하기 위하여 법적 규제로 채용이 의무화 되는 조례가 개정되었다.

국내시장은 샤프나 소니와 같은 외산을 선호하는 전체 자동차 카메라 시장과 달리 운전자가 직접 장착하는 차량용 카메라의 경우에는 국내산을 선호하는 경향이 크다. 앞으로 자동차 카메라의 시장의 가능성은 예를 들어 세계에서 판매되는 신차 1대 당 평균 1개의 카메라가 탑재된다고 가정한다면 차량용 카메라의 시장 규모는 크게 확대될 전망이다.

2008년 차량용 카메라 시장은 유가상승 및 경기 침체의 영향으로 기대에 못 미치게 저조한 매출 성과를 나타내었다. 하지만 대부분 일본 제품의 수입에 의존한 기존 시장에서 엔화강세의 상대적인 수혜와 자동차시장의 수요 감소를 예상한 다양한 시도 등을 통해 2010년부터는 수급이 확대될 것으로 예측된다.

카메라 모듈산업 중 휴대폰 외 가장 시장규모가 큰 분야는 차량용 카메라 분야로 2010년에 0.8조로 연평균 32% 고성장이 예상된다. 그동안은 일본 업체들이 85% 이상을 점유하여 독식을 왔지만 고급차는 물론 중형 및 소형차까지 탑재되는 속도가 빠르게 증가하고 있기 때문에 운전자의 기대에 대응할만한 기술개발이 필요하며, 단순히 화상 인지용뿐만 아니라 차선 이탈 감지, 사각지대 경고 등 센서 이식용까지 확대가 예상되므로 이에 대한 기술개발과 제품 진입에 대한 지원을 강화해야 할 것이다.

또한 자동차용 부품 산업의 특성상 신규거래선 및 신기술 채용에 다소 시간이 걸리므로 향후 카메라모듈의 시장 확대에 대비하여 조기기술 확보와 저가격화 요구에 대한 준비가 필요하며, 자동차 회사의 고기능, 융합화 제품 대응을 위한 차별화 제품 개발 로드맵 구축을 통하여 업체들에게 시장의 요구에 맞는 지원방안을 제시해야 한다.

(3) 해외시장 동향

차량용 후방 카메라의 적용시킬 카메라 센서를 위해 해외 선진 부품업체에서는 능동형 센서 관련 신기술을 적극적으로 개발하고 있으며, 차량의 주행 안전성을 향상시키기 위한 시스템을 개발하고 있다. 이에 따라 세계 시장 규모는 점차 늘어날 것으로 전망되고 있다.

자동차 센서에 포함되는 차량용 카메라의 금액 기준 세계 시장 규모를 살펴보면, 2008년 3,444억 원에서 2009년 4,526억 원, 2010년은 5,948억 원으로 점점 시장규모가 증가하고 있는 것으로 나타났다.

해외시장 역시 국내시장과 마찬가지로 내비게이션, DMB 등의 차량용 디스플레이 장치 보급 확대와 함께 급격하게 수요가 증가할 것으로 예상되며 또한, 안전의식 강화로 보험 업체와의 연계를 통한 적용 영역의 확대가 기대되고 있다. 해외시장은 이미 우리보다 이전부터 차량용 카메라 개발에 앞장서 왔으며 포드, 렉서스 등의 해외 업체는 차량에 차량용 카메라를 탑재하고 있으며, 호주의 경우 내수 전 차량에 카메라 장착을 기본으로 하고 있다.

신규 시장인 차량용 카메라 시장은 사업 초기 단계인 이유로 매출이 낮아 시장 점유율을 추정하기 힘드나 2005년 후지카메라 조사에 따르면 마쓰시다 전기가 43%, 클라리온 15%, 스미토모전기 14%, 소니 5%, 기타가 23%로 조사되었다.

(4) 국내외 경쟁기술 현황

현재 차량용 카메라를 공급 및 개발하는 국내업체는 현대모비스, 삼성전기, LG이노텍, 아미텍, 세코닉스, 엠네스틱, 유엔비컴, 도원알에프 등이 있으며 이들 업체는 차량용 카메라 센서와 같은 단순 주차 도우미시스템에서 그 이상을 감지할 수 있는 센서의 개발을 연구 중에 있다.

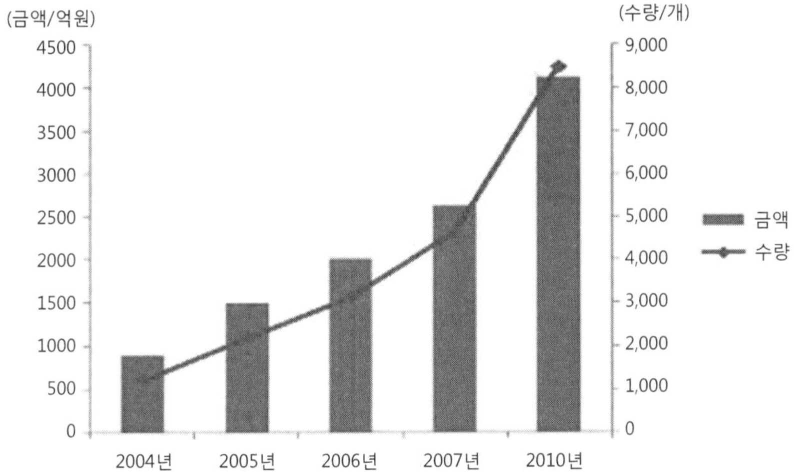

[그림 2.19] 차량용 카메라 세계시장 규모.

[표 2.6] 국내외 차량용 후방 카메라 관련 연구 현황

구 분	기업 및 업체	주 요 기 술
유럽	Valeo	Dynamic Bending Light
한국	아미텍	후방카메라
	도원알에프	무선후방 감시시스템
	세코닉스	Back-view Camera, Corner-view, Side-view, Front-view, Night-vision Camera
일본	Clarion	CC2011E
	아이신	LDWS

한국 아미텍의 후방카메라 AM-7400제품은 수입차 및 SUV, 가니쉬 타입, 전 차종에 장착가능하며 깔끔한 이미지를 가지고 있으며 Image-pickup device로 1/4" IT CCD 512(H)×492(V) 250 k Pixel를 가지고 있다.

도원알에프의 무선후방감시시스템은 덤프트럭, 포클레인 등의 중장비 차량에서부터 일반 승용차까지 무선으로 쉽게 장착할 수 있으며, DMB나 기존차량의 TV가 없더라도 설치가능하다는 장점이 있다.

세코닉스는 초광각, 저왜곡, 소형 렌즈 설계기술 확보, 역광 보정 설계기술 확보, 소형/Low Cost화 설계 등의 기술 개발을 위해 최고급 차량용 Back-view Camera개발, Corner-view, Side-view, Front-view, Nightvision Camera를 추가 개발 중에 있다.

일본의 Clarion은 CC2011E제품으로 울트라 콤팩트 컬러 CCD 카메라의 기술을 가지고 있다. 아이신은 후방 카메라를 이용하는 주차보조시스템을 제공하기 위해 도요타와 협력하고 있다. 이 시스템은 평행 주차 시 운전자가 더욱 효과적으로 조작하도록 도와주고 음성안내까지 지원하고 있다.

일본 Clarion의 충돌 경고 카메라 시스템(Collision Warning Camera System)은 시야가 좁은 교차로에서 충돌을 방지하는 좋은 예이다. 이 시스템을 사용하면 전면 코너 카메라가 차량의 접근을 감지하고 운전자가 충돌을 일으킬 수 있는 경우에 대해 경고를 발행한다.

또한 이 기술을 차량의 후면이나 측면에 사용하는 경우 운전자를 추월하려는 차량과의 충돌이나 그 반대의 경우에 발생하는 충돌을 방지할 수 있다. 이러한 종류의 시스템을 차량 내부 정보 터미널에 통합함으로써 안전한 교통 사회를 실현하는 데 기여하고 있다.

앞으로 차량용 카메라 센서기술에 가미시켜 발전가능성이 기대가 되고 있는 몇 가지 센서 기술을 살펴보면, 초음파센서는 가장 단순한 형태의 충돌 방지용 센서로써 현재 중, 고급형 차량에 광범위하게 적용되고 있는 주차보조시스템에 이용되고 있다.

차량의 전, 후방 범퍼에 장착된 송신기에서 초음파를 발사하면 수신기에서 이를 수신하여 전방 장애물까지의 거리를 측정하여 사용자에 정보를 전달하는 구조로 1.5~2.0 m이내의 거리에서 장애물 감지에 사용된다. 초음파 센서의 경우 가격이 저렴하고 소형이라는 장점이 있으나 감지거리의 정밀도가 떨어지므로 센서가 설치된 전방 또는 후방 장애물 유/무 검출 정도를 판단할 수 있다.

영상센서는 가시광선 기반의 CCD(Charge Coupled Device)센서, CIS(CMOS Image Sensor)와 열 영상 및 적외선 기술에 기반을 둔 나이트비전센서 등이 있다.

영상센서의 경우 국내에서는 아직까지 대부분 카메라를 이용하여 사용자가 차량 전후방을 감시하는 용도 정도로 적용되어 왔으나 해외의 경우 영상센서를 이용한 나이트비전 뿐 아니라 영상센서를 통해 입력된 신호를 영상처리 등의 과정을 거쳐 정보화하고 판단함으로써 전후방 및 사각 지대의 장애물에 따라 브레이크 등의 제어 시스템과 연동하여 차량 제어를 수행하거나 차선 이탈을 방지하는 시스템 등이 GM, 닛산, 혼다 등에서 출시하는 차량 모델에 적용되고 있다.

기존의 센서에 비해 영상을 직접적으로 입력받아 처리하므로 정밀한 대상체 검출이 가능하다는 장점이 있으나 입력된 영상 신호로부터 최종 정보를 추출하기 위해 전처리, 필터링, 대상체 인식을 위한 특징추출 들의 신호처리 과정의 연산량이 매우 많을 뿐 아니라 먼지, 광량, 날씨, 해상도 등에 의해 센서의 결과가 크게 좌우된다는 단점이 있다.

따라서 이러한 문제를 해결하기위해 넓은 다이내믹레인지를 가지는 영상센서 및 고속 영상신호처리가 가능한 전용 프로세서 등이 개발되고 있다.

레이더 센서의 경우 초음파 센서와 같이 차량 전후방에 장착되어 30 M 내외의 근거리 영역에서 차량 이동 중의 발생할 수 있는 충돌 등을 감지하는데 사용된다. 밀리미터파 기술을 주로 사용하고 있는 레이더 센서에 비해 상대적으로 가격이 저렴하다는 장점이 있으나 비나 안개 등의 환경 요소에 크게 영향을 받는다는 단점이 있다.

레이더 센서는 최근 각광받고 있는 센서로 앞서의 센서들이 가지는 날씨, 먼지, 더러움 등에 매우 강인할 뿐만 아니라 진동, 습도, 온도 등 다양한 조건에 강인한 장점을 가진다.

레이더 센서는 크게 원거리 레이더와 근거리 레이더로 구분되며 다양한 응용범위를 가진다. 이렇게 다양한 기능을 하는 여러 가지 센서를 모두 종합하여 하나의 센서로서 차량운전에 편리성을 제공한다면 운전자는 운전에 더욱 신경을 쓸 수 있기 때문에 실수로 나오는 사고들을 줄 일 수 있을 것이다.

향후 자동차를 선택할 때 안전과 편의성, 환경문제 등이 우선적으로 고려되면서 자동차용 센서의 채택은 크게 증가할 것이다.

이와 같은 상황에서 국가 경제의 중요한 위치를 차지하고 있는 국내 자동차 산업은 자동차용 센서의 취약한 공급기반으로 인해 자칫 외국기업에 종속될 수 있는 가능성을 주의하여야 할 것이다. 따라서 정부를 중심으로 차세대 자동차용 MEMS 센서개발을 추진하여 여러 기관의 협력을 통해 기술의 경쟁력을 확보하고 향후 자동차뿐만이 아니라 모바일 기기, 스마트 홈, USN/RFID 등에 적용한다면 현재 취약한 국내 센서 산업을 활성화시킬 기회가 마련될 것으로 판단된다.

2.3.4 자동차용 카메라 시장의 확장

핸드폰용 카메라 위주였던 카메라 모듈 시장 또한 차량용 카메라의 보급화로 새로운 국면을 맞이하게 될 것이다. 하지만 카메라 모듈업체들은 대기업으로 구성되어 있어 가격협상력이 낮고, 원재료를 공급해주는 카메라렌즈, 이미지 센서 등도 글로벌 반도체 업체들이 시장을 과점하고 있다. 기존 업체들의 사업다각화에 따른 비용과 이에 따른 투자 역시 수익성에 걸림돌로 작용할 가능성이 있다. 국내 카메라 모듈 제조와 부품 사업은 업그레이드되었지만 앞으로 개발비 부담, 중국이나 대만의 낮은 원가 위협으로 산업 성장에 영향을 받을 상황을 대처하기 위해 기술 개발과 원가 경쟁력 확보를 위한 노력이 요구된다.

내비게이션과 DMB 등 차량용 디스플레이 장치 보급에 따른 점진적인 증가가 예상된다. 현재 차량용 카메라의 경우, 중대형 최고급 차량에만 장착되어지나 점자 SUV와 소형 중형 차량으로 적용범위를 확대해 나아가고 있다. 후방 카메라를 시작으로 사이드, 전방 카메라와 실내를 촬영할 수 있는 블랙박스형 카메라까지 다양한 분야로의 시장 확대가 예상된다.

또한 각국의 자동차 안전 관련 규제가 운전자 중심에서 보행자 중심으로 빠르게 변화하고 있다. 당장 유럽의 경우 2010년부터 보행자 안전 시스템이 의무화된다. 우리나라의 경우에도 2009년 차량용 블랙박스 장착 의무화와 관련된 교통안전법 일부 법률이 개정되었다. 따라서 사업용 차량은 2013년까지 필수적으로 차량에 블랙박스를 장착해야 한다. 이처럼 안전의식이 강화되면서 고급차량에 한정되었던 전방 카메라, 후방카메라 장착이 확대 될 것으로 기대되며 보험업체와의 연계를 통하여 시장은 더욱 더 확대될 것으로 전망된다.

2.4 스마트폰과 자동차

2.4.1 필요성

모바일 기기부품은 반도체 집적화기술, MEMS 기술, 3차원 미세가공기술과 결합되어 스마트시대를 열어갈 최첨단소재로 자리매김 할 수 있는 핵심기술로 부각되고 있다. 또한 현재 모바일기기 부품은 위치, 방향 등 주변 상황을 감지하는데 주로 활용되고 있으며, 신체정보, 사용자 행동, 감정 등을 인식하는 다양한 센서로의 기능을 확대하는 추세에 있다.

최근에서는 기존 폴더타입인 2세대 모바일 기기보다 더욱 지능화된 스마트 폰의 개발로 인해서 기존 모바일 기기에 탑재된 부품수요 보다 한층 증가된 센서부품이 탑재되어 다양한 서비스를 제공하고 있다. 따라서 자동차가 IT기술과의 결합이 늘어나면서 특히 최근에는 스마트폰과의 결합이 크게 증가하고 있다.

스마트폰이 자동차를 바꾸고 있다. 스마트폰이 대중화되고 편리함·정보성을 경험한 소비자들의 눈높이가 이전과 크게 달라지면서 자동차시장에도 새로운 패러다임이 만들진 것이다. 스마트폰 기술을 선점하기 위한 자동차업체들의 경쟁도 치열해지고 있는 상황이며 자동차업체들이 스마트폰에 주목하는 이유다. 스마트폰 열풍은 가히 폭발적인 수준이다. 아이폰이 국내 상륙한 2009년 말 불과 1만 대에 불과했던 스마트폰 가입자 수는 이미 1,000만 대(2011년 3월)를 넘어섰다. 업계 전망치에 따르면 2011년 말까지 1,200만 명을 넘어서고, 2012년 말까지 2,500만대 안팎을 유지할 것으로 추정됐다.

이미지 센서는 빛을 감지해 그 세기의 정도를 디지털 영상 데이터로 변환해 주는 센서로서 신호전하를 결합해 출력단자 앞에서 일관 변환하는 CCD 방식과 각 픽셀에서 즉시 전기신호로 변환하는 CMOS 방식으로 구분되어 있으며, 최근에서는 1000만 화소 제품인 CCD 방식을 모바일 기기에 채택하고 있다.

주변 밝기에 따라 화면의 디스플레이 조도를 조절하는 조도센서, 모바일 기기의 디스플레이 방을 판단해 스크린의 방향을 자동으로 보정해주는 중력 센서, 내비게이션 기능이 활용하는 GPS 센서, 모바일 기기로 사진을 찍을 때 흔들림을 줄여주는 가속도 센서, 나침반처럼 방위각을 탐지하는 지자기 센서, 가속도 센서와 연계 할 경우 보다 정교한 모션센싱을 할 수 있는 자이로 센서 등이 모바일 기기 내에 탑재되어 있다.

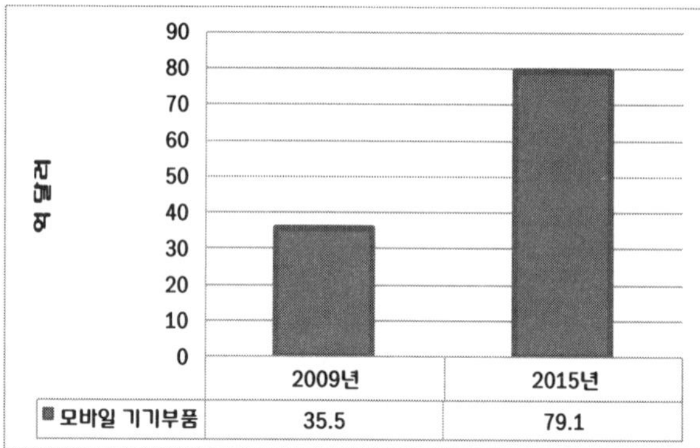

[그림 2.20] 모바일 기기 센서시장 전망[ABI Research]

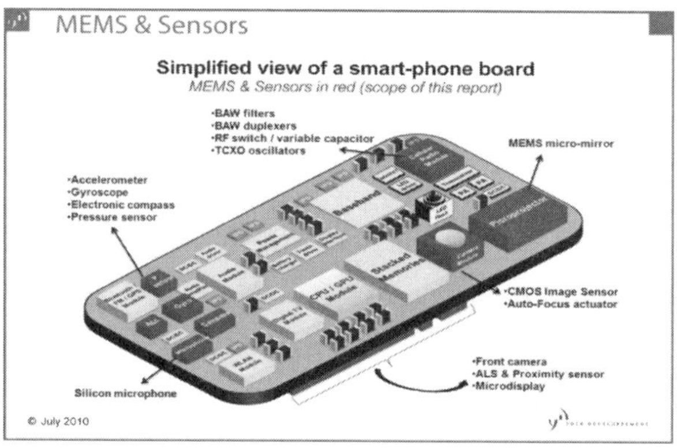

[그림 2.21] 스마트폰에서의 각종 센서

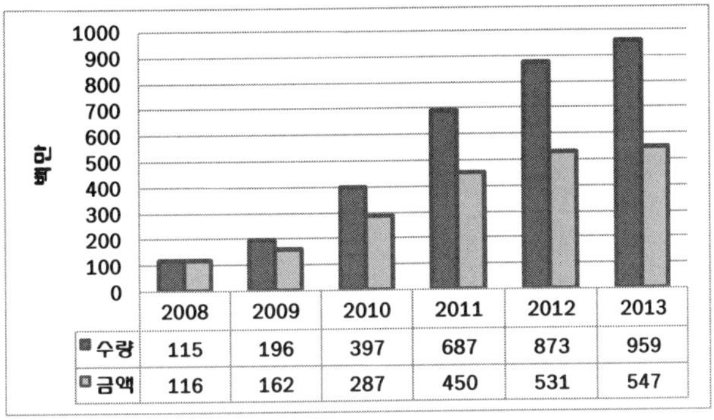

[그림 2.22] 모바일기기 MEM가속도 센서 전체시장전망 [iSuppli, 2009]

2009년 모바일 기기 센서부품 시장 규모는 약 35.5억 달러를 기록했으며, 2015년 79.1억 달러 규모로 연평균 약 20% 성장 예상되고 있으며, 2013년에 출하되는 전체 모바일기기 가운데 85%가 GPS를 탑재할 것이며, 50% 이상에 가속도계와 50% 가까운 자이로센서를 탑재하여 다양한 서비스를 제공할 전망이다.

가속도 센서는 자동차뿐 아니라 휴대폰에서 많이 부착되기 때문에 휴대폰 생산 규모와 동일하며, 세계에서 2009년에 출시된 휴대폰 11대 중 1대에 탑재되었으며, 2010년에는 5대 중 1대가, 2011년에는 전체 모바일 기기 중 3분의 1에 채용될 것으로 예상된다.

노키아 휴대폰의 38%는 동작 감지 가속도센서를 플랫폼에 통합하고 있으며, 소니에릭슨은 2009년 선보인 19개 신형 휴대폰 중 18개에서 가속도 센서를 사용하고 있는 것으로 알려져 있다.

2.4.2 자동차의 새로운 진화

자동차 시장엔 어떤 변화가 일어나고 있을까. 초기의 흐름은 주로 마케팅에 맞춰져 있다. 먼저 전용 애플리케이션(앱)과 모바일 웹페이지가 눈에 띈다. 이들의 공통점은 비교적 저렴한 비용에 자사 홍보와 특정 차량의 장점을 알릴 수 있고 이용자 접근이 쉽다.

보급화 된 앱들은 소모품 교체시기에서부터 차량관리 비용, 위성위치추적시스템(GPS)을 이용한 검색 기능, 영화관·카페 등의 예약 등이 주기능이라 할 수 있다. BMW의 앱 '엠파워 미터'(M Power Meter)는 차량 성능을 쉽게 측정하는 게 장점이다. 아이폰으로 정지상태에서 100 km/h까지 도달 시간과 운행 중 속도, 횡(橫) 가속도와 종(縱) 가속도 등을 쉽게 측정할 수 있다. 아이폰과 아이팟에 내장된 중력감지기능 'G센서'를 통해

[그림 2.23] BMW의 앱 '엠 파워 미터'(M Power Meter).

차량의 주행성능과 운전 습관을 기록하기도 한다. Web-TV 앱을 통해서는 Web TV 사이트의 차량 성능과 정보를 담은 동영상을 볼 수 있다.

메르세데스-벤츠는 '엠브레이스' 앱을 통해 도어와 시동의 제어, 유사시 서비스센터의 자동 연락이 가능하다. 폭스바겐의 앱 '시로코R 24시 챌린지'는 터치스크린의 민감도나 좌우 움직임을 조절할 수 있으며 가속 페달을 밟으면 실제로 배기음이 들려 인기를 모으고 있다. 랜드로버의 '펄스 오브 더 시티' 앱은 개인의 이동 경로를 도표로 제공받을 수 있으며 패션과 디자인, 음악, 영화 스포츠, 요리 등의 명소와 유명 인사들이 찾는 장소 등이 확인 가능하다. 현대차의 '투싼ix' 앱은 차량의 제원과 색상 등 제품정보와 음악듣기, 인터넷, 게임 등 모바일 이용 상황에서 아이폰 배터리 잔량을 확인할 수 있다. 또 인기를 모았던 '작업의 정석' 서비스는 이성의 취미와 좋아하는 음식, 현재 나의 위치 등 기본정보를 입력하면 현재 위치에서 가장 가까운 데이트 코스와 지도를 받아볼 수 있다. '모바일현대' 앱은 긴급출동 연결과 차계부, 현대차 뉴스 등을 제공한다. 기아차의 'K5' 앱은 K5 차량의 이상 유무를 실시간으로 파악하며, 도어 및 트렁크를 열고 자동 도어 잠금 설정을 하는 등 차량 상태의 진단과 제어가 가능하다.

한국지엠의 '내 차는 어디에'는 주차된 차량 위치를 쉽게 찾아주고 A/S서비스센터를 찾아주는 기능을 갖췄다. 르노삼성의 '드라이빙 케어'는 연비·정비 이력·차량 유지비 및 소모품 교환주기 등 다양한 정보를 제공한다. 또 모바일 웹사이트에서는 앱을 다운받은 후 SM5 티징 광고음악과 시동 거는 소리, 엔진소리, 창문 여는 소리 등을 벨소리와 효과음으로 설정할 수 있다.

2.4.3 스마트폰의 기술을 차량에 적용

한 단계 진보한 기술도 속속 선보이고 있다. 스마트폰의 기술을 차량에 접목한 기술이 그것이다. 도요타의 '엔튠'(Entune)은 스마트폰을 차량과 연결해 오락과 정보, 내비게이션 기능을 제공받는 시스템이다. 엔튠 모바일 앱을 다운받은 후 블루투스를 활용해 차량 시스템과 연결하면 음성 인식과 터치 기술로 손쉽게 필요한 기능을 제어할 수 있다.

포드가 MS와 합작해 개발한 '싱크'(SYNC)는 차량과 스마트폰을 연결해 운전자가 음성으로 다양한 기기들을 제어할 수 있는 시스템이다. 약 1만 개의 음성 명령 지원이 가능해 운전 도중 문자 전송과 시선 분산 등을 차단한다. 와이파이 연결을 통해 다양한 애플리케이션도 이용할 수 있다. '싱크'에 대적하기 위해 개발된 미국 GM의 '마이링크'는 스마트폰의 문자, 전화, 음악 감상, 내비게이션 기능을 음성 인식 소프트웨어와 음성 시스템과 연결해 지원한다.

이 시스템을 포함한 GM의 텔레매틱스(telecommunication과 informatics의 합성어) 서비스 온스타(On-Star)는 일부 차종에 스마트폰으로 GPS 시스템과 교신, 원거리에서도 충전 상태나 충전 시간 예약, 배터리 충전 상태 등을 가능하도록 했다. 또 차량 도난 사실이 신고되면 GPS를 활용해 온스타 센서가 스스로 엔진 출력을 줄이고 시동이 걸리는 것을 막아준다. 하루 24시간, 1년 365일 내내 차량을 원격 조종할 수 있는 것이다. 내비게이션 없이도 버튼 하나로 GM상담원의 길 안내도 받을 수 있다. 올해 안에 이 시스템이 장착된 차량을 접할 수 있을 전망이다.

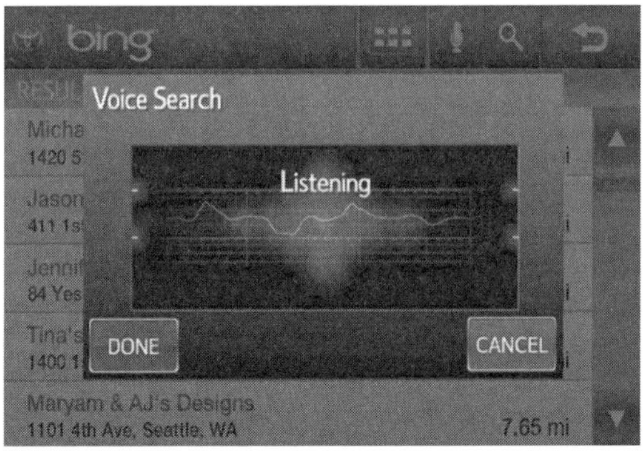

[그림 2.24] 도요타의 '엔튠'(Entune)시스템은 음성 인식과 터치로 조작이 가능.

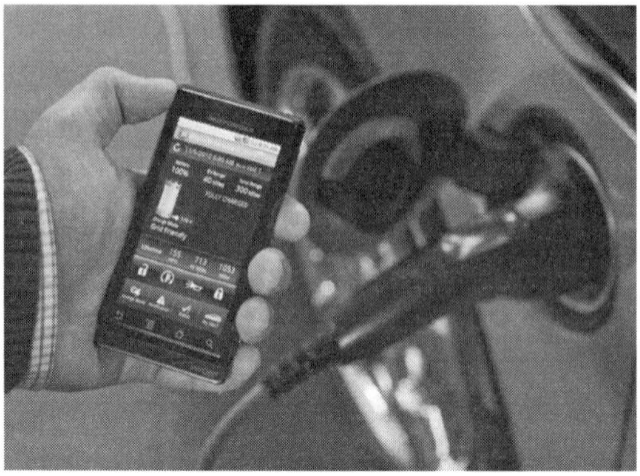

[그림 2.25] GM의 텔레매틱스 서비스 온스타(On-Star)로 연료량을 점검하는 모습.

현대차는 MS와와 3년간 협력한 끝에 스마트폰과 차량, 앱이 통합된 형태의 텔레매틱스 서비스 '블루링크'(Blue Link)를 최근 선보인 바 있다. 차량에 설치된 태블릿 PC와 스마트폰이 서로 자동으로 연계되는 방식이다. GPS를 통해 긴급구조센터 등과 연락되며 원격으로 문을 잠그고 시동을 거는 등 차량 제어가 가능하다. 올해 일부 차종을 시작으로 2013년까지 북미시장에서 판매되는 대부분 차량에 이 시스템을 기본으로 적용할 예정이다.

현대차는 MS와와 3년간 협력한 끝에 스마트폰과 차량, 앱이 통합된 형태의 텔레매틱스 서비스 '블루링크'(Blue Link)를 최근 선보인 바 있다. 차량에 설치된 태블릿 PC와 스마트폰이 서로 자동으로 연계되는 방식이다. GPS를 통해 긴급구조센터 등과 연락되며 원격으로 문을 잠그고 시동을 거는 등 차량 제어가 가능하다. 올해 일부 차종을 시작으로 2013년까지 북미시장에서 판매되는 대부분 차량에 이 시스템을 기본으로 적용할 예정이다.

최근엔 스마트폰 기반의 블랙박스 기능을 갖춘 앱도 국내서 개발됐다. GPS와 위치기반서비스(LBS)를 결합한 '플로이드 블랙박스'는 아이폰과 안드로이드폰을 지원한다. 녹화된 영상은 스마트폰에서 바로 재생되며 GPS로부터 수신한 주행속도와 날짜, 시간, 위치 정보를 저장해 주행한 위치와 경로를 쉽게 확인할 수 있다. 특히 교통사고 발생 후 블랙박스 영상자료가 법원에서 증거자료로 인정되고 있는 추세여서 관심이 커지고 있다. 여기에 운전자의 연료낭비 습관을 막아주는 에코드라이빙 확인과 사고와 동시에 경찰과 보험사, 지인 등에 연락을 취하는 긴급구난 기능도 갖췄다.

2.5 자동차 사고 예방기술

2.5.1 필요성

자동차의 안전관련기술은 크게 두 분야로 나눌 수 있다. 능동안전과 수동안전이다. 수동안전 분야는 차량의 주행 안정성과 충돌 안전성이 대표적인 기술로써 사고를 유발할 수 있는 결함을 최소화하고 사고 발생시에는 피해를 최소화하기 위한 기술이다.

반면 능동안전 분야는 인간의 감각을 대신하는 센서와 제어기, 엑츄에이터를 이용하여 사고를 미리 예방하거나 운전자의 안전운전을 지원하는 기술로써 수동안전기술, IT기술 등 여러 기술과 융복합되는 특징이 있다.

능동안전기술은 예방안전, 사고회피, 충돌안전, 운전자 지원, 자율주행기술 등으로 세분화할 수 있고, 사회적 요구에 의하여 진화를 계속하고 있다. 자동차 사고의 대부분이 운전자의 판단착오(16%)와 사고인자 발견지연(50%)에서 기인하기 때문에 이러한 능동안전 기술들은 교통사고 감소에 큰 기여를 할 것으로 기대되고 있다.

고안전 지능형 자동차에 적용될 제품들은 센서융합과 시스템간의 상호연동에 따라서 매우 다양해진다. 예를 들어 자동차에 표준으로 장착되고 있는 ABS 시스템은 속도센서와 유압서보, 제어기로 구성되어 있으며 여기에 레이트 센서(Rate Sensor)와 유압서보 기능을 추가하면 ESP 기능을 갖게 되는 등 특정시스템에 특정센서와 액츄에이터가 전용으로 사용되는 것이 아니고 서로 유기적으로 연계되어 하나의 시스템 즉, 상품을 구성한다[2].

2.5.2 예방 안전기술

사고 위험성을 미리 감지하여 운전자에게 정보를 제공하거나 경고하는 기술로써 다음과 같은 하위 시스템들이 있다.

UWS(Ultrasonic Warning System)는 초음파센서를 이용하여 전방위적으로 근거리 내에 있는 물체를 검지하고 경고하는 시스템으로써 주차시와 좁은 골목길 등에서 활용도가 높다. 후방감지 시스템은 이미 많은 업체에서 상용화되었고, 전방위 감지시스템은 가격 대비 효용성 측면에서 아직 상용화되지 않고 있다.

SOWS(Side Obstacle Warning System)은 차선 변경시 후측방 접근차량의 유무를 검지하여 경고하는 시스템으로써 고속 주행시 후측방의 차량을 검지한다. 근거리와 중거리를 검지하는 센서가 사용되는데 초음파센서와 영상센서가 많이 적용되고 있다. 볼보

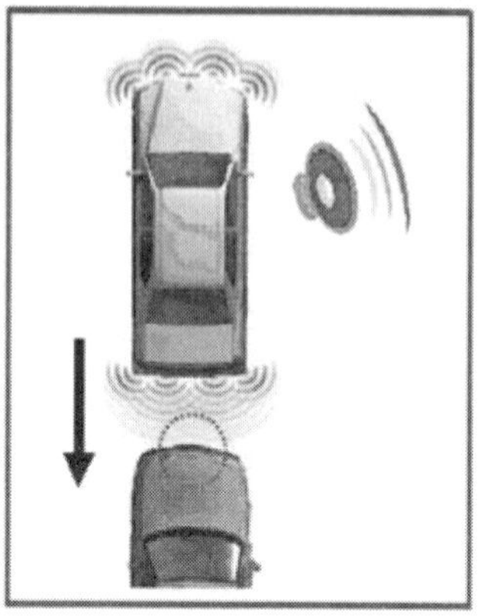

[그림 2.26] UWS

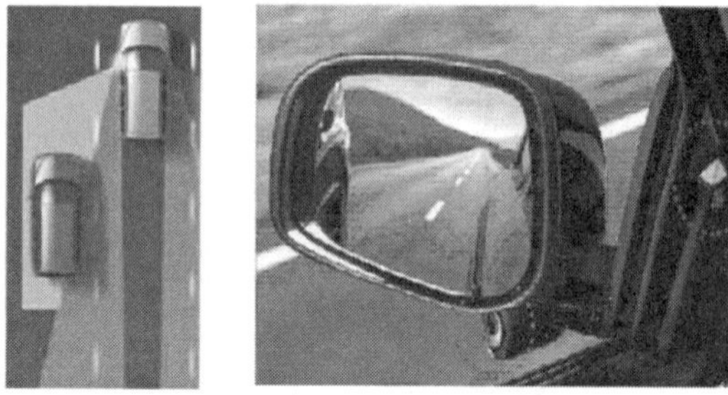

[그림 2.27] SOWS

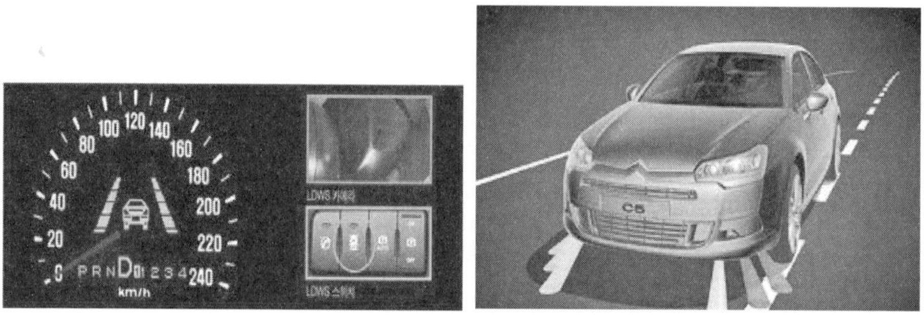

[그림 2.28] LDWS

에서 선보인 BLIS(Blind Spot Information system)가 상용화 되었으며 그 외 여러 업체에서 상용화를 준비 중이다. 가격 대비 효용성이 높고 시스템 자체도 단순하기 때문에 사고 예장에 많은 기여를 할 것으로 보이나, 센서의 정확성이 가장 큰 문제이다.

LDWS(Lane Departure Warning System)은 전방 영상처리를 통하여 차선이탈 여부를 판단하고 이를 운전자에게 경고하는 시스템으로서 2000년 미쓰비시가 사용화에 성공하였다. 실제 도로 상에서 일어나는 복잡한 상황 속에서 차선이탈을 완벽하게 판단하는 것은 기술적으로 아직 해결해야할 많은 문제를 안고 있다. 장거리 운송 즉, 화물트럭, 고속버스 등에 제한적으로 적용되는 것이 현실이다.

2.5.3 사고회피 기술

사고와 연결될 수 있는 상황에서 능동적으로 사고를 회피하도록 제어하는 기술로써 다음과 같은 하위 시스템들이 있다.

PCS(Pre-Crash Safety)는 레이더, 카메라 융합을 통해 전후방 교통상황을 판단하여 충돌사고 가능성이 있을 경우 운전자에게 경고하고 전동 안전벨트 및 헤드셋 등을 제어하는 시스템이다. 운전자 및 탑승자 상해를 최소화하기 위한 시스템으로써 도요타, 벤츠 등에서 상용화 했으며 고안전 지능형 시스템 중에서 가장 활발하게 상용화가 추진되고 있다.

PCS의 경우 사고 가능성이 존재할 경우 운전자 및 탑승자의 안전을 위해 할 수 있는 모든 조치를 자동으로 취한다는 개념으로 발전하고 있다.

LKS(Lane Keeping Support)은 차선이탈시 Steer-by-Wire 시스템을 이용하여 주행차선을 유지하는 시스템으로서 2001년 닛산이 상용화했으나 아직까지 널리 보급되지 않고 있다. LDWS에서 진보된 기술이나 LDWS와 같이 센서의 정확성과 상황판단의 적합성이 아직까지 난제로 남아있다.

CAS(Collision Avoidance System)은 레이더, 카메라 융합을 통해 전후측방 교통상황 및 주변차량의 상대소도 등을 검지하여 사고 가능성이 있을 경우 Brake-by-Wire, Throttle-by-Wire 시스템 등과 연동하여 사고를 미리 예방하는 시스템이다. 볼보, 벤츠, 도요타 등에서 상용화를 시작했으나 가격이 높아 고급차를 중심으로 소량만 보급되었으며, 본격적인 상용화는 5년 정도 후에 이루어질 전망이다. 고안전 지능형 자동차의 핵심 시스템으로서 궁극적으로는 운전자 동합지원시스템으로 발전할 전망이다.

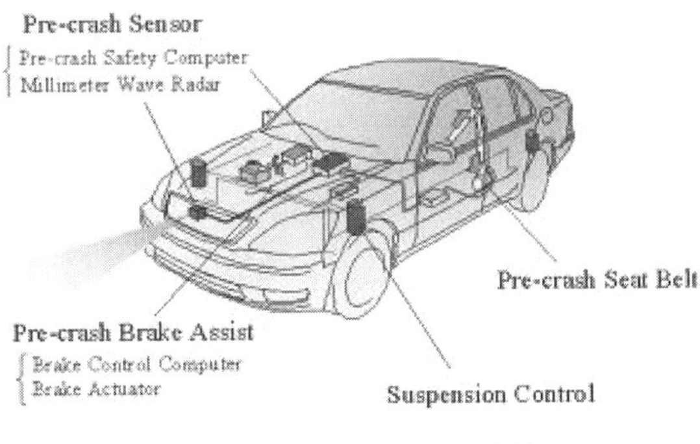

[그림 2.29] PCS 시스템 장치도.

ACC(Advanced Cruise control)은 전방 레이더를 이용하여 일정속도를 유지하고 긴급 상황에서는 비상제동을 수행하는 시스템으로서 근래에는 CAS로 통합되고 있다. 현대기아자동차를 비롯한 대부분의 완성차 업체에서 상용화되었으나 여전히 높은 가격으로 인하여 아직 광범위하게 보급되고 있지는 않고 있다.

2.5.4 타이어압력 감지 시스템

TPMS(Tire Pressure Monitoring System)는 스마트 타이어라고도 불리며, 능동적으로 타이어의 저압 위험을 감지하고 운전자에게 안전을 보장하는 기술이다. 자동차, 도로와 끊임없이 통신하며 운전자의 안전을 지켜주는 시스템이다. 타이어 내부에 장착된 온도 및 압력 센서를 통하여 실시간으로 운전자에게 알려주는 타이어 압력 모니터링 시스템(TPMS)으로 구성되어 있다.

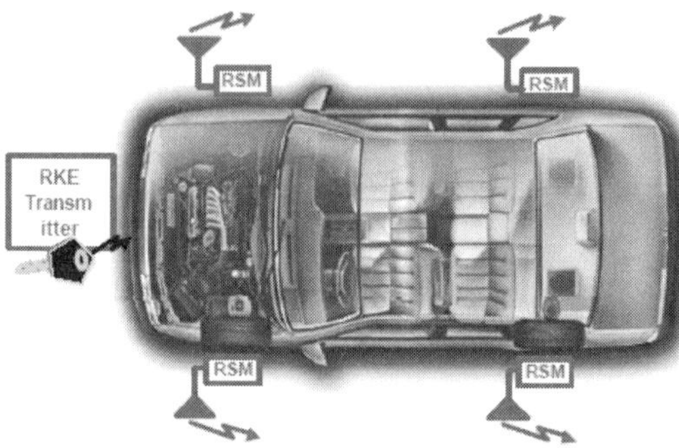

[그림 2.30] TPMS에서의 압력센서 모듈의 무선통신 개념.

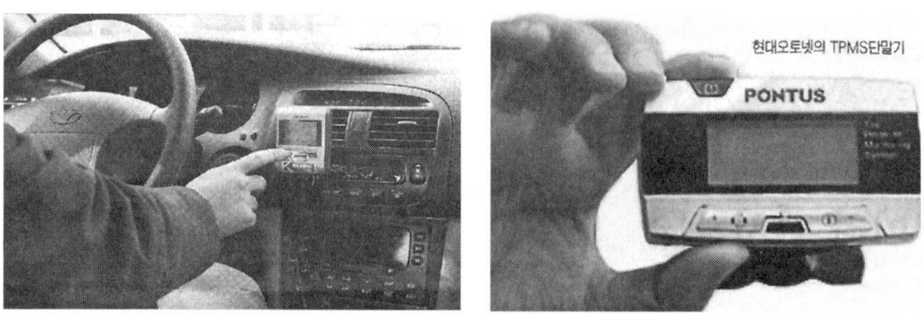

TPMS 정보단말기

[그림 2.31] 부착형 TPMS 단말기.

스마트 타이어에 관한 연구는 국내에서는 현대오토넷과 금호타이어, 아시아나 IDT와 공동으로 타이어 고무 속에 삽입해 타이어 제조일, 제조사, 상품번호 등 고유정보를 담아 타이어 생산 공정부터 판매, 폐기에 이르는 전체 물류 정보를 효과적으로 관리할 수 있게 해주는 타이어 삽입형 RFID 기술을 개발하였으며, 이 기술과 TPMS 기술을 접목하기 위해 계속적으로 연구 중이다. 국외의 대표적인 스마트 타이어로는 TPMS(Tire Pressure Monitoring System)용 RFID가 있으며, 최근에는 하나의 센서에 타이어의 식별과 공기압 측정 기능까지 포함시킨 다기능 제품이 탄생하고 있다.

2.5.5 자동주차 보조시스템

PAS(Parking Assist System)은 카메라, 근거리 센서 등을 융합하여 주차시 주변공간과 주변차량 등을 검지하고 이 정보를 바탕으로 운전자의 주차를 보조하는 시스템으로 도요타 자동차가 상용화를 시작했고, 그 후 많은 업체에서 상용화하고 있다. 완전 자동주차시스템은 환경변수로 인하여 상당한 시일이 걸릴 것으로 보인다.

자동차 주차 보조시스템은 일정 속도 이하에서 자동으로 실행된다. 운전자는 차량의 전후측면에 장착된 카메라를 통해 보여 지는 장애물을 화면을 통해 파악하고 이를 토대로 변속기와 브레이크만을 조작하여 정확한 위치에 주차하게 된다.

닛산의 '어라운드 뷰모 니터'는 마치 차량을 위에서 내려 보는 듯 한 화면을 보여주는 방식이고, 폭스바겐의 '파트 어시스터'는 핸들의 조작 없이 화면에 표시되는 대로 기어, 가속 패달, 브레이크만을 조작하여 주차를 가능하게 해주며, 더불어 주차 후 빠져나가려고 할 때, 원하는 방향 지시등만 켜주면 운전자는 트립컴퓨터에 표시되는 대로 조작하면 되는 방식이다.

[그림 2.32] 현대자동차의 주차주향 보조시스템(SPAS).

현대자동차에서 개발한 직각 주차시스템인 '주차주향 보조시스템'은 차량좌우전후에 장착된 공간탐색용 초음파센서를 활용하여 영역을 탐색하여 핸들을 제어해 주차를 보조하는 시스템이다.

2.6 요약

자동차의 기능이 단순한 운송수단에서 점차 전장부품이 증가하고 IT기술이 융합되면서 운전자나 동승자의 안전과 편이를 강조하는 운송시스템의 개념으로 바뀌고 있다.

자동차의 편의와 안전 등의 분야에 적용되는 전장 부품의 비율이 1980년 1%, 2004년 19%이며 2015년경에는 40%에 이를 것으로 예측되고 있다. 결국 미래의 자동차의 우수성은 얼마나 성능이 좋은 기계장치를 만드느냐 보다는 얼마나 안전하고, 운전자나 승차자의 편이를 보장하느냐가 자동차 산업의 성공을 보장하게 될 것이다.

참고문헌

[1] IT SoC Magazin, 자동차 전장분야 관련 부품소개, 2008.05.

[2] 자동차 전장부품 시장동향, 자동차센서지원센터, 전자부품연구원 보고서, 2010.0.

[3] NCSDR/NHTSA Expert Panel on Driver Fatigue and Sleepiness, "Drowsy driving and automobile crashes", National Highway Traffic Safety Administration (NHTSA) report.

[4] M. R. Rosekind, "Underestimating the societal costs of impaired alertness: safety, health and productivity risks", Sleep Medicine, vol. 6, pp. S21-S25, 2005.

[5] R. R. Knipling and W. W. Wierwille, "Vehicle-based drowsy driver detection: Current status and future prospects", 1994.

[6] J. Andreassi, "Psychophysiology: Human behavior and physiological response", London: Lawrence Erlbaum Associates, 2000.

[7] J. Batista, "A drowsiness and point of attention monitoring system for driver vigilance", Proc. of the IEEE Intelligent Transp. Systems Conf., vol. 4, no.4, pp. 702-708, 2007.

[8] F. Friedrichs and B. Yang, "Camera-based drowsiness reference for driver state classification under real driving conditions", IEEE Intelligent Vehicles Symposium, University of California, CA, USA, June 21-24, 2010.

[9] Boon-Giin Lee, Sang-Joong Jung, and Wan-Young Chung, "Real-time Physiological and Vision Monitoring of Vehicle Driver for Nonintrusive Drowsiness Detection", IET Communications, Accepted.

[10] 박광범, 황학인, 박수천, 김휘운, 초광각 카메라를 이용한 사각지대제거, 전자정보센터 산업동향분석보고서, 2008.09.12.

제 3 장

차량용 센서

인간이 개발한 자동차는 현대생활에서 교통수단으로서의 기능뿐만 아니라 생활공간에서 생활필수품으로 등장하게 되었다. 특히 전자공학의 눈부신 발전과 함께 자동차산업도 급속히 발전하는 추세이다. 현재 자동차의 전 기능도 전자시스템의 도입으로 안정성, 편리성 및 친환경성 등의 고성능화를 실현하고 있다. 자동차에 전자시스템 의 사용증가 의 주요한 이유는 성능개선, 생산차별화, 개선된 서비스시스템, 신뢰성, 안전성 및 조작기능 향상 등을 위해서 이다.

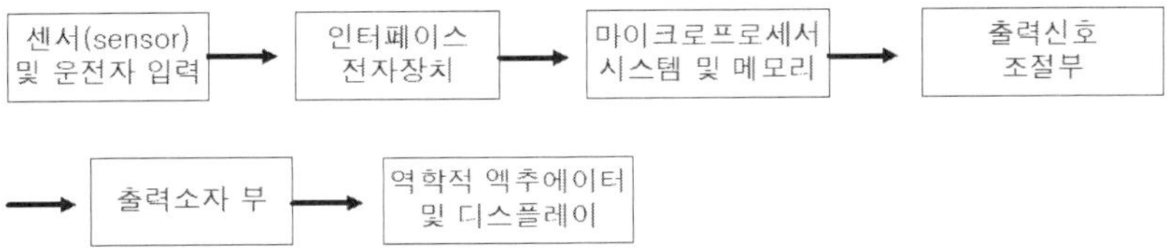

[그림 3-1] 기본 차량 제어 시스템

그림 3-1은 차량 제어시스템의 모델을 나타낸 것이다. 이 기본차량제어시스템은 차량용 센서(sensor) 및 운전자의 입력을 마이크로프로세서 시스템 에 의하여 사용 할 수 있도록 인터페이스 전자장치가 변환 하고 마이크로프로세서시스템에서 연산처리 한 후 출력신호조절부, 출력소자 부를 거쳐 필요한 제어를 역학적 엑추에이터 로 실행하거나 혹은 디스플레이 하는 것이다.

이 차량 제어시스템에 응용되는 센서 가 필요한 주요 이유는 새로운 검출(sensing) 기술 도입으로 응용도 향상뿐만 아니라 차량의 극한 환경을 이러한 센서로 표현 할 수 있다는 점과 정부의 안전 규제법률 에 인한 안전 시스템향상과 기타서비스 시스템 개선을 위한 경쟁적 개발에서 비롯되었다고 할 수 있다.

이 차량용 센서가 가져야 할 필요조건은 크게 트랜스듀스(transduce)소자기능, 인터페이스 전자기술 및 펫키징(packaging)으로 분류된다. 트랜스듀스 소자는 시스템의 정밀한 요구에 부응해야 한다. 다른 부품의 오동작, 높은 온도 및 오버레인지 등에서도 안정하게 동작하여야 한다. 또한 인터페이스 전자기술이 필요한데 출력신호증가, 감도조정, 온도 및 변수보상, 전자파간섭 그리고 자기진단과 테스트를 위해서이다. 차량환경에 대응하는 센서 펫키징은 크기가 작고 취급하기 용이하고, 열적 쇼크, 진동, 화학적 물질접촉 및 높은 습도 등에 견딜 수 있도록 해야 할 것이다.

따라서 고성능 차량 제어 기술시스템에서 요구되는 마이크로 전자센서(sensor)는 높은 신뢰성, 인터페이스 용이성, 자기진단과 시스템의 비용절감에 적합하도록 신호조건에 의하여 본질적으로 설계되어야 할 것이다.

이와 같이 차량제어시스템을 이해하기 위해서는 차량용 센서에 대한 기본지식이 필요하게 된다.

3.1 차량용 센서의 기초

3.1.1 센서와 트랜스듀스

센서(sensor)란 용어는 라틴어의 sentire 에서 유래된 것으로 의미는 여러 가지 있으나 외부의 모든 정보 즉 외부자극 에너지를 물리적, 화학적 및 생물학적 수단을 써서 검출하고 출력신호는 일반적으로 전기적신호로 나타나고 있다. 즉 "모든 정보 및 에너지의 검출장치이며 비교적 적은 전력(power)을 가진 것"이라 할 수 있다. 인간에 비교하면 5감(시각, 청각, 미각, 후각, 촉각)을 감지하는 신경세포와 같은 역할을 하여 인간의 뇌에 전달하는 것과 유사하다고 볼 수 있다.

그림 3.2는 센서의 기능을 간단하게 나타낸 것이다.

센서는 여러 외부 자극으로부터 검출대상을 파악하고 처리가 쉬운 전기적 신호로 변환하는 것이다. 다양한 외부 신호로부터 필요한 정보를 얻기 위해서는 특별한 현상에 대해서 선택성이 있는 센서가 필요하다. 이러한 센서를 실현하기 위해서는 센서 재료 특성, 구조

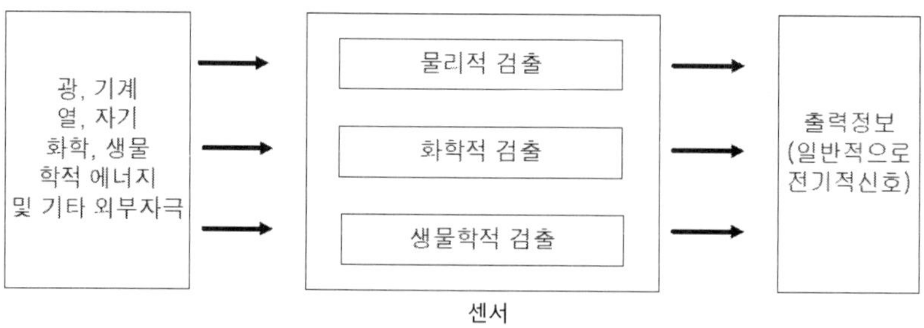

[그림 3.2] 센서의 기능

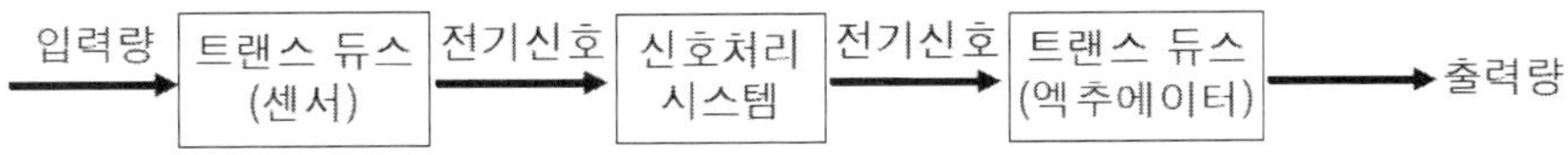

[그림 3.3] 정보처리시스템의 트랜스 듀스

[표 3.1] 센서동작에 관련된 에너지형태

에너지형태	센서에 이용되는 특성 예
기계적 에너지 (mechanical energy)	위치, 속도, 가속도, 힘, 토크, 압력, 응력, 변형유량, 질량, 밀도, 모우멘트, 변위, 형상, 방위, 점도
복사 에너지 (radiant energy)	복사강도, 에너지, 파장, 진폭, 위상, 투과율, 편광(polarization)
열 에너지 (thermal energy)	열(heat), 온도(temperature),열속(flux)
자기 에너지 (magnetic energy)	자계세기, 자기 모우멘트(magnetic moment) 투자율, 자속밀도
화학 에너지 (chemical energy)	농도, 반응율(reaction rate) 산화환원전위(redox potential) 생물학적 특성
전기 에너지 (electrical energy)	전압, 전류, 저항, 정전용량, 주파수

신호처리방법 등에 관련된 소프트웨어(S/W)와 하드웨어(H/W)기술인 센서기술(sensor technology)이 요구된다. 센서란 용어와 함께 사용되는 "트랜스듀스(transducer)"가 있다. 트랜스듀스는 한 에너지 상태에서 다른 에너지 상태로 변환하는 소자를 말하므로 넓은 범위의 의미를 지니고 있다. 그림 3.3은 정보시스템에서 입출력에 트랜스 듀스가 사용됨을 나타낸 것이다. 트랜스 듀스는 각종 입력량(물리, 화학, 생물학적 신호)을 전기적 신호로 변환하는 센서 기능의 트랜스 듀스와 전기적 신호를 다른 출력량으로 변환하는 엑추에이타 기능의 트랜스 듀스로 나타낼 수 있다. 따라서 현재 센서와 트랜스 듀스는 같은 의미로 사용되는 경우가 많다.

외부자극의 정보량을 변환할 때 관련된 에너지 형태를 표 3.1과 같이 나타낼 수 있다. 센서는 검출 대상도 매우 광범위하므로 통상 에너지의 형태나 검출대상에 따라 분류하여 나타낸다. 한편, 검출대상의 현상을 고려하여 물리현상을 이용하는 물리 센서(physical sensor), 화학적 현상을 이용하는 화학 센서(chemical sensor)와 생물학적 현상을 이용하는 바이오센서(bio sensor)로도 나타 낼 수 있다.

3.1.2 센서의 기본 파라미터(parameter)

센서의 성능은 다른 전자소자와 같이 입력 량과 출력량의 정확한 상관관계를 가져야 하나 그렇지 않은 경우가 많다. 따라서 센서를 각종시스템에 올바르게 사용하기 위해서는 센서의 동작원리와 기본적 특성을 파악하고 각종 파라미터를 잘 이해하여야 한다.

센서에 관련된 파라미터는 감도(sensitivity), 검출범위(range), 정도(precision), 잡음(noise), 분해능(resolution), 오프셋(offset), 선형성(linearity), 히스테리시스(hysteresis), 선택성 응답 특성 등으로 나타낸다.

(1) 감도(sensitivity)

그림 3.4는 센서의 입력과 출력사이의 관계를 나타낸 것이다. 센서의 감도(sensitivity) s는 입력 량 Δx와 출력 량 Δy로 정의된다.

즉,

$$s = \frac{\Delta y}{\Delta x} \tag{3.1}$$

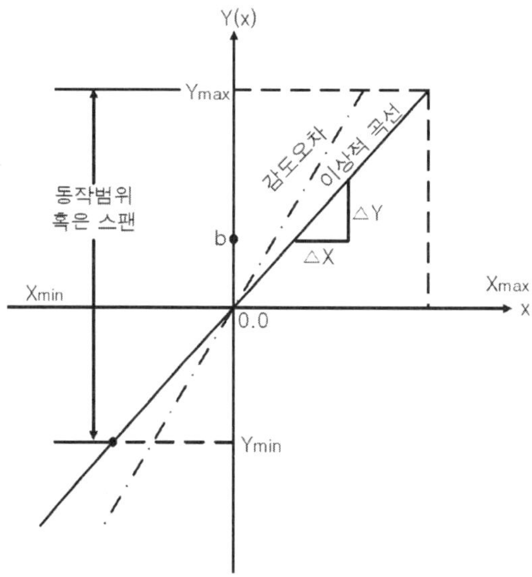

[그림 3.4] 센서의 입출력 특성

감도오차(sensitivity error)는 그림에서 알 수 있는 바와 같이 이상적 곡선 에서 벗어난 정도를 나타낸다.

(2) 동작범위(operating range)

센서의 동작범위는 측정 될 수 있는 최대 입력 량과 최소 입력 량의 범위를 말하며 또는 스팬(span) 이라 한다. 그림 3.4에서 y_{max}와$-y_{min}$가 동작범위가 된다. 또는 이것을 센서에서 풀 스케일 레인지(full-scale range : FS) 이라 한다. 그리고 $-x_{min}$~$+x_{min}$을 입력풀-스케일(input full-scale) 이라고도 한다. 경우에 따라 (+)측정범위와 (-)측정범위가 달라서 정격입력 또는 정격출력 이란 용어도 사용된다.

(3) 확도(accuracy)와 정도(precision)

확도(accuracy)는 센서의 출력이 실제값(actual value)에 최대오차가 얼마인가를 나타낸 것이다. 즉 풀-스케일(full-scale)출력신호에 대한 출력신호의 최대 오차비로 정의된다.

정도(precision)는 측정치의 재현성(reproducibility)정도를 말한다. 즉 반복 측정할 때 실제값(actual value)에 어느 정도 접근하는가를 나타내는 것이다. 동일한 양을 측정하더라도 측정 환경조건에 따라 다르므로 센서의 출력이 변화한다. 따라서 센서의 재현성을 높게 유지하기 위해서는 정기적인 검사, 교정, 보수 등의 관리가 필요하다.

(4) 분해능(resolution)

분해능(resolution)은 출력신호로 검출 될 수 있는 입력신호의 최소크기를 말한다. 즉 그림 3.4에서 출력 신호 Δy을 식별 할 수 있는 입력신호 Δx의 최소치를 의미하는 것이다. 만약 Δx의 최소치가 잡음(noise)보다 작으면 출력에 오차를 일으키므로 잡음(noise)이 분해능에 대응한다고 볼 수 있다. 따라서 센서의 분해능을 작게 하려면 잡음(noise)을 줄이는 것이 필요하다.

(5) 오프셋(offset)

오프셋(offset)이란 그림 3.5와 같이 입력신호가 0일 때 센서의 출력이 0으로 되지 않고 신호가 나오는 현상이다. 또는 특정조건에서 특정 출력신호와 실제 출력신호의 차이 값이라고도 한다.

만약 센서가 시간, 온도 혹은 환경원인에 따른 감도변화 영점변화와 같은 드리프트(drift)현상이 있으면 보상회로 시스템의 신호처리가 복잡해진다.

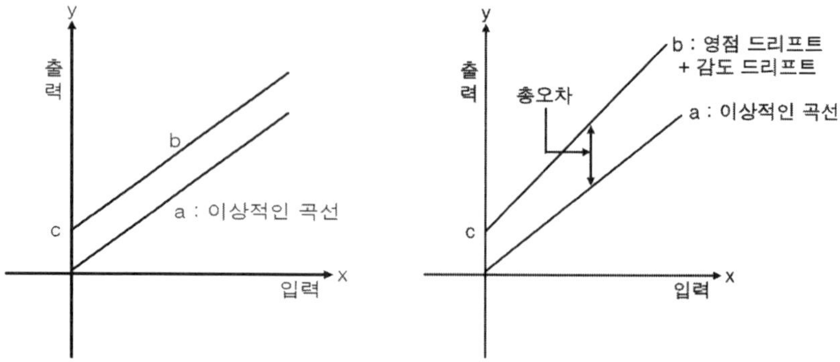

(a) 이상적인 경우 (b) 드리프트(drift)인 경우

[그림 3.5] 오프셋(offset)

(6) 직선성(linearity)

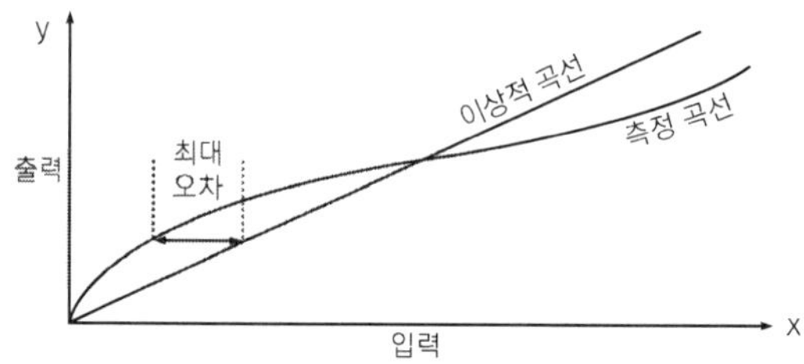

[그림 3.6] 센서의 비 직선성(nonlinearity)

실제적으로 많은 센서들은 그림 3.6의 이상적 곡선의 출력을 갖는 것이 바람직하나 그렇게 되지 않은 경우가 대부분이다.

따라서 센서의 특성 평가의 한 방법으로 선형성(linearity)파라메타를 사용한다. 센서의 선형성은 실제 측정된 곡선과 이상적 곡선와의 어긋난 정도를 표현하는 파라메타인데 선형성 관계는 아래와 같이 통상 비직선성(nonlinearity : %)로 표현된다.

$$\text{비직선성}(nonlinearity)(\%) = \frac{\text{최대입력오차}}{\text{풀}-\text{스케일 입력}} \times 100(\%) \tag{3.2}$$

만약 센서 자체의 특성이 선형 되지 않은 경우에는 신호처리 시스템을 사용해서 직선성을 갖는 특성이 되도록 처리 하여야 한다.

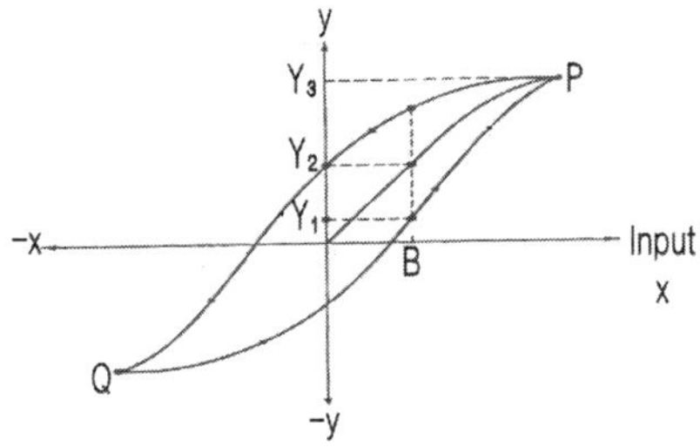

[그림 3.7] 히스테리시스 (hysteresis)

(7) 히스테리시스(hysteresis)

센서는 입력의 방향변화에 관계없이 일정한 기울기를 갖는 출력을 가져야 한다.

그림 3.7은 대표적인 히스테리시스(hysteresis)곡선이다. 입력이 증가 할 경우와 감소시킬 경우의 출력이 같게 되지 않은 현상을 "히스테리시스"라 한다. 그림에서와 같이 입력 B일 때 출력 Y_1, Y_2, Y_3가 다르게 나타나므로 명백히 히스테리시스에 의한 오차가 된다.

이러한 히스테리시스는 각종재료의 물리적 성질에 따라 나타나며 탄성재료, 강자성체 및 강 유체의 본질적 특성에 속한다.

(8) 응답특성(response property)

센서는 입력변화에 대해서 출력상태가 즉시 변화 하지는 않는다. 그림 3.8에서와 같이 센서의 입력이 주어졌을 때 출력이 정상상태로 될 때까지의 시간을 응답시간(response time)이라 한다.

그림 3.8(a)는 입력변화에 대해 가파른(+)계단형 출력을 나타내므로 상승시간 Tr로 정의되며 반면 그림 3.8(b)는 하강시간Td로 정의된다.

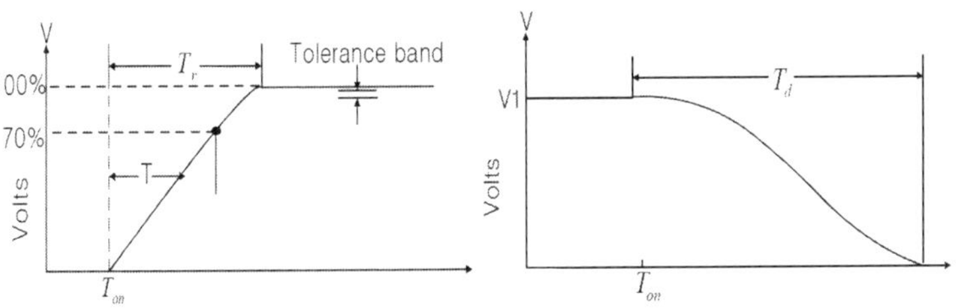

(a) 상승시간 Tr (rise-time) (b) 하강시간 Td (fall-time)

[그림 3.8] 응답시간 (response time)

(9) 선택성(selectivity)

센서는 원하는 현상(물리, 화학적 현상)을 검출하고 다른 현상에는 반응하지 않아야 한다. 일반적으로 세라믹 형태의 습도, 가스센서들은 선택성이 중요하므로 선택성이 우수한 특성을 나타내도록 하여야 한다.

(10) 잡음(noise)

잡음(noise)이란 바람직하지 않은 불규칙한 출력 신호이다. 센서자체나 신호처리 시스템으로부터 잡음이 발생하고 있다. 이러한 잡음은 여러과정을 통하여 나타나므로 센서 분해능의 한계치를 의미하기도 한다. 센서의 잡음 특성을 가늠하는 파라메타는 "신호 대잡음비(signal to noise ratio : S/N ratio)을 통상 사용한다. 이러한 S/N비를 개선하기 위해서는 필터(filter)을 사용하기도 한다.

3.2 차량용 센서의 분류

차량의 전자제어시스템을 살펴보면 그림 3-9와 같다. 즉 엔진제어, 트랜스미션제어, 브레이크제어, 스티어링(steering)제어, 공조제어, 계기경보진단, 네비게이션, 안전진단, 현가장치(suspension)제어 등으로 분류할 수 있다.

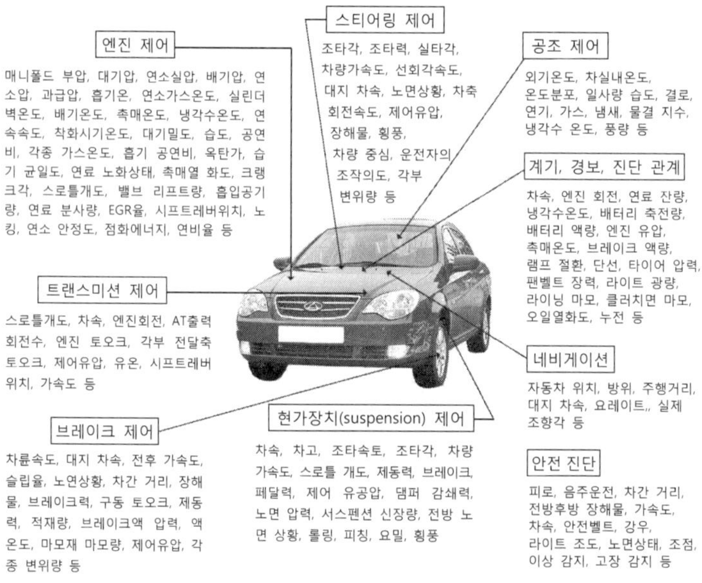

[그림 3-9] 센서와 각종 제어 시스템

이러한 차량 제어시스템들은 각종 차량용 센서의 구동에 의해 제어되는데 센서의 검출대상에 따른 분류를 하면 다음과 같다.

[표 3.2] 차량용 센서의 검출대상에 의한 분류

① 온도 검출센서	② 입력 검출센서
③ 공기, 유량 검출센서	④ 가스 농도 검출센서
⑤ 회전수 검출센서	⑥ 진동 검출센서
⑦ 위치와 각도검출센서	⑧ 광량 검출센서
⑨ 거리 검출센서	⑩ 액체 레벨검출센서
⑪ 가속도 및 각속도검출센서	⑫ 전류 검출센서
⑬ 하중 검출센서	⑭ 물체 검출센서

또한 이 분류의 센서들은 변환에 이용되는 원리, 효과로 나누어 보면 표(3.3)와 같이 역학센서, 전자기센서, 광센서, 온도센서, 화학센서로 분류된다.

[표 3.3] 센서의 기능상 분류

분류	대표적 센서
역학센서	근접센서, 회전각센서, 레벨센서, 속도센서, 가속도센서, 진동센서, 하중센서, 압력센서, 유량센서
전자기센서	홀센서, 홀IC, 자기저항(MR)센서
광센서	포토다이오드, 포토트랜지스터, 적외선센서, 가시광센서, 자외선센서, 광전관, 이미지센서(CCD)
온도센서	열전대, RTD, NTC/PTC 서미스터, IC온도센서
화학센서	가스센서, 습도센서, 이온센서, 바이오센서

역학센서는 차량에 가장 많이 사용하는 센서이며 크게는 기계량센서, 유량센서로 분류한다. 기계량센서는 거리, 위치, 회전각 및 회전수를 측정하는 직선/회전변위센서, 근접센서, 속도 및 가속도센서, 하중 및 토크센서 등이 있다. 유량 센서에는 압력센서, 유량/유속센서, 점도센서등이 있다.

온도센서는 많이 사용되는 센서중의 하나인데 금속, 산화물반도체, 유전체등이 사용되고 있으며 최근에는 온도계측범위도 확대되고 정밀도도 높아지고 있다.

자기센서는 주로 홀효과, 자기저항효과를 이용한 센서가 주로 사용되고 있으며 검출 감도가 높은 플럭스게이트(fluxgate)형 센서도 도입되고 있다. 이 자기센서는 유속, 유량, 변위, 전류, 온도, 두께 및 레벨 등 여러 물리량을 검출할 수가 있다.

광센서는 반도체 재료를 이용해서 광을 전기적 신호로 변환하는 방식이 많이 사용되고 있으며, 동작기능 용도에 따라, 포토다이오드, 포토트랜지스트, 광도전소자(CdS) 등이 있으며 광의 검출 파장에 따라 가시광선, 적외선, 자외선 및 방사선 센서로 분류한다.

화학센서는 크게 이온센서, 가스센서, 습도세서 및 바이오센서 등이 있다. 특히 바이오센서는 연구초기단계로 활발한 연구대상 센서 분야이다.

차량에 사용되는 센서는 각종 차량에 대해서 100여 종류를 상회하고 있으며 차량의 고급화, 첨단 화 함에 따라 그 종류가 증가 할 것으로 판단된다.

차량의 사용계통에 따라 필요한 차량 센서를 분류하면 표 3.4와 같다.

[표 3.4] 차량용 센서의 차량 계통에 의한 분류

차량계통	필요한 센서	차량계통	필요한 센서
엔진제어	절대압력 기압(고도) 배기산소가스 NOX 가스 연료 성분 공기 유량, 유속 엔진 Knock EGR 밸브위치 EGR 압력 스로틀위치 배기압력 연료성분/이중연료 연료압력 차량속도 공기충전 온도 엔진 속도 크랭크축/위치 엔진 냉각수 온도 습도 토크 오일품질 유체상태	NODS(근처장애물 감지)	차량상대 속도 차량거리
		실내온도조절기	차량 습도 온도 대기의 조성 공기 유량 바깥 대기온도 바깥 대기의 조성 모터 위상속도센서
		자동주행속도유지장치	차량속도 브레이크 스위치 선택스위치
		MUX/ 공회전 속도 제어 진단	AC클러치센서/파워 핸들압력 시프트레어 스위치 엔진속도
		전자전송 (연속 가변 변속기)	스로틀위치 시프트레버위치 트랜스오일

	엔진소음 주위온도		압력 축 속도 변속기 오일온도
미끄럼 방지 브레이크	바퀴속도 브레이크 스위치 브레이크 압력 감속 유체 레벨 피시테일링	운전자 정보	차량 속도 엔진 속도 오일 압력 연료 수준 오일 수준 오일품질/상태 냉각수 압력 냉각수 상태 냉각수 온도 주위 대기온도 냉각수 레벨 앞유리 워셔 레벨 변속기 오일 레벨 타이어 압력 타이어 표면 온도 배터리 유체 레벨 레인 센서 태양 센서
견인조절	엔진속도 핸들 각도 핸들 변화율		
서스팬션	차량높이 핸들 각도 핸들 방향 가속 차량무게 도로지면 상태 사이드 슬립 각도 편주 각도의 속도 측면 배기량 차량 속도 공압 스프링 압력 탑승 선택 스위치		
전자파워스티어링	핸들 토크 유압 차량 속도 핸들위치	메모리 시트	운전자 선택 스위치 요추 압력 시트위치
4륜조향	차량 속도 핸들 각도 앞-뒤 바퀴 각도	네비게이션	자이로스코프 핸들 전환 지자기(자기장)센서 주행거리
보안과 무선도어잠금	잘못된 접근 표시 원격 접근 표시		

[표 3.5] 재료에 따른 센서 분류

센서재료	대표적인 센서 예
금속	RTD, 스트레인 게이지, 로드셀, 열전대
반도체	홀 소자, 홀IC, 반도체 압력센서, 포토다이오드, CCD
세라믹	습도센서, 서미스터, 가스센서, 압전센서, 산소센서
광섬유	온도센서, 레벨센서, 압력센서, 변형센서
유전체	초전형 센서, 온도센서
고분자	습도센서, 압전 센서
생체 물질	각종 바이오센서
복합 재료	PZT 압전 센서

센서 변환 기능재료에 따라 분류하면 표 3.5와 같다. 센서재료는 크게 유기재료, 무기재료 및 복합재료로 나눠진다. 무기재료에는 금속, 반도체, 세라믹 및 광섬유 등이 있으며 유기재료에는 고분자와 저분자가 있다. 지금까지 반도체가 센서 재료로 가장 많이 사용되어 왔고 앞으로도 소형화, 고성능화 면에서 우수한 재료이므로 다양한 기능의 센서 개발이 기대되고 있다.

최근에는 반도체 제조 기술의 혁신적 발전과 함께 마이크로머시닝(micromachining) 기술을 조합한 MEMS(micro electro mechanical system)을 이용하여 초소형, 고성능화한 센서들이 개발되고 있으며 특히 Si압력센서, 가속도센서, 유량 및 유속센서(flow sensor)등이 점차 실용화 되고 있다.

세라믹센서는 내열성, 내식성, 내마모성이 우수하며 유기재료는 각종 바이오센서용으로 최근 연구가 활발하다.

광섬유센서는 광섬유가 검출 신호를 빛으로 전송하는 재료로 사용하는 방식과 광섬유 자체가 센서기능을 한 것이 있다.

또한 고분자 복합재료는 새로운 기능의 센서 재료로 기대 되고 있다.

금속은 주로 기계적 및 전자적 센서로 사용된 재료이며 비정질 재료, 형상기억합금 및 그래핀도전 재료 등이 개발되어 새로운 센서 재료로 등장하고 있다.

3.3 온도 검출 센서

물체의 차고 뜨거운 정도를 수량으로 표현한 것이 온도(temperature)이다. 이러한 온도를 측정하기 위하여 온도계(thermometer)나 온도센서(temperature sensor)를 사용한다.

온도는 대부분 물리, 화학, 전자, 기계 및 기타 시스템에 영향을 주기 때문에 자주 측정되는 양이다. 현재 온도 측정 센서를 크게 나누어 보면 측정하고자 하는 부분에 직접 접촉하는 접촉식(contact sensor)과 직접 접촉하지 않고 간접적으로 온도를 검출하는 비접촉식(noncontact sensor)이 있다. 접촉식은 측정점의 온도가 직접 센서에 전달하여 검출하고 비접촉식은 열방사나 다른 변환 방법으로 검출한다. 차량에서 온도센서를 사용하는 곳은 실내온도 및 실외온도를 검출하는 공조시스템, 엔진 성능을 검출하는 엔진 제어시스템 및 동력전달장치 계통이다.

표 3.6은 온도센서에 이용되고 있는 물리 현상에 의한 온도센서를 분류한 것이다. 여기서는 널리 사용되는 온도센서의 동작원리와 구조를 설명하고 차량응용분야에 대해서 서술한다.

[표 3.6] 각종 온도세선의 물리현상과 사용온도범위

응용물리현상	온도센서종류		사용온도범위
열기전력	열전대		-200~1600℃
	서모파일		-40~100℃
전기저항변화	RTD		-200~850℃
	서미스터	NTC	-50~300℃
		PTC	-50~300℃
반도체	IC 온도센서		-50~150℃
초전현상	초전 온도센서		
on/off 스위칭	서모 스위치 (리드스위치, 바이메탈)		0~150℃

3.3.1 열전대(thermo couple)

열기전력(thermoelectricity)은 열에 의하여 발생한 전기이다. 열전대(thermocouple)는 그림 3.10(a)와 같이 서로 다른 두 금속선 a,b를 한쪽은 접합하고 한쪽은 개방하면 그 접점간 온도차에 비례하는 기전력(emf)이 나타난다. 이 현상을 지백효과(seebeck effect)라 부른다. 여기에 나오는 전압을 지백 전압이라 하고 열기전력으로 나타난다.

지백전압은 다음과 같은 식으로 표현 된다.

$$V_s = \alpha_{ab}(T_a - T_b) \tag{3.3}$$

여기서, V_s: 지백전압 α_{ab} : 지백 계수 $T_a - T_b$: 측정점온도와 주위 온도차

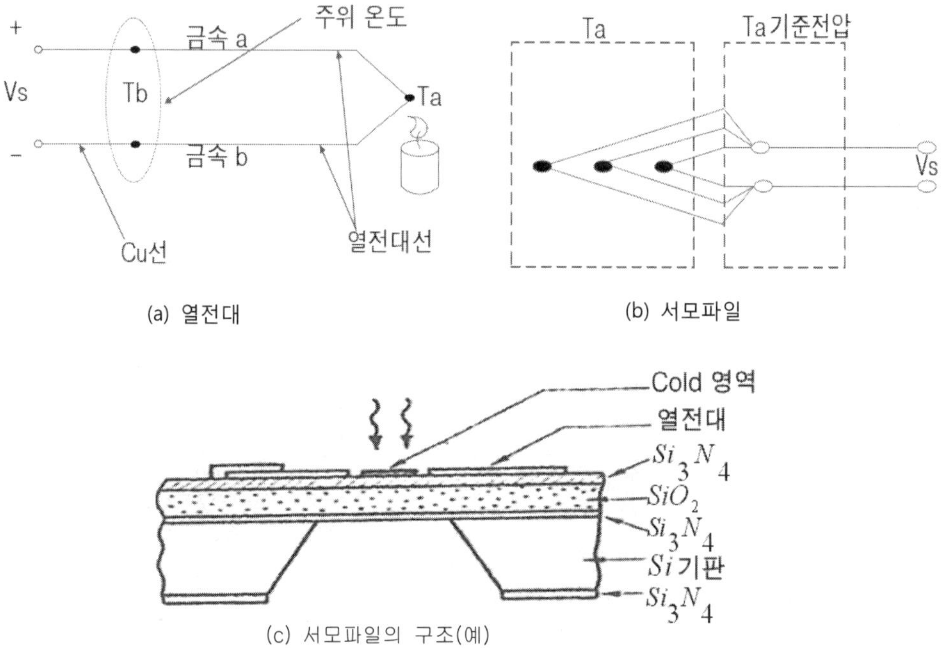

[그림 3.10] 열전대(thermocouple)와 서모파일(thermopile)

그림 3.10(b)와 같이 소형의 열전대를 다수 직렬로 접속하거나 측온점을 직선상 혹은 원형상으로 배치하여 열기전력을 측정하도록 한 구조를 서모파일(thermopile) 이라 한다. (그림3.10c)와 같은 서모파일은 IC제조기술로 Si기판상에서도 형성되고 있다. 이 구조는 동일한 Si 웨이퍼 상에 다수의 서모파일을 동시에 제작한 것으로 온도 검출시 센서 구동 전원이나 다른 시스템 없이 직접 직류 전압을 얻을 수 가 있다. Si기판을 사용하므로 사용온도 범위는 100℃ 이하로 낮은 편에 속한다.

열전대는 금속선 a,b의 종류에 따라 열기전력의 크기가 다르므로 측정 할 수 있는 온도범위도 각각 차이가 있다.

표 3.7에서 각종 열전대의 종류에 대한 구성 재료, 사용온도 범위를 나타내었다. 열전대의 선택은 사용온도범위와 온도 정밀도를 고려하여 결정한다. -200~900℃온도범위에서는 크로멜-알루멜이나 동-콘스탄탄 구성 재료의 열전대가 사용되며 1000℃ 넘는 온도의 경우 백금-로듐 구성 재료의 열전대가 많이 사용되고 있다.

열전대를 이용한 온도센서는 사용온도가 비교적 높으므로(약1000℃) 차량의 배기부분 같은 고온 부위의 측정에 적합하여 사용되고 있다.

[표 3.7] 각종 열전대의 구성 재료와 특성

열전대 종 류	구성 재료		사용 온도 범위
	(+)	(-)	
B	Pt(70[%]) Rh(30[%])	Pt(94[%]) Rh(6[%])	0[℃]~1700[℃]
S	Pt(90[%]) Rh(10[%])	Pt	0[℃]~1450[℃]
R	Pt(87[%]) Rh(13[%])	Pt	0[℃]~1450[℃]
K	크로멜(Chromel) Ni(90[%]) Cr(10[%])	알루멜(Alumel) Ni(90[%]) Al, Mn, Si등 소량	-200[℃]~1250[℃]
E	크로멜	콘스탄탄(Constantan) Cu(55[%]) Ni(45[%])	-200[℃]~900[℃]
J	Ir	콘스탄탄	0[℃]~750[℃]
T	Cu	콘스탄탄	-200[℃]~350[℃]

3.3.2 측온저항소자(resistance temperature device : RTD)

금속선에 온도를 변화시키면 금속선의 전기저항값은 온도에 따라 변화한다. 이 금속선의 저항값으로 온도를 알 수 있는 온도센서를 측온저항소자(resistance temperature device : RTD)라고 부른다. 정성적으로 말하면 RTD의 동작은 온도변화에 따라 물질의 물리적 치수가 변화하는 것을 이용하고 있다.

즉, 금속은 열이 가해지면 팽창하므로 전기저항이 증가하게 된다.

온도변화에 의한 전기저항변화를 나타내는 수식은 다음과 같이 나타난다.

$$R_{T_2} = R_{T_1}[1 + \alpha(T_2 - T_1)] \tag{3.4}$$

여기서 R_{T_1} : 초기저항의 저항 R_{T_2} : 최종 온도의 저항 α : 저항온도계수 T_1 : 초기온도 T_2 : 최종온도

α는 저항온도계수(temperature coefficient of resistance : TCR)로 두 기준온도에서 측정되는 저항값으로 결정된다.

[표 3.8] RTD 사용물질의 온도 특성

물질	저항률	저항온도계수 α
Carbon (C)	3496	-0.0005
Iron (Fe)	10	+0.005
Nichrome	101	+0.00017
Platinum	10	+0.00377
Silver (Ag)	1.628	+0.0038
Aluminum (Al)	2.828	+0.0036
Annealed copper (Cu)	1.724	+0.0039
Gold (Au)	2.4	+0.004
Nickel (Ni)	6.84	+0.0067
$10^{16}/cm^3$Si (N-type)	1.43	+0.007
$10^{16}/cm^3$Si (P-type)	0.62	+0.007

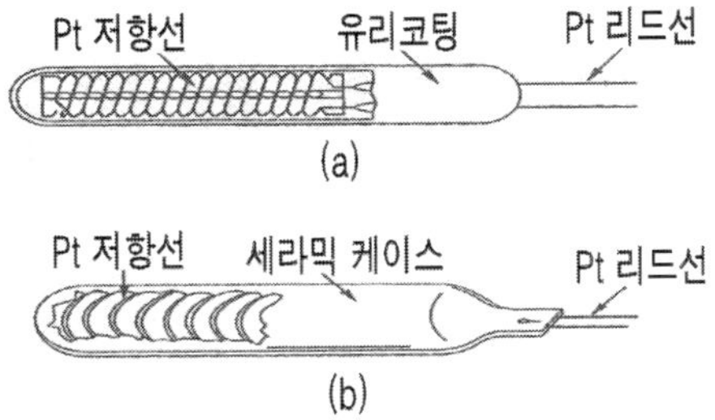

[그림3.11] 백금 RTD의 구조

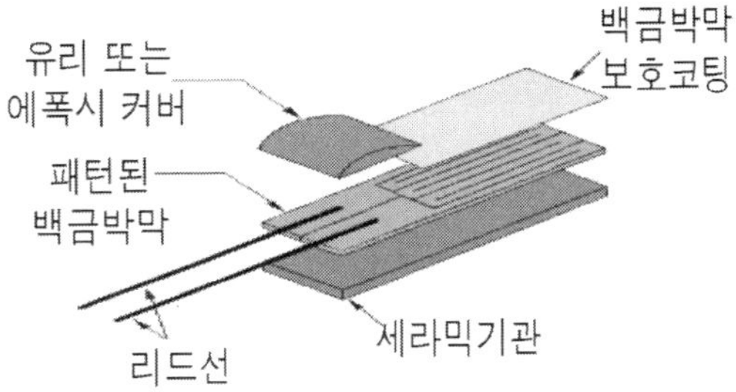

[그림 3.12] 백금 박막 온도 센서

표 3.8은 통상 RTD에 사용되는 물질의 온도특성을 나타낸다. 순금속에 대한 저항온도계수는 약 0.3~0.7[%/℃]이며 이 저항 변화를 검출하여 온도를 측정한다. 여러 가지 금속중에서도 백금(Pt)은 사용온도 범위가 넓고, 재현성, 내식성 및 안정성 등이 우수하므로 RTD가 대단히 많이 사용되며, 국제 표준온도센서로도 사용된다. RTD의 측온부는 백금 저항선이나 백금 박막으로 구성 되어 있으므로 기계적으로 약하다. 따라서 측온부는 그림 3.11(a)(b)와 같이 유리를 코팅한 백금 RTD, 세라믹봉입RTD 의 구조로 하여 사용한다. 이때 열팽창 계수는 백금과 유사한 유리봉이나 세라믹봉을 사용하면 된다. 그림 3.12는 백금 박막 온도 센서의 측온부를 나타낸 것이다. 이 센서는 세라믹 기판위에 백금 박막 패턴을 형성 한 것으로 반도체 제조기술을 이용하기 때문에 가격면에서 저렴하고 광범위한 온도 측정용으로 사용된다. 또한 이 센서는 크기가 작고 박막으로 형성되므로 응답특성이 우수한 것이 특징이며 백금100(Ω) RTD가 산업체에서 표준으로 되어있다.

이러한 RTD는 열전대와는 달리 기준온도를 필요로 하지 않으므로 사용범위가 넓어 각종 공업용 온도 계측 및 차량용 온도 센서로서 많이 사용 될 것으로 기대한다.

3.3.3 서미스터(thermistor)

열에 민감하게 반응하는 저항체(thermally sensitive resistor)의 의미가 있으며 다른 온도센서와는 달리 비교적 오래전부터 개발, 실용화 되어 사용 되어 왔다.

즉 반도체의 전기저항이 온도에 따라 변하는 특성을 이용한 온도센서이다.

온도변화에 의해 소자의 전기저항이 크게 변화하는 대표적 반도체 소자를 서미스터(thermistor)라 한다.

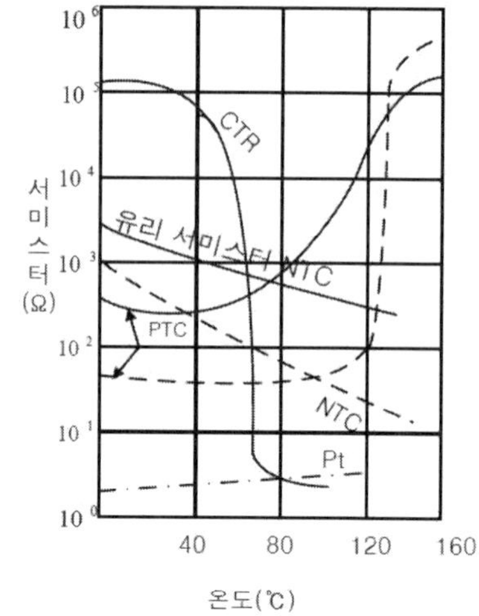

[그림 3.13] 각종 서미스터의 저항-온도 특성

[표 3.9] 서미스터 재료와 특성

주성분		사용온도	서미스터 정수β	특성
산화물	Mn - Ni계 산화물	200℃ 이하	4000~7000	NTC
	Mn - Co - Ni계 산화물	200℃ 이하	2000~7000	NTC
	$Zr\,O_2$ - $Y_2\,O_3$계	700~2000℃	12000	NTC(고온)
	C_oO - Al_2O_3 - $CaSiO_3$계	300~1000℃	500~16500	NTC(고온)
	$Mg(Al, Cr, Fe)_2O_4$계	600~1000℃	10000	NTC(고온)
	Ba - Ni - No - Mn계 산화물	300℃ 이하		PTC
	V계 산화물	20~100℃		CTR
비산화물	SiC	-100~450℃	2000~3000	NTC
	$SnSe$	-130~30℃	~2000	NTC
	TaN	35~40℃	~1200	NTC
단결정	Ge	200℃ 이하	2000~4500	NTC

그림 3.13에서 나타낸바와 같이 서미스터를 기본특성에 의해서 분류하면, 온도가 상승함에 따라 전기저항이 거의 지수함수적으로 감소하는 즉 (-)온도계수를 가진 NTC(negative temperature coefficient)서미스터와 역으로 비직선적으로 전기 저항이 현저히 증가하는 즉 (+)온도계수를 가진 PTC(positive temperature coefficient)서미스터, 또는 NTC와 거의 동일한 특성을 가지나 어느 온도영역에서 전기저항이 급격히 감소하는 CTR(critical temperature resistor)서미스터의 3종류로 나뉘어진다.

PTC와 CTR는 특정한 온도에서 저항변화가 급격하므로 넓은 온도영역의 온도 측정에는 적합하지 않다.

표 3.9는 서미스터의 재료와 그 특성을 나타낸다.

그림 3.13의 NTC 특성에서 가장 널리 사용되고 있는 NTC 서미스터 특성식은 다음과 같이 나타 낼 수 있다.

$$R = R_0 \exp[\beta(\frac{1}{T} - \frac{1}{T_0})] \tag{3.5}$$

여기서, R_0는 절대온도 T_0일 때 저항 β는 서미스터 정수

차량온도센서로서는 온도에 의한 출력 변화가 크고 출력을 쉽게 끌어 낼 수 있으며 사용온도가 1000℃를 넘는 고온에 있어서도 안정한 특성을 발휘하는 것이 바람직하다. 이에 대한 대책으로 개발된 것이 온도계수가 크고 고온 안정성을 가진 NTC 서미스터이다.

이 소자는 차량의 극한조건 -40℃~1000℃의 온도변화, 과도한 진동, 충격을 견딜수 있게 하기 위해서는 소자조합기술(취부 구성 재료의 내열성, 내부식성, 내진동성)이 요구된다.

이 서미스터 소자를 장착하는데 쓰이는 방법으로는 전극 2심평행 방식과 대향 전극 방식이 있으며 모두 전극재료는 내열성, 내산화성이 우수한 백금(Pt)선을 사용한다. 소자 고정시 내열성이 좋은 고착재료를 사용하고 소자의 보호관은 내열 금속재료를 사용한다.

이 절에서는 현재 차량에 많이 쓰이고 NTC 서미스터 온도센서 중심으로 서술한다.

(1) 수온센서(water temperature sensor)

수온센서는 차량엔진의 헤드 물 재킷 출구부분에 설치되어 냉각수의 온도를 검출하며, 냉간상태에서 공전속도조정, 엔진온도에 의한 연료분사량 조정 및 점화시기 제어등 데이터를 제공하는 센서이다.

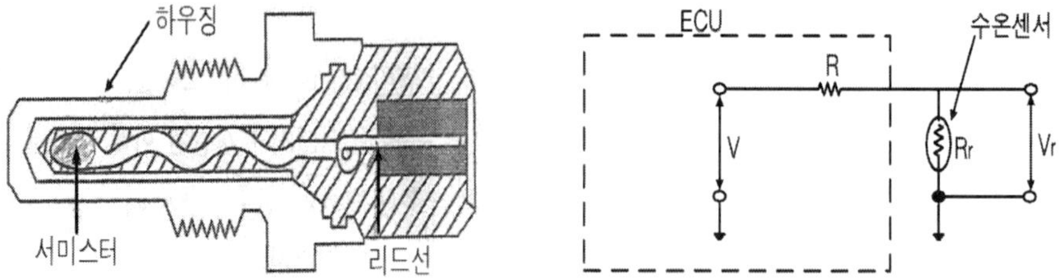

(a) 구조 (b) 동작시스템

[그림 3.14] 수온센서의 구조와 동작회로

그림 3.14는 수온센서의 구조와 동작시스템을 나타내었다.

수온센서는 온도의 증가에 따라 전기저항이 감소하는 NTC 특성을 이용한다. 그림 3.14(b)와 같이 수온의 온도가 증가하면 센서 저항 Rr이 감소하므로 센서 양단 전압 Vr는 감소한다. 따라서 수온의 이상신호가 감지되면 ECU(엔진컴퓨터)는 엔진 제어동작을 수행하게 된다.

(2) 흡기온도센서(Intake temperature sensor)

흡입되는 공기의 온도를 검출하는 센서이며 공기 유량계에서 흡입공기의 온도 변화에 따른 공기밀도 변화를 조정하는데 사용된다. 보통 공기유량센서와 함께 설치되며 공기 청정기 및 흡기다기관에 설치되는 경우도 있다.

이 센서는 엔진의 흡입공기량과 엔진 회전수에 의해 결정되는 기본 분사 시간 조정하는데 조정계수 데이터를 제공하는 역할을 한다. 즉 온도에 따라 흡입되는 공기의 밀도가 달라지기 때문에 흡기온도가 냉간시와 난기시 흡입되는 산소의 농도차가 발생하여 정확한 공연비제어가 불가능하므로 그 차이만큼 조정하여 흡기온도에 의한 공연비가 영향을 받지 않도록 한다.

그림 3.15는 흡기온센서의 구조와 동작 시스템 및 특성을 나타낸 것이다.

흡기 온도세서는 수온센서와 마찬가지로 NTC서미스터 특성을 사용하며 흡기온도증가에 따라 센서의 전기저항이 감소하는 것을 이용한다.

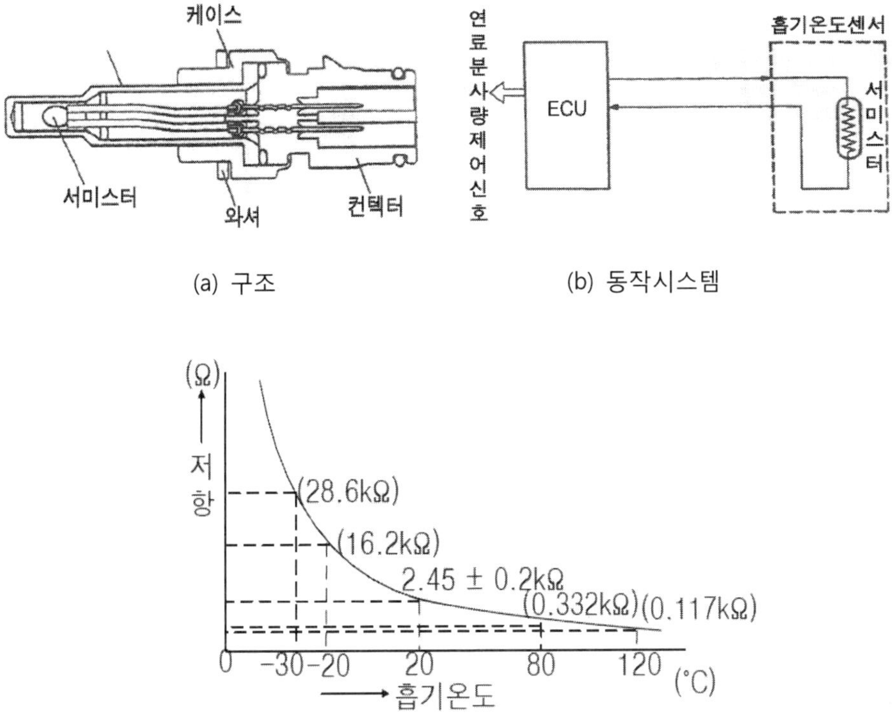

(a) 구조

(b) 동작시스템

(c) 특성

[그림 3.15] 흡기 온도 센서의 예

(3) 배기가스 온도센서

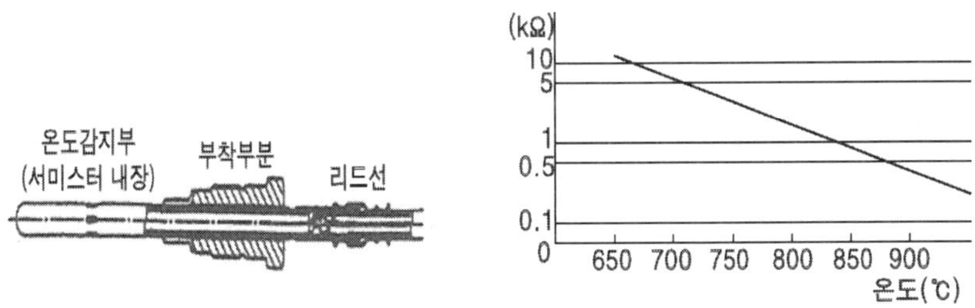

(a) 배기가스 온도 센서의 구조

(b) 배기가스 온도 센서의 특성 예

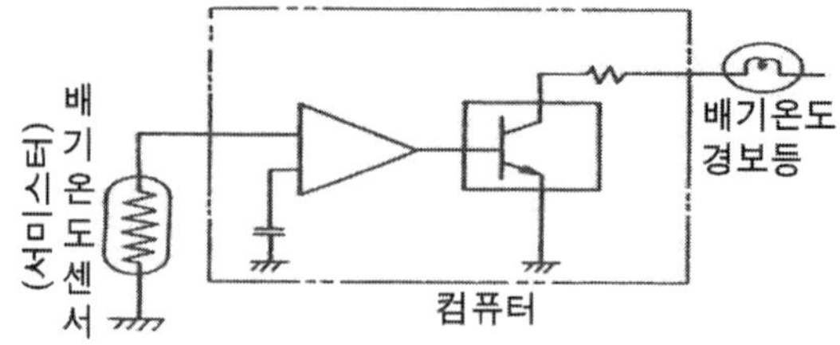

(c) 이상경보시스템

[그림 3.16] 배기가스온도센서의 구조와 경보시스템

그림 3.16은 배기가스온도센서의 구조, 특성 및 이상 경보 시스템을 나타낸 것이다.

배기가스온도센서는 차량의 배기 촉매 시스템에 설치되어 배기가스온도를 검출한다. 즉 온도센서에서 이상 신호가 검출 되면 컴퓨터 시스템에서 판단하여 배기온도경보등을 점등시켜 운전자에게 이상 유무를 전달하는 경보장치로 사용되고 있다.

촉매시스템은 유해가스인 CO, HC, NOx의 성분을 Pt나 Rh등의 촉매를 사용하여 CO_2, H_2, O_2, N_2가스를 변화시켜 정화하는 기능을 가지고 있다.

여기에 사용되는 배기온도센서는 500℃ 이상의 온도를 감지하는 센서로 고온을 검출하는데 적합한 열전대 방식이 주로 사용되지만 제조 회사에 따라 NTC 서미스터를 사용하는 경우가 많다.

(4) EGR 가스온도센서

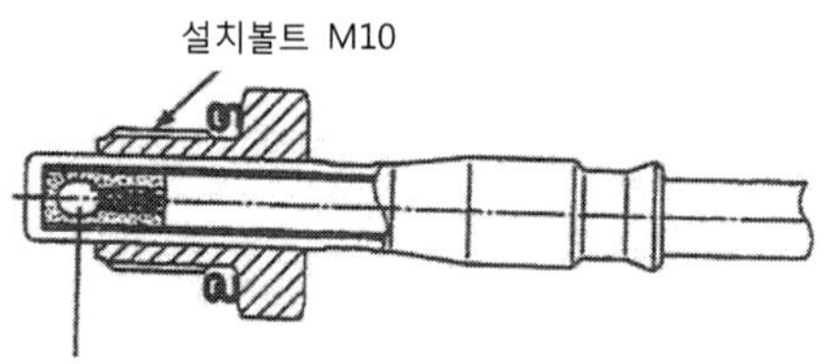

(a) EGR 가스 온도 센서의 구조

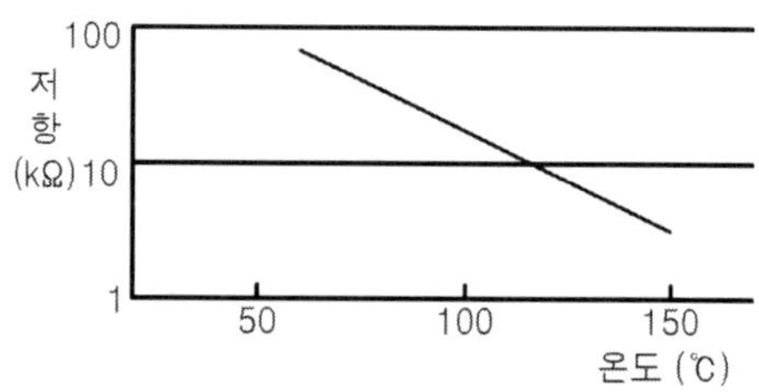

(b) EGR 가스 온도센서의 특성 예

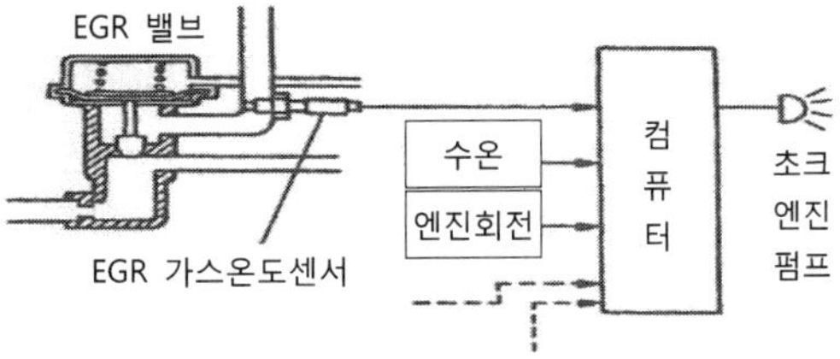

(c) EGR 밸브 진단

[그림 3.17] EGR 가스온도센서의 구조와 밸브 진단시스템

EGR(Exhaust Gas Reciculation) 시스템은 배기가스 재순환 장치로 엔진의 배기구에서 배출되는 일부가스를 흡기측으로 재순환시켜 흡입공기와 혼합하여 실린더내의 연소온도를 낮추게 하여 고온에서 급격히 발생하는 NOx를 줄이게 하는 장치이다. EGR가스온도센서는 EGR 벨브흡입부에 설치되어 EGR가스의 온도를 검출하는 센서이다.
이 센서도 그림 3.17의 특성과 같이 NTC 서미스터를 주로 사용한다.

(5) 페라이트형 서모 스위치

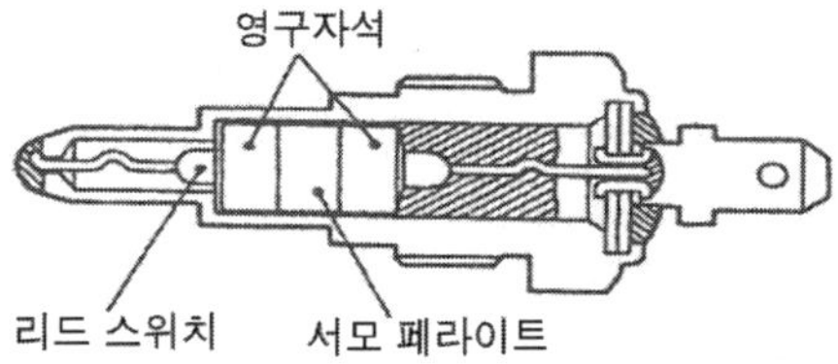

(a) 서모 페라이트형 서모 센서의 구조

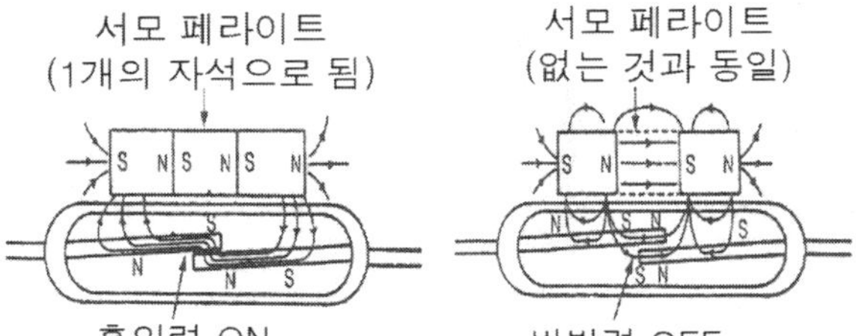

(b) ON동작 (c) off 동작

[그림 3.18] 페라이트형 서모 스윗치의 구조와 동작

그림 3.18은 페라이트형 서모 스위치의 구조와 동작을 나타내고 있다. 서모페라이트는 연자성의 강자성체로 Curie 온도가 되면 상자성체로 변한다. 리드 스위치는 여러 개의 강자성체리드가 유리관에 들어있으므로 서모페라이트는 자속이 리드를 통하는 방법에 의해서 리스 스위치를 ON, OFF 시키는 동작을 하게한다.

그림 3.18(b)(c)의 페라이트형 서모스위치 동작을 알아보자.

설정온도 이하(curie온도)로 되면 서모페라이트는 강자성체로 되어 리드스위치에 자속이 직렬로 통과하여 스위치는 접촉하여 ON이 되며, 설정온도 이상에서만 리드 스위치 접점에는 자력선이 평행으로 통과하기 때문에 반발력이 발생하여 off상태로 된다.

이 페라이트형 서모 스위치 외에도 바이메탈형 스위치가 있다. 이것은 2장의 열팽창률이 서로 다른 금속을 맞대어 붙여서 만든 소자로 온도변화에 의한 금속편의 휘어지는 현상을 이용한다.

3.3.4 반도체 온도센서

반도체 소자를 이용한 온도센서는 반도체 단결정에 옴성(ohm`s)접촉을 형성한 무접합형 온도센서와 P-N접합을 한 PN접합형 즉 다이오드, 트랜지스터 및 IC형 온도 센서로 크게 나뉘어 진다. 전통적인 온도센서인 열전대, 서미스터, RTD등은 그 출력특성이 비직선성 이므로 선형화 회로처리를 해야한다. 최근 반도체형인 다이오드, 트랜지스터 온도센서와 선형화 시스템을 내장한 IC 온도센서가 개발되어 차량온도센서로 기대되고 있다.

(1) 다이오드 및 트랜지스터 온도센서

다이오드 온도센서는 I-V(전류-전압)특성의 온도 의존성을 이용한다. 순방향 전압 $\overline{V}$를 인가하였을 때 다이오드 전류 I는 다음식과 같다.

$$I = I_0(\exp\frac{eV}{KT} - 1) \tag{3.6}$$

여기서 I는 다이오드전류, I_0는 역방향 포화전류, V는 다이오드 전압, K는 볼쯔만 상수, T는 절대온도이다.

다이오드에 온도가 증가하면 다이오드의 순방향전압 V가 변화한다. 식 (3.6)으로부터 전압 V를 구하면

$$V = \frac{KT}{e} ln(\frac{I}{I_0} + 1) \tag{3.7}$$

이다.

통상 다이오드 전류는 $I \gg I_0$라 하면, 식 (3.7)은

$$V = \frac{KT}{e} ln(\frac{I}{I_0}) \tag{3.8}$$

가 된다. 실제의 다이오드에서는 역방향 포화전류, I_0는 여러 가지 성분으로 되어 있으므로 온도변화에 대한 전압 감도는 (-)값을 가진다.

그림 3.19는 다이오드 온도센서의 특성의 한 예를 나타낸 것이다.

그림 3.19(a)에서 순방향 전류를 일정히 하여도 다이오드 종류에 따라 특성이 달라지므로 호환성이 없는 것이 결점이 된다.

순방향 전압의 온도 변화는 FD300 의 경우 -1.9 mv/˚K, FD200은 -2,40 mv/˚K 이다.

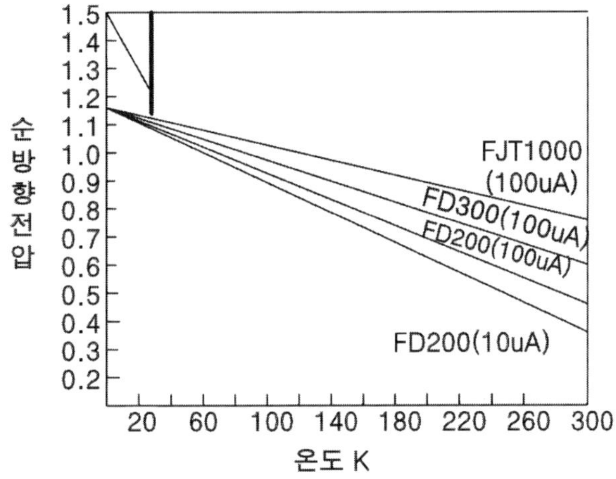

(a) Si 다이오드 온도 특성

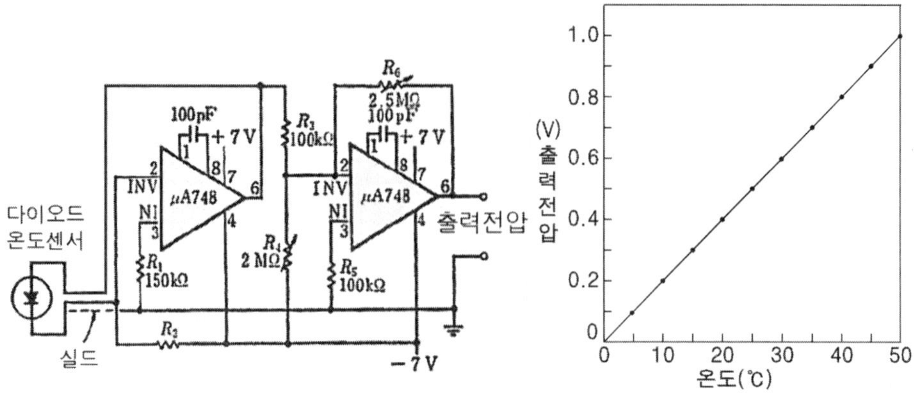

(b) 다이오드 온도센서와 그 특성(FD300)

[그림 3.19] 다이오드 온도센서의 특성 (예)

그림 3.19(b)는 FD300 다이오드를 사용한 온도센서의 한 예이다. 50°에서 약 1.0 V의 출력이 나오고 있다.

다이오드 온도센서는 pn접합의 온도 특성을 이용하며 트랜지스터 온도센서는 트랜지스터의 베이스(Base)-이미터(Emitter) 전압 V_{BE}의 온도특성을 이용한다.

이때 V_{BE}는

$$V_{BE} = \frac{KT}{e} ln(\frac{I_c}{I_{co}}) \tag{3.9}$$

이다. 여기서, I_c는 컬렉트 전류, I_{co}는 컬렉터-베이스접합의 역방향 포화전류이다.

그림 3.20은 트랜지스터 온도센서의 특성의 한 예를 나타낸 것이다.

그림 3.20(a)는 일정한 I_c전류일 때 V_{BE}의 온도변화 특성을 나타내며, 그림 3.20(b)는 트랜지스터 온도센서의 응용한 예이다.

0~50℃ 온도범위에서 0~-1.0 V의 출력이 나오고 있다.

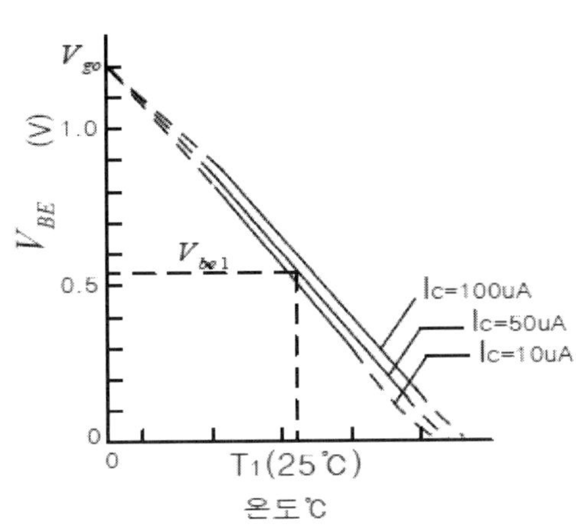

(a) 온도- V_{be} 특성

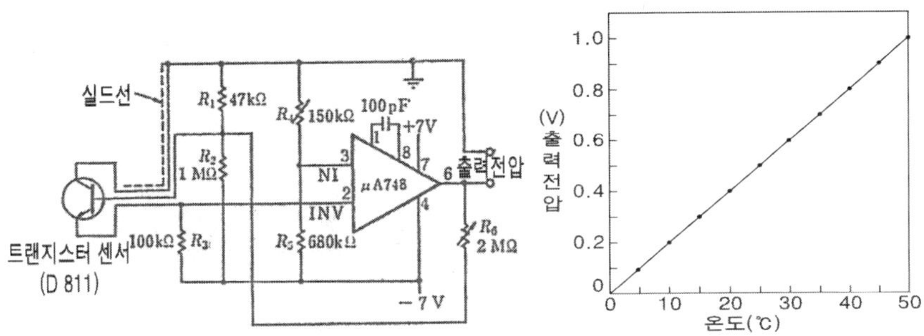

(b) 트랜지스터 온도세서 한 예

[그림 3.20] 트랜지스터 온도 센서 특성의 한 예

(2) IC화 온도센서

온도센서와 후단의 증폭회로, 선형화 회로 등을 IC화한 기술로 one chip화한 것은 "IC화 온도센서"라 한다. IC화 온도센서는 온도변화에 대한 검출 출력의 직선성이 우수하고 출력신호가 커서 고정도(high precision) 온도 측정이 가능하여 응용분야가 다양하리라 기대되고 있다. 이 센서는 센서의 출력형식에 따라 전압 출력형과 전류 출력형 으로 나뉘어진다.

그림 3.21은 전압출력형 IC온도센서의 기본회로이다.

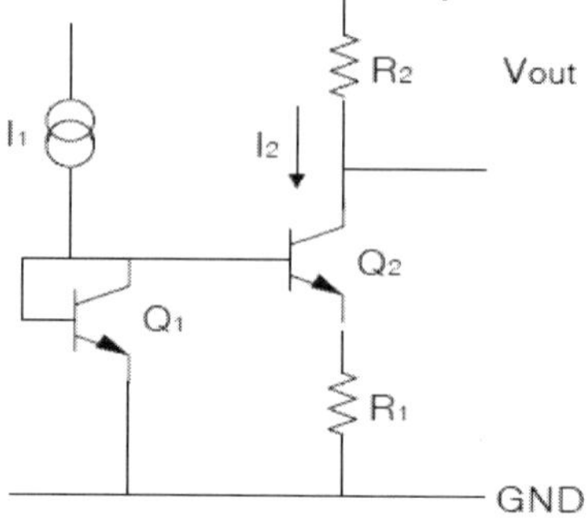

[그림 3.21] 전압 출력형 IC온도센서 기본회로

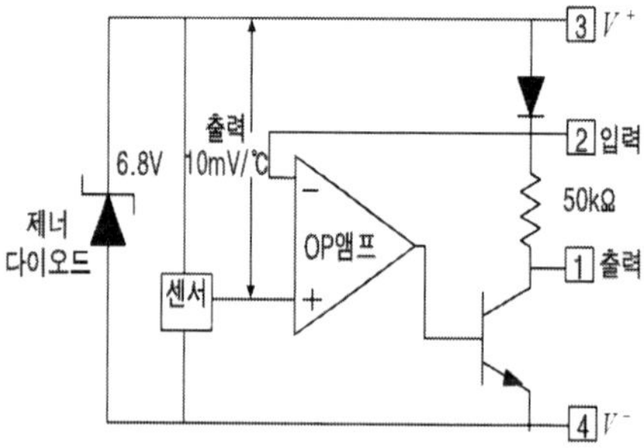

(a) 출력 전압형 IC온도세서의 black diagram

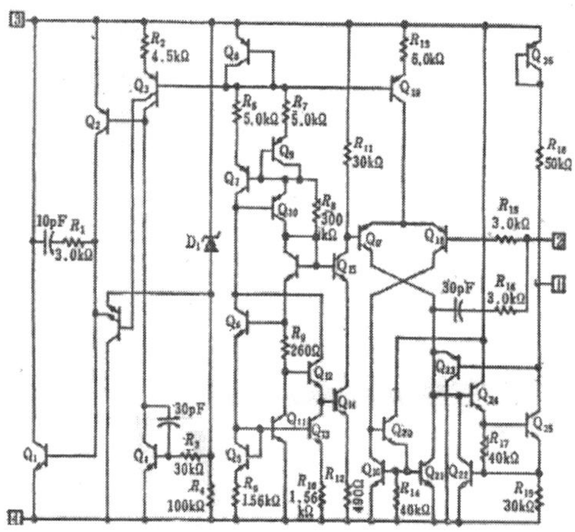

(b) 출력전압형 IC온도센서의 등가회로

[그림 3.22] IC화한 전압출력형 IC온도센서의 한 예

우수한 매칭을 가진 트랜지스터 Q_1, Q_2에 I_1, I_2컬렉터 전류를 흘리면 Q_1, Q_2의 베이스-이미터간 전압차 ΔV_{BE}가 저항 R_1양단에 발생한다.

이때 ΔV_{BE}는

$$\triangle V_{BE} = \frac{KT}{e} ln \frac{I_1}{I_2} \qquad (3.10)$$

이 출력을 후단의 증폭 회로등 신호처리를 내장하여 IC화한 IC온도센서를 제작한다.

그림 3.22는 IC화한 전압출력형 IC온도센서의 한 예이다.

이 그림은 센서부의 출력을 후단의 op amp로 증폭하여 온도환산을 쉽게하기 위하여 25℃에서 2.98 V의 출력이 발생하도록 한 전압출력형 IC 온도센서를 나타낸다. 그림 3.22(a)는 센서의 block diagram이며, 그림 3.22(b)는 센서의 등가회로이다.

센서부는 10 mv/℃의 출력을 발생한다.

그림 3.23은 전류 출력형 IC화한 온도센서의 한 예이다.

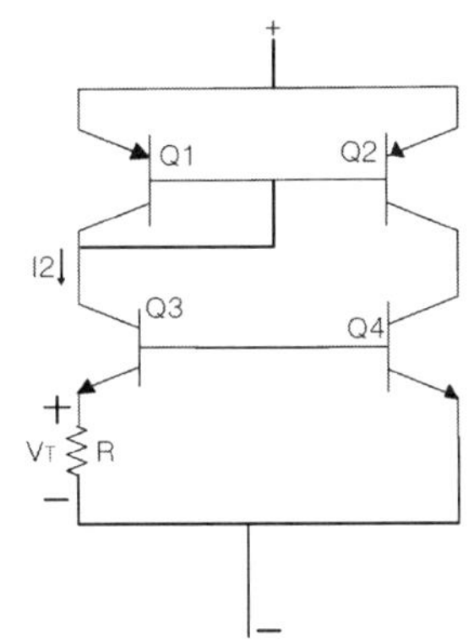

(a) 전류 출력형

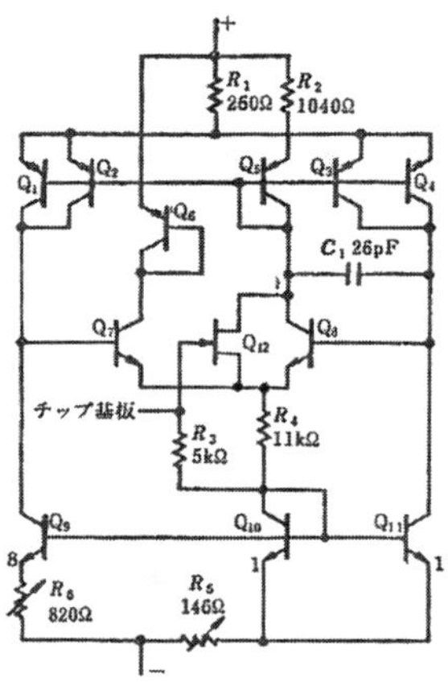

(b) 전류출력형 IC온도센서의 등가회로

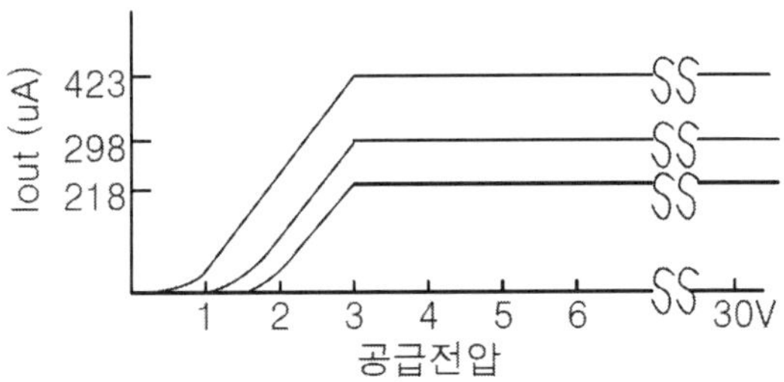

(c) 전류 출력형 IC 온도센서의 특성

[그림 3.23] 전류출력형 IC화 온도센서의 한 예

전류출력형 IC화 온도센서는 온도에 비례한 전류출력으로 온도계측을 하는 실리콘 IC 온도센서이다.

그림 3.23(a)에서 트랜지스터 Q_1, Q_2의 V_{BE}는 동일하므로 Q_3,Q_4의 컬렉터 전류도 같게 된다. 만약 Q_3이미터 면적을 Q_4의 8배로 설정하면 Q_4의 이미터 전류는 8배가 된다. 트랜지스터 Q_4의 컬렉터 전류를 I_1, Q_3의 전류를 I_1, Q_3의 전류를 I_2라 하면 각 트랜지스터 베이스-이미터간 전압은

$$\triangle V_{BE} = \frac{KT}{e} ln \frac{I_1}{I_{Co1}} \tag{3.11}$$

$$\triangle V_{BE} = \frac{KT}{e} ln \frac{I_2}{I_{Co2}} \tag{3.12}$$

저항 R의 양단전압은 Q_4, Q_4트랜지스터의 베이스-이미터 전압차와 같으므로

$$V_T = V_{BE1} - V_{BE2} = \frac{KT}{e} ln(\frac{I_1}{I_2}) \tag{3.13}$$

그림의 회로에서 $I_1 = 8I_2$가 되도록 설계 하였으므로 $V_T = \frac{KT}{e} ln8$이 된다. 따라서 V_T는 온도T에 비례하는 전압으로 나타나며 컬렉터 전류에는 무관하게 된다. 컬렉터 전류는 $\frac{V_T}{R}$에 의해서 결정되며 센서에 흐르는 총 전류는 R에 흐르는 전류의 2배가 된다. 만약 R=358 Ω으로 설정하면 온도센서의 감도는 1 uA/°K 가 된다.

그림 3.23(c)는 IC화한 전류출력형 온도센서의 특성 한 예인데 공급전압 약4(V)에서 I_{out}은 정전류 영역으로 들어가고 일정한 출력전류가 된다.

이 센서의 감도는 약 1[uA/℃] 임을 보이고 있다. IC화 온도센서의 장점인 출력의 양호한 직선성, 낮은 출력임피던스, 출력신호의 크기 등이 있으나, 통상 트랜지스터의 온도변화에 의한 특성을 이용하므로 사용온도 범위가 한정된다는 것이 결점이다.

현재 여러 종류의 IC화 온도센서가 개발되어 있으며 표 3.10은 그 예를 나타낸 것이다.

[표 3.10] 각종 IC 온도센서의 예

모델	감도	사용 온도 범위	확도
AD592CN	1 [uA/ K]	-25[°C]~+105[°C]	±0.5[°C]
ADT43	20.0 [mV/°C]	5[°C]~+100[°C]	±1.0[°C]
AD22100K	22.5 [mV/°C]	-50[°C]~+150[°C]	±2.0[°C]
LM35A	10.0 [mV/°C]	-55[°C]~+150[°C]	±1.0[°C]
LM35D	10.0 [mV/°C]	0[°C]~+100[°C]	±2.0[°C]
LM35B	10.0 [mV/°C]	-30[°C]~+100[°C]	±2.0[°C]
LM62	15.6 [mV/°C]	-10[°C]~+125[°C]	±2.0[°C]
TC1046	6.25 [mV/°C]	-40[°C]~+125[°C]	±2.0[°C]
TMP1	5 [mV/K]	-55[°C]~+125[°C]	±1.0[°C]
TMP17F	1 [uA/K]	-40[°C]~+105[°C]	±2.5[°C]

3.4 압력 검출 센서

압력센서(pressure)는 기체, 액체, 및 고체의 압력을 전기적 신호로 변환하는 센서이며 차량의 주요 제어시스템에 많이 사용되고 있는 센서중의 하나이다.

압력이란 단위면적당 작용하는 힘으로 나타낸다.

$$P=\frac{F}{A} \tag{3.14}$$

SI(standard internation) 단위계에서는 pa(pascal)로 표시하며, 즉 1 Pa=1 (N/m^2) 이 된다. 이외에도 압력의 단위는 사용국가나 사용하는 장치에 따라 달리 나타내기도 한다.

표 3.11은 각종 압력 단위의 상관관계를 나타내고 있다.

[표 3.11] 압력단위환산

	mmH_2O	psi	dyne/cm^2	Pa
1 bar	1.019745×10^4	14.50_3	10^6	0.1M
1 kg/cm^2	1.000028×10^4	14.217	$0.9806_6\times10^6$	0.0980665M
1 atm	1.03325×10^4	14.70_6	$1.013_{75}\times10^6$	0.101325M
1 mmHg*	$1.359_5\times10$	1.933×10^{-2}	$1.333_{23}\times10^3$	0.133322 k
1 mmH_2O**	1	$1.42_2\times10^{-3}$	0.9806×10^2	0.00980665 k
1 psi(1b/in)	7.030×10^2	1	$6.89_5\times10^4$	6.89_5 k
1 dyne/cm^2	$1.019_{78}\times10^{-2}$	1.45×10^{-5}	1	0.1
1 Pa(N/m^2)	0.10197	1.45×10^{-4}	10	1

* 1 Torr = 1 mmHg, ** 1mmAq = 1 mmH_2O

	bar	kg/cm^2	atm	mmHg
1 bar	1	1.019716	0.986923	750.062
1 kg/cm^2	0.980665	1	0.967841	735.559
1 atm	1.0013250	1.033228	1	760
1 mmHg*	$1.333_{.3} \times 10^{-4}$	$1.359_5 \times 10^{-3}$	$1.31_6 \times 10^{-3}$	1
1 mmH_2O**	$0.9806_4 \times 10^{-4}$	0.99997×10^4	0.9678×10^{-4}	7.356×10^{-2}
1 psi(1b/in)	0.06895	0.07039	0.0680	51.715
1 dyne/cm^2	16^{-6}	$1.019_7 \times 16^{-6}$	$0.986_{92} \times 10^{-6}$	7.5000×10^{-4}
1 Pa(N/m^2)	10^{-5}	$1.019_7 \times 16^{-5}$	$9.869_2 \times 10^{-6}$	7.5006×10^{-3}

차량에서는 흡기시스템과 같은 기체의 입력이나 연료시스템에서의 액체압력의 예를 들 수 있다. 이러한 기체, 액체의 유체압력을 나타내기 위해서는 절대압력(absolute pressure), 게이지압력(gage pressure) 및 차동압력(differential pressure)등 3가지 분류하여 사용한다.

절대압력은 완전진공(0 mmHg)을 기준으로 측정된 압력을 말하며 그 예로는 기압계 등이다. 절대압력센서는 진공실과 측정대상유체의 차동압력을 측정한다. 그리고 지상의 모든 대상물은 대기압하에 있고 이 대기압(760 mmHg)을 기준으로 해서 측정된 압력 게이지 압력이다. 2개의 유체시스템에서 유체상호간 차이압을 차동압력이라 한다. 일반적 공업시스템에서 많이 사용된다.

그림 3.24는 절대압력, 게이지압력 및 대기압력 상관관계를 나타낸 것이다.

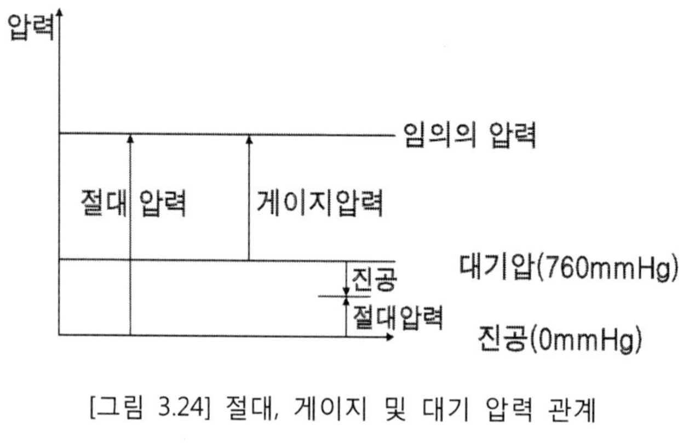

[그림 3.24] 절대, 게이지 및 대기 압력 관계

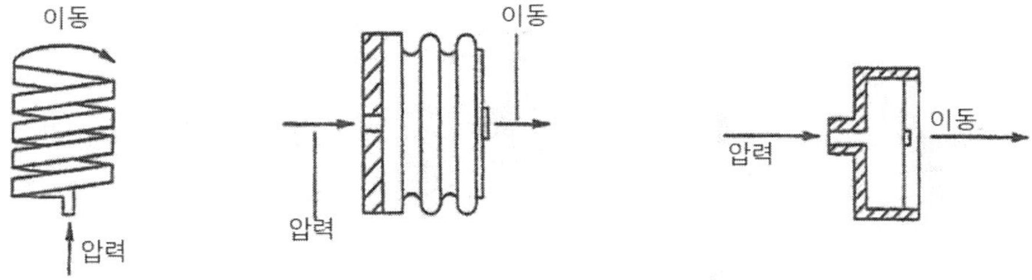

(a) 부르돈(bourdon)관형 (b) 벨로즈(bellows)형 (c) 다이아프램(diaphragm)형

[그림 3.25] 압력검출 변위부

3.4.1 압력 센서의 구성과 분류

압력센서는 일반적으로 기체, 액체 및 고체의 압력을 받았을 때 기계적 변위가 일어나는 부분, 이 기계적 변위로 인하여 전기적 신호로 변환하는 변환부분, 및 최종 전기적 신호를 응용에 적합하도록 신호증폭, 필터링 및 신호 보정등 신호처리 부분으로 구성되어 있다.

압력을 기계적 변위로 변환하는 방법에 의하여 부르동(Bourdon)관형, 벨로우즈(bellows)형, 및 다이아프램(diaphragm)형으로 나뉘어지고 있다.

그림 3.25는 압력센서의 압력을 기계적 변위로 변환하는 압력 검출 변위부를 나타낸다. 부르동형은 주로 압력이 큰 곳에 사용되며 벨로즈형은 변위가 커서 소형화가 어렵고, 다이아프램은 작은 압력에 사용 할 수 있어 소형화가 용이하다.

이중에서도 차량용 압력센서로써는 다이아프램형이 많이 사용된다. 이 다이아프램을 응용한 압력센서에는 저항형, 반도체압저항형, 박막스트레인 게이지형 및 정전용량형 등으로 분류된다.

여기서는 차량에 자주 사용되는 압력센서에 대해서 서술한다.

3.4.2 스트레인 게이지형 압력센서(strain gauge pressure sensor)

이 형태의 압력센서는 금속박막이나 금속저항선을 압력감응소자로 이용하는 것으로서 스트레인(strain)에 의한 게이지 저항 변화를 전압 또는 전류로 변화하여 압력을 측정한다. 스트레인게이지 형태로는 그림 3.26와 같이 금속저항선을 다이아프램에 부착하거나 벨로우즈(bellows)와 연결하여 압력을 저항변화로 변환하게 된다.

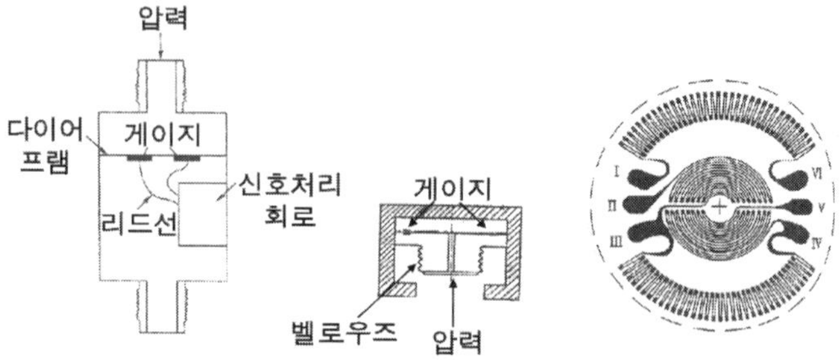

(a) 다이아 프램형 (b) 벨로우즈 형 (c) 게이지 형태

[그림 3.26] 스트레게이지형 압력 센서의 구조

그림 3.27(a)와 같은 원형 다이아프램 면에 균일한 압력이 작용하면 응력(stress)분포는 그림 3.27(b)와 같이 된다. 여기서 중심부와 주변부는 응력의 방향이 반대가 되는 것을 알 수 있다. σ_r, σ_t는 각각 반경방향, 반경의 수직방향의 응력, a는 반경크기, h는 다이아프램의 두께, ν을 포아송(poisson)비를 나타낸다.

균입한 압력P을 다이아프램에 인가했을 때 응력(stress) σ_r, σ_t는

$$\sigma_r = \frac{3P}{8h^2}[a^2(1+\nu) - r^2(3+\nu)] \tag{3.15}$$

$$\sigma_t = \frac{3P}{8h^2}[a^2(1+\nu) - r^2(3+3\nu)] \tag{3.16}$$

이 된다. 그림에서 σ_r는 위치에 따라 (-)혹은(+)가 되고 σ_t는(+)값 임을 알 수 있다. 일반적으로 저항게이지의 긴 길이 방향에 대한 압저항계수를 $\pi_{\parallel}$, 이것에 수직하는 방향의 계수를 $\pi_{\perp}$, 응력을 σ_r, σ_t라 두면 저항게이지 R의 저항변화률 $\frac{\Delta R}{R}$은

$$\frac{\Delta R}{R} = \pi_{\parallel}\sigma_r + \pi_{\perp}\sigma_t \tag{3.17}$$

가 된다.

그림 3.27에서 게이지 저항 변화율을 고려하자.

다이아프램의 반경 방향으로 긴 길이 게이지를 가진 경우 게이지 저항 변화율은

$$(\frac{\Delta R}{R})_r = \pi_{\|}\sigma_r + \pi_{\perp}\sigma_t \tag{3.18}$$

반경방향의 수직방향에 긴 길이 게이지를 가진 경우 게이지 저항 변화율은

$$(\frac{\Delta R}{R})_t = \pi_{\|}\sigma_t + \pi_{\perp}\sigma_r \tag{3.19}$$

로 나타 낼 수 있다.

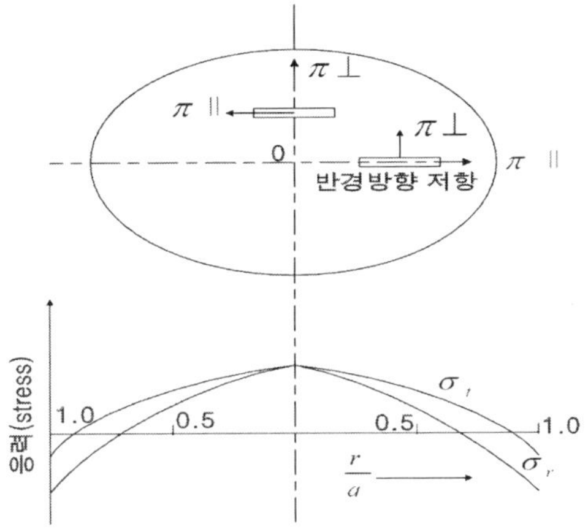

[그림 3.27] 원형 다이아프램의 응력(stress)

다이아프램이 반도체의 단결정인 경우 압 저항계수π크기는 결정방향에 의존한다.

동일한 방향의 스트레인(strain)ϵ와 응력(stress)σ의 관계는

$$\sigma = E\epsilon \tag{3.20}$$

이다. 여기서 비례계수 E는 종탄성계수 혹은 영분포률(young`s modulus)이라 부른다.

스트레인 게이지는 전류가 흐르는 방향으로 받는 응력에 반응하므로 게이지의 설치 장소나 방향은 다이아그램의 응력 분포를 이용해서 설계한다.

그림 3.26(c)와 같이 중앙부에 접선방향의 변형에 반응하는 게이지쌍이 배치되고 주변부에는 반경방향의 변형에 반응하는 게이지 쌍을 배치하면 된다. 다이아프램은 인장응력과 압력응력이 함께 존재하므로 그림과 같이 4개의 게이지를 설치하고 식(3.18), 식 (3.19)와 같은 저항변화를 휘이스톤 브리지 회로를 이용하여 압력에 대한 출력으로 나타 낼 수 있도록 한다. 그림 3.28(a)는 박막 스트레인 게이지 압력센서의 한 예이다.

그림 3.28(b)는 원통형 스트레인 게이지 압력센서의 한 예이다. 압력이 인가되면 수압판의 힘을 수감원통의 스트레인 게이지 대응시키는 방법이며 이 수감원통의 외측에 스트레인 게이지 4개가 부착되어 있는데 2개는 원주방향에 2매는 축 방향으로 고착되어 있다.

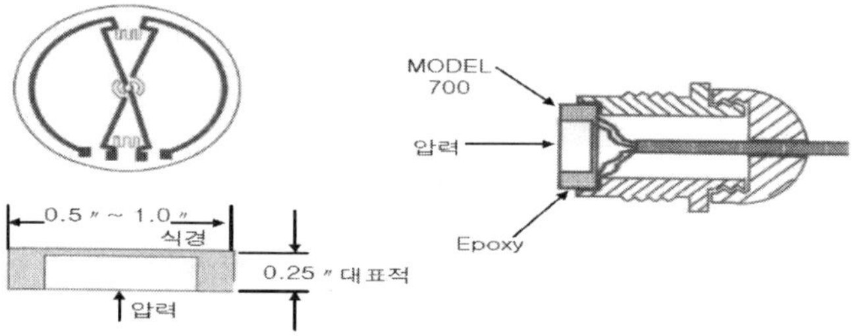

(a) 박막 스트레인게이지

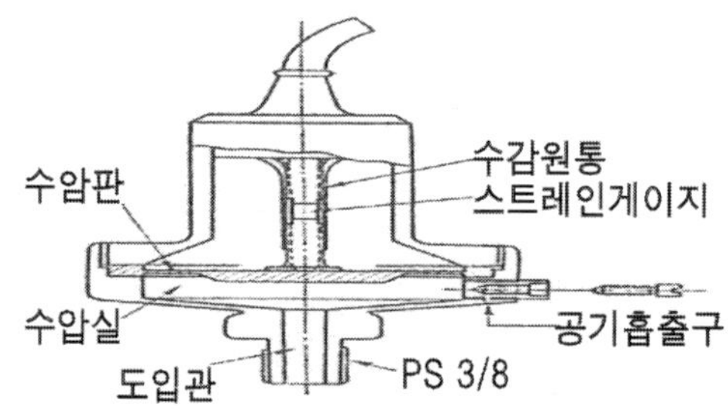

(b) 원통형구조의 스트레인게이지

[그림 3.28] 스트레인 게이지 압력센서의 한 예(구조)

3.4.3 압전효과형 압력센서(piezelectric pressure)

수정, 전기석, 로셀염, 티탄산바륨 등의 결정에 힘을 가하면 결정면에 (+),(-)전하가 발생한다. 이와같은 전하의 분극현상을 압전효과(piezelectric effect)라 한다. 그림(3.29)는 압전효과를 나타내고 있다.

그림과 같이 결정의 상, 하면에 전극을 설치하고 압력을 가하면 두께변형이 일어나 결정면에 전하 Q가 나타난다. 이때 출력 전압 V 는

$$V = \frac{Q}{C} = \frac{Qd}{\epsilon A} \tag{3.21}$$

이다.

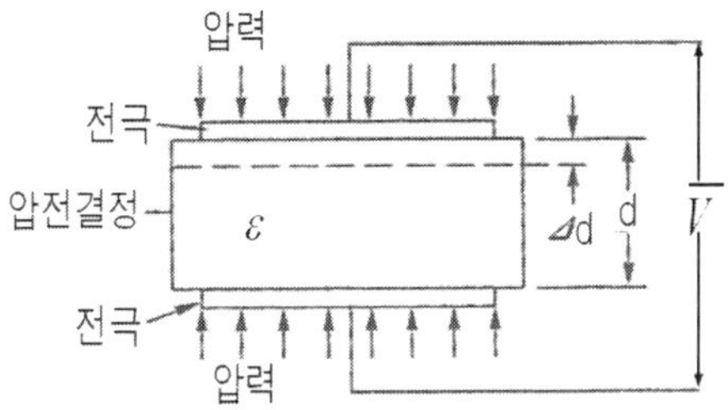

[그림 3.29] 압전효과

여기서 C는 압전결정의 정전용량, A는 압전결정의 표면적, ε는 압전결정의 유전율이다. 그림 3.30은 수정압전체를 사용한 압전효과형 압력센서의 한 예이다. 압력이 다이아프램을 통해 접촉하고 있는 수정결정면에 인가되면 전하가 발생하다.

압전효과는 압전결정체에서만 나타나는 현상으로 외부의 힘에 의해 발생되는 전하분극이 방향성을 가지고 있다.

외부의 힘과 전하분극이 동일한 방향으로 나타나는 것을 "압전종효과" 라하며 외부의 힘과 전하분극이 서로 수직으로 나타나는 것을 "압전횡효과"라 한다.

압전효과는 동적변화에 의해서 압전기가 발생하므로 즉 압력이 변하는 설비에 사용 할 수 있다. 차량의 경우에는 차량의 하중센서로 사용되는데 쇽업소버(Shock absorber)의 로드(rod)내에 내장시켜 감쇄력을 감지하는 센서로서 노면의 요철상태를 검출한다.

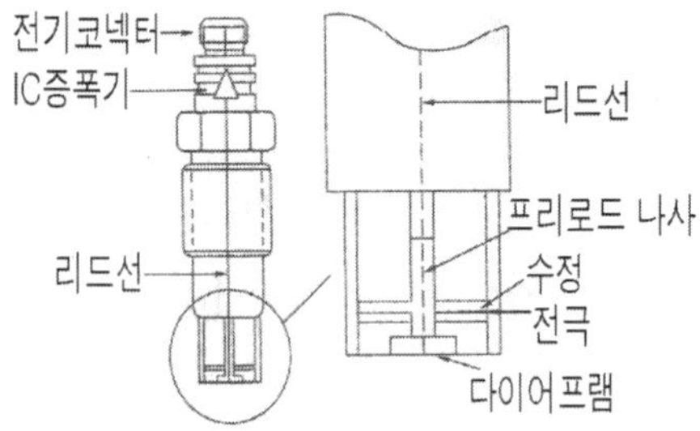

[그림 3.30] 압전효과형 압력센서의 예

3.4.4 정전용량형 압력센서 (capacitive pressure sensor)

그림(3.31)은 일반적인 정전용량형 압력센서 구조를 나타낸 것이다. 고정전극과 다이아프램전극 사이에 정전용량이 발생한다. 다이아프램 압력이 인가될 때 두 전극사이거리가 변하므로 정전용량의 변화량을 측정하여 압력을 검출하게 된다.

그림 3.32는 정전용량형 압력센서의 한 예를 나타낸 것이다.

그림 3.32(a)는 차동압력을 측정하는 구조인데 두 전극사이에 검출 다이아프램이 있다. 내부에는 실리콘유가 채워져 있으므로 양쪽의 차동압력에 의해 다이아프램이 변위되어 양쪽의 차동압력에 의해 다이아프램이 변위되어 두 정전용량의 차를 검출하도록 되어있다.

그림 3.32(b)는 Si반도체 정전 용량형 압력센서인데 압력에 의해서 Si다이아프램이 변위할 때 검출압력정전용량의 변화량을 신호처리 IC부에서 보정용 용량과 함께 처리하도록 하여 압력을 센싱 하는 방식이다.

정전 용량형 압력센서는 측정범위가 매우 넓은 특성을 가진다. 스트레인 게이지형에 비해서 드리프트가 적고 높은 확산도를 가지는 장점이 있다.

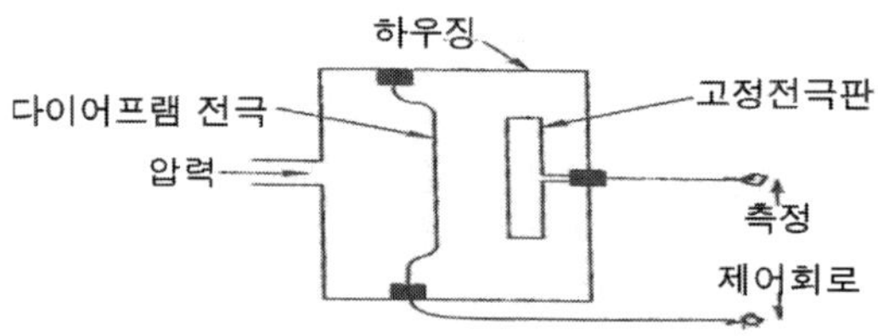

[그림 3.31] 일반적인 정전용량형 압력센서구조

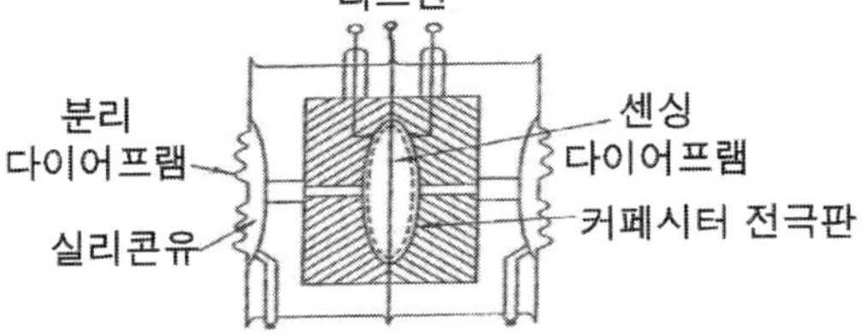

(a) 차압센서

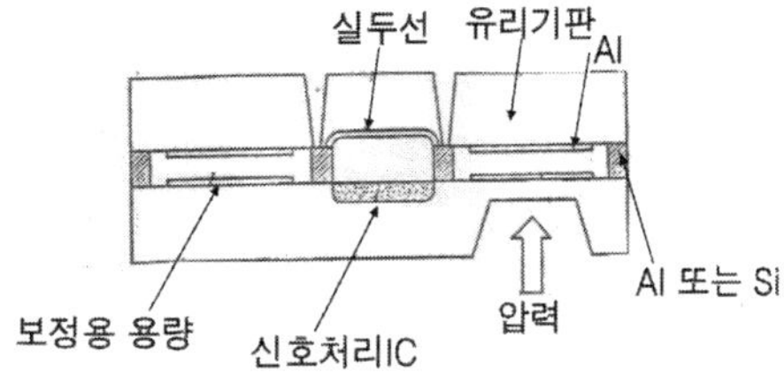

(b) 반도체 센서

[그림 3.32] 정전 용량형 압력센서의 구조 예

3.4.5 반도체형 압력센서

반도체형 압력센서 재료는 Si을 사용하므로 Si 압력센서라 한다. 반도체형센서는 Si의 압저항효과(piezo resistive effect)를 이용한 압저항 압력센서(piezoresistive pressure effect)와 정전용량형 압력센서(capacative pressure effect)로 나뉘어지며 현제는 압저항 방식이 자주 사용되고 있다.

이 방식은 압력에 따라 다이아프램이 변형하면 압전항 효과에 의해 게이지 전기저항 변화를 이용하는 것이다. 그림 3.33와 같은 Si 압저항 현상을 고려하자. 다이아프램 반경방향의 음력 σ_r, 압저항 계수$\pi_{\|}$, 수직방향의 응력 σ_t, 압저항 계수 $\pi_{\perp}$ 라두면 게이지 저항 변화율 $\dfrac{\Delta R}{R}$은 식 (3.17)와 같이

$$\frac{\Delta R}{R}=\pi_{\|}\sigma_r+\pi_{\perp}\sigma_t \tag{3.22}$$

로 된다.

그림 3.34는 Si압력센서의 기본구조 이다.

Si반도체 제조공정기술을 이용하여 다이아프램을 형성하고, 이 위면에 4개의 압저항을 만든다. 이 4개의 저항을 휘스톤 브리지 회로로 구성하여 출력이 나오도록 한다. Si 다이아프램에 압력이 인가되면 그 위에 형성된 4개의 압저항 값이 변화하여 브리지회로에 의해 압력에 비례하는 출력신호를 얻을 수 있다.

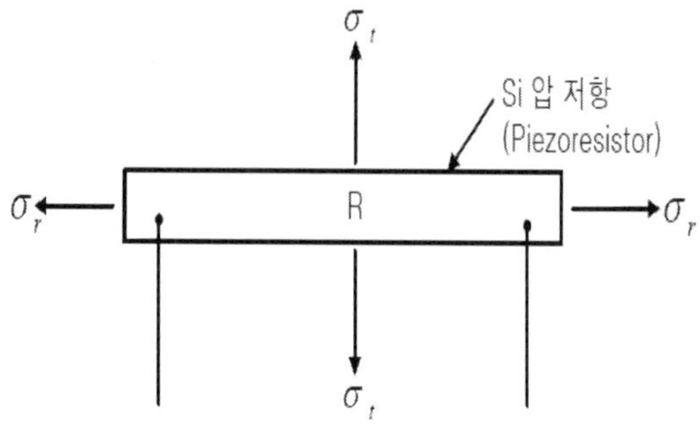

[그림 3.33] 반도체의 압저항 효과

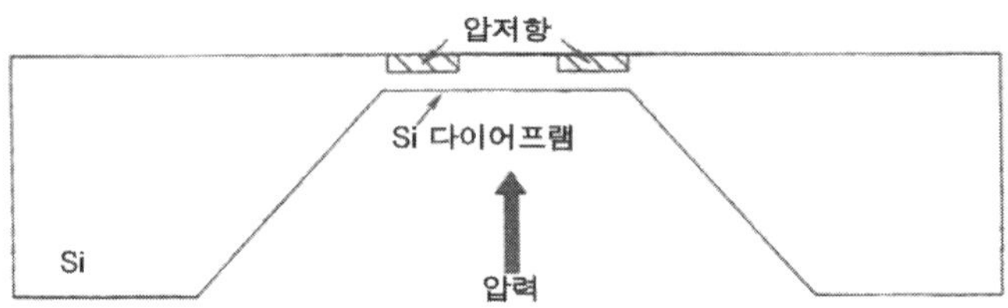

(a) 구조

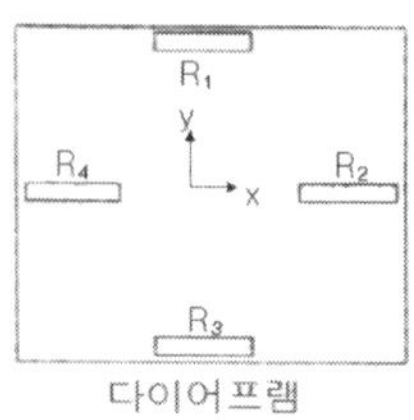

(b) 다이어프램의 압저항 위치

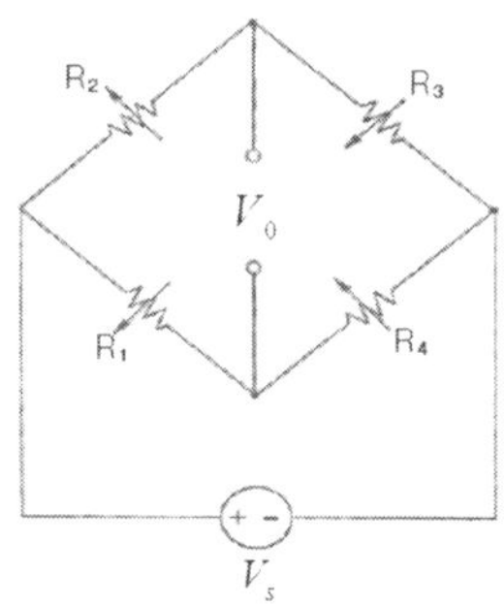

(c) 압저항으로 구성된 브리지 회로

[그림 3.34] Si 압력센서

만약 4개의 압저항이 P형 저항게이지인 경우 다이아프램의 주변부에 반경방향의 긴 길이 압저항(R_2,R_4)과 주변부에 전선방향의 긴길이 압저항(R_1,R_3)을 그림 3.34(b)와 같이 배치하면 감도는 동일하나 압저항 변화의 부호는 다르게 나타난다.

결정면의 방향이 (111)이고 P형 Si압저항을 설치한 경우가 게이지율($K=\dfrac{\Delta R}{R \cdot \epsilon}$)이 다른 경우보다 크므로 통상 P형 압저항을 형성한다.

이러한 결정방향 (111)의 압저항 R_2, R_4는 증가하고 압저항 $_1$, R_3은 감소한다.

위의 결과를 휘스톤브릿지 회로에서 구하면 출력전압 V_0는

$$\frac{V_o}{V_s}=\frac{R_2}{R_2+R_3}-\frac{R_1}{R_1+R_4}=\frac{R_2R_4-R_1R_3}{(R_2+R_{3)}(R_1+R_4)} \tag{3.23}$$

이 된다.

만약 압력 P에 의해서 저항 R_1,R_3은 ΔR만큼 감소하고, 저항 R_2, R_4는 ΔR만큼 증가한다면 $R_1=R_3=R_o-\Delta R, R_2=R_4=R_o+\Delta R$로 고려할 수 있다. 출력전압 V_o는

$$\frac{V_o}{V_s}=\frac{\Delta R}{R} \tag{3.24}$$

압력에 대한 감도 S는

$$S=\frac{V_o/V_s}{P}=\frac{\Delta R}{P}\frac{1}{R} \tag{3.25}$$

이다.

식 (3.24)는 휘스톤 브릿지에서 출력전압 V_o가 저항변화율 $\dfrac{\Delta R}{R}$과 인가전압 V_s에 의해서만 결정됨을 나타내고 있다.

다이아프램의 현상은 원형뿐만 아니라 정사각형 및 장방형의 구조를 고려할 수 있다.

일반적으로 압력 받는 다이아프램을 소형으로 하면 센서의 출력이 저하한다. 따라서 원형, 정사각형 및 장방형의 특성을 비교하자.

그림 3.35는 다이아프램의 형상과 그의 응력분표를 나타낸 것이다.

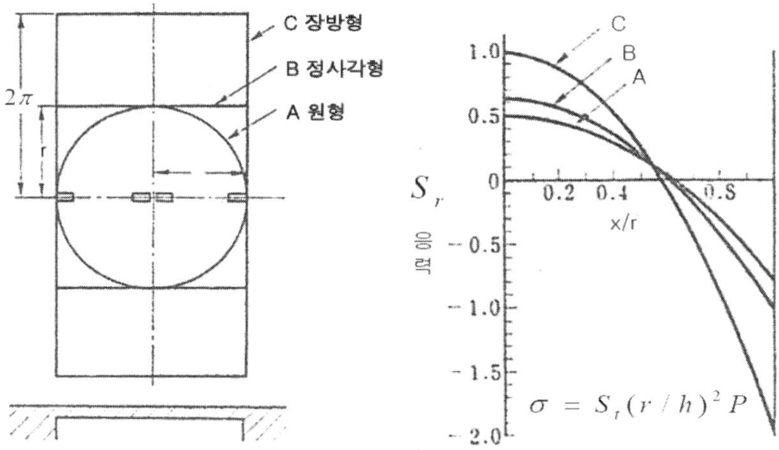

(a) 다이아 프램 현상　　　　(b) 응력분포

[그림 3.35] 다이아프램의 형상과 응력분포

그림 3.35(a)는 3종류 다이아프램의 형상이며 압저항은 중심부 및 주변부에 각각 2개를 배치하고 있다. 그에대한 응력분포는 그림 3.35(b)와 같다. 이 그림에서 알 수 있는 바와 같이 중심위치에는 인장응력주변에는 압축응력의 최대치를 보이고 있다. 검토한 3종류 다이아프램 형상중에서 장방형 다이아프램이 최대치 변화를 나타내고 있다. 따라서 장방형 다이아프램 현상을 채택하는 것이 유리하다고 할 수 있다.

표 3.12는 다이아프램의 형상에 따른 출력을 비교한 것이다. 여기에서 원형 다이아프램은 장방형에 비해서 브릿지 출력이 비록 작지만, 다이아 프램의 가공면, 취급성이 우수하므로 소형화에 유리하다. 통상 반도체 Si 압력센서는 IC 제조기술, MEMS 기술등과 같은 공정으로 만들어 지며 신호처리 및 각종 보상기능 회로 등을 함께 내장하여 집적화 할 수 있다.

그림 3.36은 Si 직접화 압력센서의 한 예인데 다이아프램 상부에 4개의 압저항을 형성하고 주변에 각종 신호처리회로가 집적화 되어있다.

[표 3.12] 다이아프램 형상과 출력비교

다이아프램형상		A	B	C
응력σ	중심 $x=0$	$-\frac{3}{8}\frac{r}{h^2}(1+\nu)P$	$-\frac{1}{2}\frac{r^2}{A^2}(1+\nu)P$	$-\frac{r^2}{h^2}P$
		1	1.3	2.1
	$x=r$	$\frac{3}{4}\frac{r^2}{h^2}P$	$\frac{r^2}{h^2}P$	$2\frac{r^2}{h^2}P$
		1	1.3	2.7
브릿지출력 $\frac{\Delta V}{V}$		$\frac{2}{32}\frac{r^2}{A^2}(3+\nu)\pi_{44}P$	$\frac{1}{8}\frac{r^2}{h^2}(3+\nu)\pi_{44}P$	$\frac{3}{4}\frac{r^2}{h^2}\pi_{44}P$
		1	1.3	2.4
출력 10020 V필요한 다이아프램 두께		33	38	51

r : 다이아프램 반경 , P : 압력, ν : 포아송비, h: 다이아프램두께 π_{44} : 압저항계수

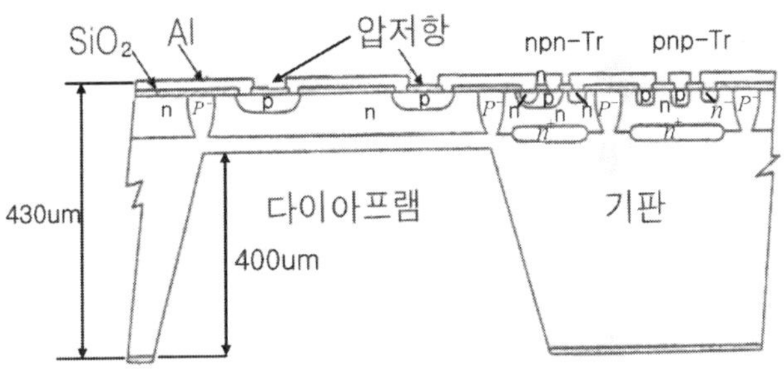

[그림 3.36] Si직접화 압력센서

(1) MAP 센서

이 센서는 반도체형 압력센서의 한 종류이다. 이 MAP 센서(manifold absoulte pressuer sensor : 흡기다기관 절대압력 센서)는 흡기다기관 내의 절대압력을 측정하여 실린더로 흡입되는 공기량을 간접적으로 검출하는 것이므로, 이 검출신호를 컴퓨터(ECU)로 보내면 컴퓨터는 이 흡입공기량에 대응하는 연료분사량, 연료분사시간 및 점화시기 등을 결정하는데 사용된다.

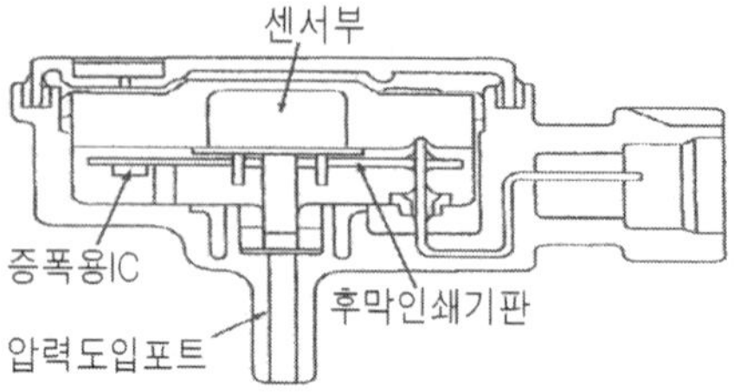

(a) 반도체 압력센서 구조

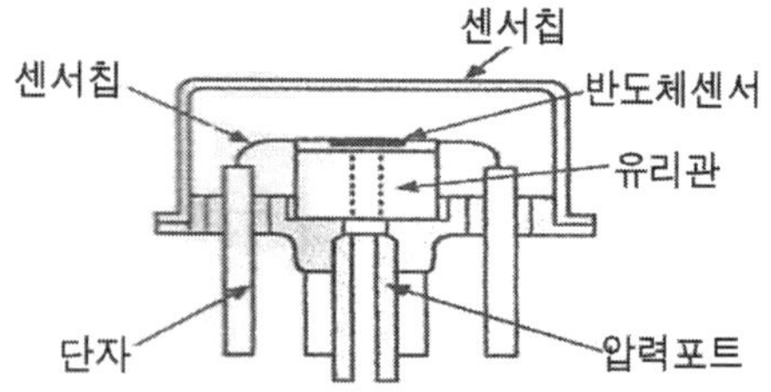

(b) 센서부의 구조

[그림 3.37] 반도체형 MAP센서

일부차량에서는 이 MAP센서를 대기 압력센서(barametric pressure sensor)에 사용하여 지표고도 변화에 따른 제어요소로 사용하기도 한다. 이 MAP센서는 센서등의 동작에 이상이 생기면 엔진시동이나 부조화등을 발생시키므로 정기적인 점검이 필요로 하는 중요한 센서중 하나이다.

그림 3.37은 반도체형 MAP센서의 한 예를 나타낸 것이며 이 센서의 압력검출범위는 21 Kpa~100 Kpa 정도이다.

(2) 연료탱크 압력센서

그림 3.38은 연료탱크 압력센서 구조를 나타내며 센서부는 그림 3.37(b)와 같은 구조를 하고 있다. 이 센서부는 구조의 중앙에 설치되어 연료탱크내의 압력은 센서의 도입구를 통해 유입된 압력과 센서 상단부의 대기압 포트로 유입된 압력차를 센서는 전압 레벨로 변환하게 된다. 이 압력정보는 퍼지에어(purge control) 제어 정보로 활용하게 되며 연료탱크와 흡기 포트사이의 연결부의 누설 유무를 검출하게 된다.

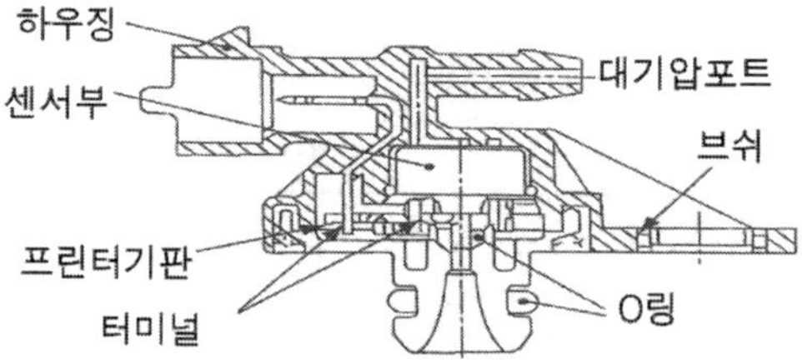

[그림 3.38] 연료탱크 압력센서의 구조

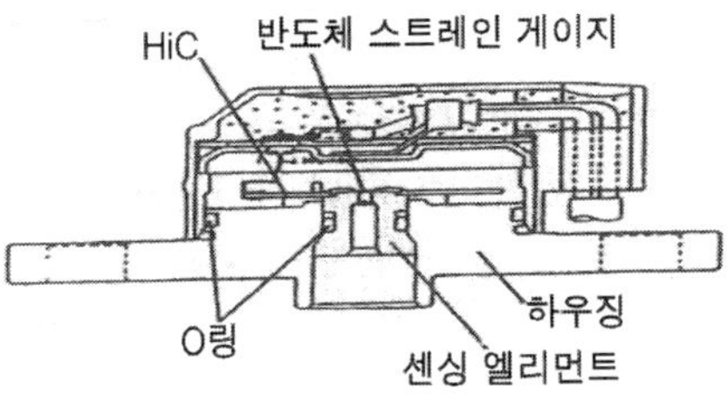

[그림 3.39] 오일압력 센서의 구조

(3) 오일 압력센서

유압 배력 장치인 유압부스터(booster)를 설치한 브레이크 계통의 유압제어에 사용하는 센서이며 축압기(accumulator)오일압력을 검출하여 펌프의 on/off 또는 이상 전압을 검출하게 된다.

그림 3.39는 오일 압력센서의 구조를 나타낸 것이다. 반도체 스트레인 게이지와 금속 다이아 프램으로 구성되어 있으며 오일압력을 다이아 프램이 받아 스트레인 게이지에서 전기적 신호로 출력하게 된다.

(4) 절대 압력형 고압센서

그림 3.40은 절대압력센서의 구조를 나타낸 것이다. 이 절대 압력형 고압센서는 차량 엑티브 현가장치(active suspension)의 유압계통에서 유압검출에 사용되는 센서이다.

이 엑티브 현가장치는 차량의 감쇄력과 주행 자세를 검출하여 컴퓨터(ECU)의 설정데이트와 비교하여 4륜의 현가장치를 유압으로 제어하는 시스템이다.

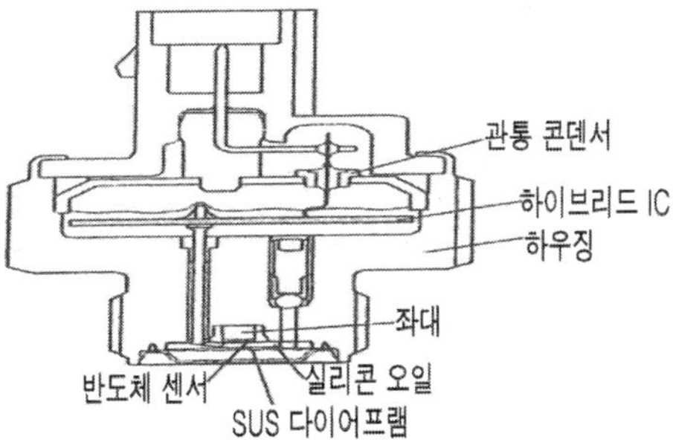

[그림 3.40] 절대압력센서의 구조

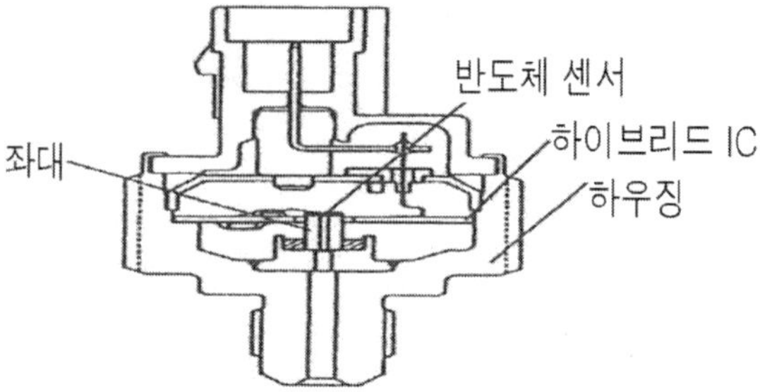

[그림 3.41] 에어컨 압력센서의 구조

압력센서는 Si 다이아프램 위에 압 저항 게이지를 설치한 전통적인 반도체형 센서이며, 증폭회로 및 각종 보상회로 등의 신호처리 회로가 내장된 하이브리드 IC로 구성되고 있다. 특히 압력을 접하는 검출부에는 높은 고압이므로 여기에 견딜 수 있는 스테인리스-프레임을 사용한다. 이 절대압력센서는 마스터 실린더의 출력유압 및 타이어 압력모니터 시스템(TPMS)의절대 압력 검출에도 사용된다.

(5) 에어컨 압력센서

에어컨 압력세서는 상대 압력형 고압센서로써 자동차 에어컨 냉매 압력을 검출하기 위해서 사용된다.

그림 3.41은 에어컨 압력센서의 구조를 나타낸 것이다.

센서부는 Si 다이아프램위에 압저항 게이지를 형성하여 제조하고, 또한 각종신호처리 회로를 내장한 하이브리드IC를 설치한 전통적인 반도체 압력센서이다.

이 센서는 에어컨의 고압측에 설치하여 냉매가스의 압력을 검출하여 컴프레서의 on/off 스위치를 제어시켜 냉매시스템의 적절한 압력을 유지 하도록 한다.

3.4.6 기계식 압력센서

그림 3.42는 다이프램형 진공 스위치소자 인데 에어-클리너의 막힘을 검출하는 센서이다. 이 진공스위치는 A실과 B실로 나뉘어져 있고 A포트는 대기압측에 B포트는 진공측에 설치되어 있다.

동작은 대기압과 진공의 압력차에 의해서 다이아프램을 작용시켜 중앙부의 리드 스위치를 on/off 상태로 제어하게 된다. B포트는 에어-클리너 쪽에 연결되어 있어 만약

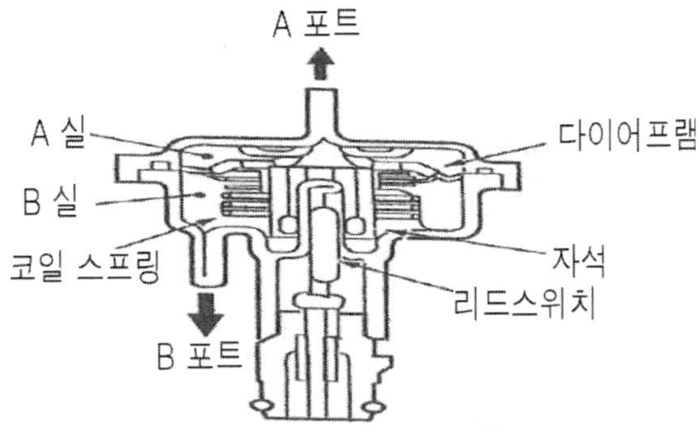

[그림 3.42] 다이어프램식 진공 스위치

에어-클리너가 막히게 되면 A포트압력>B포트압력이므로 리드스위치는 on이 되어 경고들을 점등하여 에어-클리너 막힘을 알려주게 된다.

3.5 유량 센서(flow sensor)

3.5.1 유량과 유체의 특성

각종 유량센서(flow sensor)는 유량(flow rate)을 측정 하는 것이다.

유량(flow rate)은 단위시간당 임의의 단면을 통과하는 유체(fluid)의 양으로 정의된다.

여기에는 단위시간당 전달되는 유체의 체적을 나타내는 체적유량(volumetric flow rate : m^3/s)과 단위시간당 전달되는 유체의 질량을 다루는 질량유량(mass flow rate : Kg/s)으로 구분하고 있다.

체적유량 Q_v에 대한 수식은

$$Q_v = \frac{\partial V}{\partial t} = S\bar{v} \tag{3.26}$$

여기서, V는 체적, S는 유체관의 단면적, $\bar{v}$는 평균 유속이다.

유체의 체적을 V, 질량 m, 밀도 ρ라 하면

$$m = \rho V \tag{3.27}$$

이므로 식 (3.26) (3.27)으로부터 질량 유량 Q_m은 다음과 같이 된다.

$$Q_m = \frac{\partial m}{\partial t} = Q_v \rho + V \frac{\partial \rho}{\partial t} \tag{3.28}$$

만약 유체의 밀도가 시간에 따라 변하지 않으면 즉 $\frac{\partial \rho}{\partial t} \to 0$ 이므로

$$Q_m = Q_v \rho = \rho S \bar{v} \tag{3.29}$$

로 된다.

일반적으로 유체(fluid)는 힘을 받았을 때 연속적으로 변형하는 물질을 말하며 체적을 쉽게 바꿀 수 있는 기체와 그렇지 않은 액체를 생각 할 수 있다. 그리고 압력을 가했을 때 물이나 기름등과 같이 밀도변화가 없는 유체를 비압축성 유체(incompressible fluid)라 하고 밀도변화가 있는 유체를 압축성 유체(compressible fluid)라 부른다. 유체의 흐름(flow)은 유체의 운동으로 설명된다.

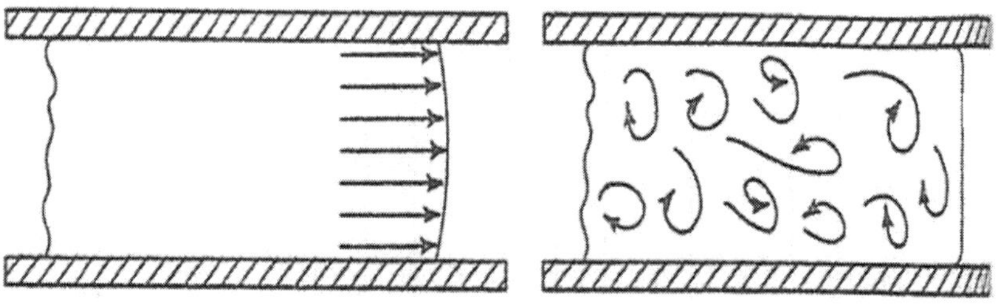

(a) 층류 (b) 난류

[그림 3.43] 유체의 흐름(flow)

기체나 액체의 흐름은 그림 3.43와 같이 층류(laminar flow)와 난류(turbulent flow)로 설명 할 수 있다. 층류는 그림과 같이 산란되지 않고 질서 정연한 규칙적인 흐름을 말한다. 이러한 균일한 흐름은 유체의 입자가 동일한 속도로 이동할 때 존재하며 시간적으로 이러한 흐름은 짧은 구간에 해당된다고 볼 수 있다. 한편 난류는 그림과 같이 매우 불규칙적이고 소용돌이(vortex)를 발생시키는 등의 무질서한 흐름이다. 층류에서 관벽 부근의 속도는 점성 때문에 속도가 느리며 속도분포는 포물선으로 표현된다. 이러한 조건에서 관의 중심에서 유체의 속도는 관의 평균속도의 약 2배가 된다. 난류에서는 관성력이 크므로 관내 벽의 영향은 덜하여 중심속도는 평균속도의 약 1.2배로 된다.

차량에서 주로 사용되는 유량센서(flow sensor)는 엔진제어에 사용되는 흡입공기량 검출용에 쓰이며 흡입공기의 체적유량을 측정하는 방식과 질량유량을 검출하는 방식등이 있다. 질량유량을 검출하는 질량유량센서(mass flow sensor)는 반도체 제조공정과 MEMS 기술로 제작되어 소형화가 가능하고 안정적인 특성을 가지고 왔으므로 현재 많이 사용되고 있는 추세이다.

유량계의 동작 원리에 따라 분류하면 표 3.13과 같이 나타 낼 수 있다.

[표 3.13] 유량계의 분류

유량계	유량계 형식
차압식 유량계 (differential pressure flowmeter)	피토관 유량계
	면적 유량계
기계식 유량계 (mechanical flowmeter	PD 유량계
	터빈 유량계
	로타리 유량계
전자식 유량계 (electronic flowmeter	자기 유량계
	와 유량계
	초음파 유량계
질량 유량계 (mass flowmeter)	열선식 유량계
	코리올리 유량계

이 절에서는 차량용 유량센서에 주로 응용되는 전자식유량계와 질량유량계에 대해서 알아본다.

3.5.2 초음파식 유량계

초음파식 유량계(ultrasonic flowmeter)는 초음파를 이용하여 유량을 측정하는 센서인데 주로 주행시간방식(transit time)과 도플러(Dopplor)방식이 있다. 주행시간 초음파 유량계는 유체의 흐름에 의해 발생된 초음파 펄스의 주행시간차를 이용하는 센서이다.

그림 3.44는 초음파 변환기를 대각선으로 배치한 주행시간 유량계의 구조를 나타낸 것이다.

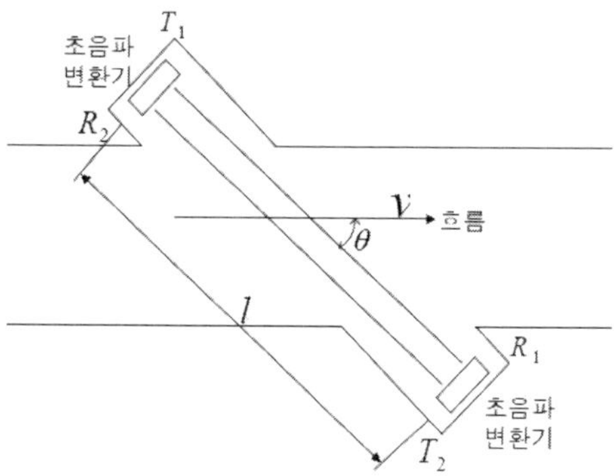

[그림 3.44] 주행시간차 초음파 유량센서

초음파가 유체속을 전파할 때 전파방향이 유체흐름과 같으면 흐름이 반대방향의 경우보다 빠르게 된다. 이 현상을 이용하기 위해서 그림과 같이 각각 초음파 진동자를 설치하고 유체관로에 경사되게 초음파를 진동시킨다.

유체내에서 초음파의 속도를 C, 유체의 평균속도를 V라 하면 상류→하류의 주행시간 t_{12}, 하류→상류의 주행시간 t_{21}라 하면

$$t_{12} = \frac{l}{C + V\cos\theta} \tag{3.30}$$

$$t_{21} = \frac{l}{C - V\cos\theta} \tag{3.31}$$

유체의 평균속도 V는 다음 식 으로 된다.

$$V = \frac{l}{2\cos\theta}\left(\frac{1}{t_{21}} - \frac{1}{t_{12}}\right) \tag{3.32}$$

즉 주행시간 t_{12}, t_{21}값으로 유속 V를 구할 수 있으며 유량은 관단면적이나 보정계수를 고려하여 계산할 수 있다.

그림 3.45는 도플러 초음파 유량계를 나타낸 것이다.

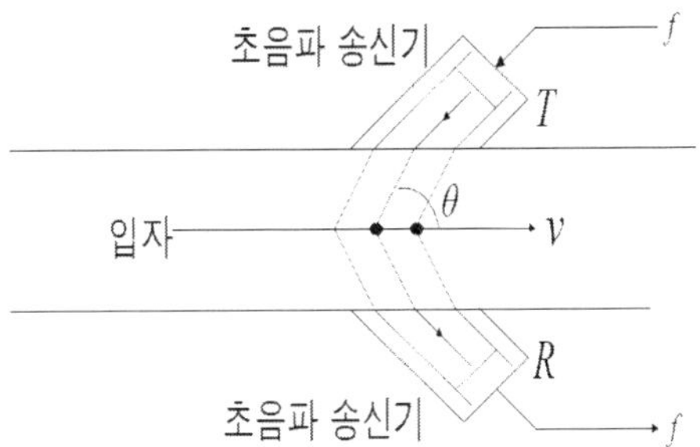

[그림 3.45] 도플러식 초음파 유량계

유체의 입자가 그림과 같이 운동하는 경우를 고려하자. 초음파 송신기로부터 전송된 초음파는 입자에 의해 산란되어 초음파 수신기에 도달한다.

이때 송신 초음파 주파수를 f_t 산란된 초음파 주파수 f_r는 다음과 같이 주어진다.

$$f_r = f_t \frac{C + V\cos\theta}{C - V\cos\theta} \tag{3.33}$$

여기서, f_t은 산란 초음파 주파수, C는 유속, V는 입자속도음속 C에 비하여 입자속도 V가 매우 작으면 f_t와 f_r차이 주파수 즉 도플러 주파수f_d는

$$f_d = |f_t - f_r| \approx \frac{2V\cos\theta}{C} f_t \tag{3.34}$$

로 되며 유속 V 에 비례함을 알 수 있다.

이 방식도 관의 중심의 입자 유속만을 측정하므로 유량은 관단면적이나 유속분포 보정계수를 사용하여 계산 할 수 있다.

도플러 방식은 주행시간차방식에 비하여 일반화 되어 있어 저가이나 주행시간차 방식보다 정확성은 떨어진다.

(1) 칼만 와류 초음파식 공기유량센서

칼만 와류방식 공기 유량센서는 균일하게 흐르는 유체에 와류(Vortex)발생 장치를 배치하면 칼만 와류(Karman Vortex)가 발생하는데 이 와류의 발생주파수와 유체속도의 상관관계로부터 유량을 측정하게 된다.

공기유체에 와류발생장치를 배치할 때 공기의 흐름이 빠르면 공기의 유속에 비례하여 와류가 많이 발생하고 공기의 유속이 느리면 그만큼 적게 발생하게 된다.

이때 발생하는 와류의 수를 알면 유속은 알 수 있게 되므로 이들 관계를 식으로 표현하면 다음과 같다.

$$f = k\frac{v}{d} \tag{3.35}$$

여기서, f는 칼만 와류 발생주파수, v는 유속, d는 와류발생 장치의 직경, k는 스트로헐 상수(strouhal number : 0.2)이다.

이 칼만 와류방식의 유량센서에는 발생하는 주파수를 검출하는 거울검출방식, 초음파 검출방식 및 압력검출방식 등이 있다.

그림 3.46은 칼만 와류 초음파식 공기유량센서의 원리를 나타낸 것이다.

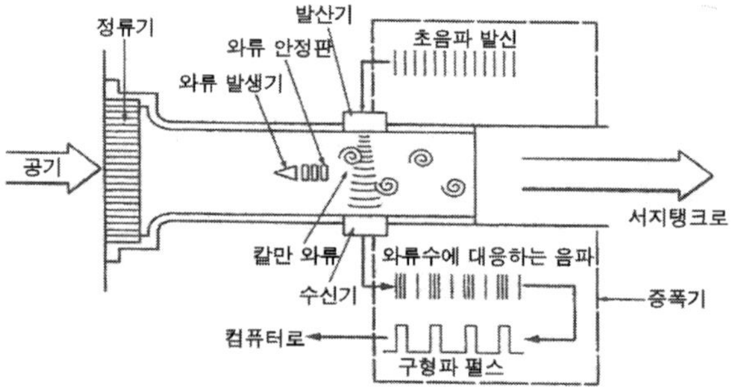

[그림 3.46] 칼만 와류 초음파식 유량센서

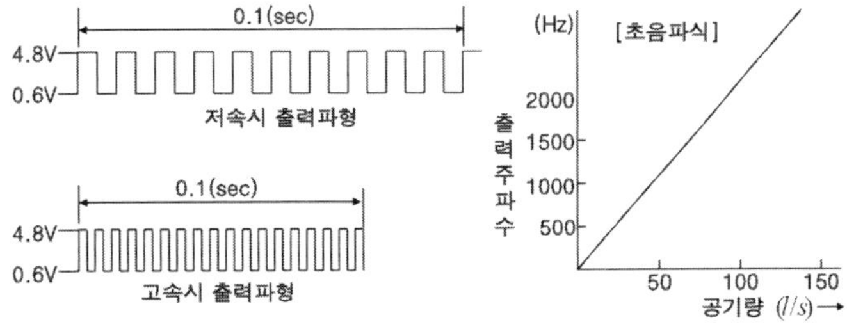

(a) 출력신호 전압 (b) 출력 특성

[그림 3.47] 칼만 와류 초음파식 유량센서의 특성

그림 3.47은 이 공기 유량센서의 특성을 나타낸 것이다.

칼만 와류 초음파식 공기 유량센서는 그림 3.46과 같이 흡입공기가 흐르는 통로에 와류발생장치를 배치하면 공기 유속에 따라 와류가 발생하는데 상측에는 초음파 송신기를 하측에는 초음파 수신기를 두어 공기의 밀도에 따른 초음파를 검출하게 된다.

초음파 수신기는 공기의 밀도에 의해 와류가 많이 발생하면 초음파의 수신주기는 짧아지게 되고 와류가 적게 발생하면 초음파의 수신주기는 길게 된다. 이때 센서의 출력에는 그림 3.47(a)와 같이 엔진 저속 회전시에는 공기 흐름이 작아져 출력주파수는 낮아지고 고속 회전시에는 공기흐름이 많아져 출력주파수는 높아지게 되므로 이 값을 컴퓨터(ECU)로 입력하여 흡입공기유량을 검출하게 된다. 그림 3.47(b)는 공기 유량에 따른 출력주파수를 나타낸 것으로 대개 300 Hz~2 KHz 정도이다.

(2) 칼만 와류 압력 검출 방식

그림 3.48은 칼만 와류 압력 검출 방식을 나타낸 것으로 칼만 와류가 발생할 때 공기유량에 따라 발생하는 압력진동을 압력센서로 검출하여 칼만 와류의 발생주파수를 측정하는 것이다.

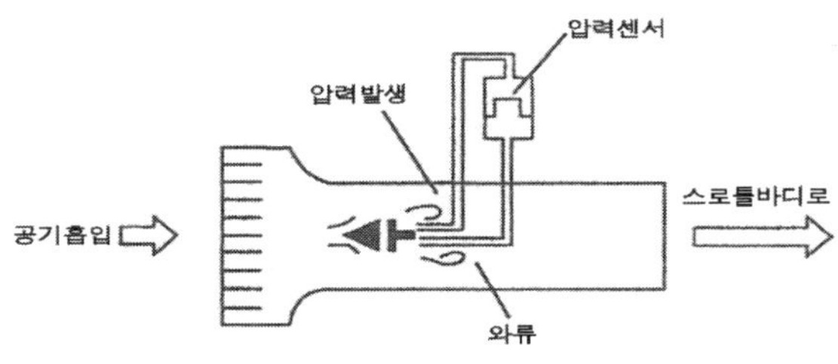

[그림 3.48] 칼만 와류 압력 검출 방식

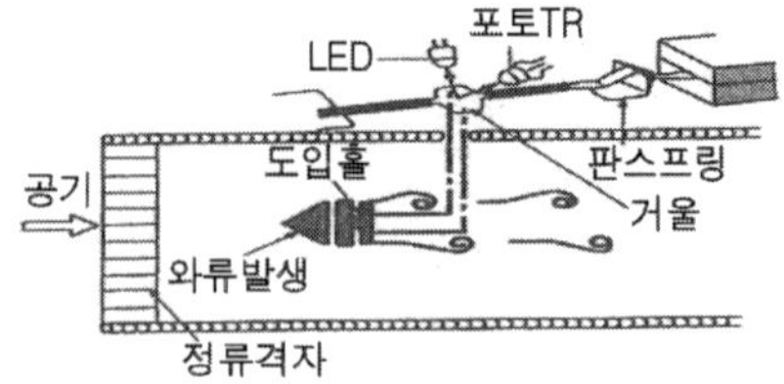

[그림 3.49] 칼만 와류 광학식 공기유량센서

(3) 칼만 와류 광학식 공기유량센서

그림 3.49는 칼만 와류를 광학식으로 검출하는 공기유량센서의 구조를 나타낸 것이다. 와류 발생체의 양측에 압력변화를 얇은 거울 판의 진동을 검출하는 센서로써 이 진동하는 거울에 한 쌍의 발광(LED), 수광(포토TR)소자를 근접시키면 거울 진동에 의한 반사광을 수광 소자 포토TR이 검출하게 되어있다.

이 검출된 신호는 컴퓨터(ECU)로 보내져 흡입공기유량을 연산하게 된다.

3.5.3 열식 질량 유량센서(thermal mass flow sensor)

열을 이용하여 유체의 유량을 측정하는 유량계를 열식 질량 유량센서(thermal mass flow sensor)라 한다.

열식 질량 유량센서로는 열선(hot-wire)또는 열박막식(hot-film)센서, 열량측정식(calorimetric sensor), 비행 시간식 등이 있으며 현재 차량용에는 열선식과 열 박막식이 자주 쓰인다. 열선식과 열박막식 유량계는 가열된 물체가 유체 속에 놓여 있을 때 잃게 되는 열량이 유량과 상관하게 된다. 즉 흐르고 있는 유체 속에 가열한 열선 또는 열박막을 두면 유체의 속도에 따라 열이 감소하므로 열선 도는 열박막의 온도 변화에 의한 저항변화를 측정하면 유량의 유속을 알 수 있게 된다.

그림 3.50은 열선식과 열박막식의 기본유량센서구조를 나타낸 것이다. 주로 열선이나 열박막으로는 강도, 내식성 및 내열성에 우수한 백금을 사용한다. 유량에 의한 열선이나 열박막에서 검출된 전기저항의 변화는 휘이스톤 브릿지 회로에서 출력전압으로 발생하도록 신호처리를 하게 된다.

온도변화에 의한 열선이나 열박막의 저항변화는 다음 식으로 나타낸다.

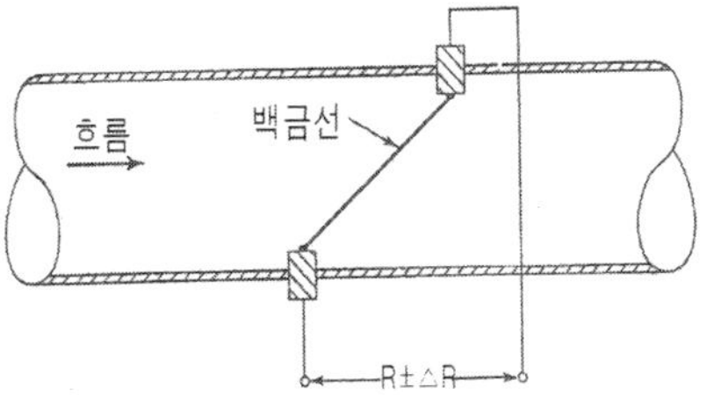

(a) 열선식

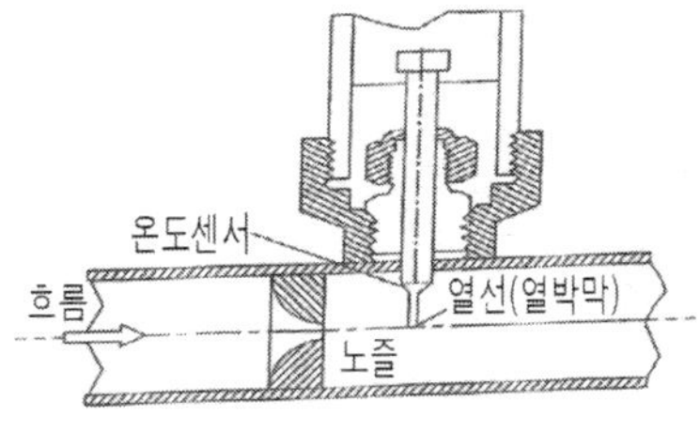

(b) 열선(열박막)식

[그림 3.50] 열선 및 열 박막식 유량센서

$$R = R_r[1+\alpha(T - T_r)] \tag{3.36}$$

여기서, R은 동작온도 T에서 저항, R_r은 기준온도 T_r에서 저항, α: 열선이나 열박막의 온도계수

(1) 열선(hot-wire)식 공기유량센서

그림 3.51 열선식 공기유량센서의 한 예이다.

그림 3.51(b)와 같이 흡입공기가 흐르는 원통형 상자 중앙에 열선 튜브를 설치하고 이내에 백금 열선을 넣어 이 열선에 전류를 흘러 유량에 의한 전기저항변화분을 신호처리하는 하이브리드IC가 내장되어 있다.

그림 3.52는 열선식 공기유량센서의 기본동작회로를 나타낸 것이다.

여기서, R_k는 공기온도보장

R_h는 열선저항, R_1, R_2는 브릿지 저항, R_s는 표준저항

이 회로에서 흡입공기량이 많은 경우 열선저항(R_h)은 낮아지게 되고 열선저항이 낮아진 만큼 전류는 증가하므로 출력전압 V_0는 높게 나타난다.

온도보상저항 R_k는 흡입공기의 온도를 검출하는 저항으로 공기의 온도와 열선의 온도차를 유지하도록 하여 흡입된 공기의 질량을 측정하게 된다. 이 센서는 질량유량을 측정하므로 공기의 온도변화나 압력의 변화에 영향을 받지 않는 장점이 있다.

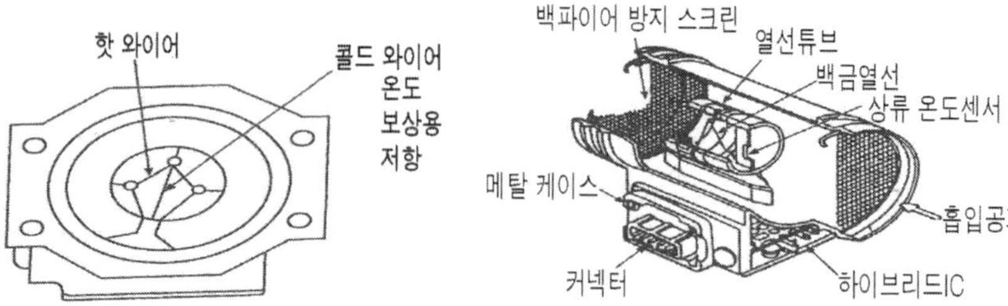

(a) 열선 구조　　　　　　　　　(b) 센서의 내부구조

[그림 3.51] 열선(hot-wire)식 공기유량센서의 예

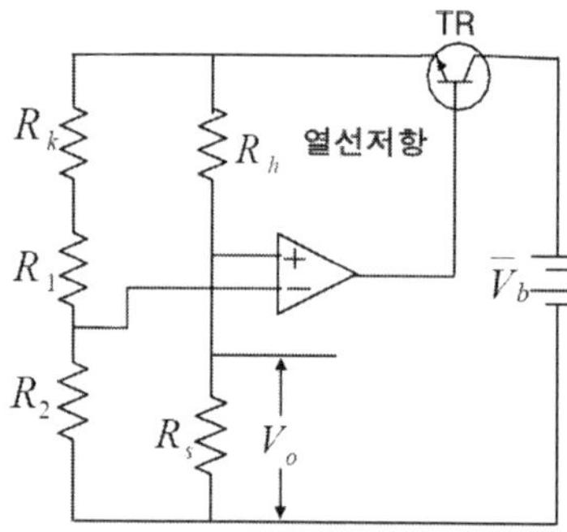

[그림 3.52] 열선식 유량센서 기본동작 회로

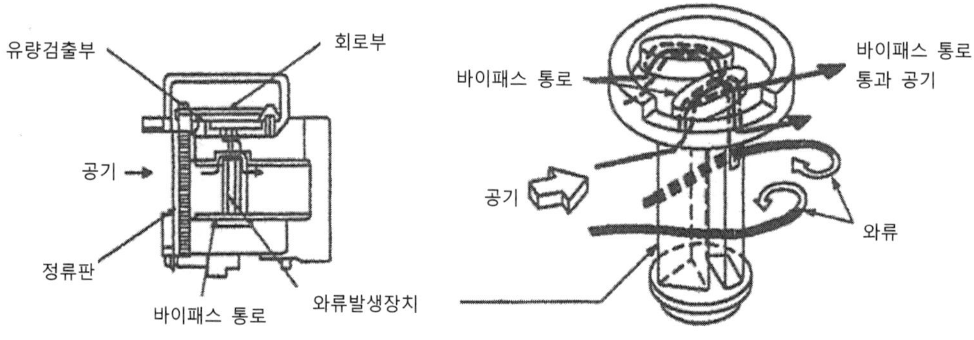

[그림 3.53] 칼만 와류 열선식 유량센서 구조

(2) 칼만 와류 열선식 공기유량센서

그림 3.53은 칼만 와류 열전식 공기유량센서의 한 예이다. 이는 미쓰비사 회사가 개발한 것으로 그림 3.53과 같이 와류발생장치 뒤쪽에 와류를 검출하기 위해 열선을 바이패스 통로에 설치하고 열선을 통해 와류의 수를 검출하는 원리이다.

이 방식은 낮은 유량에도 출력감도가 우수하고 바이패스 통로에는 소량의 공기흐름이 있으므로 검출오류가 적고 특히 칼만 와류 좌우에서 열선의 전압차로 측정하는 방식이므로 잡음 및 경시 변화에도 우수한 특징을 가지고 있다.

(3) 열박막(hot-film)식 공기유량센서

열선식 공기유량센서의 응답 특성을 개선한 것이 열박막식 센서로써 그 동작원리는 비슷하다. 그림 3.54는 열박막식 공기유량센서의 구조를 나타낸 것이다. 그림 3.54(a)와 같이 흡입측에 금속망의 보호막이 설치되어 있으며 센서부에는 세라믹기판위에 열박막을 코팅한 것으로 구성되고 있고 센서부에서 검출된 흡입공기유량의 온도변화를 전압값으로 하여 신호처리하는 하이브리드 IC가 있다. 센서부의구성은 공기유량변화에 의한 온도변화 출력 특성을 보정하기위한 공기온도보상저항 R_t, 흡입공기의 온도를 검출하는 가열저항 R_h와 검출저항 R_s로 되어 있다.

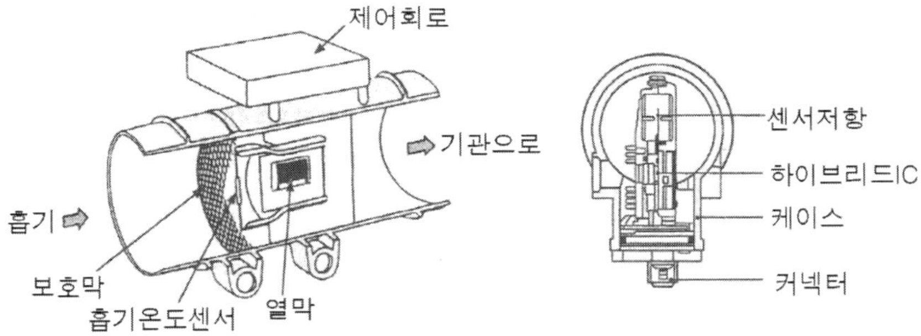

(a) 열 박막식 센서 구조 (b) 센서의 단면

[그림 3.54] 열박막식 공기유량센서

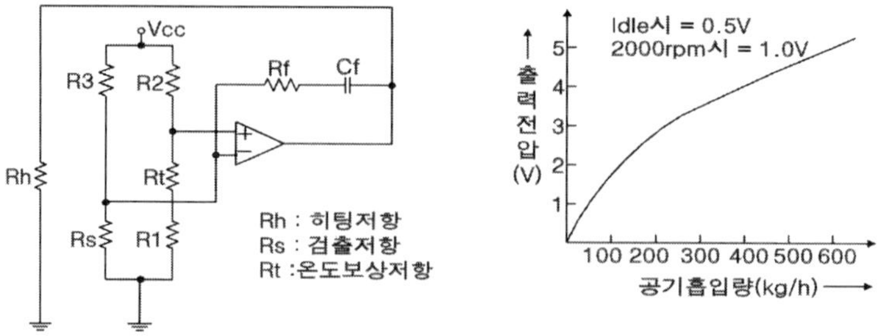

(a) 검출 회로도 (b) 출력 특성

[그림 3.55] 열박막식 공기유량센서의 검출 회로 및 특성

그림 3.55는 열박막식 센서의 검출회로 및 특성을 나타낸 것이다. 열박막식 센서부의 저항은 그림 3.55(a)와 같이 휘스톤 브릿지 회로를 구성하여 검출저항(R_s)의 온도변화에 의해 op Amp의 입력 전압값이 변화하도록 하여 신호 증폭을 한다. 가열저항(R_h)을 설치하여 항시 주위의 공기유량온도보다 높게 유지되도록 하여 검출저항(R_s)을 가열하고 있다가 흡입공기가 들어오면 흡입공기의 온도차에 의해 검출저항(R_s)는 감소하게 된다.

이 검출저항의 변화를 브릿지 회로에서 신호처리를 하게 되는 원리이다. 그림 3.55(b)는 이 센서의 출력특성을 나타낸 것으로 공기 유량에 따라 0.5~3.5 V정도의 전압변화를 컴퓨터(ECU)에 입력하게 된다.

3.5.4 가동 베인식 공기유량센서(mobile vane type)

이 방식은 흡입공기량을 직접 측정하는 체적유량센서의 일종이다. 그림 3.56은 가동 베인식 유량센서의 구조를 나타낸 것이다. 이 원리는 흡입된 공기의 압력에 의해서 가동베인이 회전 운동 하는 것을 이용 한 것으로 공기유량메터 혹은 공기유량센서라 부른다.

즉 베인(회전날개)이 흡기공기에 의해 회전할 때 베인의 축이 회전하면 회전축과 연동해 가변저항의 가동접점이 회전하게 되어서 저항변화를 하도록 하는 방식이다. 특히 그림 3.56의 구조에서 베인(회전날개)를 이용하여 공기유량을 검출하는 방식이므로 흡기맥동에 의한 진동이 발생되는 것을 방지하기 위하여 흡기 맥동을 완충하는 댐핑체임버를 설치하고 있다. 또한 가동 베인식에는 바이패스 통로를 두고 바이패스 통로에 공기흐름의 조절 스크류가 설치되어 있어 센서의 출력의 교정용으로 사용하고 있다.

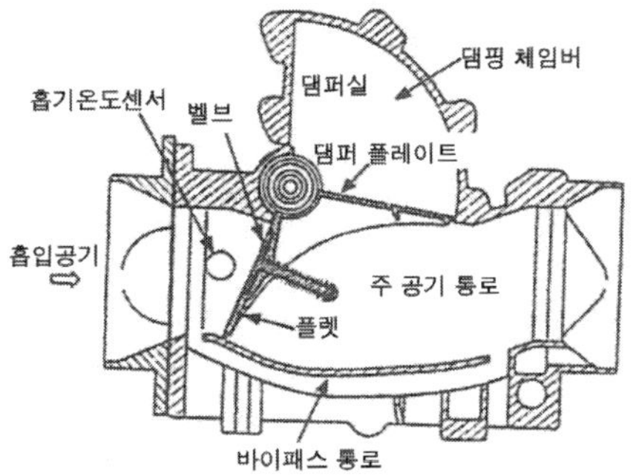

[그림 3.56] 가동베인식 공기유량센서의 구조

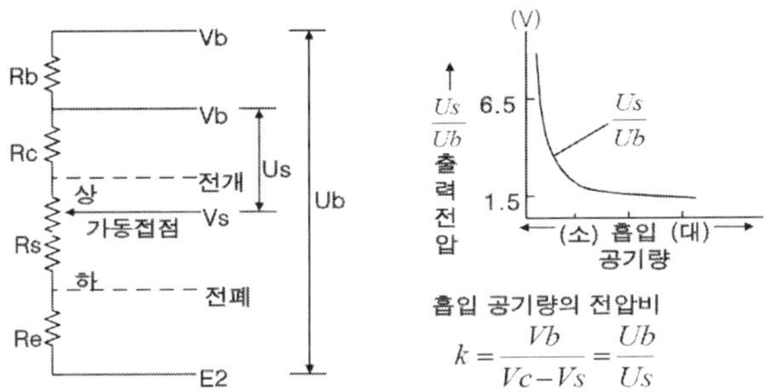

[그림 3.57] 가동베인식 공기유량센서의 특성

그림 3.57은 가동베인식 공기유량센서의 특성을 나타낸 것이다. 그림 3.57(a)에서 가동베인(회전날개)의 작용으로 가동접점이 하측으로 이동하면 가동베인이 전폐가 되어 센서의 저항은 최대가 된다. 이때 센서의 출력은 가장 낮게 되고 반대로 가동 접점이 상측으로 이동하면 가동베인이 전개 상태로 되므로 가장 높은 출력이 나오도록 되어있다.

3.5.5 공기유량센서의 특성비교

그림 3.58은 공기유량센서의 출력을 비교한 것이다. 베인방식(vane type)은 출력전압이 흡입공기체적에 거의 반비례 하고 있다. 칼만와류방식은 출력신호가 흡입공기체적에 비례하는 주파수 신호이며 디지털 신호이다. 반면 열선방식은 흡입공기질량의 4승근에 비례하는 아날로그 신호 특성을 가지고 있다.

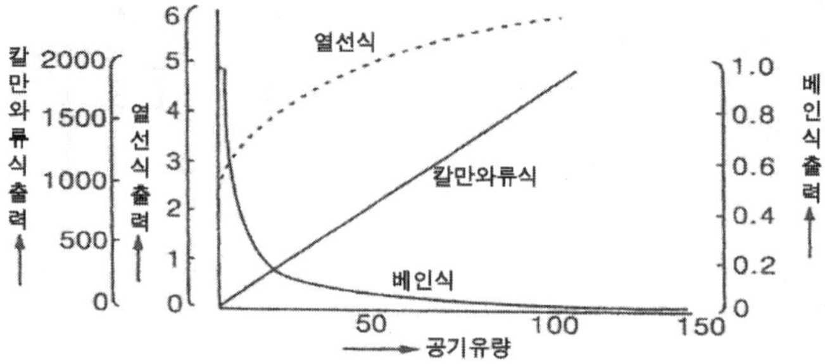

[그림 3.58] 공기 유량센서 출력 비교

3.5.6 마이크로 유량센서(micro flow sensor)

최근 반도체 제조공정 기술과 MEMS 기술을 이용한 각종 마이크로 유량센서(micro flow sensor)의 연구개발이 활발히 진행되고 있다. 먼저 개발되어 상품화 되고 있는 열식 마이크로 질량유량센서(mass flow sensor)에 대해서 알아본다.

그림 3.59는 열식 마이크로 질량유량센서의 구조를 나타낸 것이다. 트렌치(trench)을 통하여 유체의 흐름이 일어나도록 한 구조인데 상류측과 하류측에 유체의 흐름에 수직하게 두 금속 저항을 배치하고 그 중간사이에 히터를 설치하였다. 실리콘질화막(Si_3N_4)은 두 금속 저항과 히터를 열적, 전기적으로 절연시킨다.

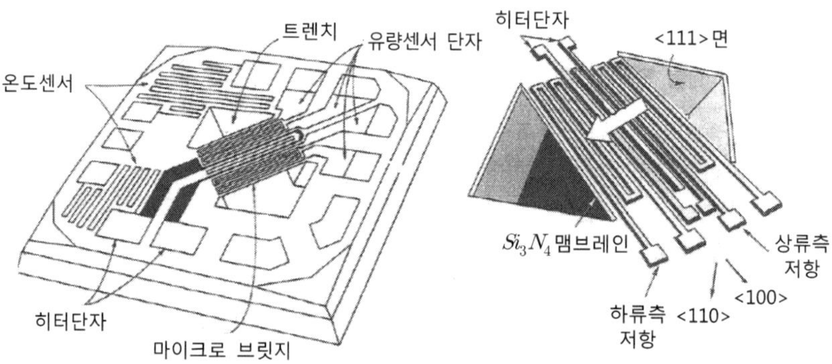

(a) 전체구조 (b) 검출부

[그림 3.59] 열식 마이크로 질량센서의 구조

각 마이크로 브릿지는 분리된 히터, 분리된 금속 저항과 온도센서를 가지고 있다. 히터가 일정한 온도를 유지할 때 두 마이크로 브릿지 사이의 온도차가 유체흐름의 방향과 유량을 측정하게 되는 것이다. 만약 유체가 그림 3.59(b)와 같이 흐르면 상류측 히터는 냉각되어 온도가 내려가고 하류측 히터는 가열되어 온도가 상승하게 된다. 이때 가까이 있는 금속저항은 각 히터의 온도변화를 측정할수 있게 되어 유량을 계산한다.

이 센서의 경우 응답속도는 대략 5 ms보다 작으며, 약 cm^3/min 정도의 유량을 측정할 수 있어 미소유량을 검출하는 센서에 적합하다.

3.6 위치 변위 센서(position and displacement sensor)

위치(position)와 변위(displacement)의 개념은 그림 3.60에서 설명 될 수 있다. 그림 3.60(a)에서 볼과 육각형의 위치는 0으로부터 각각 3, 5이다. 이와 같이 선택된 기준점에서 한 물체의 좌표(직선 또는 각도)을 결정하는 것을 의미한다.

변위는 그림 3.60(b)와 같이 +3위치의 X_i를 +6의 위치X_f로 옮긴 거리이다. 즉 한 위치에서 다른 위치로 이동한 거리 또는 회전 각도를 의미한다. 이러한 변위에는 직선변위(linear displacement)와 회전변위(angular displacement)로 분류한다. 직선변위에 대한 소자로써는 포텐션미터(potentionmeter)가 자주 쓰이며 회전 변위에 대해서는 포텐션미터, 싱크로(synchro), 인코더(encorder)등이 이용되고 있다.

표 3.14는 직선변위 및 회전변위센서의 종류를 나타낸 것이다. 여기서는 차량용에 쓰이는 변위센서에 대해서 알아본다.

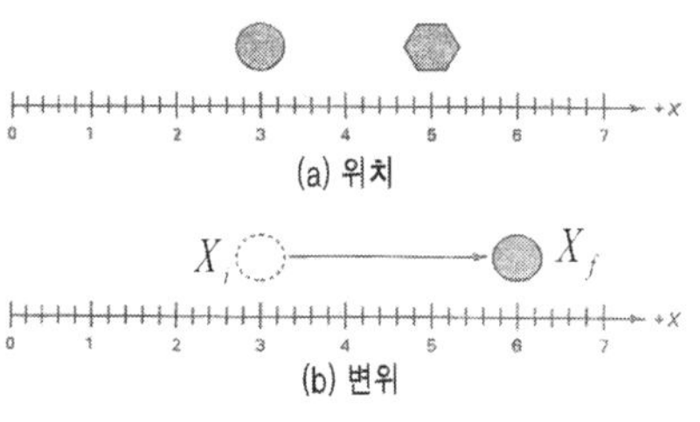

[그림 3.60] 위치(position)와 변위(displacement)

[표 3.14] 변위센서의 종류

변위	검출센서
직선변위	포텐쇼미터
	LVDT
	정전용량형
회전변위	포텐쇼미터
	RVDT
	싱크호
	인코드
	정전용량형

3.6.1 포텐쇼미터(potentionmeter)

포텐쇼미터는 저항식 변위센서(resitive displacement sensor)라 부른다. 포텐쇼미터는 간단한 변위센서로 그림 3.61과 같이 양단자에 전압을 인가한 상태에서 측정대상체에 연결된와이퍼(wiper)가 저항체를 이동하는 변위에 해당하는 전압을 얻게 된다.

이 원리는 회전 포텐쇼미터의 원리와 동일하다.

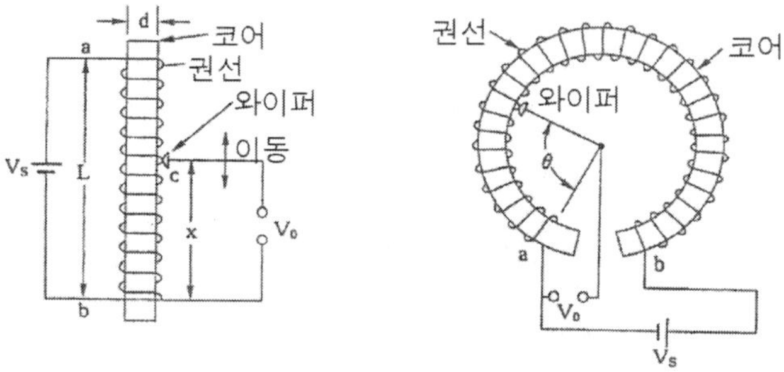

(a) 직선변위　　　　(b) 회전 변위

[그림 3.61] 변위센서의 동작원리

그림 3.61(a)는 직선변위 포텐쇼미터인데 검출하고자하는 물체가 움직이면 내부의 와이퍼가 저항체를 이동하여 저항단자사이의 저항값 R_{cb}가 변위x의 크기에 비례하여 변하므로 이때 출력 전압 V_o는

$$V_o = \frac{R_{cb}}{R_{ab}} V_s = \frac{x}{L} V_s \tag{3.37}$$

로 나타 낼 수 있다. 따라서 변위 x에 비례하는 출력전압이 얻어진다. 직선변위센서의 검출범위는 수십(mm)~수(mm)정도이다.

그림 3.61(b)는 회전변위 포텐쇼미터인데 회전축이 회전하면 내부의 와이퍼가 저항체위를 이동하여 저항 $R(\theta)$가 회전각θ에 비례하여 변한다. 저항 $R(\theta)$는 $k\theta$이므로 출력전압 V_0는

$$V_0 = \frac{R(\theta)}{R_{ab}} V_s = \frac{k\theta}{R_{ab}} V_s \tag{3.38}$$

로 된다.

따라서 출력전압을 측정함으로써 회전각 변위 θ를 알 수 있다.

저항식 변위센서의 저항재료에는 저항선을 감아서 사용하거나 카본(carbon)피막을 사용한다. 종래에는 슬라이더(slider)와 같이 닉켈크롬을 감은 권선형이 사용되었다.

(1) 스로틀 위치센서(throttle position sensor : TPS)

스로틀위치센서는 스로틀 보디에 설치되어 스로틀 벨브의 열림정도를 검출한다. 엔진의 컴퓨터(ECU)는 이 출력전압으로 엔진 부하상태를 평가하여 연료분사 및 점화시기등의 제어에 사용한다.

스로틀 위치센서(TPS)에는 출력하는 형태에 따라 엔코더형식(encode type)과 선형방식(linear type)이 있다. 변위센서에 사용하는 저항체는 세라믹 기판위에 탄소피막저항을 입혀 사용하거나 권선형 저항등을 사용한다.

그림 3.62는 선형방식 스로틀 위치센서의 구조와 회로도를 나타 낸 것이다.

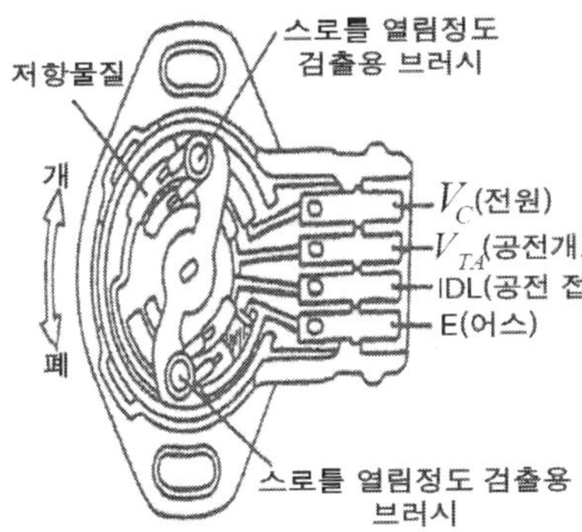

(a) 센서구조

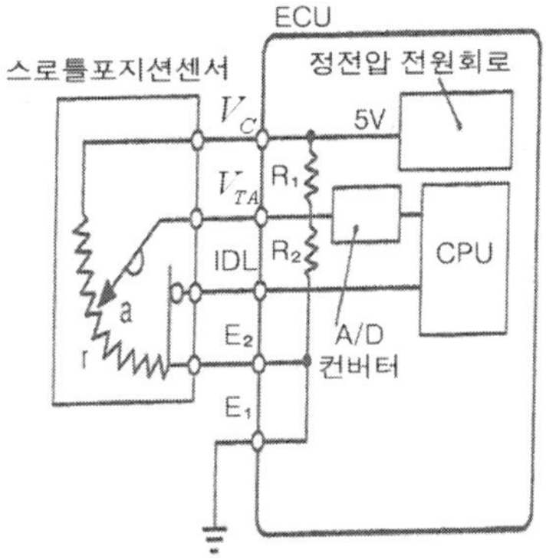

(b) 센서회로도

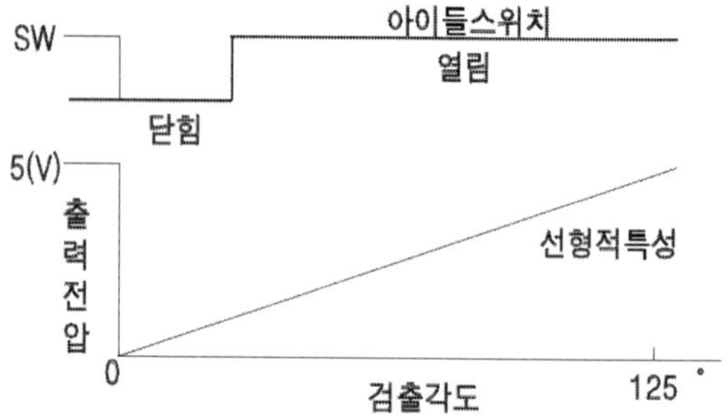

(c) 센서의 특성

[그림 3.62] 선형 방식 스로틀 위치 센서

이 선형방식 스로틀 위치센서의 동작을 알아보자.

스로틀 열림정도를 나타내는데는 2개의 접점이 있는데 하나는 아이들접점(IDL)과 저항체의 습동 이동접점(V_{ta}: 스로틀 열림용)이다. 스로틀 열림 정도에 따라 V_{ta}접점이 저항체 위를 이동하게 되면 스로틀 열림정도에 비례하는 신호전압이 컴퓨터(ECU)에 입력하게 된다.

따라서 이 센서는 IDL단자, V_{ta}단자에 의해 컴퓨터(ECU)는 주행상태를 판단하여 가감속 검출, IDL 안정화보정, 과도시 공연비 보정 및 연료 차단 보정등을 수행하게 된다.

(2) 가속 페달 센서(accelerator position sensor)

이 센서는 차량 가속페달의 밟은 양을 통해 운전자의 의지를 검출하여 컴퓨터(ECU)에 보내고 컴퓨터(ECU)는 이 데이터를 기본으로 하여 스로틀 열림양을 결정하도록 하고 결정된 스로틀 열림 양은 스로틀 위치센서(TPS)에 의해 다시 컴퓨터(ECU)로 피드백(feedback)하도록 하는 시스템에 사용하고 있다.

이 가속 페달 센서는 스로틀 레버와 일체화 되어 있어 가속페달의 밟은양을 직접 전기적 신호로 변환하는 선형적 특성을 가지고 있다.

그림 3.63은 가속페달 위치센서의 회로와 그 특성을 나타낸 것이다. 이 센서구조는 높은 신뢰성을 확보하기 위해서 2중구조의 센서를 이용하고 있는 방식이다. 만약 한쪽의 센서가 이상이 있더라도 스로틀 열림을 제어하는데 문제가 없도록 하였다.

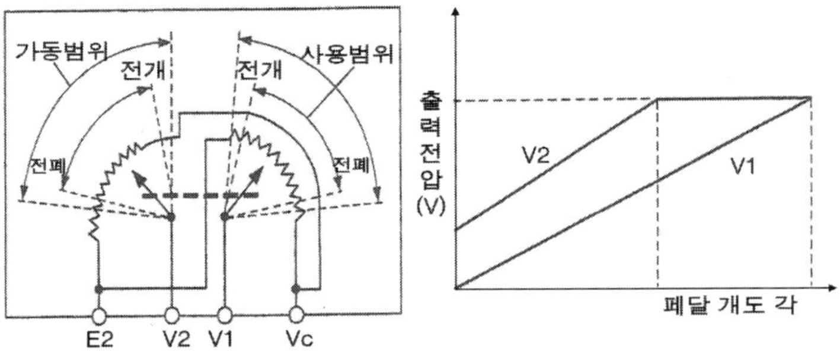

(a) 센서의 회로 (b) 센서의 특성

[그림 3.63] 가속페달 위치센서

3.6.2 로터리 인코드

인코드(encoder)란 부호화를 의미하며 출력이 펄스신호로 나온다. 로터리 인코드(rotary encoder)는 회전각을 디지털 출력을 나오게 하는 회전변위 센서이다. 여기서는 차량에 종종 사용되는 광학식인코드 방식과 자기식인코드 방식에 대해서 알아본다.

그림 3.64는 광학식 인코드의 원리를 나타 낸 것이다.

발광소자(LED)와 수광소자(포토다이오드, 포토트랜지스터)사이에 회전원판과 고정마스크가 있다. 회전원판에는 일정간격의 스롯(slot)이 만들어져 있다. 고정마스크에는 위상이 90° 만큼 다른 2상의 스롯A와, B와 회전의 원점을 결정하기 위한 제로 펄스 슬롯Z가 있다.

발광소자로 나온 빛은 회전 슬롯과 고정슬롯을 통과하여 수광소자 A,B에 들어가면 전기펄스(디지털신호)발생시키고 이것을 계수하여 회전위치를 결정한다.

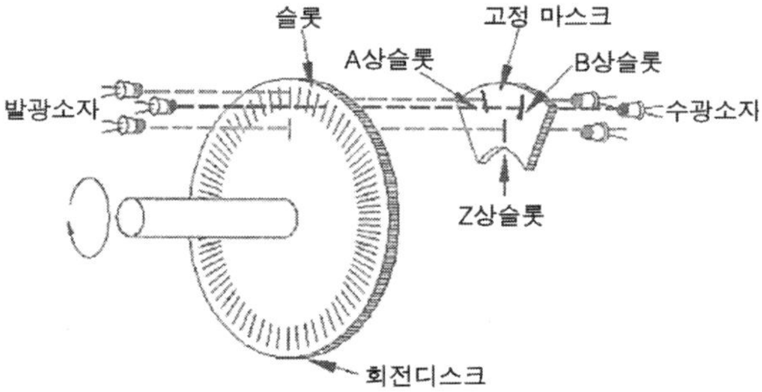

[그림 3.64] 광학식 인코드

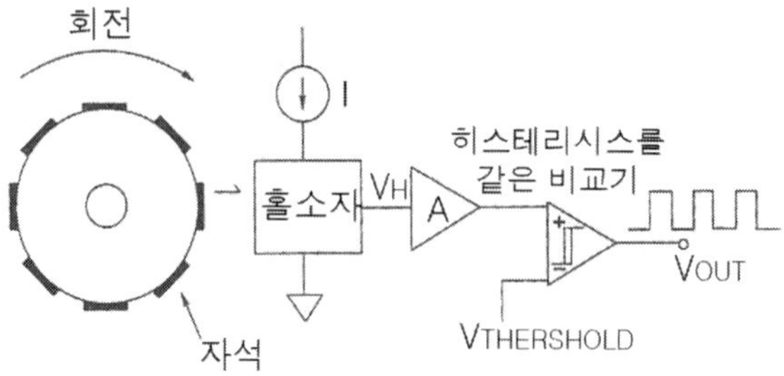

[그림 3.65] 자기식 인코드의 예

그림 3.65는 자기식 인코드의 예를 나타낸 것이다. 일정한 간격으로 자석이 분포된 자기드럼을 회전하면 회전각도에 따라 홀소자로부터 출력되는 펄스수를 계산하여 각도를 검출한다. 이 자기식은 광학식에 비하여 소비전력은 작으나 자기장이 존재하는 장소에는 사용의 제약을 받는다.

(1) 시트 위치 센서(seat position sensor)

파워시트기억시스템(power seat memory system)은 승차원의 체격, 자세에 맞도록 좌석의 위치를 조절하여 컴퓨터(ECU)에 입력하면 운전시 자동으로 위치를 기억하고 있다가 미리 기억된 위치로 좌석의 위치가 자동으로 조절되는 시스템이다.

이 시스템에 사용되는 센서로는 좌석의 전후 이동을 검출하는 슬라이더 센서, 전후 상하로 높이 조절이 되는 수직센서(vertical sensor) 및 등받이의 기울기 위치를 검출하는 리클라이닝 센서(recling sensor)등이 있다.

이 센서들은 대개 포텐쇼미터 센서 원리를 사용하거나 홀효과 방식을 사용한다.

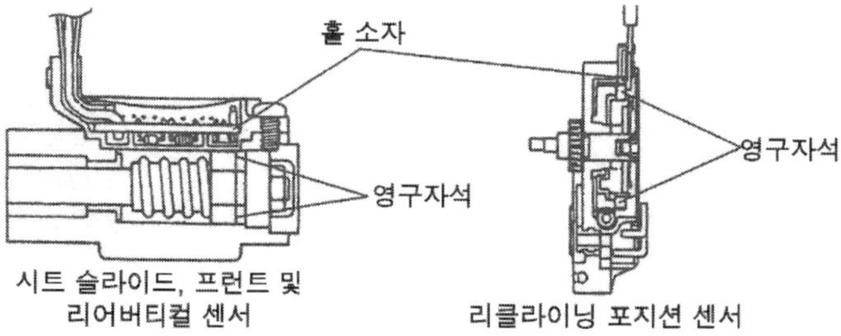

(a) 파워시트용 위치센서의 구조

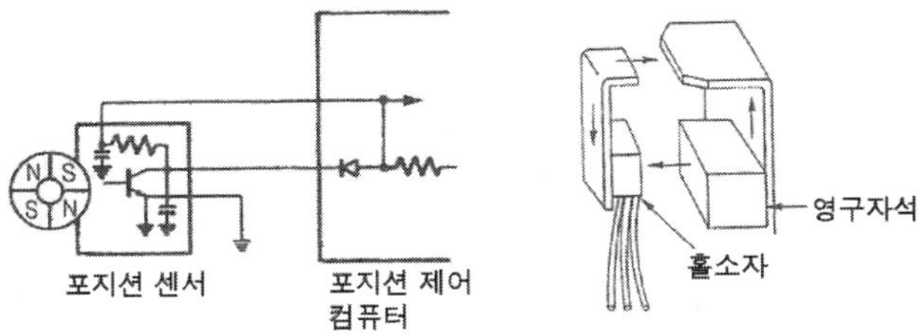

(b) 위치센서의 회로도

그림(3.66) 홀 효과시트 위치센서

그림 3.66은 홀효과 시트 위치센서의 구조와 회로도를 나타낸 것이다. 이 센서는 홀효과 방식을 나타낸 것인데 슬라이더센서, 수직센서 및 리클라이닝 센서는 하우징내에 설치되어 있다. 그림 3.66(b)에서 원형자석이 모터와 함께 회전하게 되어 홀소자를 통해 원형자석의 회전수를 모터의 회전수를 통해서 모터의 회전위치를 검출 할 수 있도록 되어 있다.

(2) 스티어링 센서(steering sensor)

스티어링 센서는 광전식 센서의 일종으로 회전축의 회전각 및 방향을 검출한다. 다른 용어로는 조향각 센서라고도 한다. 이 스티어링 센서는 차속도 센서와 함께 전자제어 현가장치(ECS)의 입력 센서로 주행 안정성과 선회 안정성을 확보하기 위하여 스티어링회전 영역을 검출하여 차량자세제어에 이용하며 자동차용 블랙박스(black box)의 입력신호용 센서로도 이용된다.

그림 3.67은 광전식 스티어링 센서의 구조특성을 나타낸 것이다.

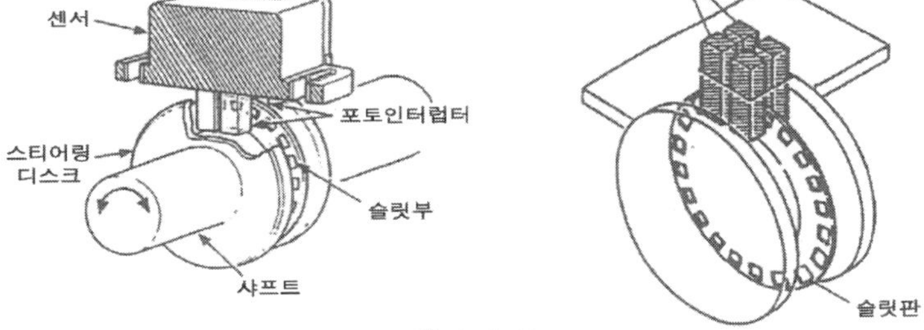

(a) 센서의 구조

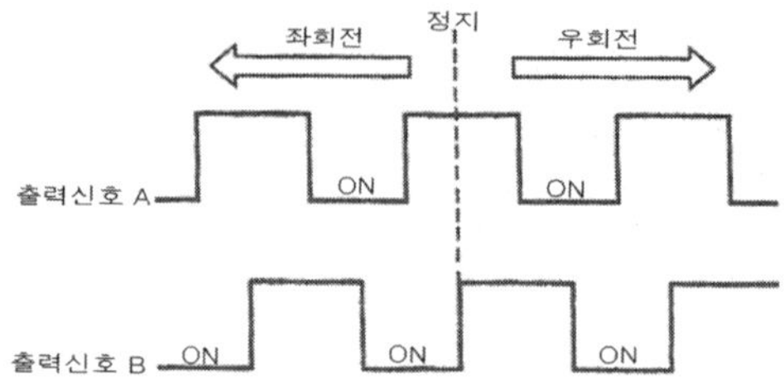

(b) 센서의 출력

[그림 3.67] 광전식 스티어링 센서의 구조와 특성

센서부는 2쌍의 LED와 포토 트랜지스터로 구성된 포토 인터럽터가 90°위상차를 갖도록 설치되어 있다. 스티어링(steering)이 좌회전식 와 우회전시의 출력이 다르게 나오게 하고 있다. 그림 3.67(b)처럼 정지신호를 기점으로 A, B 모두가 off인 경우는 컴퓨터(ECU)는 정지상태로 판단하고, A가 off B가 on인 경우는 좌회전상태 A가 on, B가 off이면 ECU는 좌회전 상태로 인지하게 된다.

(3) 차고(車高) 센서

차고센서는 차량의 현가장치 높이 변위량을 검출하는 센서이다. 차량에서 차량 주행상태에 의한 차량 자세와 승차감을 자동적으로 조정하는 능동 현가장치의 센서로 사용된다. 또한 차고 변화량을 회전각으로 컴퓨터(ECU)에 입력시켜 승차인원수나 적재량의 증감에 의한 차고 변화를 자동적으로 조정하는 차고 제어시스템에도 사용되고 있다.

그림 3.68은 광전식과 홀 효과방식의 차고센서 구조를 나타낸 것이다.

그림 3.68(b)와 같은 광전식 차고센서는 차량의 현가장치 변위량(차고)을 축의 회전으로 변환하여 이 회전각을 디지털 신호로 출력 할 수 있도록 한다. 디스크 판에 가늘고

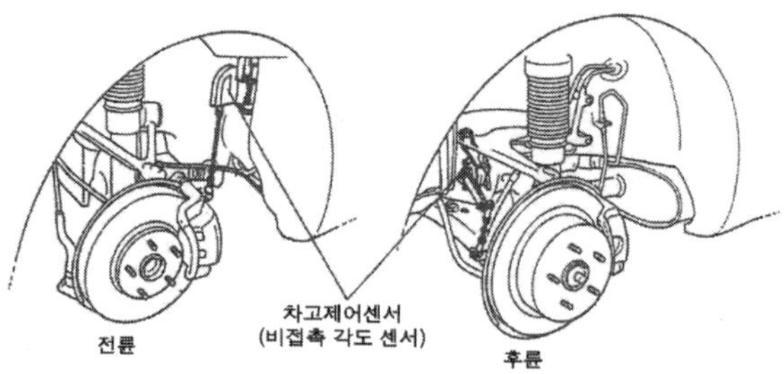

(a) 탑재위치

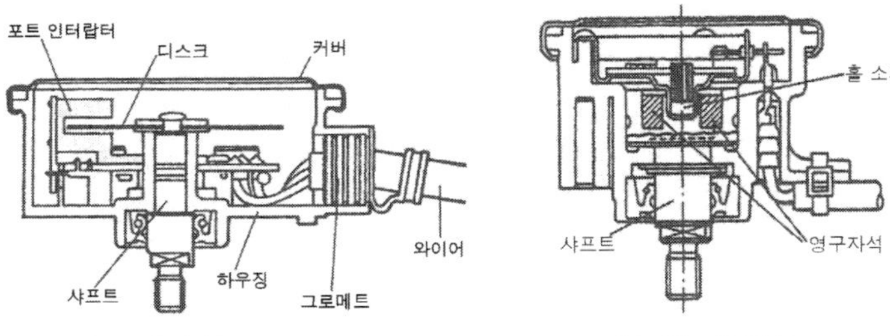

(b) 광전식 (c) 홀 효과식

[그림 3.68] 차고센서의 구조

긴 슬롯(slot)이 있어서 포토 인터럽터 구조의 발광 다이오드에서 나온 광이 이 슬롯을 통해 포토트랜지스터에 전달되게 되어있다. 즉 회전각도에 따른 포토트랜지스터의 디지털 출력을 컴퓨터(ECU)에 입력 시켜 제어하도록 한다.

그림 3.68(c)와 같은 홀효과식 차고센서는 회전축의 회전각도에 따른 홀전압을 출력하는 센서이다. 즉 홀소자가 회전축에 고정된 영구자석의 회전에 의해 변화 자속을 검출하여 회전 각도에 따른 사인파 출력전압으로 출력하게 되어 있어 차고의 위치를 검출하게 된다. 홀효과방식의 출력은 보통 아날로그 출력이므로 변환회로로 디지털 출력으로 신호처리 하여 사용하게 된다.

3.6.3 전자유도 LVDT(linear variable differential transformer)

이 센서는 코일의 상호 유도작용을 이용하여 직선변위를 그것에 비례하는 전기신호로 변환하는 센서이다. 그림 3.69는 LVDT 변위센서의 구조를 나타 낸 것이다.

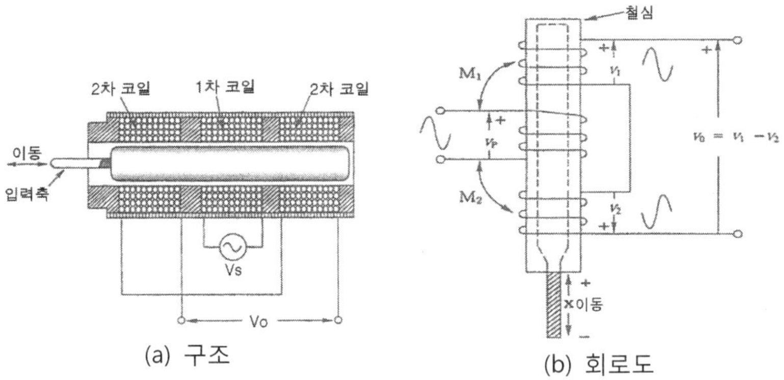

(a) 구조 (b) 회로도

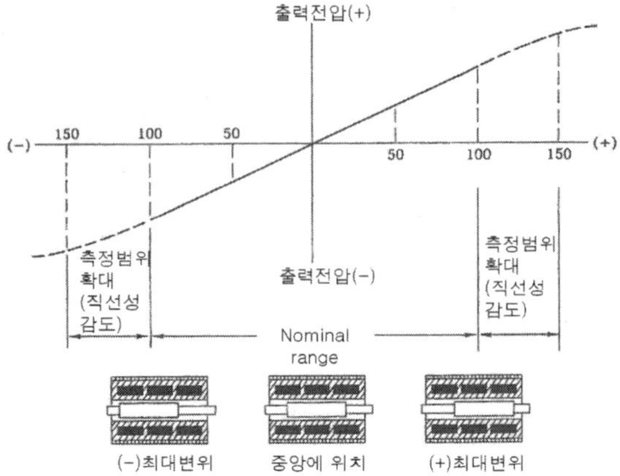

(c) 출력 특성

[그림 3.69] LVDT 변위 센서

원통형의 비자성체에 감겨진 1차코일과 두 개의 2차코일이 있으며 내부에는 측정물체와 함께 연동하여 움직이는 철심(iron core)으로 구성되어 있다.

그림 3.69(b)의 회로도의 1차 측에 정현파 전압을 인가하면 2차 측에 유도되는 전압 V_1, V_2는

$$V_1 = M_1 \frac{\partial i_p}{\partial t},\ \ V_2 = M_2 \frac{\partial i_p}{\partial t} \tag{3.39}$$

여기서, i_p는 1차전류, M_1, M_2는 1차코일과 2차코일의 상호유도계수이다.

그림 3.69(c)와 같이 철심(core)이 중심(Δx=0)에 있으면, $M_1 = M_2$로 되어 V_1과 V_2는 크기가 같고 위상이 180° 이므로 출력은 0으로 된다. 철심이 위쪽으로 이동하면 $M_1 > M_2$가 되어 $V_1 > V_2$로 되고 아래로 이동하면 그 반대가 되기 때문에 출력은 위상이 다른 정현파 전압을 얻을 수가 있다.

통상 LVDT 변위센서는 수(um)~수백(mm)의 변위 계측이 가능하다. 이와 유사한 RVDT(rotary variable differential transformer)회전변위센서도 있는데 철심(core)의 형태가 다르지만 기본동작원리는 같다.

[표 3.15] 레벨센서의 분류

측정방식	레벨센서
연속 측정	부력식(플로트식, 디스플레이식)
	증량측정식
	압력식
	정전용량식
	초음파식
	방사선식
	마이크로파식
불연속 측정	도전율식
	열전달식
	정전용량식
	광학식
	초음파식
	마이크로파식

3.7 레벨 센서(level sensor)

액체-레벨센서(liquid-level sensor)는 레벨측정이나 레벨 제어응용에 널리 사용 되어 왔다. 액체레벨(liquid level)이란 기준점에 대한 액체면의 높이로 정의한다. 이러한 레벨센서(level sensor)는 그 원리와 구조가 다양하나 일반적으로 불연속 레벨센서(discrete level sensor)와 연속레벨센서(continuous level sensor)로 분류하고 있다. 연속레벨센서는 측정범위내에서 레벨은 연속적인 측정을 하는데 쓰이며 불연속 레벨센서는 어느 특정한 레벨을 설정하여 두고 그 이하나 이상의 레벨이 되면 경보를 하거나 레벨 제어를 하는데 사용된다. 표 3.15는 레벨센서의 분류를 나타낸 것이다. 여기서는 차량용에 자주 쓰이는 부력식 레벨센서(buoyancy level sensor)와 열전달식레벨센서(heat-transfer level sensor)에 대해서 알아본다.

3.7.1 부력식 레벨센서(buoyancy level sensor)

이 형식의 센서는 가장 오래된 레벨센서이며 대부분 차량의 연료게이지에 사용되고 있다. 그림 3.70은 부력식 연속 레벨센서를 나타 낸 것이다.

그림 3.70(a)는 레벨암(level arm)을 사용한 레벨 센서로 암은 액면에 떠있는 플로트(float)와 피봇 조인트(pivot joint)에 연결되어 있다. 플로트가 레벨 변화에 의하여 상, 하로 움직이면 상부에 연결된 위치센서나 변위센서를 동작시켜 전압 및 전류 출력이 나오도록 하고 있다.

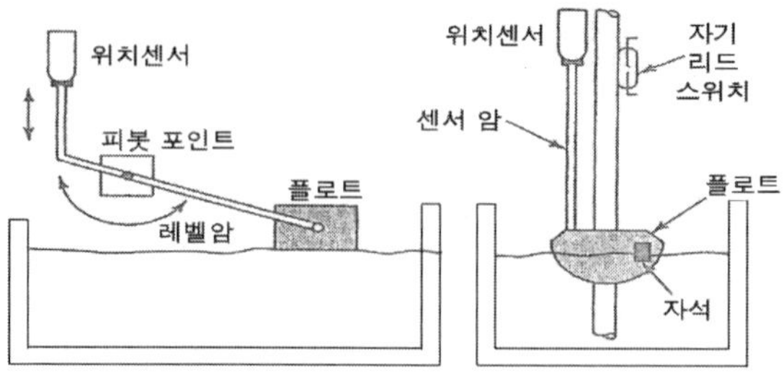

(a) 레벨암 사용 (b) 플로트 볼 사용

[그림 3.70] 부력식 레벨 센서

그림 3.70(b)는 플로트와 자기리드스윗치(magnetic reed switch)을 이용한 경우와 플로트와 센서암을 이용한 2가지 레벨센서의 동작을 나타 낸 것이다. 만약 게이지 시스템이 불연속(discrete)이면 플로트 내에 자석이 내장되어 있으므로 플로트가 설정 레벨에 위치하면 자기 리드 스윗치가 동작하게 된다. 게이지 시스템이 연속(continuous)이면 플로트와 센서암의 이동에 의해 액면에 비례하는 출력전압, 전류가 상부의 위치센서나 변위센서에서 나오도록 되어있다.

(1) 슬라이드 저항형 연료레벨 센서

이 방식은 차량 연료게이지 시스템에 가장 많이 사용하고 있다. 그림 3.71은 일반적인 연료레벨을 검출하는 센서로 연료의 양에 따라 플로트(float)의 위치가 상, 하로 이동하면 습동식 가변저항의 위치가 변화하여 저항에 흐르는 전류와 저항양단의 전압을 측정하여 연료의 유량을 판단하는 센서이다.

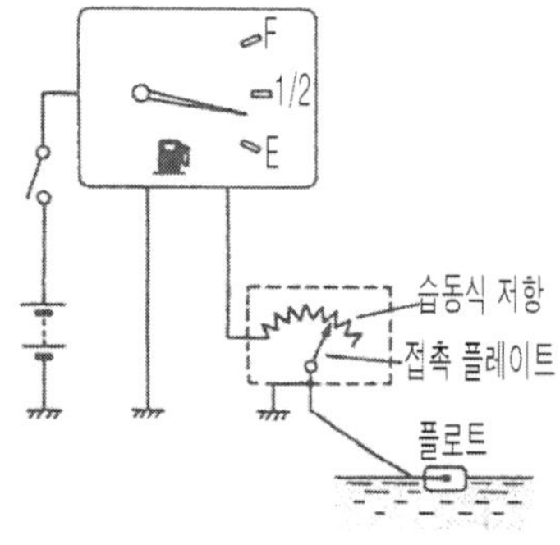

[그림 3.71] 슬라이드 저항형 연료 레벨 센서

게이지 회로의 동작은 연료가 작을 때는 플로트가 탱크바닥으로 내려가 습동저항이 증가하며 이와 반대인 경우는 습동저항이 감소하도록 되어 있다. 이러한 습동 저항의 변화를 전류, 전압으로 변환시켜 지침으로 표시하게 된다.

(2) 플로팅 리드 스윗형 레벨 센서

그림 3.72는 오일레벨 센서의 구조와 특성을 나타 낸 것이다. 이 센서는 플로팅 자기 리드 스윗치 방식을 이용한 것으로 자기 리드 스윗치를 내장한 수지 파이프의 외측에 자석이 내장된 플로트가 상, 하로 움직이면 자기리드스윗치가 on, off 하여 기준레벨을 판단하여 엔진 오일양을 검출하게 된다.

그림 3.73은 윈도워셔액이나 라디에다 냉각수양 등을 검출하는데 쓰이는 리드 스윗치 형레벨센서이다. 동작원리는 오일레벨센서와 동일하다.

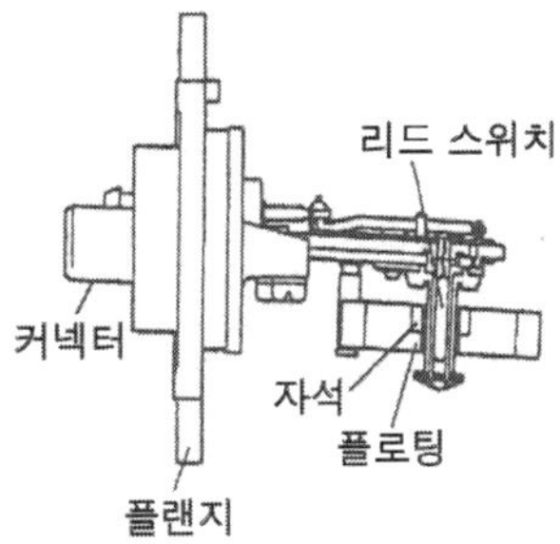

(a) 구조

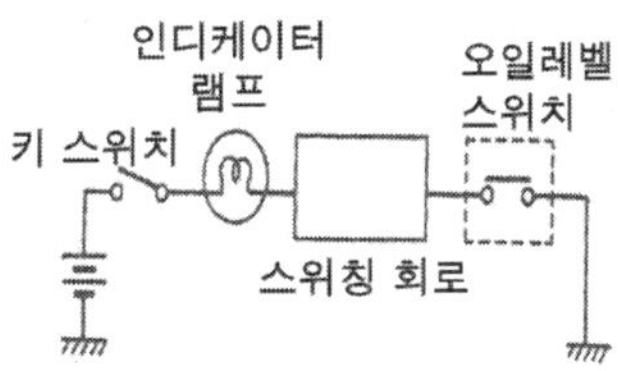

(b) 동작 회로

[그림 3.72] 오일레벨센서

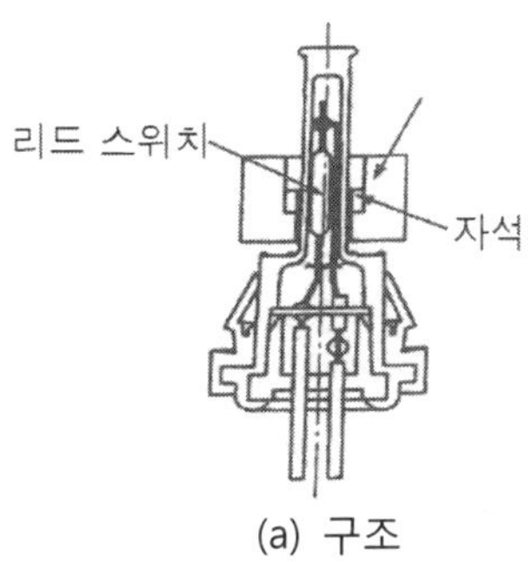

(a) 구조

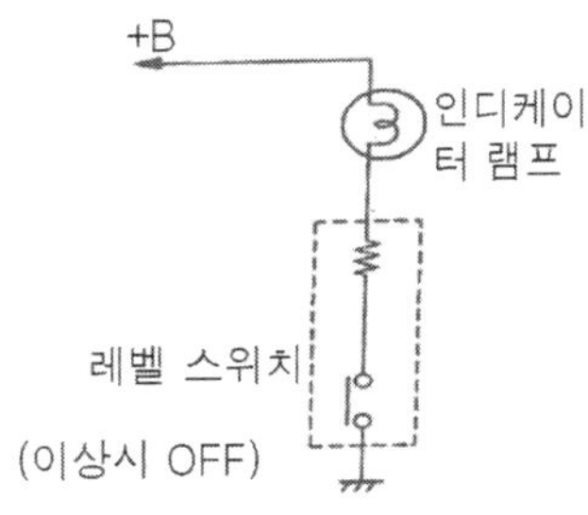

(b) 회로도

[그림 3.73] 플로팅 리드스윗치형 레벨센서

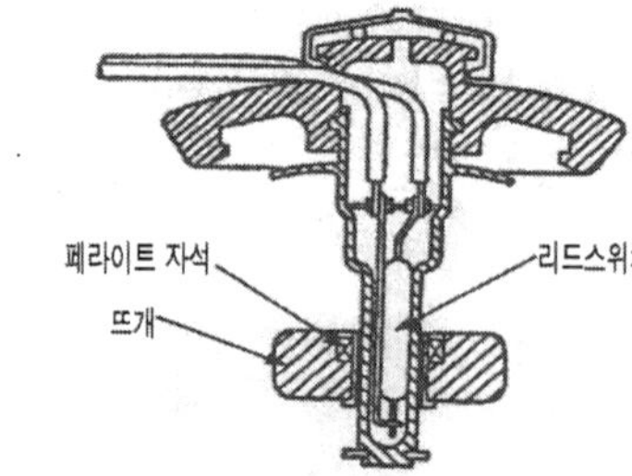

[그림 3.74] 브레이크 약 레벨센서

그림 3.74는 브레이크액 양 레벨센서인데 앞의 리드스윗형 레벨센서와 같은 원리로 동작하여 마스터 실린더내에 설치되어 있으므로 브레이크 액량을 감시하게 된다.

3.7.2 열전달식 레벨센서(heat transfer level sensor)

일반적으로 발열체로부터 열 전달율은 액체가 기체보다 더 크다. 즉 온도차에 의한 액체의 레벨을 검출하게 된다. 그림 3.75는 발열체로 서미스터(thermistor)을 사용하는 경우와 발열체 가까이 열전대(TC)을 설치한 2가지 방식을 나타 낸 것이다. 외부에서 서미스터에 전류를 공급하여 주위온도에 따라 저항값이 크게 변하는 임계온도 까지 가열시킨다. 액면이 상승하여 서미스터를 접촉하게 되면 서미스터는 냉각되어 저항치가 급격히 변하는 원리를 이용하게 된다. 한편 열전대방식은 액면레벨의 상·하 이동에 의한 발열체의 온도변화를 직접 측정하는 원리이다.

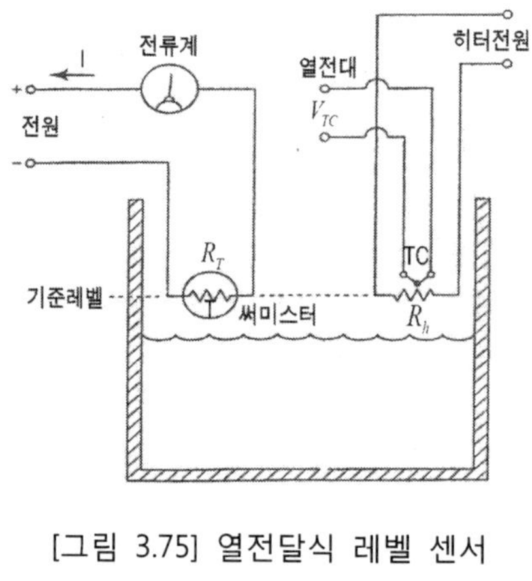

[그림 3.75] 열전달식 레벨 센서

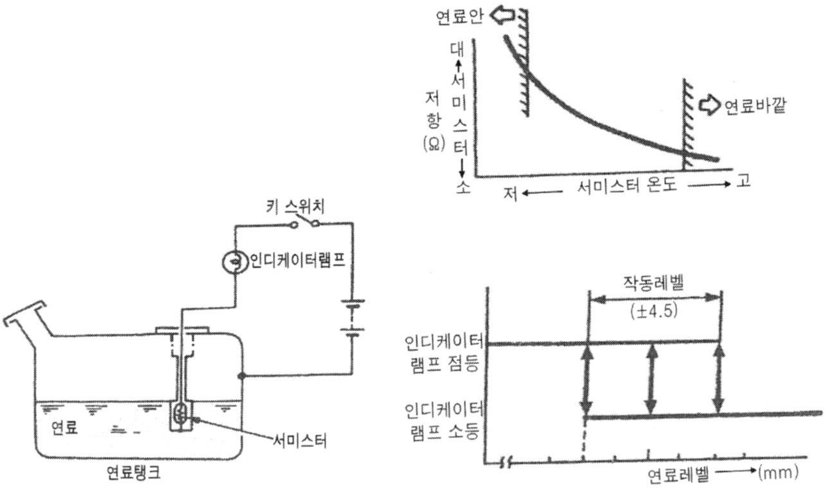

(a) 구조　　　　　　　　(b) 동작특성

[그림 3.76] 연료잔량 경고 센서

이 방식은 차량의 연료잔량경고센서 등에 사용되고 있다.

(1) 연료잔량 경고 센서

그림 3.76은 서미스터를 이용한 연료잔량경고센서를 나타낸 것이다.

서미스터가 연료에 잠겨 있을 때는 온도가 내려가므로 서미스터 저항은 높아져 경고들은 점등하지 않으며 연료가 적어지면 즉 서미스터가 바깥에 노출되어 온도가 높아져 서미스터 저항이 감소하므로 경고등이 점등하게 된다.

3.8 회전 속도 센서(Rotational Velocity Sensor)

일반적으로 물체의 회전속도 또는 각속도(Angular Velocity)는 회전각 위치의 시간적 변화율로 나타낸다. 즉 물체가 어느 정도 빨리 회전하는가를 나타내는 하나의 파라메타이다. 그림 3.77에서 각속도 ω는 다음과 같이 나타낸다.

$$\omega = \frac{d\theta}{dt} \tag{3.40}$$

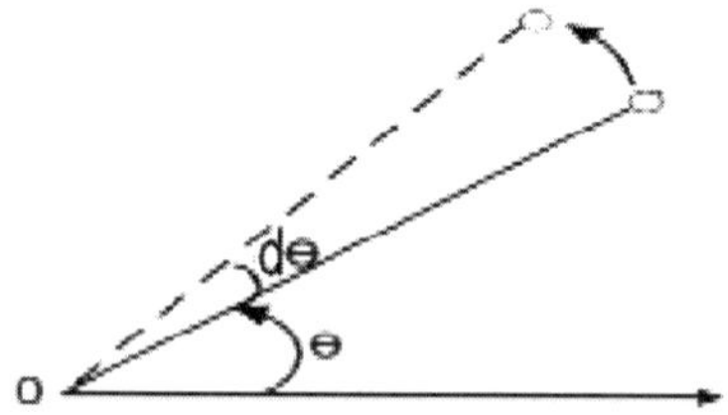

[그림 3.77] 회전각도 변위

이 각속도 측정은 엔진, 펌프 및 발전기 등과 같은 회전 기기에서 필요하다. 각속도가 일정할 때 단위시간당 회전수를 회전속도로 구분한다. 일반적으로 회전속도를 회전수라 부르며 rpm(revolution per minute : 분당 회전수)로 표시한다. 이러한 회전속도를 검출하는 센서로서는 전자유도원리를 이용한 전기식 타코미터, 광전식, 자기식, 흘소자식, 자기저항식 속도센서가 있으며 대부분 차량 센서에 이용되는 방식들이다.

3.8.1 전자유도방식

Faraday 전자유도 원리를 이용한 회전속도 계측용 소자로서 널리 쓰이고 있는 것을 전기식 타코 메타(electrical tachometer generator)라 한다. 그림 3.78과 같이 자속 ϕ 가 존재하는 공간에 코일을 회전시키면 기전력 e_0가 발생한다.

유기기전력 e_0는 다음 식으로 주어진다.

$$e_0 = -\frac{d\phi}{dt} \tag{3.41}$$

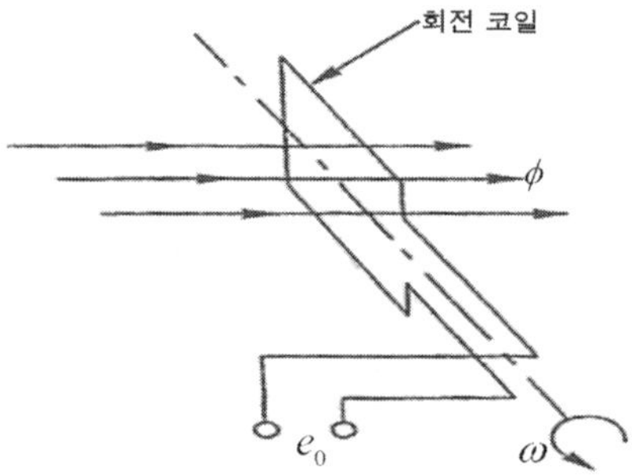

[그림 3.78] Faraday 의 전자유도 법칙

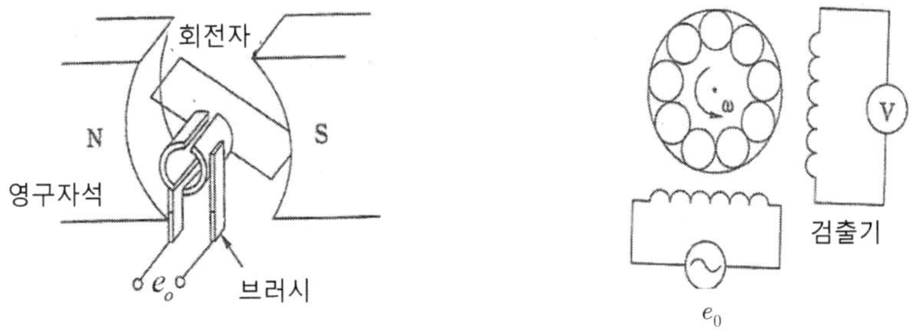

(a) 직류타코미터 (b) 교류 타코미터

[그림 3.79] 타코미터의 구조

이러한 전기적 타코미터는 출력전압에 따라 교류(AC), 직류(DC)로 구분한다.

그림 3.79는 교류(AC) 및 직류(DC) 타코미터의 구조를 나타낸 것이다. 직류(DC) 타코미터의 구조는 직류발전기로써 그림 3,79(a)와 같이 일정한 자속 ϕ을 공급하는 영구자석을 고정자로 사용하고 회전자와 접촉하고 있는 브러시를 통해 직류전압을 얻는다. 이때 출력전압의 크기는 회전수에 비례하고, 회전방향이 반대이면 출력전압의 극성도 반대가 된다.

한편 교류(AC) 타코미터는 그림 3.79(b)와 같이 영구자석으로 된 회전자(rotor)와 두 개의 고정자 코일로 구성되어 있다. 두 개의 코일은 90° 로 위치하고 있으며 한 코일은 자속 ϕ를 인가하는 여자코일이고, 하나는 회전속도를 교류(AC)전압으로 출력하는 코일이다.

(1) 크랭크(Crank) 각도센서

그림 3.80은 내장형 크랭크각도센서인데 디스트리뷰터(distributor)내에 내장 되어있다. 이 센서는 디스트리뷰터 내부에 타이밍 회전자(timing rotor), 영구자석과 픽업코일(pick up coil)로 구성되어 있어 엔진이 회전함에 따라 전자유도 법칙에 의해 픽업코일에 교류신호를 출력하게 된다. 이 출력신호는 전자제어엔진 시스템에 연료분사제어를 위한 데이터로 사용된다.

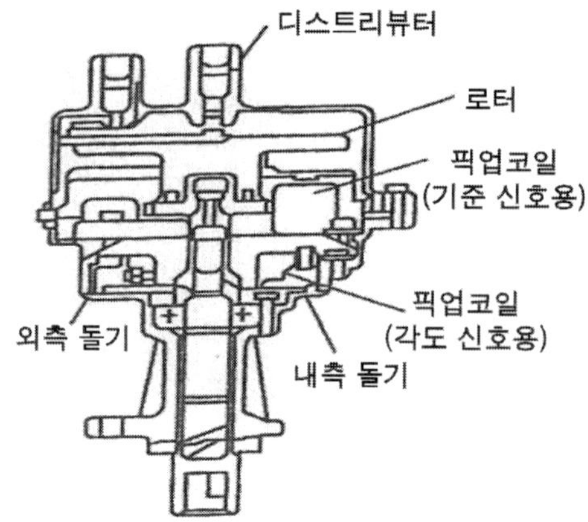

[그림 3.80] 내장형 크랭크각도 센서

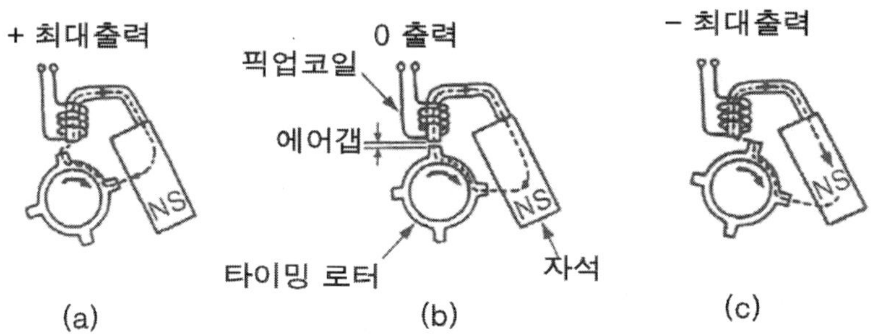

그림 3.81에서 이 센서의 동작원리를 알아본다.

엔진이 회전하면 디스트리뷰터 내의 타이밍 회전자가 회전하게 되어 주위의 영구자석의 자속이 회전자의 돌기부와 픽업코일을 통하는 자속통로를 형성하게 된다. 그림 3.81(b)와 같이 타이밍 회전자와 픽업코일이 가장 가까워지면 자속 통과량이 최대가 되나 그 변화량은 0이 되므로 전자유도법칙에 의해 출력전압은 0이 된다. 그림 3.81(a),(c)와 같이 타이밍회전자의 돌기부와 픽업코일이 어긋나면 통과자속변화량이 크게 되어 픽업코일에는 그에 상당하는 출력이 그림 3.81(d)와 같이 나오게 된다. 따라서 크랭크각도센서에서 발생된 출력으로 타이밍 회전자의 돌기수와 회전자의 회전수를 검출 할 수 있게 된다.

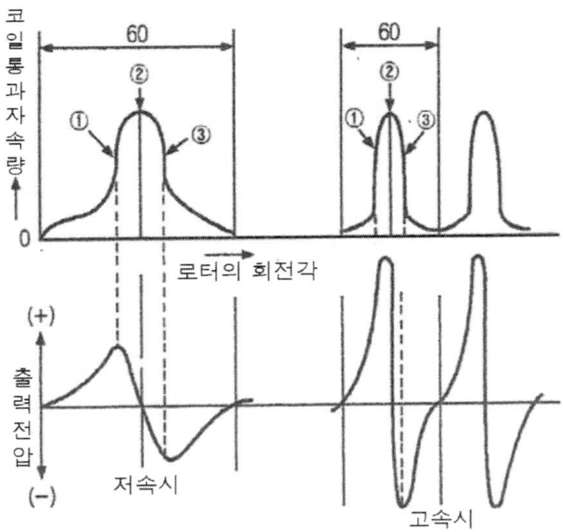

[그림 3.81] 내장형 크랭크 각도 센서의 원리

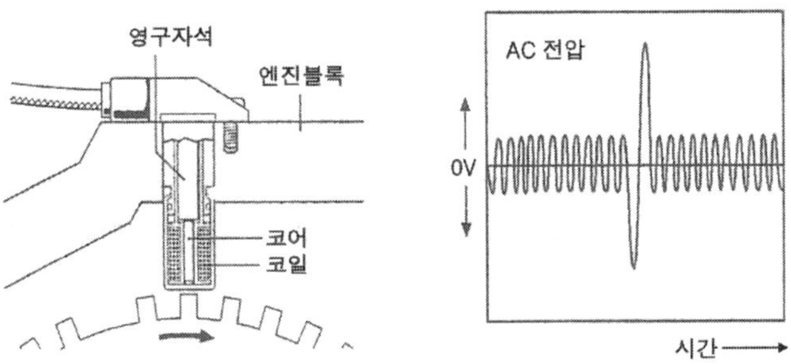

[그림 3.82] 외장형 크랭크 각도 센서

그림 3.82는 엔진의 회전수와 크랭크샤프트의 위치를 검출하여 연료분사제어 및 점화 타이밍을 제어하기 위한 외장형 크랭크 각도센서를 나타낸 것이다.

이 구조도 내장형과 마찬가지로 중앙에 철심(core)을 두고 코어의 끝단에 영구자석을 두어 코어가 자화되도록 하고 있다. 그리고 영구자석이 있는 주위에 코일을 감아서 크랭크축의 회전 휠에 있는 돌기수를 검출하여 크랭크 각도 및 엔진의 회전수를 검출하게 된다.

이 방식의 크랭크각도센서는 제조회사에 따라 다소차이는 있지만 일반적으로 60개의 기어중 2개의 톱니가 빠져있어 58개의 톱니와 빠진 2개의 톱니 구간을 가지고 있다. 크랭크 축이 회전하면 그림 3.82와 같이 58개의 작은 교류신호와 1개의 큰 교류신호가 발생하게 된다.

(2) 휠 속도센서(Wheel speed sensor)

최근 차량에서 엔진제어, 자동운전, ABS, 액티브 현가장치 및 내비게이션(Navigation) 등의 차속도 신호를 필요로 하는 장치가 증가하고 있다. 이들의 장치에 필요한 센서가 휠속도센서(Wheel speed sensor)이다. 그림 3.83은 휠 속도센서의 원리를 나타낸 것이다.

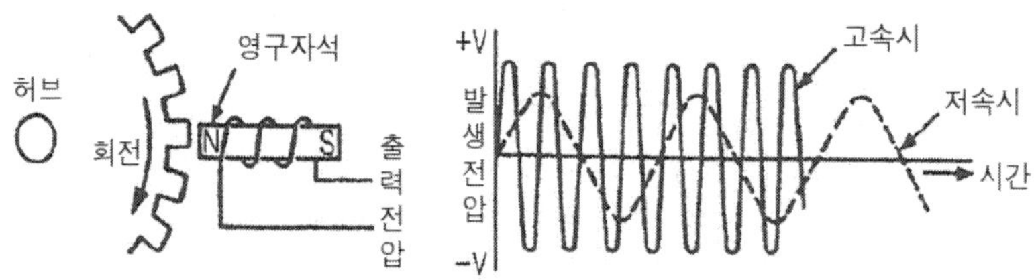

[그림 3.83] 휠 속도 센서의 원리

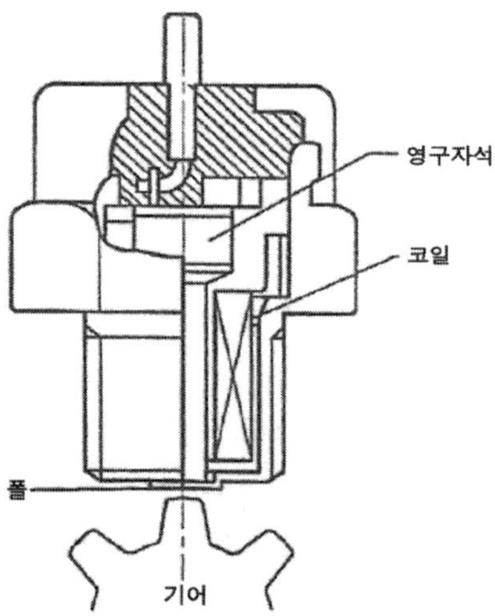

[그림 3.84] 분사펌프 회전센서

이 센서는 그림 3.83과 같이 영구자석과 코어(core) 및 코일 등으로 구성되어 있다. 검출코일 끝단에 회전체의 톱니(돌기부)가 근접하므로 회전체가 회전하면 센서의 영구자속에 나오는 자속변화율이 달라져 검출코일에 교류전압이 발생하게 된다. 이 신호를 각종 시스템의 컴퓨터에 보내 제어하는 데이터를 이용하게 된다.

동일한 센서원리를 갖는 속도센서로는 펄스 제네레이터(pulse generator)가 있다. 이 센서는 자동변속기(auto transmission) 상부에 2개가 장착되어 있으며 보통 펄스제네레이터는 킥 다운드럼(kick down drum)의 회전수를 검출하고 다른 하나는 전달 드라이버 기어(transfer drive gear)의 회전수를 검출하는 데 사용된다.

그림 3.84는 디젤엔진에 사용하는 분사 펌퍼 회전센서를 나타낸 것이다. 이 센서는 디젤엔진에 사용되는 분사 펌프에 설치되어 있으며 디젤엔진 차량의 엔진회전수를 검출하여 계기판 타코미터의 입력신호용으로 사용되고 있다.

3.8.2 광전식 회전속도센서

광전식 회전속도센서의 원리는 광학식 인코드(encoder)와 동일하다.

그림 3.85는 광전식 회전속도 센서의 원리를 나타낸 것이다.

그림 3.85(a)는 반사형으로 회전축에 설치된 반사판에서 반사된 빛이 광센서에 들어가 회전속도에 비례하는 출력을 발생시킨다.

한편 그림 3.85(b)는 투과형으로 차량에 많이 쓰이고 있다. 회전원판에 일정간격의 슬릿트(slit)를 만들고 광원에서 나온 빛이 슬릿트를 통과할 때 마다 광센서가 출력펄스를 발생시키도록 되어 있다.

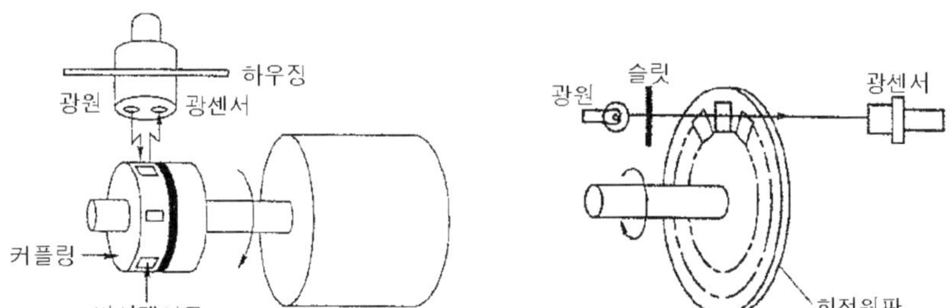

(a) 반사식 (b) 투과식

[그림 3.85] 광전식 회전속도센서

(1) 광학식 크랭크 각도센서

광전식 크랭크각도센서(Crank angular sensor)는 상사점센서(top dead center sensor)와 함께 내부에 일체형으로 되어있다.

그림 3.86은 광학식 크랭크 각도센서의 동작원리를 나타낸 것이다.

광전식 크랭크 각도센서는 빛을 통과 혹은 차단하는 슬롯트(slot) 판 슬릿트(slit)을 통과 하여 빛을 검출하는 포토 인터럽터(포토 다이오드, 포토 트랜지스터) 및 신호처리 회로로 구성되어 있다.

슬롯트(slot) 판 주위에는 빛이 통과할 수 있도록 90° 간격으로 슬릿트(slit)를 4개 설치하고 그 안쪽으로 1개의 슬릿트(slit)를 만들었다. 캠축이 회전하면 슬롯트 판도 회전하게 되어 슬롯트판의 슬릿트(slit)를 통과한 발광다이오드의 빛이 포토다이오드나 포토 트랜지스터 등이 검출하도록 되어있다. 슬롯트(slot) 원판의 외부에 있는 4개의 슬릿트(slit)는 크랭크 각도를 검출하는 센서이며 슬롯트(slot) 판의 안쪽 1개의 슬릿트(slit)는 1번 실린더의 압축 상사점을 검출하는 상사점센서(TDC) 용이다.

크랭크각도센서는 크랭크축의 회전각을 검출하고 점화기준이 되는 실린더의 위치를 검출하거나 압축상사점보다 70~110° 정도 설정되어있는 신호를 검출을 위해서 상사점센서(TDC)를 사용한다. 즉 컴퓨터(ECU)는 크랭크 각도센서의 신호와 상사점센서 신호를 받아 회전각을 산출하고 압축상사점이 되는 점을 계산하여 점화시기를 결정하게 된다.

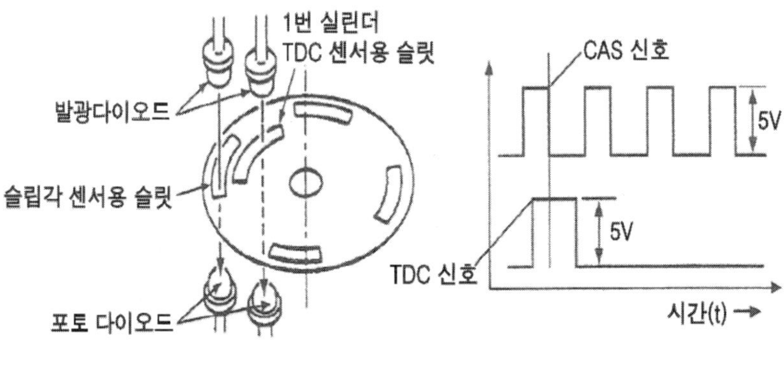

[그림 3.86] 광전식 크랭크 각도센서의 동작

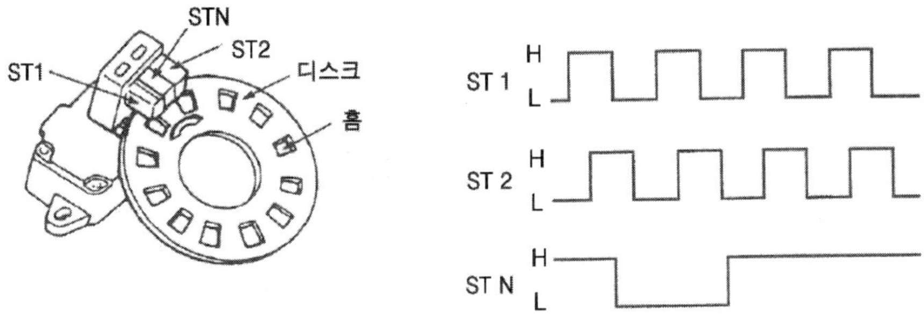

(a) 구조 (b) 출력신호

[그림 3.87] 광전식 조향각 센서

(2) 조향각 센서(Steering angular sensor)

차량이 선회하게 되면 사람의 무게중심 또한 원심력을 받아 조향 안정성이 떨어지므로 이것을 제어하기위한 장치가 견인제어시스템(TCS : traction control systen)이다. 이 TCS 시스템은 휠 스피드센서로 부터 차륜의 정보를 얻어 슬립(slip)을 제어하게 된다.

선회시에는 조향각 센서의 신호를 받아 슬립(slip) 제어율을 구동력제어로 할 것인가 조향안정성제어를 할 것인가를 판단하고 이 정보를 컴퓨터(ECU)에 보내어 연료 분사량과 점화시기를 제어함으로써 엔진회전력을 저하시켜 설정슬립(slip)을 제어시키게 된다. 이러한 경우에 조향각 센서가 사용된다.

그림 3.87은 광전식 조향각 센서를 나타낸 것이다. 슬롯트(slot)원판에 3개의 포토 인터랍터가 설치되어 있어 디지털출력전압을 얻도록 되어있다.

조향각도는 ST1과 ST2의 각 쌍의 위상차가 90° 이며 좌회전각도 및 우회전각도를 계산할수 있다. 조향위치는 STN을 기준으로 하여

조향정지시는 ST1, ST2 및 STN이 on이 되어 컴퓨터(ECU)는 정지상태를 판단하고, 우회전시는 ST1 off, ST2 off 및 STN은 on 상태임을 판단하게 된다.

(3) 광전식 차량속도센서

그림 3.88은 광전식 차량속도센서의 구조를 나타낸 것이다.

이 센서는 차량의 디지털 속도계에 사용되는 것으로 발광다이오드와 포토인터랍터 및 광단속판 등으로 구성되어 있다. 센서는 콤비네이션 미터 내에 설치되어 있으며 광단속판의

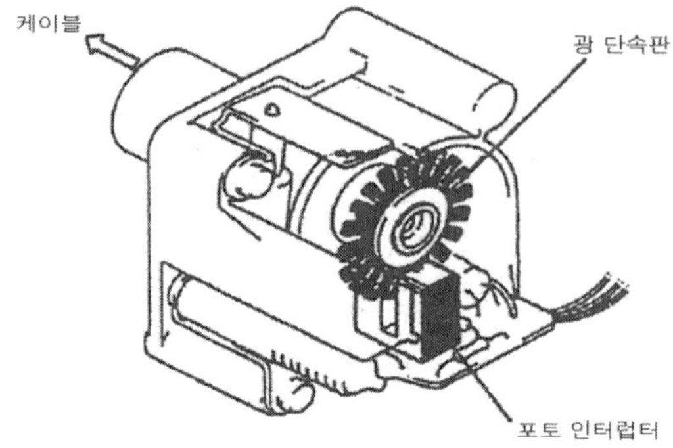

[그림 3.88] 광전식 차속 센서의 구조

회전에 의하여 차광이 없을 때는 포토다이오드나 포토 트랜지스가 on이 되어 출력전압이 나오는데 속도계, 케이블이 1회전하면 20펄스의 출력이 나오도록 되어있다.

3.8.3 홀소자(hall device) 및 자기저항(magnetic resistance)형 회전속도센서

홀소자(hall device)는 홀효과(hall-effect)를 이용한 반도체 자기소자이다. 그림 3.89는 홀효과의 원리를 나타낸 것이다.

그림과 같이 샘플에 수직한 자기장B를 인가하고 a, b 단자에 일정한 전류 I를 흘리면 샘플의 c, d 단자에 전하의 편향에 의해서 홀전압이 나타나게 된다. 이 현상을 홀효과(hall-effect)라 한다. 홀전압 V_H는 다음 식으로 나타낸다.

$$V_H = R_H \frac{IB}{d} \tag{3.42}$$

여기서, R_H는 홀계수, I는 공급전류, B는 인가자속밀도, d는 샘플의 두께 이다.

그림 3.90은 홀소자식 회전속도 센서를 나타낸 것이다.

이 센서는 자성체로 만들어진 톱니와 홀소자로 구성하고 있다. 자성체 톱니가 회전하면 톱니가 홀소자에 가까이 올 때마다 큰 자속이 홀소자에 인가되는 셈이므로 정현파적인 출력신호가 나오게 된다.

이 출력의 주파수는 자성체 톱니 휠의 $rpm \times$톱니수로 주어진다.

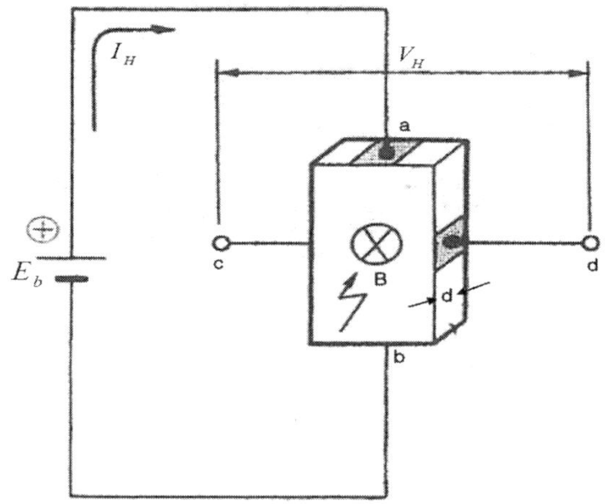

[그림 3.89] 홀 효과

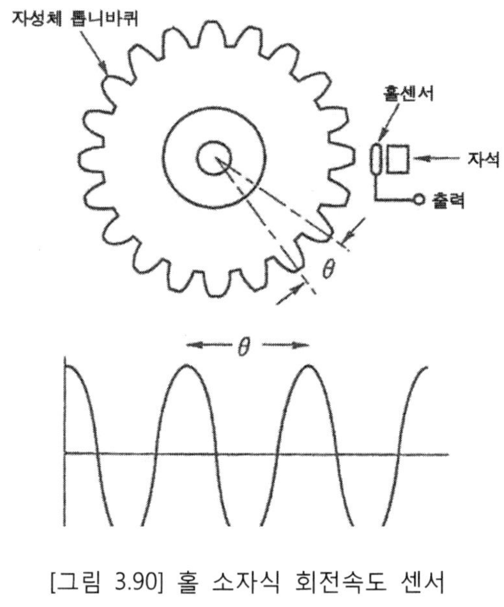

[그림 3.90] 홀 소자식 회전속도 센서

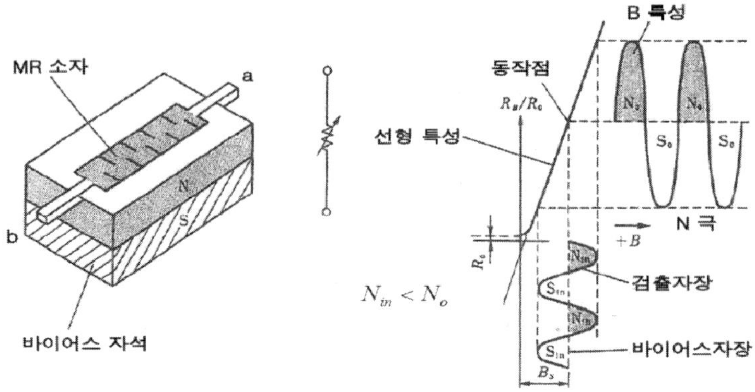

[그림 3.91] 자기저항 소자

그림 3.91은 자기저항소자의 구조와 특성을 나타낸 것이다.

이 구조는 바이어스 자석이 있는 경우인데 검출자장은 N, S 자극에 관계없이 동일한 방향의 저항치가 변화 하도록 되어있다. 그 출력 변화가 매우 작더라도 선형특성은 동작점에서 구동한다면 출력변동은 거의 2배로 될 수 있다. 낮은 자기장에서 자기장과 저항변화의 관계식은 일반적으로 다음과 같이 나타낸다.

$$R = R_B(1 + mB^2) \tag{3.43}$$

여기서, R_B는 바이어스자석이 있는 경우의 저항, B는 인가자속밀도, m은 계수이다.

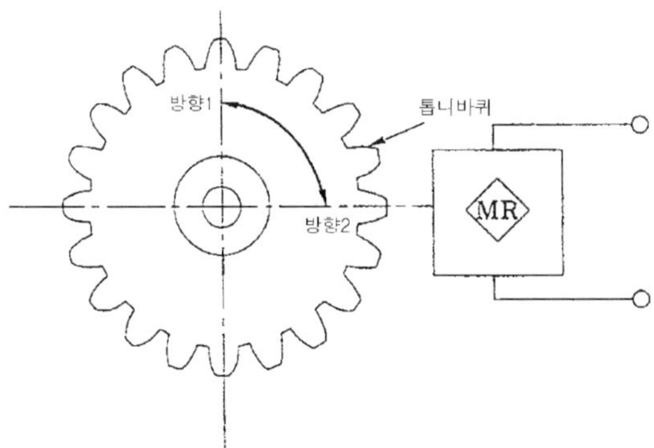

[그림 3.92] 자기 저항식 회전속도 센서

그림 3.92는 자기저항식 회전속도센서의 원리를 나타낸 것이다. 그림과 같이 자성체의 톱니가 자기저항소자(MR)에 근접할 때 마다 자속이 변하므로 이 변화에 대한 MR소자의 저항이 변하여 출력이 발생하게 된다.

(1) 홀소자형 클랭크 각도 센서

이 홀소자형 클랭크 각도센서의 모형은 픽업코일을 가진 전자유도 방식과 비슷하지만 출력신호를 디지털 신호로 하여 컴퓨터(ECU)에 직접 입력할 수 있다.

그림 3.93은 홀소자형 클랭크 각도센서의 원리를 나타낸 것이다.

이 센서는 그림 3.93과 같이 4개의 슬릿트(slit)원통의 중심축이 크랭크축 또는 캠샤프트와 연결되어 있으며 자석의 자속이 슬릿트를 통하여 홀소자 IC에 흐르도록 되어있다. 슬릿트(slit) 원통이 회전함에 따라 홀 IC로 통과하는 자속이 변하도록 하면 자속변화에 의한 홀 IC출력은 디지털 신호로 나오게 된다.

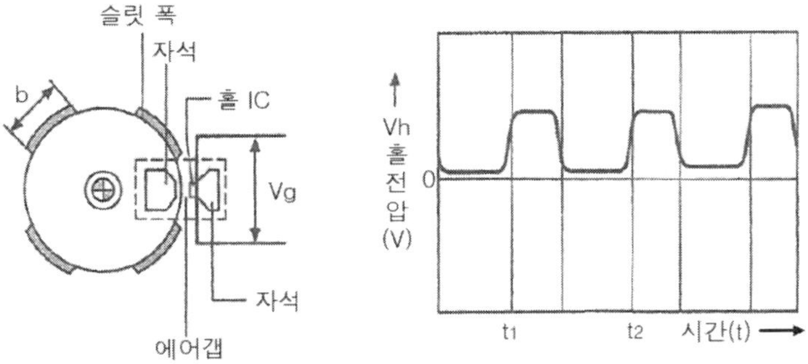

[그림 3.93] 홀소자형 클랭크 각도센서

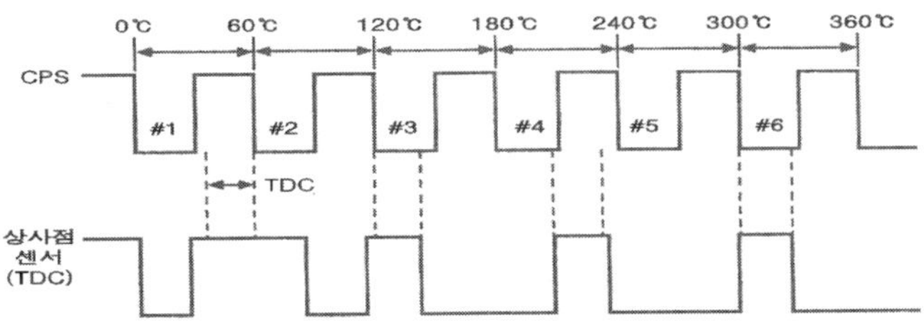

[그림 3.94] 페이저센서(sensor)와 TDC 출력신호

이 센서와 함께 엔진제어에 사용되는 페이저센서(phase sensor)는 캠위치센서(CPS : cam position sensor)와 같이 실린더의 점화기통을 식별하고 크랭크샤프트의 위치를 검출하는 센서이며 점화시기를 결정하는 CPS라 하여도 무방하다. 페이저센서의 출력신호는 크랭크 2회전 당 1번 발생하여 1번 실린더의 위치를 검출하게 되므로 페이저센서는 CPS센서와 같은 기능을 가지게 되는 셈이다. 페이저센서의 경우 홀IC를 사용하므로 출력은 디지털신호로 나오게 된다.

그림 3.94는 페이저 센서 혹은 CPS와 상사점센서(TDC)의 출력신호를 나타낸 것이다.

(2) 자기저항형 회전각도센서

자기저항형 각도센서는 픽업방식의 클랭크 각도센서와 마찬가지로 클랭크 샤프트의 각도검출, 변속기나 속도계의 회전속도를 검출하는데 사용된다.

그림 3.95는 자기저항식 회전센서의 구조와 동작원리를 나타낸 것이다.

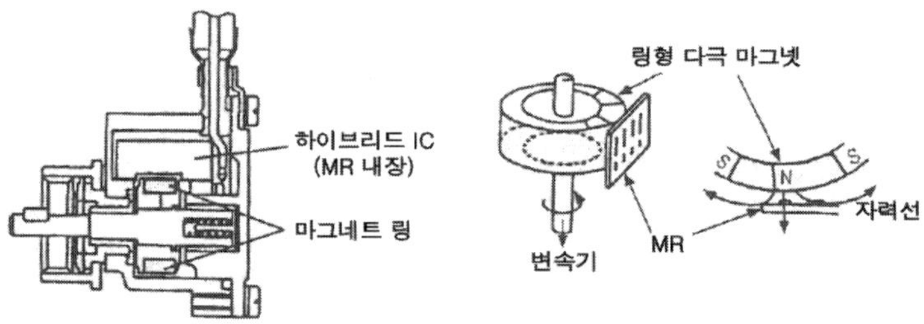

(a) 구조 (b) 동작원리

[그림 3.95] 자기저항식 회전각도 센서

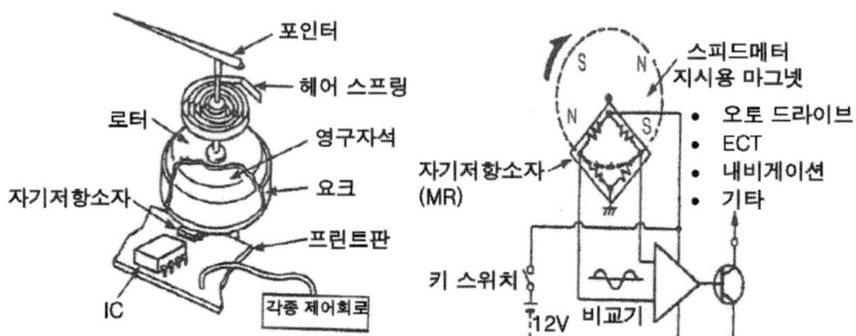

[그림 3.96] 자기저항식 차량속도센서

이 센서는 그림과 같은 원통형 자석이 축의 회전에 따라 회전함으로서 자기저항소자(MR)에 의해 회전신호를 검출한다. 또한 신호처리 IC가 내장되어 있으므로 디지털 신호를 출력하게 된다.

그림 3.96은 자기저항 차량속도센서를 나타낸 것이다.

이 센서는 주로 차량의 지시형 속도계에 설치되는 센서이며 지시용 자석의 부근에 자기저항소자(MR)을 놓고 자석의 회전에 의해 자속변화를 저항변화량으로 검출한다. 이때 자속의 변화는 자석회전에 비례한다. 회로도에서 저항의 변화를 비교기에서 비교하여 트랜지스터에서 출력하도록 되어있다.

3.8.4 리드 스위치형 회전속도센서

그림 3.97은 리드 스위치형 회전속도센서의 구조를 나타낸 것이다. 이러한 회전속도센서는 차량속도계 뿐만 아니라 전자엔진의 연료분사제어에 대한 입력데이터로도 사용되며 자동변속기의 변속제어 ABS(anti lock brake system)의 슬립(slip)율 제어 등의 입력신호용으로도 사용된다.

그림 3.97(a)는 속도케이블과 연동해서 회전하는 원통형 자석과 리드스위치로 구성되어 있다. 이 리드스위치는 작은 불활성가스 유리관 안에 강자성체의 리드 2매를 넣어 밀봉한 일종의 스위치 이다. 원통형자석이 회전하면 2매의 리드가 서로 상이한 자극이면 on, 동일한 자극이면 off 되는 것을 이용한다.

그림 3.97(b)는 내장형의 구조인데 회전센서가 메타파넬 내부에 내장되어 있다. 동작원리는 외장형과 동일하다.

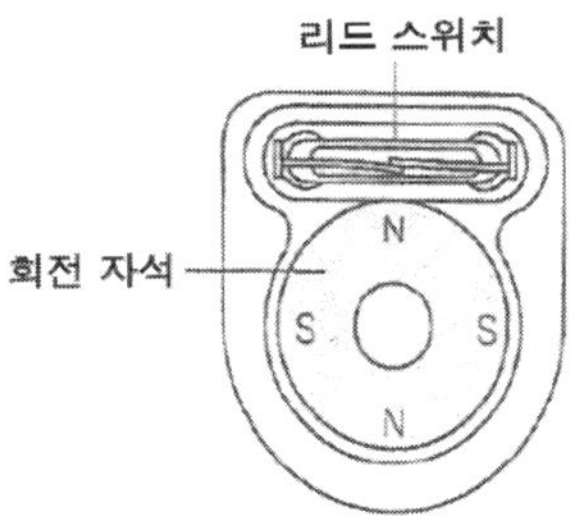

(a) 외장형

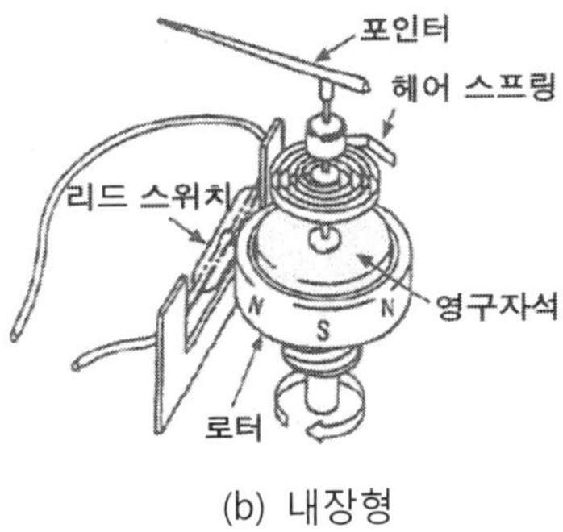

(b) 내장형

[그림 3.97] 리드 스위치형 회전속도센서

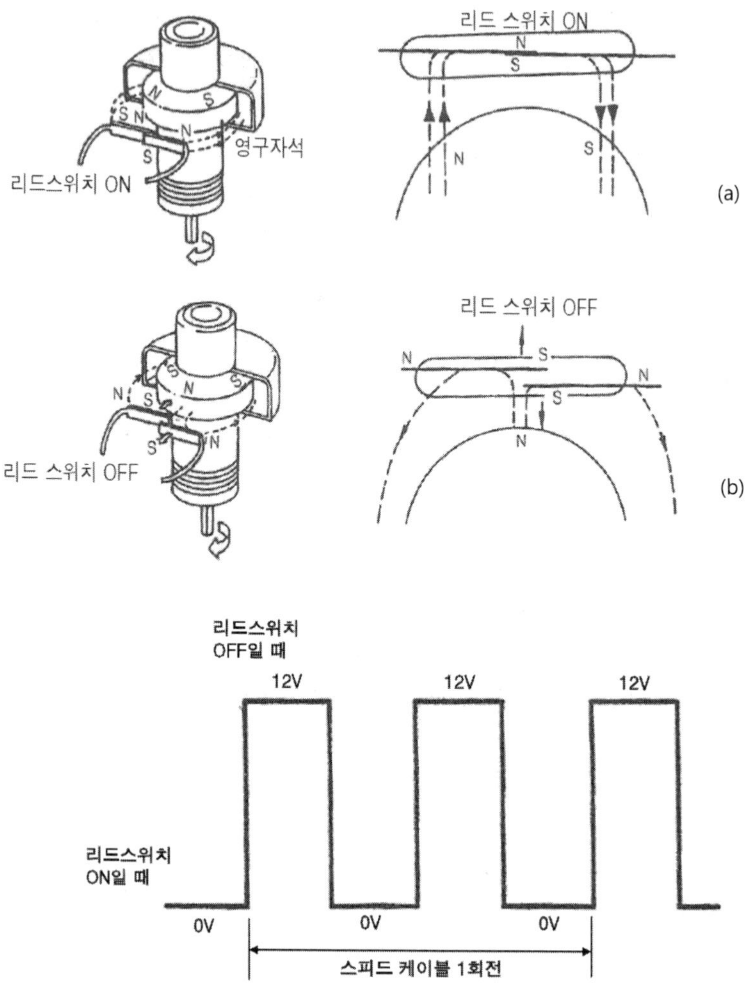

(c) 출력신호

[그림 3.98] 리드 스윗치형 회전속도센서의 동작

이 센서는 원통형 자석이 4개(N→S→N→S)로 되어 있어서 속도 케이블이 1회전시 리드 스위치는 그림 3.98(a), (b)와 같은 동작원리로 on 2회 off 2회 총 4회 스위칭 하게 되어 그림 3.89(c)와 같은 구형파를 출력한다.

3.9 가스 센서(Gas sensor)

가스센서(gas sensor)는 기체 중에 포함된 특정한 성분가스를 검출하여 그 농도에 따른 출력을 전기적 신호로 변환하는 소자이다. 가스센서는 원래 화학공장의 방재용으로서 가연성가스나 독성가스 검출, 각각 가스의 분석 및 계측기용으로 연구 개발되어 왔으며 최근에는 일반가정의 가스누설경보시스템 등으로 널리 쓰이고 있다.

또한 반도체 제조기술발전과 더불어 차량전자제어시스템의 발전으로 배기가스 규제, 연비절감대책 등 사회적 요구에 따라 가스센서는 자동차공업분야에 있어서 중요한 위치를 차지하게 되었다. 즉 차량의 배기가스 중의 공해물질억제, 연소기기의 배기가스제어, 연료효율향상 등을 목적으로 산소센서 등이 필수 부품이 되었다.

여기서는 차량의 엔진제어용 가스센서와 배기가스 측정용 가스센서에 대해서 알아본다. 가스센서의 검출방법은 기체의 종류, 농도에 따라 다르며 검출법에는 각 특징이 있으나, 일반적으로 가져야 할 특징은 다음과 같다.

① 고감도

② 신속한 응답성

③ 장기간 안정성

④ 온도, 습도에 영향이 적을 것

⑤ 선택성

⑥ 저가

표 3.16은 대표적인 가스센서의 예를 나타낸 것이다.

[표 3.16] 대표적인 가스센서

가스센서	재료	검출 가스	응용 예
반도체 가스센서	SnO_2, ZnO, Wo_3 등	도시가스, LPG, 알콜 등 가연성 가스	가스 경보기
접촉연소식 가스센서	Pt촉매/알루미나/Pt선	메탄, 이소부탄, 도시가스(가연성가스)	가스 경보기, 가연성가스 농도계
배기가스 센서	안정화 지르코니아 $ZrO_2-Y_2O_3$, ZrO_2-CaO 등	배기가스	배기가스센서, CO, 불완전 연소센서

3.9.1 반도체 가스센서

반도체 가스센서는 반도체 표면에 가스가 흡착하면 즉 외부온도에 의하여 가스분자가 해리가 되며, 이 해리이온의 작용에 의하여 반도체의 전기저항이 변하는 것을 이용한다. 이 센서의 물질로는 고온의 산화성이나 환원성 분위기에서 안정한 동작을 할 수 있는 금속산화물이 대부분 사용된다.

그림 3.99는 반도체 가스센서의 동작원리를 나타낸 것이다. 그림 3.99(a)와 같이 반도체 표면에 산화성 가스(전자수용성)분자(O_2, 할로겐 등)가 흡착하면 가스는 (-)이온을 흡수하게 되어 반도체에는 전자수가 감소하므로 반도체의 저항 값은 증가하게 된다.

한편 그림 3.99(b)와 같이 환원성 가스(전자공여성)가 흡착하면 가스가 반도체에 전자를 공여하고 (+)전하를 흡수한다. 따라서 자유전자 수는 증가한 셈이 되어 반도체의 저항 값이 감소하게 된다. 이러한 전기저항변화를 측정하여 가스농도를 측정 할 수 있다.

금속산화물 반도체 가스센서의 큰 결점은 흡착가스 해리작용을 위해서 가열온도가 높으므로 소비전력이 크다는 것이다. 이러한 문제점을 해결하기 위하여 그림 3.100과 같이 Si를 기판으로 한 마이크로 반도체 가스센서의 연구가 활발하여 응용이 기대되고 있다.

(a) 산화성 (b) 환원성

[그림 3.99] 반도체 가스센서의 동작 원리

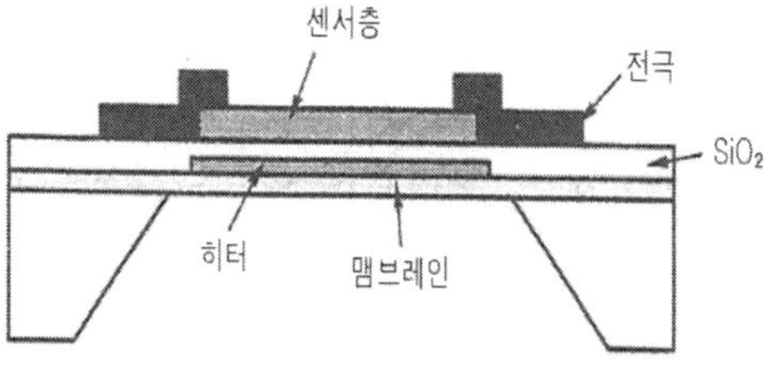

[그림 3.100] 마이크로 반도체 가스센서

3.9.2 고체전해질 가스센서

고체전해질(solid electrolyte)은 특정 이온만을 선택적으로 투과시키는 기능을 가지고 있다. 이러한 격막을 위해서 특정가스를 반응물질로 하는 전기화학셀을 만들면 그의 기전력 또는 전류값에서 가스농도를 검출할 수가 있다.

이 방식에는 고체질 격막의 양측에 가스분압을 달리하여 평형기전력을 측정하는 방식과 전류치를 출력신호로 하는 방식이 있다. 그림 3.101은 고체전해질 산소센서의 원리를 나타낸 것이다. 이 산소센서에는 열에 강하고 용융된 금속에도 안정하며 내화물로서 우수한 지르코니아(ZrO_2)가 자주 쓰이고 있다.

그림 3.101과 같은 구조에서 고체전해질(ZrO_2)을 두고 양측의 산소분압을 다르게 하면 산소이온(O^{-2})은 산소분압이 높은 쪽에서 낮은 쪽으로 확산하여 이동한다. 이 결과 산소분이 높은 쪽(Po_2)이 (+), 산소분압이 낮은 쪽 Po_1이 (-)가 되어 전장이 발생하는데 이는 산소이온의 이동을 저지하는 방향으로 된다.

양단 전극에 나타나는 기전력은 Nernst식에 의해 다음과 같이 나타낸다.

$$E = \frac{RT}{4F} \ln \frac{Po_2}{Po_1} \tag{3.44}$$

여기서, R은 기체정수, T는 절대온도, F는 파라데이 정수, Po_1는 낮은 산소분압 그리고 Po_2는 높은 산소분압이다. 따라서 한쪽의 산소분압을 알고 있다면, 미지의 다른쪽 산소분압을 식 (3.44)에서 계산할 수 있게 된다.

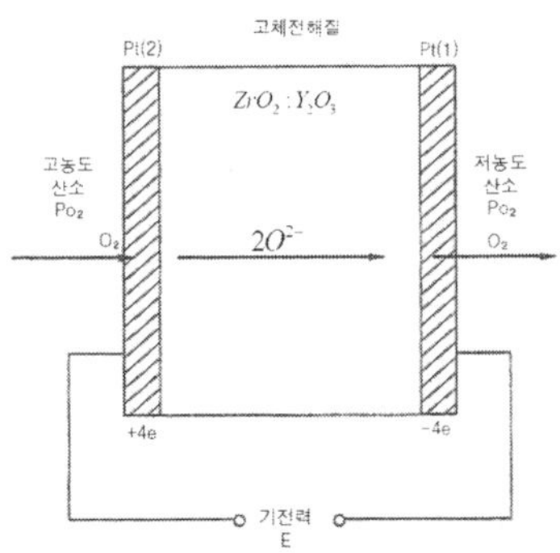

[그림 3.101] 고체전해질 산소센서의 원리

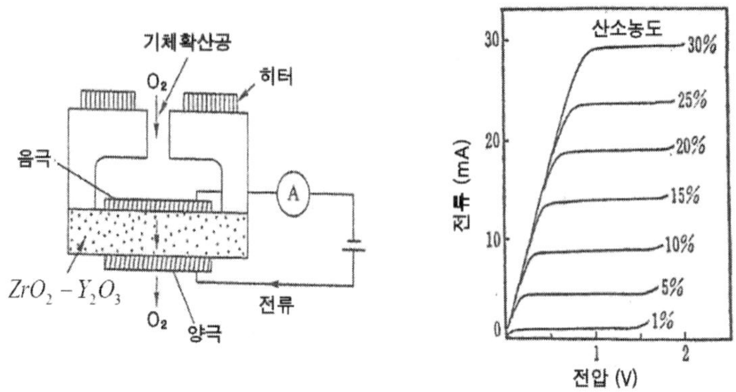

(a) 구조　　　　　　(b) 출력특성

[그림 3.102] 한계 전류식 산소센서

그림 3.102는 한계 전류식 산소센서의 원리를 나타낸 것이다. 안정화 지르코니아($ZrO_2-Y_2O_3$)의 양측에 다공질 백금을 붙이고 한쪽을 기체확산구멍을 갖는 봉합층(seal)을 설치하였다. 이 봉합층(seal)전극에 (-), 반대편에 (+)인 전압을 인가하면 산소 펌핑작용에 의하여 봉합층(Seal)쪽 (-)에서 (+)전극 쪽으로 산소이온(O^{2-})이 이동한다.

인가전압을 크게하면 산소이온의 통과량이 증가하다가 봉합층(seal)의 확산이 일정하게 되면 통과산소량이 포화에 이르게 된다. 이러한 원리로 그림 3.102(b)와 같은 한계 전류치 특성을 나타내게 된다.

(1) 지르코니아 산소센서(ZrO_2 type O_2 sensor)

그림 3.103은 지르코니아(ZrO_2) 고체 전해질을 사용하는 센서의 구조이다.

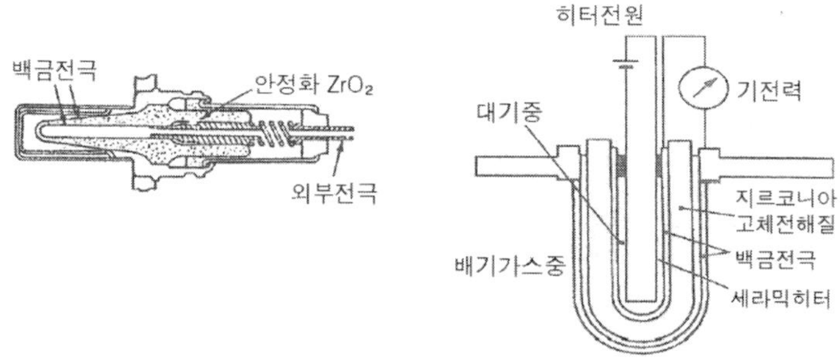

[그림 3.103] 지르코니아 산소센서의 구조

차량의 산소센서에 자주쓰이는 고체전해질 지르코니아(ZrO_2)는 1100℃ 부근에서 단사정에서 정방정 결정상태로 전이한다. 이때 체적변화를 일으키므로 이를 억제하기 위하여 CaO나 Y_2O_3등을 고용시켜 안정화 시킨다. 이 경우 안정화 지르코니아는 입방정 결정상을 나타낸다.

센서구조는 그림 3.103과 같이 안정화 전해질 외측에 산소분압이 낮은 가스가 접촉하고 내측에는 산소분압이 높은 대기 중에 노출되어 있다.

배기가스 중에 산소농도가 희박해지면 즉 공연비가 농후상태(rich)이므로 대기측의 산소분압이 높아서 산소이온이 안정화 지르코니아 층을 통과하게 되며 이때 양측 전극에 양측의 산소분압차이에 해당하는 기전력이 발생하게 된다, 반대로 공연비가 희박상태(lean)이 되면 배기가스에 산소농도가 높아져 양측의 산소분압차가 적어지므로 발생 기전력은 작아지게 된다. 이러한 출력전압을 컴퓨터(ECU)로 입력시켜 이론 공연비를 제어하도록 한다.

그림 3.104는 지로크니아 산소센서의 특성을 나타낸 것이다. 그림 3.104(a)의 특성을 보면 이론공연비(λ=1)에 가까운 부근에서는 CO가스와 O_2가 존재하기 때문에 백금표면(촉매)에서 O_2가 CO와 반응하여 CO과잉 상태에서 O_2과잉상태로 급격히 변화하게 된다. 이러한 희박상태(lean)가 되면 기전력은 약 0.2 V 이하가 되고 농후상태(rich)가 되면 기전력 0.6~0.9 V가 된다. 이 산소센서의 안정된 출력을 얻기 위해서 300℃ 이상의 높은 온도에서 동작시켜야 하므로 보통 배기매니폴트 가까이 장착하고 있다.

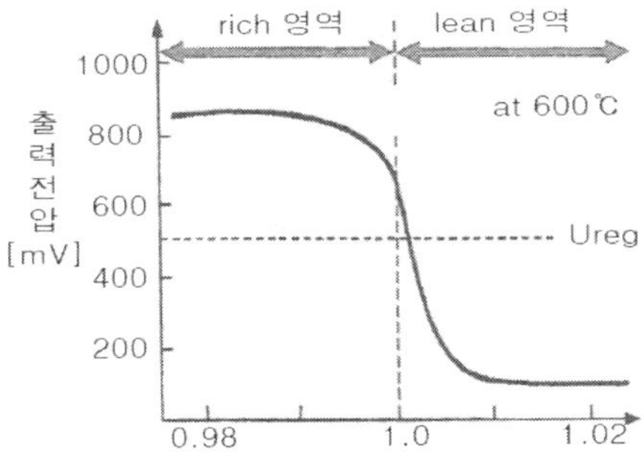

(a) 출력특성

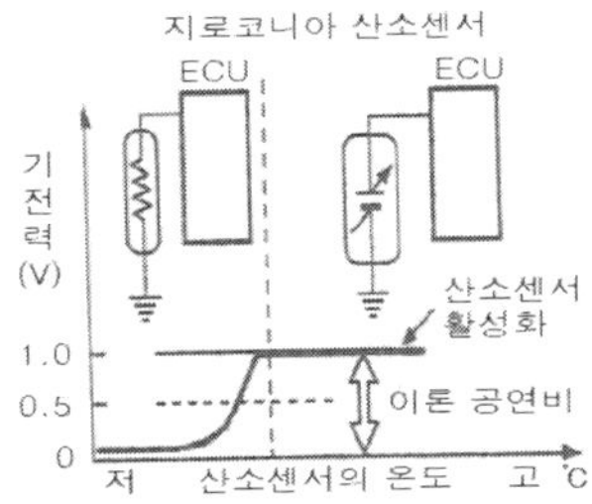

(b) 온도특성

[그림 3.104] 지르코니아 산소센서의 특성

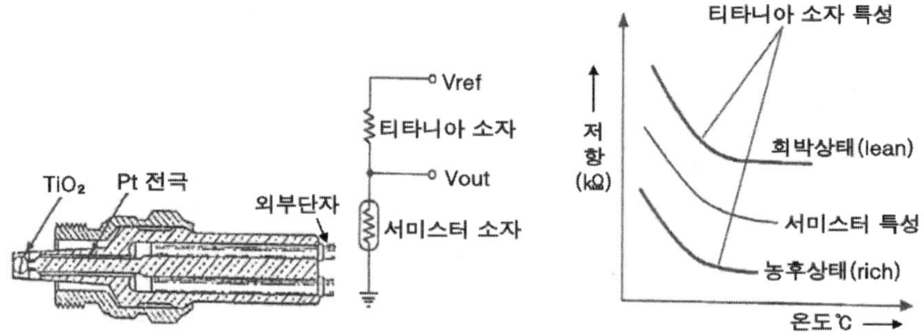

(a) 구조 (b) 특성

[그림 3.105] 티타니아 산소센서

(2) 티타니아 산소센서(TiO_2 type O_2 sensor)

그림 3.105는 티타니아(TiO_2) 산소센서를 나타낸 것이다.

지르코니아(ZrO_2)를 사용한 센서는 구조가 복잡하여 가격이 높으므로 고체 전해질을 사용하지 않는 센서 개발이 활발해지고 있다. 이 티타니아(TiO_2)산소센서는 그의 한 종류인데, 산소분압에 의하여 금속산화물 반도체 의 저항치가 변하는 원리를 이용하고 있다. 센서구조는 그림 3.105(a)와 같이 원판상의 티타니아(TiO_2)와 백금선을 접속한 후 소성시켜 만든다.

이 티타니아(TiO_2)는 결정격자에서 산소이온과 결합하는 N반도체로서 산소가 많으면 저항값이 커지고 산소가 적어지면 저항값이 낮아지는 산소분압 의존성을 가지고 있다. 이때 티타니아(TiO_2) 저항율 ρ와 산소분압차 P_0의 관계식은 다음과 같이 나타 낼 수 있다.

$$\rho \propto P_0 \tag{3.45}$$

따라서 산소분압에 의한 저항변화를 티타니아(TiO_2)는 엔진의 공연비제어용 산소센서로 사용하게 된다. 그리고 티타니아(TiO_2)는 온도의존성이 크므로 별도의 온도보상회로가 필요하며 저온에서 저항값이 증가하기 때문에 정확한 동작을 기대할 수 없어 내부에 히터를 내장하여 센서동작을 활성화 시키고 있다.

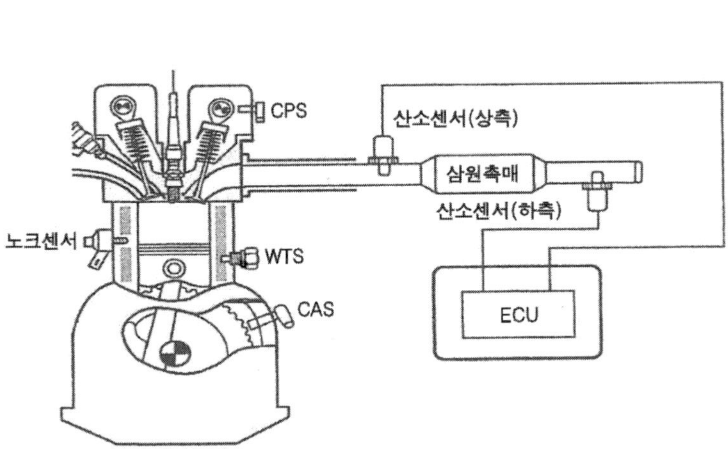

[그림 3.106] 2중 산소센서의 구동 시스템

(3) 2중 산소센서

그림 3.106은 2중 산소센서의 구동시스템을 나타낸 것이다.

산소센서는 배기측에 장착되어 장기간 사용하면 카본(C)등의 축적으로 산소센서의 감응도가 매우 떨어져 공연비 피드백 제어가 어려워진다. 또한 삼원촉매 장치가 손상이 되는 경우는 배기가스의 정화 불능, 공연비제어 문제가 생겨 운전자에게 경고할 수 없게 된다.

따라서 삼원촉매장치의 전, 후에 산소센서를 부착하여 2차 공연비제어는 물론 삼원촉매장치 이상도 검출하고 있는 방식이다.

삼원촉매장치는 차량의 배기가스를 점화하는 장치인데 이론공연비 제어영역에서 삼원촉매 백금(Pt), 로듐(Rh), 파라듐(Pd)을 사용하여 일산화탄소(CO)와 탄화수소(HC)를 산화시켜 이산화탄소(CO_2)와 수증기(H_2O)로 산화반응을 시키고 질소산화물(NO_x)을 질소(N_2)와 산소(O_2)로 분해시키는 즉, 환원반응을 촉진시키는 작용을 한다.

이 장치는 주로 가솔린엔진의 차량에 쓰이며 디젤엔진 차량에는 최근 도입된 DPNR(Disel Particulate NOx reduction)시스템이 사용되는데 여기에 다공질 세라믹 필터에 질소산화물 흡장환원형 삼원촉매장치를 설치하고 있다.

(4) 린-믹스처(Lean Mixture)센서

배출가스를 억제하고 연비를 향상시키기 위한 방법이 희박연소(lean burn)시스템이다. 종래의 엔진을 희박연소(lean burn) 상태에서 동작시키면 엔진이 불안정하게 되고 회전력 변동이 심하게 된다. 그러나 연소개선에 의한 희박연소(lean burn)한계를 향상시켜서 회전력변동을 안정화 할 수만 있으면 배출가스 및 연비도 개선 할 수 있다. 이러한 시스템을 희박연소(lean burn)시스템 이라한다. 이러한 희박연소(lean burn)에 사용되는 산소센서는 기존의 이론공연비 부근에 제어하는 산소센서와 달리 공연비 변화에 따라 센서출력이 비례적인 특성을 갖도록 하였다. 이 산소센서를 린-믹스처(Lean Mixture)센서라 한다.

그림 3.107은 희박연소(lean burn)시스템에서 린-믹스처(Lean Mixture)센서의 구조와 특성을 나타낸 것이다.

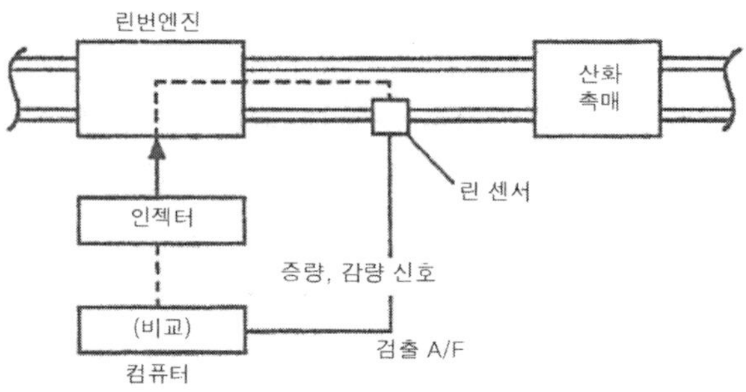

(a) 희박연소시스템

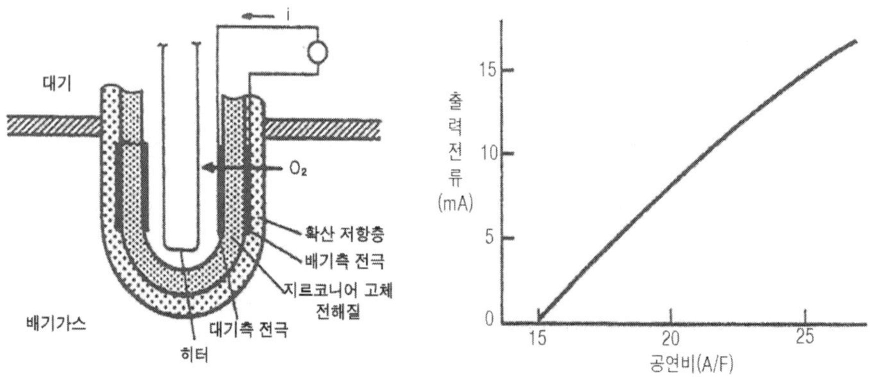

(b) 구조

(c) 특성

[그림 3.107] 희박연소시스템과 린-믹스처 센서

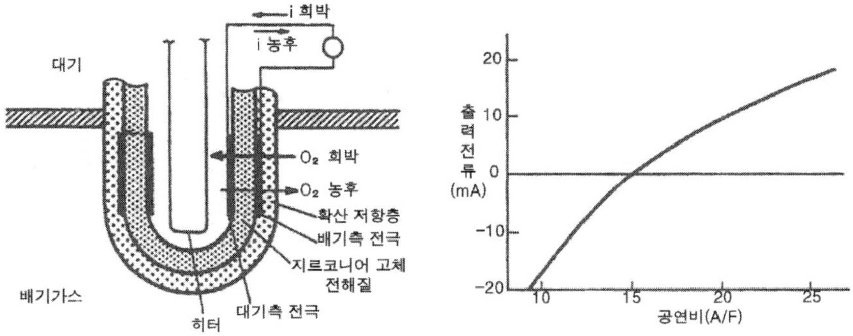

(a) 구조 (b) 출력신호

[그림 3.108] 공연비 센서

(5) 공연비센서

이 센서는 차량의 배기가스 중의 산소 농도와 불연소가스 상태에서 엔진의 연소공연비를 희박(lean)영역에서 농후(rich)영역까지 공연비 전 영역을 검출하여 그 데이터를 컴퓨터(ECU)에 입력시켜 운전 상태에 따라 최적의 연소상태가 되도록 제어하는데 사용된다.

그림 3.108은 공연비 산소센서의 구조와 특성을 나타낸 것이다. 이 센서의 구조는 린-믹스처센서와 유사하며. 공연비가 희박(lean)시 (공연비 〉 14.7 : 1)에는 배기가스 중 산소농도가 많아져 전류는 배기 측의 확산저항 측으로부터 대기 측으로 흐르며 반면 공연비가 농후(rich)시 (공연비 〈 14.7 : 1)일 때 배기가스 중 산소농도가 낮아져 전류는 반대로 흐르게 된다. 이 센서의 구조에서 배기가스 측에 설치된 확산 저항층의 조건에 따라 배기가스 중의 산소농도, 불연소 가스농도에 맞는 출력 전류 값을 얻을 수가 있다.

3.10 진동 및 가속도 센서

가속도계(acceleration meter)는 기계적 진동(vibration)이나 충격(impact)을 받았을 때 전기적 신호를 발생시키는 기계-전기 변화 장치이다. 이 가속계는 충격, 진동측정 등 기계역학적 변화를 측정하는데 많이 사용되고 있다.

최근 산업분야 중에서도 자동차 산업을 중심으로 에어백시스템(air bag system) 즉 SRS(supplemented restraint system), TCS(traction control system) 및 샤시제어 등에 적용될 수 있도록 고성능의 가속도센서 개발이 요구되고 있다. 또한 기계설비, 차량, 항공기 등

[표 3.17] 가속도 센서의 분류

검출방식	사용센서
응력(stress)검출	압저항방식
	압 전 식
	금속 게이지
변위검출	정전용량식
	자 기 식
	광 학 식

이동물체의 소형화, 고성능화 및 고속화에 따른 충격(impact), 진동(vibration)의 동적변화 검출과 대형화된 기계설비의 진동공해 문제, 지진관측 등의 측정이 중요시 되고 있다. 이러한 진동, 충격 현상에 사용되는 것이 진동센서 인데 이 센서는 진동변위, 속도, 진동가속도 등을 검출할 수 있다.

표 3.17은 가속도센서의 분류를 나타낸 것이다.

3.10.1 가속도계의 기본동작이론

그림 3.109는 질량 가속도 측정의 가장 일반적인 구성형태인데 질량(mass)-제동(damping)-스프링(spring) 시스템을 나타내고 있다. 그림과 같이 질량 M을 스프링(스프링계수 K)과 제동(점성감쇠계수 β)으로 지지대에 고정시킨 구조를 생각한다. 질량M의 변위를 X_m, 지지대 케이스의 변위를 X_c라 하자, 스프링은 Hooke's 법칙에 의해 복구력 F는

$$F = K\,X_m \tag{3.46}$$

이다.

제동계수 β에 대한 제동력 F는

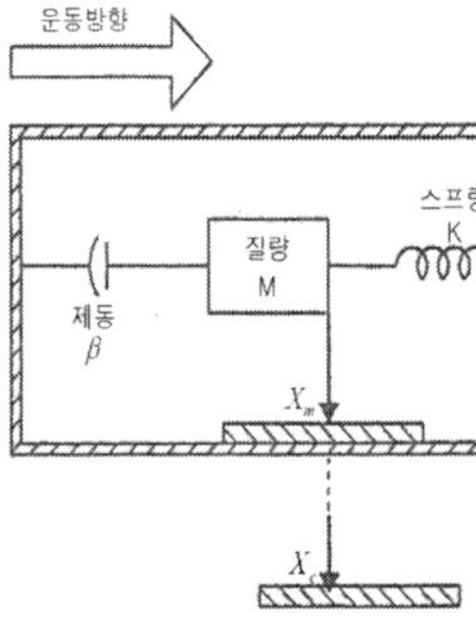

[그림 3.109] 질량 가속도 측정

$$F = \beta \frac{dX_m}{dt} = \beta \dot{X}_m \tag{3.47}$$

질량M에 대한 운동방정식은 Newton 제 2법칙으로부터

$$M\left(\frac{d^2(X_c - M_m)}{dt^2}\right) = \beta \dot{X}_m + K X_m \tag{3.48}$$

$$M \ddot{X}_c = M \ddot{X}_m + \beta \dot{X}_m + K X_m \tag{3.49}$$

$$\frac{X_m}{\ddot{X}_c} = \frac{M/k}{\left[(M/k)\frac{d^2}{dt^2}\right] + \left[(\beta/K)\frac{d}{dt}\right] + 1} \tag{3.50}$$

지지대변위 X_c의 2계 미분이 가속도 a에 해당하므로 식(3.49)을 다시 쓰면

$$\frac{X_m}{a} = \frac{M/k}{\left[(M/k)\frac{d^2}{dt^2}\right] + \left[(\beta/K)\frac{d}{dt}\right] + 1} \tag{3.51}$$

이 수식은 가속도계에서 질량 M 및 케이스의 위치와 가속도 a를 포함하고 있다.

질량 M이 어느 주파수로 진동한다고 한다면 임계적으로 제동하는 시스템에서 센서는 각속도 0~ω범위 내에서 정확한 데이터를 제공할 것이다. 따라서 식(3.50)을 다시 쓰면

$$\frac{X_m}{a} = \frac{M/k}{\left(\frac{1}{\omega}\right)^2 \frac{d^2}{dt^2} + \left(\frac{2Z}{\omega}\right)\frac{d}{dt} + 1} \tag{3.52}$$

이 된다. 여기서, Z는 역학적 임피던스이며 보통 제동정수라 부른다.

이 Z값은 다음과 같은 센서 특성의 정보를 제공해준다.

- $Z = 1$: 임계제동
- $Z < 1$: 임계 이하 제동
- $Z > 1$: 임계 이상 제동

또한 식 (3.51)에서 질량M의 변위 X_m은 가속도 a에 관계 하므로 가속도센서는 질량 M의 변위를 검출하는 방식에 따라 여러 가지 종류가 있다. 여기서는 차량에 자주 쓰이는 압전효과형(piezoelectric effect), 압저항형(piezoresistive), 스트레인게이지형(strain gage), 정전용량형(capacitive type) 및 기계식 진동, 가속도센서에 대해서 알아본다.

3.10.2 압전형 가속도 센서

일반적으로 수정, 티탄산바륨($BaTiO_3$), PZT 등과 같은 압전소자에 힘을 가하면 내부에서 전기분극이 발생하여 표면에 분극전하가 나타난다. 이 현상을 압전효과(piezoelectric effect)라 한다. 이러한 압전소자는 압력센서에도 널리 쓰이고 있다. 그림 3.110은 기본적인 압전소자를 나타 낸 것이다.

이 압전소자에 힘 F를 인가하면 압전소자 양면에 발생하는 분극 전하량q는

$$q = d_{ij}F = d_{ij}\,ma \tag{3.53}$$

로 된다. 여기서, d_{ij}는 물질의 압전 계수 이다.

이 식은 가속도에 비례하는 전하q가 발생함을 의미하며 출력전압 V_0로 나타내면

$$V_0 = \frac{q}{c} = d_{ij}\frac{ma}{c} \tag{3.54}$$

가 된다.

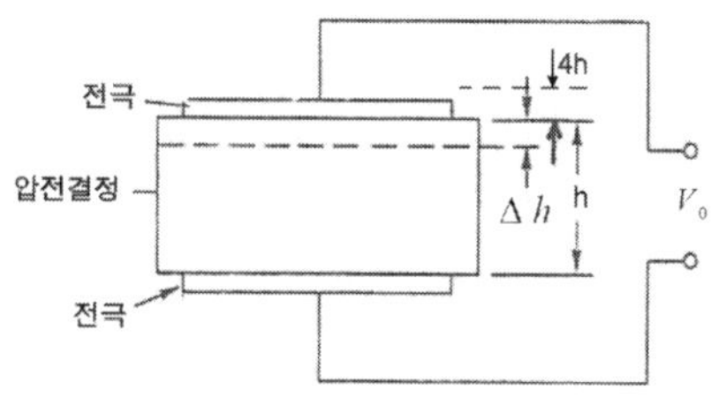

[그림 3.110] 기본적인 압전소자

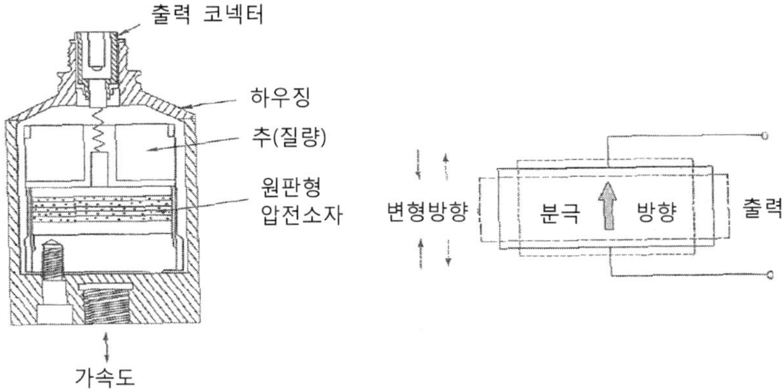

[그림 3.111] 압전 종효과형 가속도센서

즉 압전소자의 특성은 기계적 변형요소에 해당하는 d_{ij}에 의존함을 알 수 있다. 이 압전형 가속도 센서에는 압전소자를 변형시키는 방향에 따라 전기 발생축과 평행하게 변형시키도록 하는 종효과형, 전기 발생축과 수직으로 변형시키는 횡효과형, 그리고 전기 발생축과 수직방향으로 압전소자의 한쪽 면만을 변형시키는 전단형 으로 구분할 수 있다.

그림 3.111은 압전 종효과형 가속도센서를 나타낸 것이다.

종효과형 센서는 가장 일반적인 것으로서 구조가 간단하고 기계적 강도가 커서 큰 가속도 및 충격 계측 등에 많이 쓰이고 있다. 그러나 분극 방향과 출력 방향이 일치하므로 온도 변화에 의한 초전기(pyroelectric)가 발생하므로 낮은 진동수, 미소레벨의 진동계측에는 적합하지 않다.

그림 3.112는 압전전단형 가속도 센서를 나타낸 것이다.

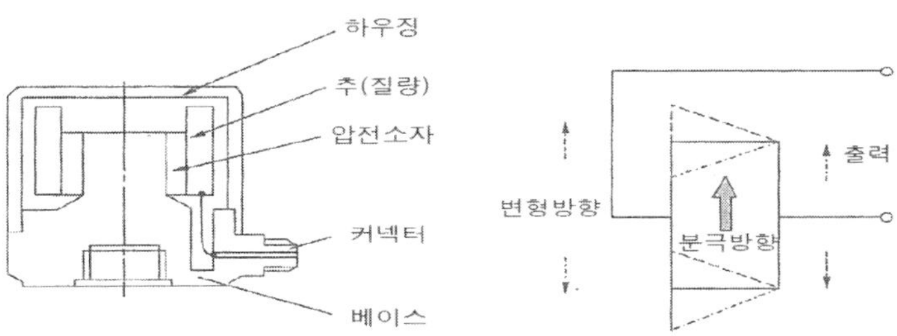

[그림 3.112] 압전 전단형 가속도센서

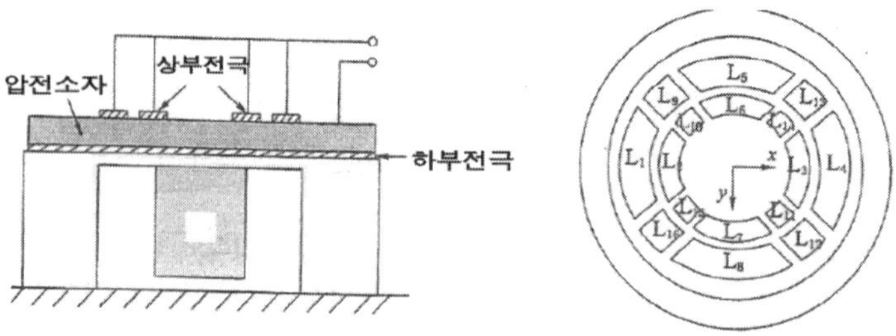

(a) 단면도　　　　(b) 전극

	X축 검출				Y축 검출				Z축 검출							
	L_1	L_2	L_3	L_4	L_5	L_6	L_7	L_8	L_9	L_{10}	L_{11}	L_{12}	L_{13}	L_{14}	L_{15}	L_{16}
A_X	+	+	+	+	0	0	0	0	+	−	+	−	−	+	−	−
A_Y	0	0	0	0	+	+	+	+	+	−	+	−	+	−	+	−
A_Z	+	−	−	+	+	−	−	+	+	+	+	+	+	+	+	+

(c) 각가속도에 의한 발생 전하

[그림 3.113] 압전형 3축 가속도 센서

평판 또는 원판상의 압전소자의 한쪽 면에 전극과 수직방향으로 무거운 추를 달고 다른 한쪽 면은 고정시켜 압전소자 한쪽 면에 변형이 일어나도록 한다. 이때 분극 방향과 출력방향이 수직이므로 온도변화에 의한 초전기(pyroelectric)가 작아지게 된다. 또한 압전계수($d15$)는 종효과형($d33$) 보다 크기 때문에 감도를 높일 수 있다. 이 센서는 일반기계 진동, 구조물 진동, 지진 등의 낮은 진동수 계측과 미소레벨의 진동계측에 적합하여 에어백 시스템 등의 충격센서 등에 사용된다. 3축가속도센서는 1개의 검출 소자로 3축성분(x, y, z)을 검출할 수 있으며 최근 활발히 연구개발 되고 있는 압전형, 압저항형 및 정전용량형 등이 있다. 그림 3.113은 압전형 3축 가속도 센서를 나타낸 것이다. 그림과 같이 다이아프램 위에 압전소자가 형성되고 그 아래에는 압전소자를 변형시키는 추가 달려있다. 압전표면에는 그림 3.113(b)와 같이 전극 패턴이 설치되어 있다. x, y, z방향으로 가속도가 작용했을 때 그림 3.113(c)와 같은 각축방향에 의한 전하가 발생한다. 각축의 가속도는 자동으로 검출되므로 초전기(pyroelectric)의 영향을 받지 않은 이점이 있으나, 정적인 가속도를 검출하는 것이 어려우며 취급상 주의가 필요한 단점이 있다.

(1) 압전 노크센서(Knock sensor)

엔진의 정상적인 연소는 점화불꽃에 의해 혼합기에 점화되고 점화된 화염면(flame front)이 전파되면서 이루어진다. 그런데 화염면이 정상적으로 도달하기 전에 부분적으로 자기착화(auto ignition)에 의해 급격하게 연소가 이루어지는 경우가 있다.

이러한 비정상 연소에 의해서 발생하는 급격한 압력 상승 때문에 실린더 내의 가스가 진동하여 충격적인 이상음을 발생시키는데 이 현상을 노크 또는 노킹(Knock, Knocking)이라한다. 노킹현상은 엔진구조물에 손상을 가져오는 문제를 일으키므로 엔진제어에 있어서는 필히 방지되어야 할 현상이다. 이를 위해서 엔진노크제어시스템이 있는데 노크제어는 엔진에서 노크발생여부를 검출하여 점화시기를 지연시킴으로서 가능하며 이 노크현상을 검출하는데 노크센서가 필요하게 된다. 이 센서는 실린더 블록에 설치되어 엔진에서 노크가 발생할 때 일어나는 진동을 컴퓨터(ECU)에 보내어 점화시기를 제어하는데 사용된다.

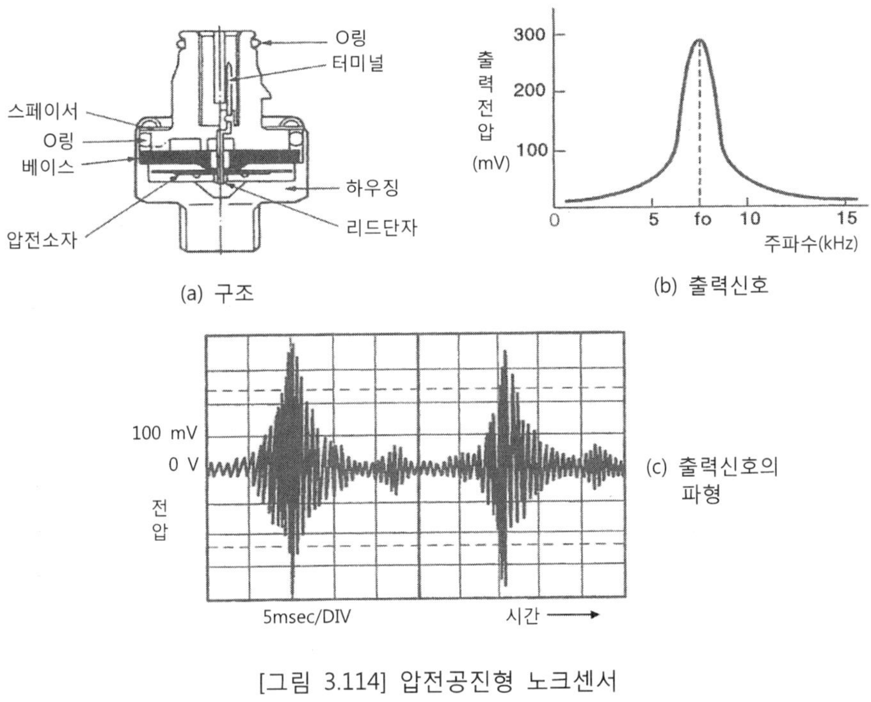

[그림 3.114] 압전공진형 노크센서

그림 3.114는 압전공진형 노크센서를 나타낸 것이다. 공진형 노크센서는 센서본체와 진동자 사이에 압전소자를 넣고 진동자를 공진시켜 이 변형력이 압전소자에 전달되어 출력전압이 나오게 한다. 이 진동자는 노크 진동과 거의 비슷한 공진주파수를 가지므로 노크가 발생될 때 큰 출력 전압을 얻을 수가 있다. 현재는 대개 공진형 노크센서가 많이 사용되고 있다.

그림 3.115는 압전 비공진형 노크센서를 나타낸 것이다. 이 비공진형 센서는 그림 3.115(a)와 같이 엔진블록의 진동(노크진동)이 노크센서의 하우징에 전달될 때 하우징(housing)과 웨이트(weight)간의 상대운동이 발생하므로 이 상대 운동 사이에 있는 압전소자에 변형력을 주게 되어 출력신호가 나오게 된다. 이 노크센서에서 검출된 출력신호는 컴퓨터(ECU)내에 있는 필터회로와 노킹 판정 회로를 거쳐 노킹신호인가를 판정하여 CPU로 입력하게 되어있다.

그림 3.116은 좌형 노크센서를 나타낸 것이다.

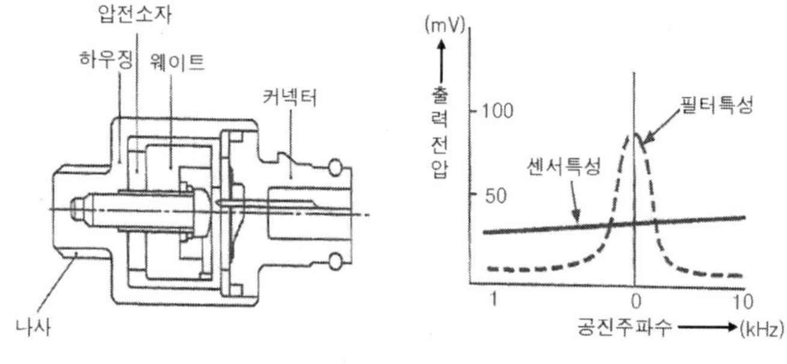

(a) 구조 (b) 출력신호

[그림 3.115] 압전비공진형 노크센서

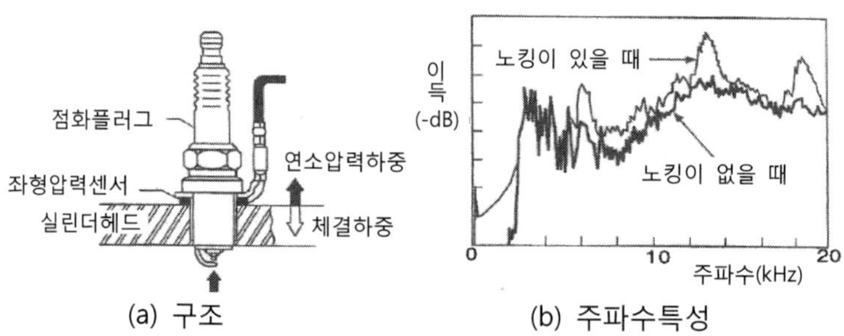

(a) 구조 (b) 주파수특성

[그림 3.116] 좌형 노크센서

이 노크센서는 그림 3.116(a)와 같이 점화 플러그에 맞는 좌형 노크센서를 점화 플러그의 좌면과 실린더 헤드 사이에 끼워 하중을 가해 장착하도록 되어있다. 연소실내의 압력검출은 실린더 내로 장착된 점화플러그의 하단부에 연소실의 압력이 가해지면 센서의 체결하중이 감소하게 되어 이 차이값(체결하중-연소압하중)에 의해 출력 신호가 나오게 된다.

그림 3.116(b)은 이 노크센서의 주파수 특성인데 노킹이 발생하면 센서에 고주파 성분이 가해지므로 노킹특유의 파형을 관측할 수 있다.

따라서 실린더 블록에 설치하는 노크센서에 비하여 고회전속도 영역까지 정확한 노킹 검출이 가능한 이점이 있다.

이외에도 파라데이 전자유도 법칙을 이용한 노크센서가 있다.

(2) 압저항형 가속도(G)센서

그림 3.117은 압저항형 가속도센서를 나타낸 것이다. 센서칩에서 검출된 신호는 하이브리드(hybrid) 기판의 신호처리 회로에 의해 증폭, 보정되어 출력하도록 되어있다.

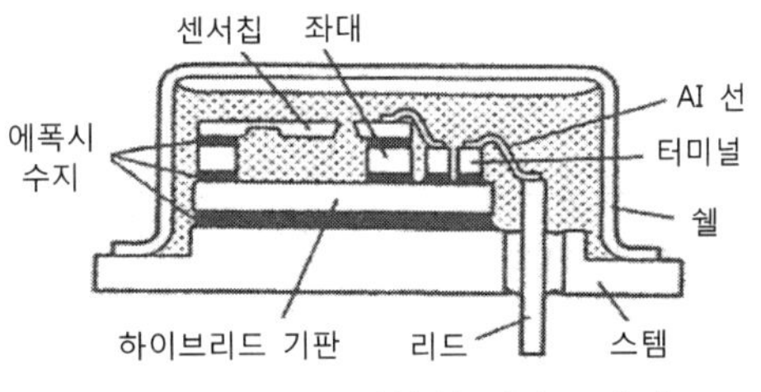

[그림 3.117] 압저항형 가속도센서

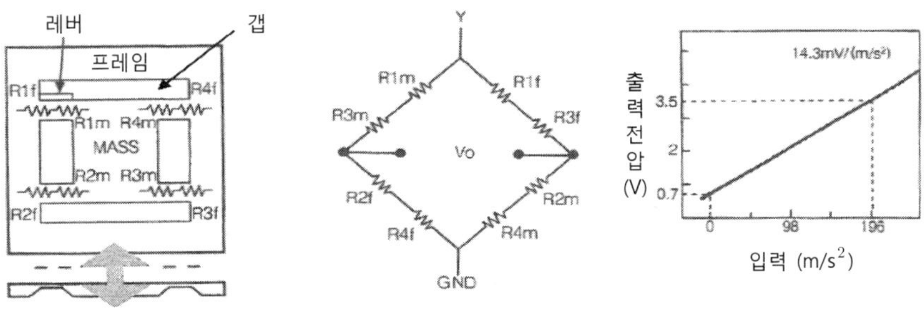

(a) 칩표면 (b) 회로도 (c) 출력 특성

[그림 3.118] 압저항형 가속도 센서칩과 회로도

그림 3.118은 압저항형 가속도 센서 칩의 구조와 특성을 나타낸 것이다.

이 센서칩은 반도체 제조기술과 MEMS 기술을 이용하여 제작되는데 실리콘기판 위에 압저항체를 형성하고 압저항이 질량관성력에 의해 변형될 때 저항의 변화를 그림 3.118(b)와 같이 브릿지 회로를 구성하여 가속도를 출력 전압으로 나오게 한다.

즉 센서칩에 가속도 또는 감속도가 가해지면 압저항체로 형성된 변형(strain) 게이지 부분에 질량(mass)에 의해 응력(stress)이 가해져 게이지 부분의 저항 변화를 브릿지 회로를 구성하여 충격 특성을 얻게 되는 것이다.

변형(strain) 게이지는 4개로 구성하고 각 게이지 중앙에 질량(mass)부를 두고 있다.

3.10.3 전자유도형 가속도(G)센서

그림 3.119는 전자유도형 가속도센서를 나타낸 것이다. 이 센서는 질량변위를 차동트랜스(LVDT : linear variable differential transfomer)를 사용해 검출하는 가속도계의 구조인데 흔히 다른 용어로 LVDT가속도센서라 부른다. 가속도를 받으면 질량 $m = W/g$ (g는 중력가속도)에 의해 아래로 작용하는 힘이 발생하여 외팔보 스프링(cantilever spring)은 아래로 X만큼 변위한다. 이것은 위로 향하는 복원력 kX를 발생시킨다. 두 힘의 평형 상태에서

$$ma = \frac{W}{g}a = kX \tag{3.56}$$

이 센서의 출력을 $V_0 = bX$라고 하면

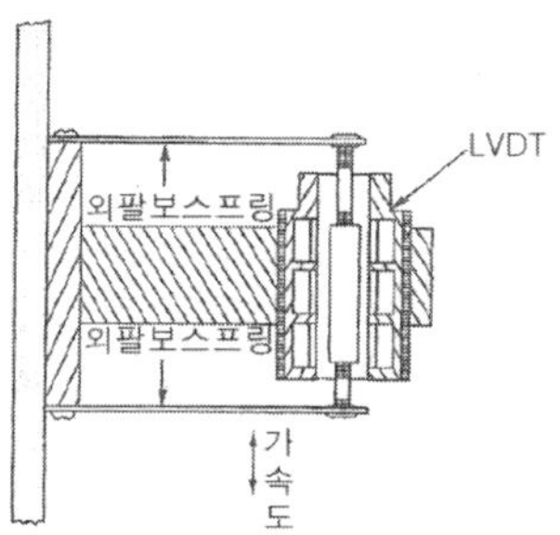

(a) 구조

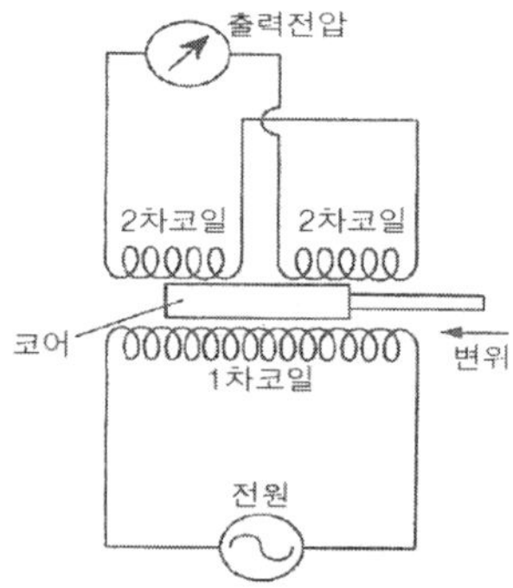

(b) 회로도

[그림 3.119] 전자유도형 가속도센서

가속도 a는

$$\frac{a}{g} = \frac{k}{W}X = \frac{k}{Wb}V_o \tag{3.57}$$

가 된다. 따라서 측정하고자 하는 가속도는 이 센서의 출력전압에 비례함을 알수있다. 이 센서의 철심(core)은 질량으로 작용한다.

3.10.4 기계식 충격센서(impact sensor)

그림 3.120은 기계식 충격센서의 구조를 나타낸 것이다. 에어백 시스템은 승객안전을 위한 SRS(supplement Restraint system)에 꼭 필요한 충격센서(impact sensor)이다.

차량이 충돌하였을 때 가속 또는 감속에 의해 회전자(rotor)가 미리 설정된 값 이상을 넘게 되면 접점이 ON되는 구조이다. 즉 그림 3.121과같이 비 작동시에는 스프링하중에 의해 편심회전자(rotor)는 편심질량과 함께 스톱퍼(stopper)에 모두 있게 되어 회전접점은 OFF상태에 있게 된다. 차량의 충돌에 의해 가속도가 편심회전자(rotor)에 가해지면 회전자는 회전하게 되고 편심회전자와 일체인 회전접점은 고정접점과 접촉하여 ON상태로 된다. 이 ON신호는 에어백 컴퓨터(ECU)로 입력하게 되어 점화판정을 내부프로그램에 의해 비교하여 점화로 판정하게 된다. 이 점화신호는 인플레이터에 있는 화약을 일시에 폭발시키게 하여 질소가스를 에어백에 불어 넣도록 하게 한다.

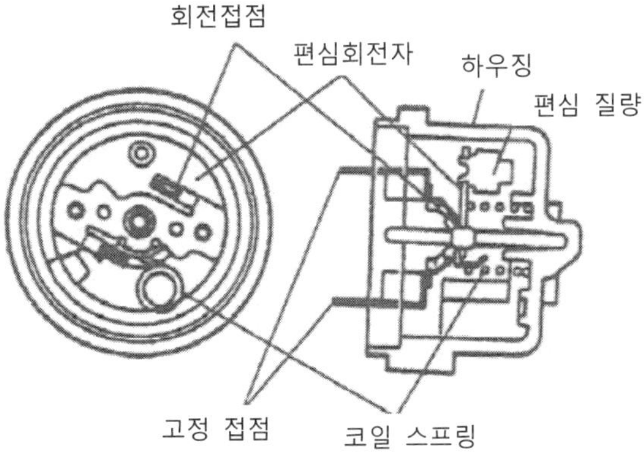

[그림 3.120] 기계식 충격 센서

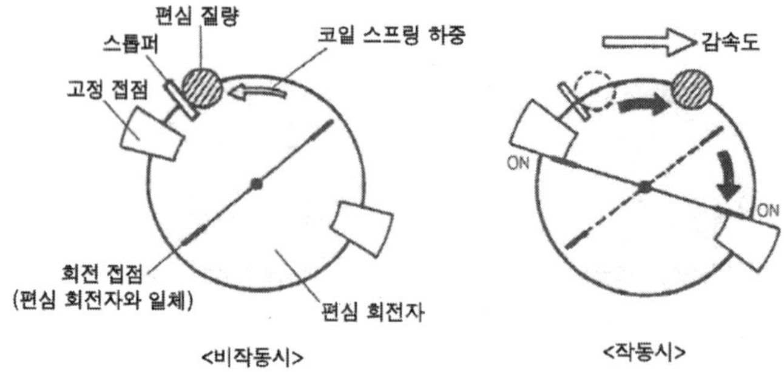

[그림 3.121] 충격센서의 동작원리

그림 3.122는 리드스윗치형 충격센서를 나타낸 것이다. 이 센서도 에어백시스템에 사용되는 센서인데, 구조는 리드스윗치, 이동자석 및 스프링으로 구성되어 있다. 차량이 충돌하면 그 가속도만큼 자석은 스프링을 압축하므로 우측에서 좌측으로 이동하는데 스프링의 설정치 이상 이동하면 리드스윗치는 ON상태가 되어 가속도의 설정치를 검출하게 된다.

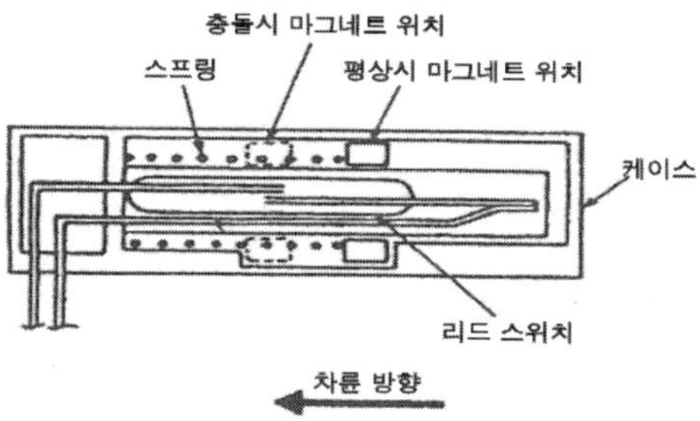

[그림 3.122] 리드스위치형 충격센서

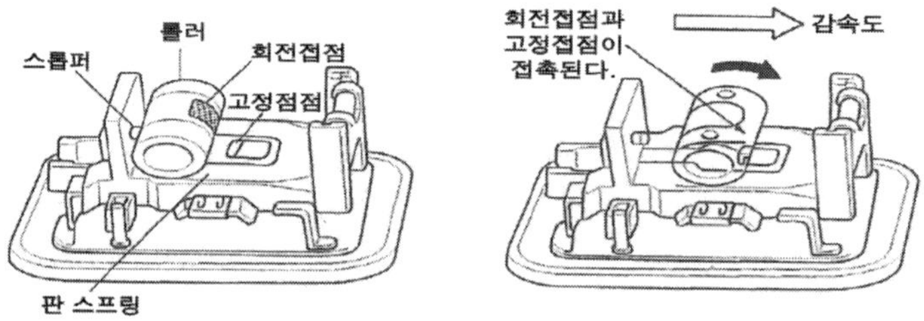

(a) 비 작동시 (b) 작동시

[그림 3.123] 롤러식 충격센서

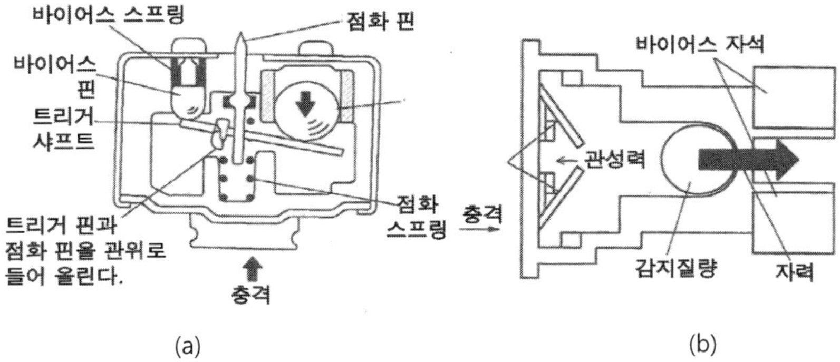

[그림 3.124] 다른 구조의 충격센서

그림 3.123은 롤러식 충격센서를 나타낸 것이다. 이 센서도 에어백시스템에 사용되고 있다. 이 센서는 그림 3.123과 같이 롤러에 회전접점과 고정접점으로 구성되어 있으며 차량이 충격에 의해 롤러의 관성으로 이동하면 고정접점과 회전접점이 접촉하게 됨으로써 차량이 가속도를 검출하는 방식이다.

그림 3.124는 다른 형태의 기계식 충격센서를 나타낸 것이다. 그림 3.124(a) 구조는 충격에 의하여 감속도가 커지면 볼이 회전에 의하여 트리거 샤프트를 회전시켜 점화핀을 올리게 되며 이때 점화핀은 점화스프링에 의해 점화핀을 사출하여 인플레이터 내에 있는 화약을 착화 시키도록 되어있다. 그림 3.124(b) 구조는 바이어스 자석에 의해 감지볼(sensing ball)을 끌어당겨 우측으로 유지(접점은 OFF)하고 있다가 충격이 관성력 이상 가해지면 감지질량(sensing mass)은 바이어스 자석의 흡인력을 넘게 되어 좌측으로 이동하여 접점은 ON상태가 되도록 되어있다. ON상태가 되면 인플레이터 내의 화약이 착화하게 되어있다.

3.10.5 요레이트 센서(Yaw rate sensor)

그림 3.125는 요레이트(yaw rate)센서를 나타낸 것이다. 이 센서는 차체의 선회각속도를 검출하는 진동형 센서이다. 이 센서의 구조는 그림(3.125) (a)와 같이 구동과 검출을 겸한 압전소자 2장을 4각 기둥의 인접한 2면에 설치하여 진동의 접점을 유지하도록 되어있다. 진동자가 회접하지 않을 경우는 그림(3.125) (b)와 같이 2매의 압전소자에서 발생되는 전압은 없어도 센서 내부의 발전회로에 의해 동위상의 교류신호가 발생되어 Op-Amp를 거치면 출력전압은 0이 된다.

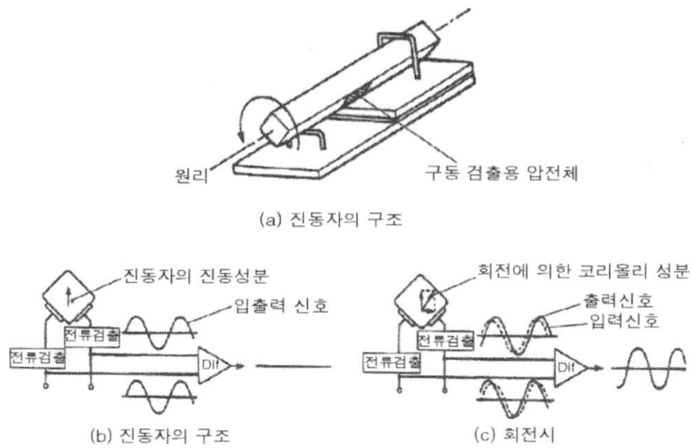

[그림 3.125] 요레이트(yaw rate)센서

한편 진동자가 회전하게 되면 2매의 압전소자에 의해 발생되는 전압은 진동자에 부착된 압전소자 거리차에 의해 발생되는 교류신호의 위상이 달라지므로 이 위상차만큼 Op-Amp를 통해 증폭되어 출력전압은 교류신호전압이 발생하게 된다. 즉 진동자의 회전진폭에 따라 교류신호 위상차가 변하므로 결국 출력 교류 신호전압은 위상차에 비례하여 출력하게 되어있어 차량의 선회각속도를 검출할 수 있게 된다.

3.11 광센서 및 초음파센서

빛은 우리생활과 매우 밀접한 관계를 가지고 있어 빛을 검출하는 역사는 매우 오래전부터 라고 생각한다. 빛으로부터 많은 신호와 정보를 얻어 많은 분야에 이용하고 있다. 그러므로 빛의 검출은 매우 중요하게 되어 광센서의 연구개발로 이어져 왔다. 광센서는 전자파 스펙트럼에서 자외선~적외선 사이를 검출하는 센서인데 검출대상이 되는 파장범위가 넓어 다양한 센서의 재료와 원리가 이용되고 있다. 여기서는 주로 차량에 이용되는 광도전셀(photocell), 포토다이오드(photodiode) 및 포토트랜지스터(phototransistor)에 대하여 알아본다. 그리고 초음파 센서는 의료진단시스템, 어군탐지기 및 기타 여러 탐상 시스템에 널리 사용되고 있는 소자이다.

초음파는 인간의 귀로 가청 할 수 없는 주파수 영역으로 설명되며 20 kHz 이상의 주파수영역이 된다. 초음파의 발생은 표면진동운동이 필요하며 이 표면 진동운동은 매질을 압축하고 팽창시킴으로서 일어난다. 이러한 초음파의 발생과 검출하는 초음파 트랜스듀스의 원리는 다양하며, 그중에서도 가장 많이 이용되고 있는 것이 압전진동자이다. 여기서는 차량에 이용되는 초음파 거리센서에 대해서 알아본다.

3.11.1 광도전 셀

그림 3.126과 같이 반도체에 빛을 조사하면 전자, 정공이 발생하여 반도체의 전기도전율(electric conductivity)이 증가한다. 이 효과를 광도전효과(photo conductive effect)라 한다.

빛을 조사하기전의 반도체 도전율 σ는

$$\sigma = ne\mu_n + pe\mu_p \tag{3.57}$$

이다.

여기서, n은 전자농도, p는 정공농도, μ_n은 전자이동도, μ_p는 정공이동도, e : 전자의 전하량

반도체에 빛을 조사하게 되면 전자-정공쌍이 발생하는데 전자농도는 $n+\Delta n$, 정공농도는 $p+\Delta p$로 각각 증가하게 되므로 반도체의 도전율 σ_p는

$$\begin{aligned} \sigma_p &= e(n+\Delta n)\mu_n + e(p+\Delta p)\mu_p \\ &= \sigma + \Delta\sigma \end{aligned} \tag{3.58}$$

이 된다.

즉 빛 조사에 의하여 전기도전율은 $\Delta\sigma$만큼 증가됨을 알 수 있다.

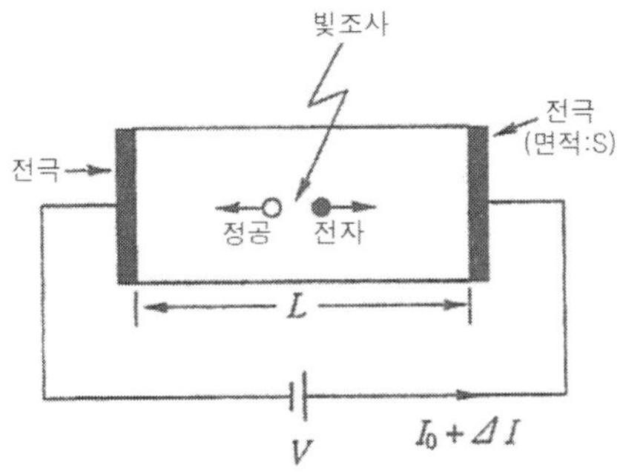

[그림 3.126] 광도전 효과

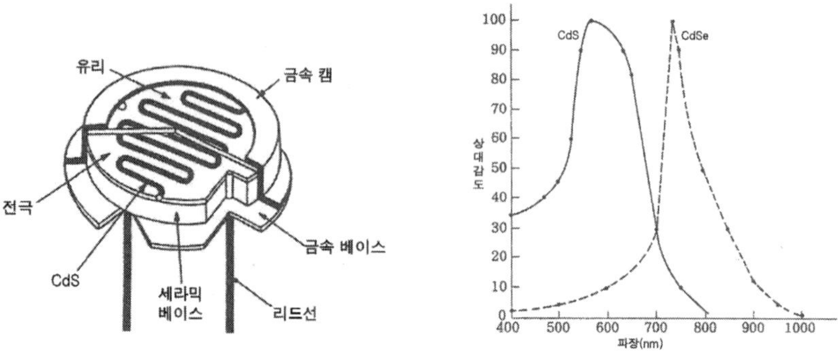

(a) 구조 (b) 분광 감도특성

[그림 3.127] CdS 광도전 Cell

그림 3.127은 CdS 광도전 Cell을 나타낸 것이다. 이 CdS 광도전 Cell은 광도전효과에서 언급한 바와 같이 빛의 세기에 따라, CdS가 반도체를 사용되며 광 감도를 높이는 방법으로 전극 면적을 크게 하기 위하여 CdS 셀 라인을 지그재그로 배열하고 있다. 그림 3.127(b)는 CdS셀의 분광감도 특성을 나타낸 것으로 565(nm)부근의 파장대에서 최대감도를 보이고 있으므로 인간의 시각특성과 매우 유사하다.

그림 3.128은 Cds 셀을 이용한 빛의 밝기에 따라 조명이 자동 점멸하는 회로를 나타낸 것이다. 만약 주위가 어두워져 CdS 셀의 저항이 증가하면 ⓐ점의 전위는 내려가게 되어 트랜지스터 T_{r1}의 베이스 전류는 거의 흐르지 않게 되므로 T_{r1}은 off상태가 된다.

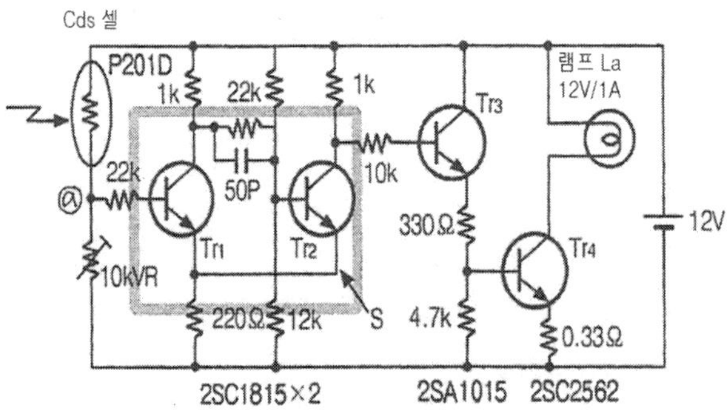

[그림 3.128] 자동조명회로

T_{r1}이 off가 되면 T_{r2}의 베이스 전류는 저항 1 ㏀, 22 ㏀, 12 ㏀으로 연결되는 저항회로에 의해 전압은 분압되어 T_{r2}는 on상태로 된다. 이때 T_{r3}의 베이스 전류는 T_{r2} on 상태로 인해 컬렉터에서 이미터로 I_c(컬렉터전류)가 흐르게 되므로 T_{r3}의 베이스전류는 T_{r2}에 흐르는 컬렉터전류에 의해 220 Ω에 걸리는 전압강하분만큼 T_{r3}의 베이스 전류는 흐르게 되어 T_{r3}는 on상태가 된다. 이렇게 T_{r3}가 on상태가 되면 T_{r3}의 컬렉터 전류에 의해 T_{r4}의 베이스전류가 흐르게되어 T_{r4}도 on상태가 되므로 램프는 점등하도록 되어있다.

3.11.2 포토 다이오드와 포토 트랜지스터

그림과 같은 p-n접합에 빛을 조사하면 n영역, p영역 공핍층에서 전자-정공쌍이 발생한다. 공핍층에서 발생된 전자n영역으로, 정공은 p형 영역으로 내부전장에 의해서 이동한다. 이와 같이 빛에 의해 각 영역에서 발생된 전자는 n영역의 전도대에 정공은 P영역의 가전대에 축적되어 P영역이 (+) n영역이 (-)인 전위가 형성되어 소위 광기전력이 나타나게 된다. 이 효과를 광기전력효과(photovoltaic effect)라 한다. 포토 다이오드는(photodiode)는 이러한 광기전력 효과를 이용한 광센서로 널리 사용되고 있다.

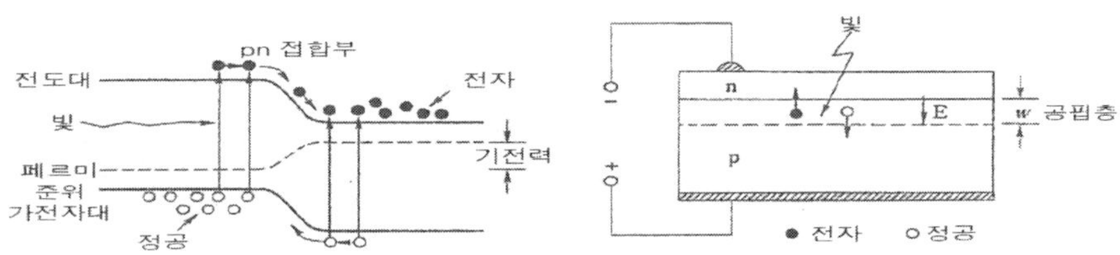

[그림 3.129] 광기전력효과

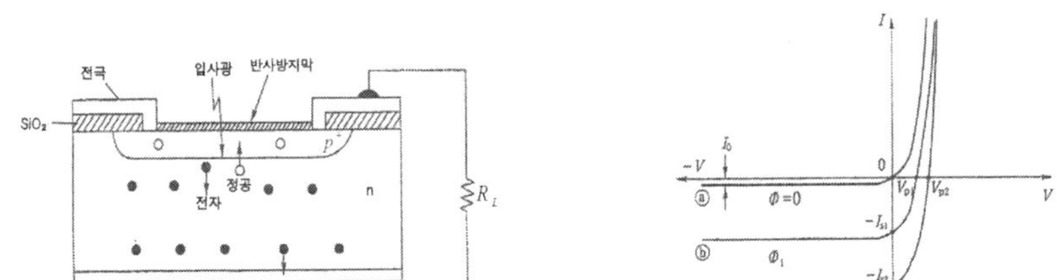

(a) 구조　　　　(b) 전류-전압 특성

[그림 3.130] 포토다이오드

그림 3.130은 포토다이오드를 나타낸 것이다. 그림과 같이 pn접합 경계면에 빛을 조사하면 앞의 광기전력 효과에서 언급한 바와같이 전자-정공쌍이 발생에 의한 광기전력이 생겨서 외부저항(R_L)을 통하여 광전류가 흐르게 된다. 그림 3.130(b)는 포토다이오드의 전류-전압특성을 나타 낸 것인데 외부로부터 빛이 조사되면 빛의 세기에 따라 전류특성이 ⓐ→ⓑ→ⓒ로 이동하게 된다. 이와 같이 입사광의 세기가 증가하면 포토다이오드의 전압과 전류는 증가한다.

그림 3.131은 포토트랜지스터를 나타낸 것이다. 포토트랜지스터의 구조는 보통의 트랜지스터와 같이 베이스(base), 이미터(emitter), 컬렉터(collector)로 구성된다. 광전류가 발생하는 원리는 포토다이오드와 같으며 베이스-이미터 접합은 순바이어스 베이스-컬렉터접합은 역 바이어스가 되도록 이미터와 컬렉터 사이에 전압을 인가한다. 빛을 베이스 영역에 조사하면 베이스 영역에서 전자-정공쌍이 발생하는데 전자는 컬렉터 쪽으로 정공은 이미터쪽으로 이동한다. 따라서 순바이어스된 이미터접합에 전류 I_L가 흐르고 이 전류는 베이스전류 역할을 하게 되어 컬렉터-이미터 사이에 전류 I_c가 흐르게 된다.

베이스-컬렉터 사이의 포토다이오드의 광전류를 I_L트랜지스터 이미터 접지 증폭율를 h_{fe}라 하면 포토트랜지스터 출력전류I_c는

$$I_c \fallingdotseq h_{fe} I_L \tag{3.59}$$

이 된다.

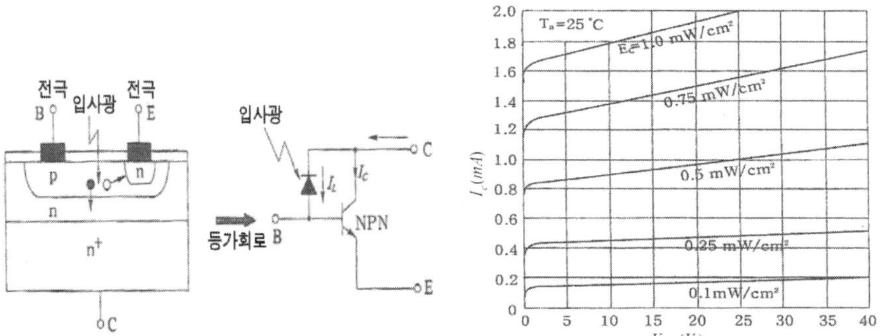

(a) 구조와 등가회로 (b) 전류-전압특성

[그림 3.131] 포토트랜지스터

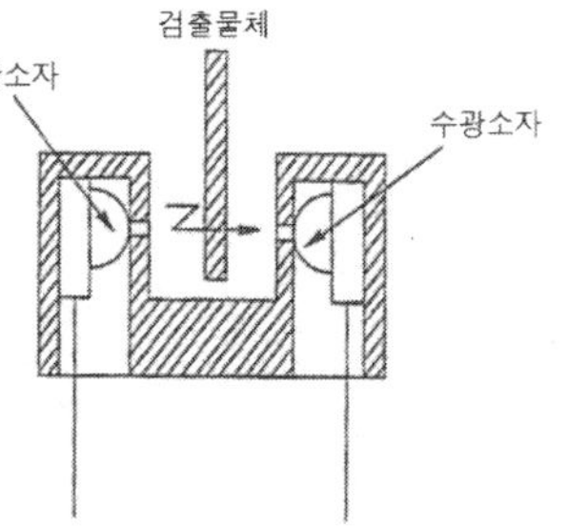

[그림 3.132] 포토 인터럽터

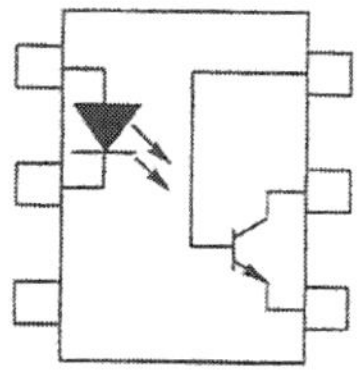

[그림 3.133] 포토 커플러

이와 같이 포토다이오드의 전류는 h_{fe}배로 증폭되어 컬렉터 전류I_c로 나타나게 된다. 광기전력 효과를 이용한 포토다이오드, 포토트랜지스터와 발광 소자를 서로 일체화한 포토 인터럽터(photo interupter), 포토커플러(photo coupler)등의 복합광센서가 있다.

그림 3.132는 포토 인터럽터를 나타낸 것으로 일종의 투과형 센서이며 발광소자와 수광소자를 일정한 거리에 대향시킨 구조이다. 두 소자사이를 물체가 통과할 때 생기는 광량의 변화를 수광소자가 받아 물체의 유무와 위치를 검출하게 하는 것이다.

그림 3.133은 포토커플러를 나타낸 것이다. 발광소자와 수광소자를 조합하여 일체화 한 것은 포토 인터럽터와 동일하지만 포토커플러는 빛이 외부로 통과하지 못하도록 패키징하여 외부광의 영향을 받지 않도록 되어 있다. 발광소자를 구동하는 입력측과 신호 출력측은 전기적으로 절연되어 있는 것이 특징이다.

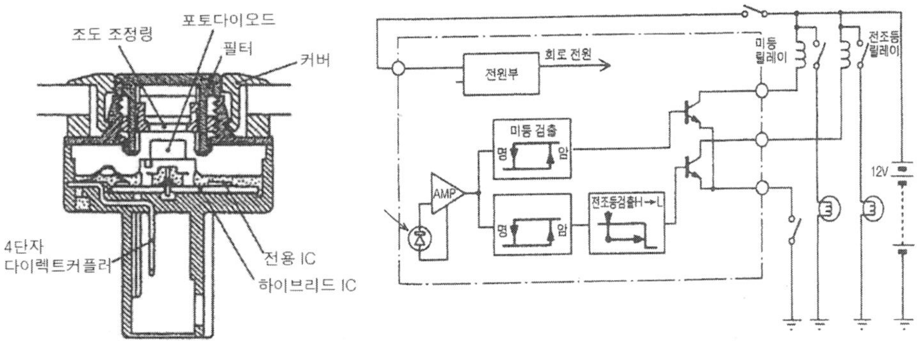

(a) 구조

(b) 자동점멸장치의 회로

[그림 3.134] 자동조명점멸장치

그림 3.134는 자동조명점멸장치를 나타낸 것이다. 그림 3.134(b)은 자동점멸장치의 회로도인데 포토다이오드에 의해 미리 설정된 빛의 세기를 검출하고 검출된 광전류를 증폭하여 일정시간 타이머와 릴레이커쳐 구동하도록 되어있다. 그림 3.134(a)는 자동조명점멸센서의 구조를 나타낸 것이다. 앞에서 언급한 포토다이오드와 검출된 신호를 증폭등 신호처리회로, 하이브리드IC가 내장되어 있어 전기적으로 on, off신호를 출력으로 발생하게 된다.

그림 3.135는 일사량 센서를 나타낸 것이다. 이 센서는 자동에어컨 장치에 부착되어 일사량을 검출하여 에어컨의 흡입이나 출력을 할 때 풍량이나 온도를 조정하는 것이다. 즉 일사량의 변화를 포토다이오드로 검출하는데 전류출력으로 나오게 된다. 어 있어 전기적으로 on, off신호를 출력으로 발생하게 된다.

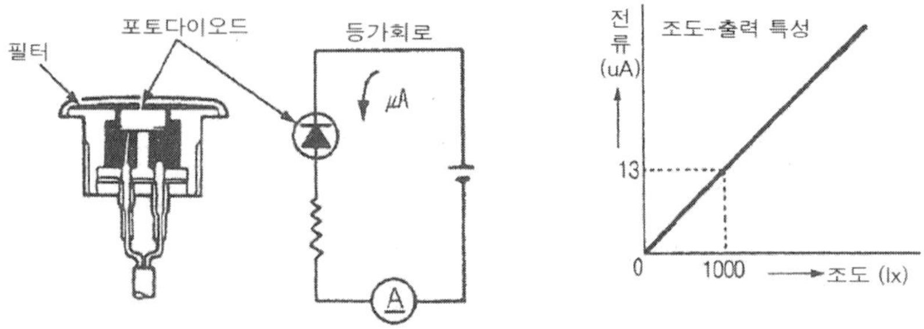

[그림 3.135] 일사량 센서

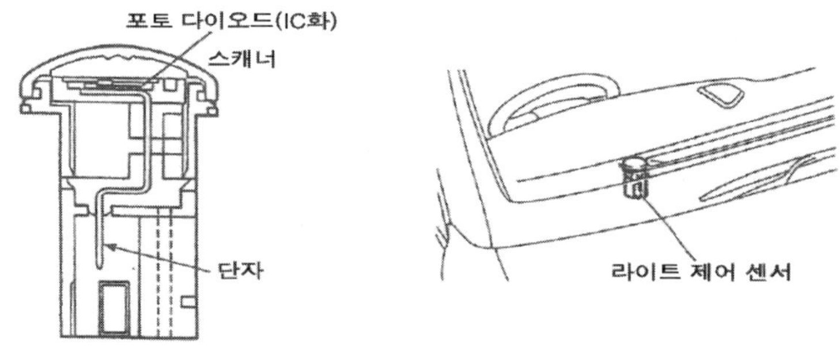

(a) 구조 (b) 장착위치

[그림 3.136] 조명등 제어센서

그림 3.136은 조명등제어센서를 나타낸 것이다. 이 센서는 자동전조등과 미등점등장치에 사용되고 있다. 야간에 전방차량의 전조등 불빛으로 운전자의 안전을 위해 센서에 입력된 광의 세기에 따라 자신차량의 전조등 밝기를 제어하여 상대 운전자가 안전하게 운전할 수 있도록 한 시스템에 이 센서가 사용된다. 이 센서는 포토IC화된 회로를 사용하는데 출력 측에는 디지털 신호로 출력하여 조명등 제어시스템에 입력하고 있다.

3.11.3 초음파센서

현재 초음파 세서로써 가장 많이 이용되고 있는 것이 압전진동자이다. 압전체는 기계적 응력(stress)을 전하로 변환하는 압전효과를 이용하므로 비교적 진동자의 구조가 단순하다.

그림 3.137은 압전 진동자의 기본원리를 나타낸 것이다. 압전체를 분극처리(poling)한 다음 분극의 방향과 반대로 전압을 인가하면 압전체는 팽창과 수축을 하게 된다. 이러한 압전세라믹은 동작주파수가 매우 높아서 자주 사용되며 초음파 검출에 사용되는 이유이다.

표 3.18은 초음파센서를 이용한 주요 응용 예를 나타낸 것이다.

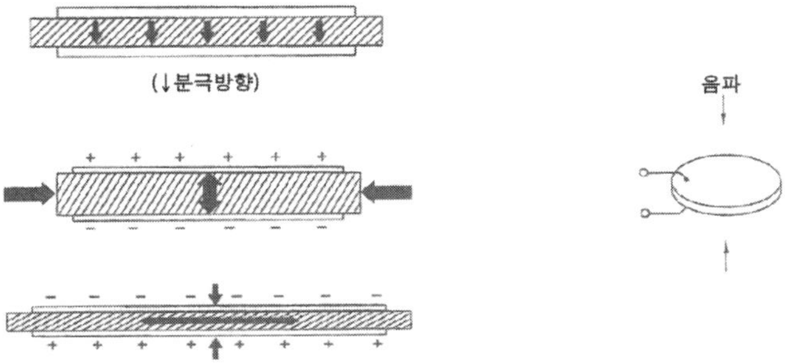

[그림 3.137] 압전진동자의 원리

[표3.18] 초음파 센서를 이용한 계측과 주요 응용예

계측 형태	측정되는 물리량	주요 응용 예
반 사 형	강도 또는 전파시간	거리측정, 소나, 어군탐지기, 탐상기, 수심 측정기
공 진 형	공진 주파수	음속측정, 칫수측정
전파속도형	전파시간	유속측정, 재질측정, 온도계
도플러형	반사파의 주파수 변화	속도측정, 혈류계
투 과 형	강도, 위상	결함의 정면상(正面像), 초음파 현미경

(1) 소나(sonar : sound navigation and ranging)

그림 3.138은 초음파 수심측정 원리를 나타낸 것이다. 소나(sonar)는 초음파를 발사하여 그 반사파를 수신하는 항해용 수중 음향기기를 말한다. 그림에서와 같이 초음파 펄스가 수심h을 왕복하는데 걸리는 시간을 t, 수중에서 음속을 c라 하면 수심 h는

$$h = c\frac{t}{2} \tag{3.60}$$

이 된다.

소나(sonar)는 어군탐지 및 거리측정에 널리 사용 되고 있다.

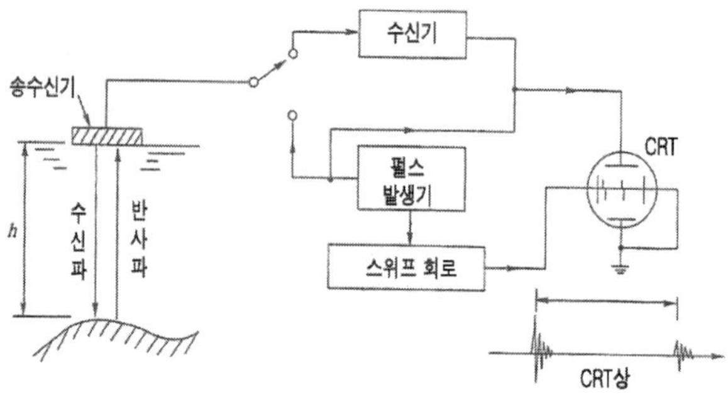

[그림 3.138] 초음파 수심측정

(2) 초음파형 거리 센서

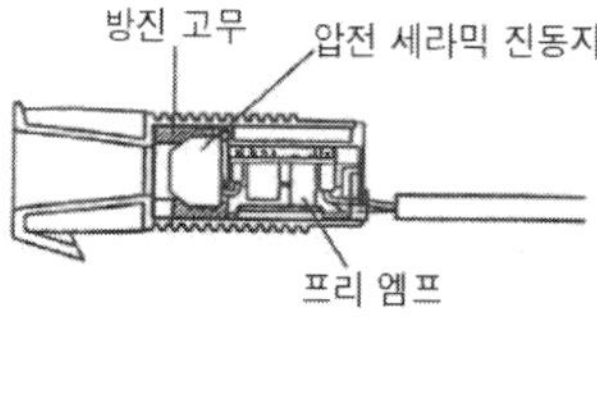

(a) 구조

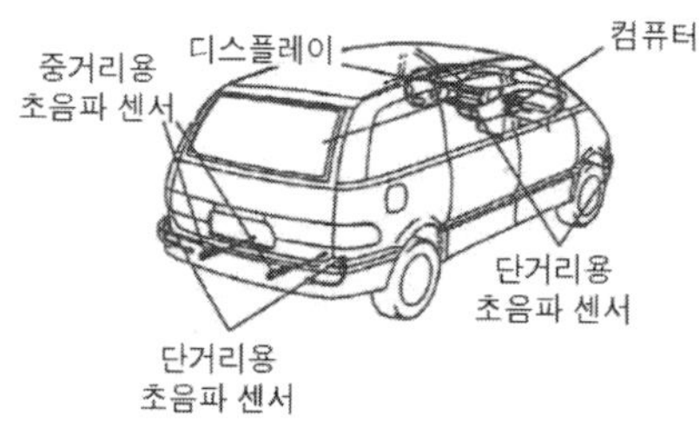

(b) 장착위치

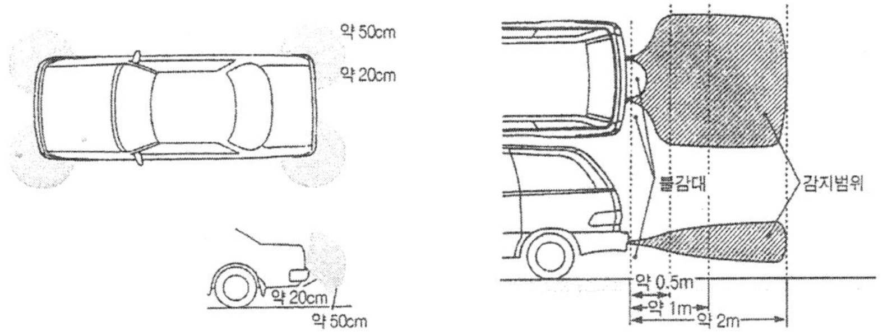

(c) 검출범위

[그림 3.139] 초음파형 거리센서

그림 3.139는 초음파형 거리세서를 나타낸 것이다. 그림 3.139(a)는 거리센서의 구조인데 압전세라믹 진동자를 사용한 것으로 내부에는 송, 수신장치를 겸하고 있다. 센서의 송신부에는 압전진동자에 약 35 kHz 교류전압을 인가하여 초음파를 발생하도록 하고 수신부에는 물체로부터 반사된 초음파반사파에 의한 초음파진동이 압전세라믹 진동자에 가해져 교류전압이 발생하도록 되어있다. 이때 발생되는 반사파의 신호는 반사파의 시차에 따라 진폭이 변하므로 진폭이 큰 값을 기준으로 송신파와 수신파간의 시차를 계산하여 거리측정을 하게 된다. 그림 3.139(b)(c)는 단거리, 중거리센서의 장착위치와 그 검출 범위를 나타낸다. 초음파는 지향성을 가지고 있기 때문에 피측정 물체의 위치가 송신파에 직접 전달하지 않는 곳에 위치하면 그림과 같이 초음파센서가 물체를 검출 할 수 없는 불감대 영역이 존재하게 된다.

3.12 요약

최근 마이크로프로세스의 눈부신 발전과 더불어 차량에서도 배기가스정화, 연비향상 및 안정성 등에 관한 사회적 요구에 부응하도록 전자제어시스템의 응용이 활발해지고 있다.

이러한 전자제어시스템에 사용되는 필수부품이 센서 및 엑추에이터 이다. 차량의 특수한 환경조건에 적합센서 즉 특히 비용, 신뢰성 및 다기능을 가진 스마트센서와 엑추에이터를 조합한 고성능 메카트로닉스 시스템이 미래의 차량에 필요할 것으로 생각된다.

이 장에서는 차량에 사용되는 각종 센서들을 분류하고 그의 구조와 기본동작원리를 서술하여 미래의 차량에 사용될 수 있는 센서들의 개발에 도움이 되도록 하였다.

참고문헌

[1] 민남기, "센서전자공학", 동일출판사, 2003.
[2] 김민복, "자동차용 센서", 골든벨, 2006.
[3] 김민복, "전자제어엔진", 골드벨, 2005.
[4] 이용주, 성백규, 이종춘, "자동차센서백과", 골든벨, 2004.
[5] 장우종, 문훈영, 앙현수, "자동차 센서", 기한재, 2010.
[6] S. M. Sze, "Semiconductor Sensors", John Wiley & sons, 1994.
[7] L. Ristic, "Sensor technology and devices", Artch House, 1994.
[8] J. J. Carr, "Sensors and Circuits", Prentice-Hall, 1993.
[9] J. S. Wilson, "Sensor Technology Hand book", Elsever, 2005.
[10] G. A. Kovacs, "micromachined Transducers", -Source Book- McGraw-hill, 1998.
[11] エレセラ出版委員会, セラックセンサ, 技献, 1980.
[12] 山香英三, ハイテクノロシ, センサ芝立出版, 1986.
[13] 柳田博明, 山崎弘郎, センサ先端技術, 海文堂, 1986
[14] 一ノ瀬昇, 小林招二, センサとその応用, 総合電子出版社, 1985

제 4 장

차량용 통신시스템 IC

차량에도 무선 통신 시스템이 도입되고 있으며 활용 분야는 확대되는 추세이다. 차량용 통신시스템에 사용되는 집적회로 칩(Integrated Circuit : IC)은 일반적인 통신 시스템에 사용하는 칩과 같은 기능을 담당하나 신뢰성이 요구된다. 차량에 사용되는 대표적인 무선 통신 시스템인 차량 추돌 경보 시스템에 사용되는 IC 소개를 통하여 차량용 무선 통신시스템 IC를 설명하고자 한다.

최근 자동차 분야에서 자동차의 구동, 제동 및 조향 등이 전자화 되면서 차량주행 중 주변 환경을 인식하여 운전자의 편의와 안전을 증진시키는 지능화 개발이 본격화 되고 있다. 주행 중에 전방 차량과 차선을 인식하여 추돌사고를 예방하거나 안전거리를 확보해주는 적응형 순항제어 장치가 대표적인 예이다. 특히 전후방 차간거리 감지 레이더로 앞차와 뒷차의 거리를 감지하여 추돌할 가능성이 생길 경우 이를 운전자에게 알려주는 차량 추돌 경보 시스템이 가장 많이 사용되고 있다. 이 시스템이 많이 사용되는 이유는 첫째, 매년 증가하는 도로에서의 교통사고 건수와 인명 및 재산 피해에 대한 연구와 투자를 더욱 증대시키는 요인이 되기 때문이고, 둘째는 지금까지 자동차의 안전 관련 기술이 에어백, 안전벨트 등 사고 후의 피해를 줄일 수 있는 수동형 안전시스템 위주로 발전해왔지만 이제는 자동차 안전에 있어서도 미리 사고를 피하는 능동형 기술로 패러다임이 변화하고 있기 때문이다. 추돌 예방 레이더는 전방에 저속 차량이 있을 경우 그 상태를 자동으로 감지하여 에어백 머리 받침 작동을 준비시켜주고 선루프도 닫아주는 역할을 한다. 차량용 레이더는 물체의 거리 및 움직이는 속도 등을 검출하기 위한 것으로 측후방 감시용 단거리 레이더(SRR, Short Range Radar)와 충돌 방지용 전방 감시 장거리 레이더(LRR, Long Range Radar)로 분류하며 측후방 감시용 단거리 레이더는 24 GHz 대역의 주파수가 사용되며 충돌 방지용 전방 감시 장거리 레이더는 77 GHz 대역의 주파수를 사용하고 있다.

그림 4.1은 차량 추돌 예방 레이더의 송수신부를 보여주고 있다. 이 구조는 일반적인 무선통신 시스템과 동일하다. 수신부에서는 안테나를 통해 수신된 미약한 신호를 저잡음 증폭기가(LNA)가 증폭하고, Mixer 단은 높은 주파수를 가진 증폭된 신호를 위상고정루프의 높은 주파수를 사용하여 낮은 주파수 대역으로 옮겨준다. 송신부에서는 Mixer 단은 낮은 주파수를 가진 신호를 높은 주파수 대역으로 옮겨주며, 전력증폭기는 (Power amplifier) 이 신호를 강력

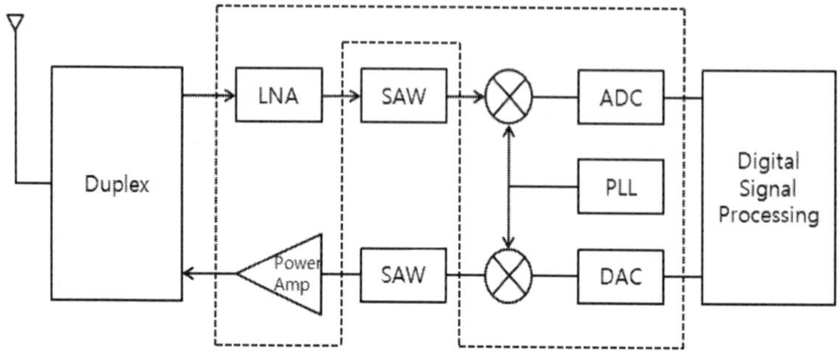

[그림 4.1] 차량 추돌 예방 레이더 송수신부

한 신호로 바꾸어 안테나로 전달한다. 송신과 수신에 모두 사용되는 주파수 합성기는 (Phase Locked Loop : PLL) 아주 작은 위상잡음을 가진 높은 주파수 신호를 만들어 준다.

여기서 사용되는 고주파 통신 핵심 부품인 저잡음증폭기, 전력증폭기와 주파수합성기의 기능과 원리를 중심으로 4장을 구성하였다.

4.1 저잡음증폭기

4.1.1 저잡음증폭기 개념

일반적으로 저잡음증폭기가 사용되는 무선 통신 시스템의 수신단은 그림 4.1과 같은 구조로 구성되어 있다. 그림 4.1의 수신단 잡음 영향은 식 (4.1)으로 나타낼 수 있다.

$$F = F_1 + \frac{F_2 - 1}{G_1} + \frac{F_3 - 1}{G_1 G_2} + \cdot \cdot \cdot + \frac{F_N - 1}{\prod_{n=1}^{N-1} G_n} \tag{4.1}$$

식 (4.1)을 살펴보면 수신단 전체의 잡음은 각 블록의 잡음 값을 전단들의 이득 곱으로 나눈 값의 합이 되는 것을 알 수 있다. 첫 단의 이득인 G_1이 충분히 크다면 두 번째 항부터는 값이 작아지므로 무시할 수 있다. 그러면 식 (4.1)을 $F \approx F_1$로 표현할 수 있으므로, 전체 시스템의 잡음 F는 첫 번째 블록의 잡음인 F_1의 값에 의해 좌우된다고 할 수 있다. 첫 단의 이득을 충분히 크게 하고 잡음을 줄이면서 회로 전체 시스템의 잡음이 감소하게 되므로, 이득과 잡음 값을 최적화시키는 저잡음증폭기를 첫 단으로 구성하면 고감도 수신기를 설계 할 수 있다.

수신단의 첫 단에 위치한 저잡음증폭기는 큰 잡음원에 노출된 아주 미소한 신호 (0.031 μ~60 mV)를 안테나 및 듀플렉서를 통해서 받아들여 잡음을 최대한 줄이면서 원하는 주파수 대역만을 선별하여 증폭시켜 후단의 주파수 혼합기로 공급한다.

4.1.2 저잡음증폭기 주요 고려사항

저잡음증폭기의 일반적인 특성을 표 4.1에 나타내었다.

[표 4.1] 저잡음증폭기의 일반적인 특성

Parameter	Magnitude
Impedance matching of input/output	50Ω
Gain	10~20dB
NF	1~3dB
IP3	-10dBm
Reverse Isolation	≈ -20dB
Power Consumption	≈ 10mw

(1) S 파라메터(Scattering parameter)

S 파라메터는 주파수분포상에서 입력전압 대 출력전압의 비로써, 그림 4.2와 같은 2포트 회로의 경우는 식 (4.2)~(4.3)과 같이 나타낼 수 있다. 대부분의 RF장비 및 설계 기준은 S파라메터를 기준으로 만들어져 있으며 dB 스케일로 나타낸다.

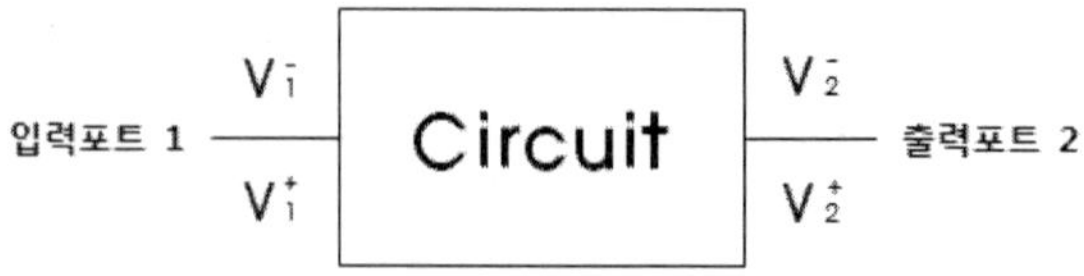

[그림 4.2] Parameter.

$$S_{ab} = \frac{V_a^-}{V_b^+} \tag{4.2}$$

$$S_{matirx} = \begin{vmatrix} S_{11} & S_{12} \\ S_{21} & S_{22} \end{vmatrix} \tag{4.3}$$

S 파라메터의 각 요소들은 크게 전송(transmission), 반사(reflection), 격리(isolation)로 분류할 수 있다. 전송´은 입력신호 대 출력신호의 비로써 입력신호가 전송하고자 하는 포트까지 도달하는 값을 평가한다. 2포트 소자의 경우 S_{11}, S_{22}에 해당된다. 마지막으로 격리´는 전력을 종단시키는 포트로 유출된 전력 값으로 2포트의 경우 S_{12}에 해당된다.

(2) 잡음지수(NF)

잡음은 생성원인에 따라 열잡음(thermal noise), flicker noise, shot noise, burst noise, avalanche noise등이 있다. 고주파에서는 열잡음이 가장 지배적이며 잡음지수(noise figure, NF)의 정의는 수식 (4.4)~(4.7)과 같다.

$$F = \frac{\text{총출력단잡음}}{\text{소스저항}(50\Omega)\text{에의한출력단잡음}} \tag{4.4}$$

$$F = 1 + \frac{\text{회로자체에의해발생되는출력잡음전력}}{\text{소스저항}(50\Omega)\text{에의한출력단잡음}} \tag{4.5}$$

$$NF = 10\log F \tag{4.6}$$

$$NF = 10\log\frac{[\frac{S}{N}]_{IN}}{[\frac{S}{N}]_{OUT}} \tag{4.7}$$

잡음지수는 입력단과 출력단의 잡음비를 나타낸 noise factor(F)를 데시벨(dB)로 표현한 값으로, 전체 시스템의 신호 대 잡음비(SNR : signal-to-noise ratio)가 외부에서 생긴 잡음 요소에 의해 얼마만큼 감소했는지를 나타낸다.

(3) IIP3

IIP3 (3rd intercept point)는 시스템의 선형성(linearity)를 나타내는 지표로, 기본파 성분이 포화되지 않고 계속 증가할 경우, 3차 혼 변조 성분(third-order intermodulation, IM3)의 출력 전력점과 같아지는 지점의 입력전력으로 정의된다. 3차 혼 변조 성분이 기본파 성분보다 커지면 왜곡 신호가 더 커지게 되므로 원하는 주파수 대역에서의 사용은 더 이상 의미가 없어진다. 그림 4.3에 IIP3을 구하는 방법을 나타내었다.

식 (4.8)과 같이 서로 다른 주파수를 가지는 인접한 두 개의 신호가 증폭기 입력으로 인가될 경우, 비선형성 증폭기의 출력을 살펴보면 식 (4.9)와 같다. 여기서 두 신호의 크

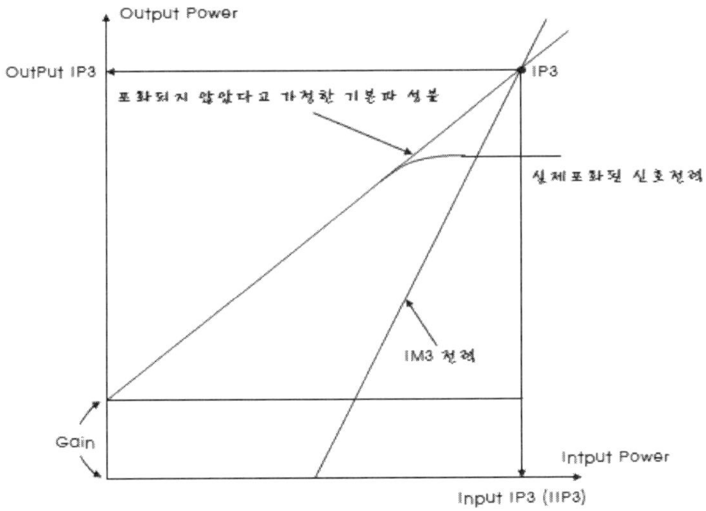

[그림 4.3] IIP3 결정방법

기성분 $A = A_1 = A_2$라고 두기로 한다.

$$x(t) = A_1 \cos w_1 t + A_2 \cos w_2 t \qquad (4.8)$$

$$\begin{aligned} y(t) &= a_1 x(t) + a_2 x(t)^2 + a_3 x(t)^3 + \cdots \qquad (4.9) \\ &= (\alpha_1 + \frac{9}{4}\alpha_3 A^2)A cos w_1 t + (\alpha_1 + \frac{9}{4}\alpha_3 A^2)A cos w_2 t \\ &\quad + \frac{3}{4}\alpha_3 A^3 \cos(2w_1 - w_2)t + \frac{3}{4}\alpha_3 A^3 \cos(2w_2 - w_1)t + \cdots \end{aligned}$$

만약 $\alpha_1 \gg \frac{9}{4}\alpha_3 A^2$라고 가정하면 기본파 성분과 3차 혼 변조 성분은 식(4.10)~(4.11)과 같다.

$$\text{기본파 성분}(\ w_1,\ w_2)\ :\ \alpha_1 A \qquad (4.10)$$

$$\text{3차 혼 변조 성분}(\ 2w_1 - w_2,\ 2w_w - w_1)\ :\ \frac{3}{4}\alpha_3 A^3 \qquad (4.11)$$

IIP3의 정의에 따라 식 (4.12)와 같이 식 (4.10)과 식 (4.11)을 같다고 두면 식 (4.13)으로 표현할 수 있다.

$$|\alpha_1| A_{IP3} = \frac{3}{4}|\alpha_3| A_{IP3}^3 \qquad (4.12)$$

$$\text{(IIP3)}\ A_{IP3} = \sqrt{\frac{4}{3}\left|\frac{\alpha_1}{\alpha_3}\right|} \qquad (4.13)$$

(4) 임피던스 매칭(Impedance Matching, S11, S22)

임피던스가 다른 블록과의 연결단에서 매칭되지 않으면 반사계수가 높아져 신호의 왜곡을 야기하게 되므로, 임피던스를 매칭시켜 반사파를 최소로 줄여야 한다. 초고주파에서 전자파 에너지의 전력전송(power transfer)이 가장 좋은 임피던스는 33 Ω, 신호 파형의 왜곡(distortion)이 가장 낮은 임피던스는 75 Ω이다. 일반적으로 RF회로에서는 전력전송과 왜곡을 고려하여 중간 값인 50 Ω을 임피던스 매칭 기준값으로 잡는다. 모든 회로의 입력단과 출력단을 50 Ω으로 만들어 주면 회로를 연결할 때마다 임피던스 매칭을 하지 않아도 된다. 입력단과 출력단의 임피던스 매칭은 S_{11}과 S_{22}의 값으로 확인할 수 있다.

(5) 이득 (S21)

식 (4.1)에서 보았듯이 첫 단 이후에 위치하는 블록의 잡음 값을 제거하고, IIP3값을 증가시키기 위해서 높은 이득 값이 필요하다. 일반적으로 저잡음증폭기의 이득은 10~20 dB의 값을 만족해야 한다.

(6) 격리 (Isolation, S12)

저잡음증폭기 후단에 위치한 주파수 혼합기에서 누설되는 LO 신호가 저잡음증폭기로 흘러 들어오는 양을 의미하는 것으로 기판 커플링이나 본딩 와이어 커플링에 의해서 발생된다. 증폭기의 구조적 설계로 누설신호를 줄일 수 있다.

(7) 안정계수(Stability Factor)

출력에서 입력으로 피드백이 존재할 때 소스와 부하 임피던스의 영향으로 회로가 불안정하면 발진할 가능성이 있다. 발진 없이 회로가 안정하게 동작하기 위해서는 식 (4.14)의 조건을 만족시켜야 한다.

$$K = \frac{1 + |\Delta|^2 - |S_{11}|^2 - |S_{22}|^2}{2|S_{21}||S_{12}|} \tag{4.14}$$

식 (4.14)에서 Δ=S11S22-S12S21이다. K〉1이고 Δ〈1인 경우 회로는 발진없이 항상 안정하게 동작한다. 식 (4.14)에서 회로의 역방향 격리를 나타내는 S21값이 증가할수록 회로가 안정계수 K가 향상되는 것을 알 수 있다. 안정한 입력 임피던스를 위해 일반적으로 그림 4.4와 같은 구조를 쓰이고 있다.

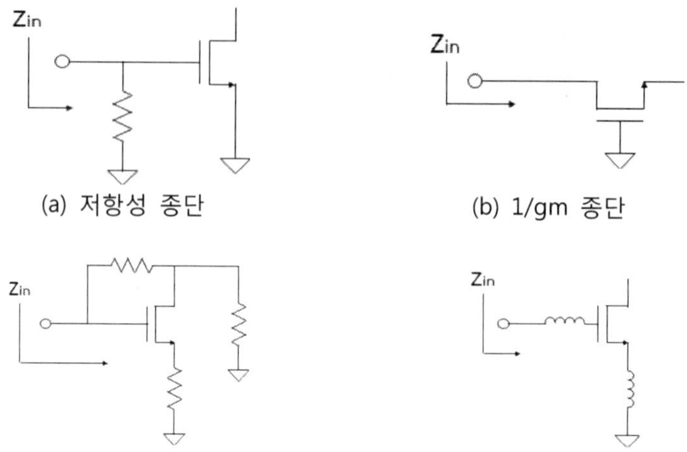

(a) 저항성 종단 (b) 1/gm 종단

(c) 전압-전류 궤환 (d) 유도성 종단

[그림 4.4] 일반적인 저잡음증폭기의 입력 임피던스 구조

그림 4.4의 (a)구조는 저항의 열잡음 특성으로 인해 잡음지수가 좋지 않을 뿐 아니라 저항에 의해 감쇠가 발생한다. (b)구조는 공통 게이트 구조라고도 불리는 구조로 이력 매칭이 간단하고 IIP3 특성도 좋지만 잡음지수가 좋지 않다. (c)구조는 광대역 저전압 증폭기에 주로 쓰이는 구조로 전력소모가 크고 CMOS를 이용하여 하나의 칩으로 구현하기에 부적합하다. 마지막으로 (d)구조는 실제 가장 많이 쓰이는 구조로 증폭기의 입력단에서 조절하여 협대역을 가능하게 하지만 GPS 시스템에서는 사용할 수 없는 단점이 있다. 하지만 잡음지수 특성이 가장 뛰어나 가장 적합한 구조라고 할 수 있다.

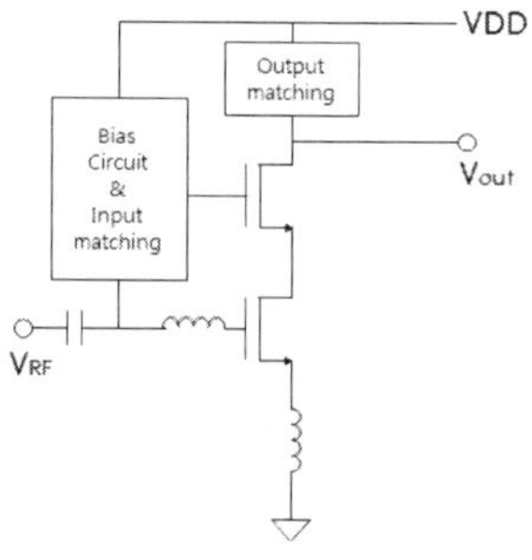

[그림 4.5] 저잡음증폭기의 기본적인 캐스코드 구조

4.1.3 캐스코드 저잡음증폭기

그림 4.5는 저잡음증폭기에 가장 널리 쓰이고 있는 기본적인 캐스코드 구조이다. 캐스코드 구조는 공통소스 M1과 공통게이트 M2를 직렬로 연결한 구조이다. 공통게이트 M2는 전압이득이 발생하는 소스와 드레인 사이에 커패시터가 없어서 밀러 효과가 발생하지 않아 역방향 격리값을 향상시켜주는 장점이 있다. 저잡음증폭기 후단에 위치하는 주파수 혼합기에서 발생되는 LO 누설성분에 의한 영향을 최소화 하고, 출력에서 입력으로의 피드백을 최소화하여 회로의 안정성을 향상시키므로 캐스코드 구조를 사용하면 발진 가능성을 줄어들게 된다.

M1으로만 이루어진 일반적인 공통 소스 증폭기의 전달컨덕턴스 및 소신호 이득은 식 (4.15)~(4.16)과 같다.

$$g_m = \frac{I_{BLAS}}{(V_{GS} - V_T)/2} \tag{4.15}$$

$$A_v = -g_m R_L \tag{4.16}$$

이에 반해 캐스코드 구조의 공통소스 증폭기 M1의 전달컨덕턴스와 이득은 식(4.17)~(4.18)과 같다.

$$G_m = \frac{1}{jwL_s} \tag{4.17}$$

$$A_v = = G_m R_L \qquad 4.18)$$

식(4.15)~(4.18)에서 나타난 것과 같이 캐스코드 구조의 전달컨덕턴스는 바이어스에는 독립적이고 소스 인덕터에만 의존한다. 그림 4.5의 RF 입력단에서 본 입력 임피던스를 그림 4.6과 같이 등가회로로 구성하여 입력 매칭 및 주파수 매칭값을 구할 수 있다. 식(4.19)의 입력 임피던스의 정의에 등가회로를 통하여 얻은 식(4.20)의 입력 전압을 대입하면 식(4.21)과 같은 RF 입력단에서의 입력 임피던스를 구할 수 있다.

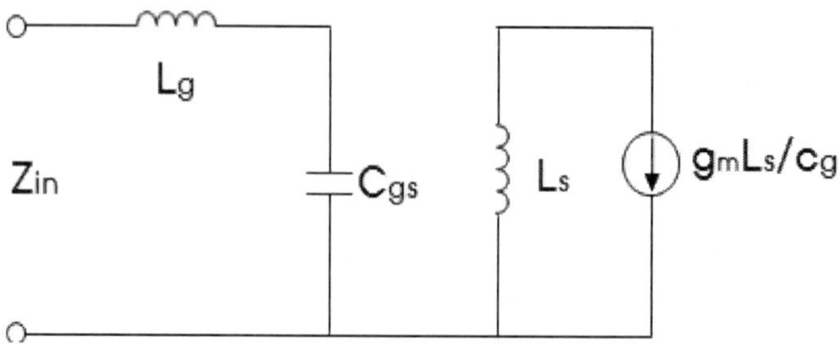

[그림 4.6] RF 입력단에서 본 입력 입피던스 등기회로

$$Z_i = \frac{V_i}{i} \tag{4.19}$$

$$V_i = (jwL_g)i + jwL_s(i + g_m \frac{i}{jwC_{gs}}) + (\frac{1}{jwC_{gs}})i \tag{4.18}$$

$$Z_i = jw(L_g + L_s) + \frac{1}{jwC_{gs}} + g_m \frac{L_s}{C_{gs}} \tag{4.20}$$

식 (4.21)에서 주파수가 식(4.22)를 만족하여 허수성분을 제거하게 되면, 실수성분인 식 (4.23)만 남는다.

$$w_c = \frac{1}{\sqrt{(L_g + L_s)C_{gs}}} \tag{4.22}$$

$$R_s = g_m \frac{L_s}{C_{gs}} \approx w_t L_s \tag{4.23}$$

여기서 L_g를 이용하여 원하는 주파수 매칭을 시켜주고 L_s를 튜닝시켜 50 Ω으로 임피던스를 매칭시켜 신호 전달을 최대화시킨다.

4.2 전력증폭기

4.2.1 전력 증폭기의 개념

그림 4.1에서와 같이 무선 통신 시스템에는 저잡음 증폭기(Low Noise Amplifier), 가변이득 특성을 갖는 구동 증폭기(Drive Amplifier), 그리고 전력 증폭기(Power Amplifier)등의 여러 가지 증폭기가 사용되고 있으며, 그 중에서도 송신부(TX)의 마지막단에 위치하여 전송할 무선신호(RF 신호)를 증폭하여 안테나로 보내는 역할을 하는 전력 증폭기는 무선 통신 시스템에서 핵심 부품이다.

무선통신 시스템 중에서 셀룰러폰이나 PCS폰은 특별한 경우를 제외하고는 2차 전지로부터 전원을 공급받는다. 이와 같은 휴대용 전자기기의 총 중량에서 2차 전지가 차지하는 비중은 매우 커서 휴대폰의 경우 약 40%~60%에 이른다. 따라서 휴대폰의 소형·경량화를 실현하기 위해서는 2차 전지를 가능한 한 작고, 가볍게 만드는 것이 필수적이다. 또한 휴대용 전자기기를 장시간 구동하기 위해서는 휴대폰 구성 부품의 전력소모를 줄여야 한다.

무선 통신 시스템에서 전력을 가장 많이 소비하는 부품은 전력 증폭기이다. 전력 증폭기는 단말기에서 기지국으로 신호를 전송하는데 필요한 전력을 공급하는 부품이다. 따라서 전력 증폭기의 효율을 높이는 것은 2차 전지의 수명을 늘리는 것과 직결되며 이는 곧 단말기의 수명, 그리고 소형화와 직결된다. 따라서 전력 증폭기의 효율을 높이는 일은 매우 중요하다. 전력 증폭기의 중요한 특성은 출력전력, 선형성, 이득 및 효율로서 이 중에서 효율을 증대시키기 연구가 많이 진행되어 왔다.

4.2.2 전력 증폭기의 비선형성

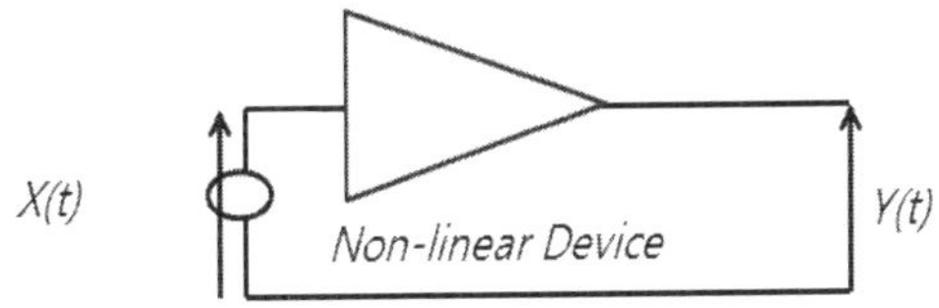

[그림 4.7] 소자의 비선형과 Power series

HPA(High Power Amplifier)에서의 증폭기는 비선형 증폭기로 일반적으로 입력신호의 크기가 증가함에 따라 이득이 감소하고 위상이 증가하는 특성을 지닌다. 비선형 증폭기는 power series로 입력 및 출력특성을 나타낼 수 있는데 다음의 식은 위상의 변화를 무시한 것이다.

$$y(t) = a_1 x(t) + a_2 x(t)^2 + a_3 x(t)^3 + \cdot\cdot\cdot \tag{4.24}$$

여기서, $x(t)$는 증폭기의 입력, $y(t)$는 출력을 나타낸다.

식 (4.25)와 같은 하나의 정현파의 신호가 증폭기에 입력되게 되면,

$$x(t) = Acos(w_1 t) \tag{4.25}$$

식 (4.26)과 같은 출력 $y(t)$를 얻게 된다.

$$\begin{aligned} y(t) = &\frac{1}{2}a_2 A^2 + (a_1 A + \frac{3}{4}a_3 A^3)\cos(w_1 t) \\ &+ \frac{1}{a_2}A^2\cos(2w_1 t) + \frac{1}{4}a_3 A^3\cos(3w_1 t) + \cdot\cdot\cdot \end{aligned} \tag{4.26}$$

입력 주파수 w_1이외에 DC성분과 $2w_1$, $3w_1$등의 하모닉스가 발생된다. 식 (4.26)에서 a_3가 0보다 작으면 선형 출력 성분 $a_1 Acos(w_1 t)$의 값이 $(a_1 A + \frac{3}{4}a_3 A^3)\cos(w_1 t)$ 값보다 작아지게 된다. 따라서 입력 성분이 커질수록 주파수 w_1의 출력 성분 중 비선형 성분이 커지게 되므로 하모닉 성분에 의한 원래의 신호의 왜곡 현상이 발생하게 된다. 비선형성을 개선하기 위한 방법들은 다양하게 연구되어 왔는데 그 방법은 크게 피드포워드(feedforward), 피드백(feedback), 전치왜곡(predistortion) 방식으로 나뉜다. 이중에서 전치왜곡 방식은 소형의 간단한 구조로 제작이 용이하고, 전력의 소모가 적어 증폭기의 비선형성을 보상해 주기 위한 가장 실제적 방법이다.

4.2.3 전력 증폭기의 주요 고려사항들

(1) P1 dB(1 dB Gain Compression point)

증폭기에서 최대(선형)출력전력을 나타내는 특성으로써 입력전력이 증가할수록 이득은 조금씩 감소하게 된다. 그리고 어떤 수준 이상의 입력전력이 입력되면 출력전력이 증가하지 않는 포화현상이 발생한다. P1 dB는 이러한 포화전력에 도달하기 전에, 실제로 이용 가능한 최대 전력점을 나타내기 위한 용도로 사용된다.

(2) 이득정합과 전력정합

그림 4.8은 2개의 서로 다른 출력정합 조건을 가진 A급 증폭기의 전력 전달 특성을 보여 준다. 실선은 낮은 입력레벨에서 공액 정합된 증폭기의 응답이다. 두 점 A와 B는 각각 최대 선형전력(maximum linear power)과 1 dB 압축전력(1 dB compression power)을 나타낸다. 1 dB 압축점은 증폭기와 증폭소자의 전력능력을 나타내는 일반적 기준으로 사용된다. 또한 선형동작의 실제 한계를 나타내기도 한다.

보통, 공액정합은 그림 4.9에서 나타난 전력정합 조건보다 2 dB 정도 낮은 1 dB 압축점을 가진다. 이는 소자가 제조자들이 제시하는 규격보다 2 dB 낮은 전력을 전달한다는 것을 의미한다. 전력 트랜지스터는 시스템에서 가장 고가 소자 중의 하나이고, 소자 성능의 낭비는 곧 비용의 증가를 가져온다. 따라서 전력 정합 조건에서의 이득이 공액 정합 조건에서 보다 떨어진다 하더라도 전력정합 조건을 중시해야 한다.

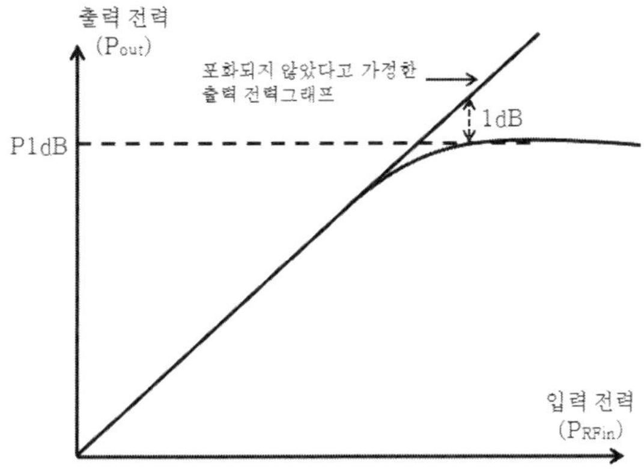

[그림 4.8] P1 dB(1 dB Gain Compression point)

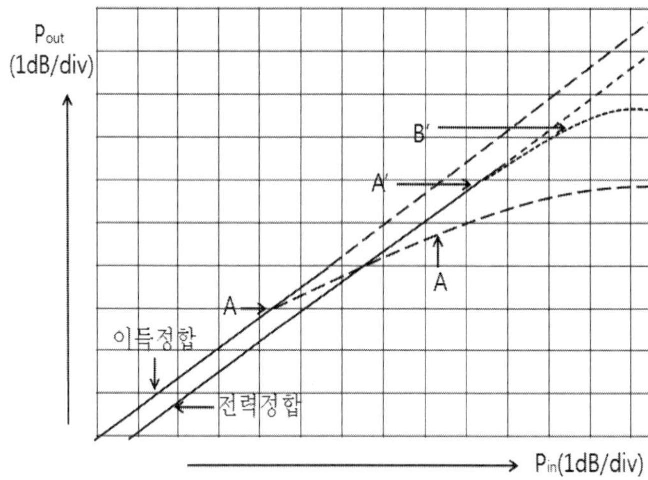

[그림 4.9] 공액정합과 전력정합의 압축특성

4.2.4 전력 증폭기 관련 주요수식

전력 증폭기의 특성과 관련된 주요 수식을 아래에 나타내었다. 드레인효율을 식 (4.28)에 나타내었는데 RF 출력전력과 DC 입력전력만을 포함하고 있어 전력이득의 정보는 없음을 확인 할 수 있다. 따라서 또 다른 효율 표현식으로 식 (4.29)식처럼 전력이득의 정보를 가지는 전력부가효율(PAE: Power Added Efficiency)로 나타내며 드레인효율(η)보다 그 값은 항상 작다.

(1) Power Gain(전력이득)

$$G_p \equiv 10\log(\frac{P_{out}}{P_{RFin}}) \tag{4.27}$$

Pout=Output Power, PRFin=RF Input Power

(2) Drain Efficiency(η)

$$Drain Efficiency(\eta) \equiv \frac{P_{out}}{P_{dc}} \tag{4.28}$$

(3) Power Added Efficiency(PAE:전력부가효율)

$$PAE \equiv \frac{P_{out} - P_{RFin}}{P_{DC}} \tag{4.29}$$

PDC : DC Power consumption

(4) Quality Factor(Q)

$$Q \equiv w_0 \frac{energy\, stored}{average\, power\, dissipated} \tag{4.30}$$

4.2.5 전력 증폭기 분류

이 절에서는 A급, B급, AB급, C급의 선형 전력 증폭기 모드를 해석한다. 능동소자를 낮은 전압으로 바이어스하고, 소자가 도통 상태에서 스윙하도록 RF신호를 인가하여 고효율 RF 증폭기를 만드는 개념은 매우 오래 전 진공관 시절부터 사용되어온 방법이다. 하지만 RF 증폭기의 도통각을 줄이는 것만으로 증폭기의 효율을 개선할 수 없다. 일반적으로 A급 바이어스 조건에서 인가되는 신호 레벨을 충분히 증가시켜야 하고 원하는 신호 주파수의 고조파에 대하여 적절하게 임피던스 정합을 해야 한다. 대부분의 고전적 해석에서는 모든 고차 고좌가 전력소자의 출력단에서 단락된다고 가정한다. 이러한 가정은 해석을 용이하게 할 뿐 아니라 진공관증폭기 시절에는 별 문제가 없었다. 하지만 트랜지스터를 사용할 경우 정합 토폴로지를 구현하기에 어려움이 따른다.

오늘날의 무선 시스템에서는 전력 증폭기 설계상에 있어 가변 조건이 부여된다. 이동단말기용 전력 증폭기는 배터리의 전력 소모를 줄이기 위해 가능한 한 효율이 높아야 한다. 기지국에서도 전력과 높은 발열에 대한 냉각의 한계 때문에 효율이 높은 전력 증폭기를 필요로 한다. 여러 가지 전력 증폭기를 비교할 때 중요한 성능은 PUE(Power Utilization Factor)이다. PUF는 특정 모드에서 동작중인 소자가 전달하는 RF전력 대 A급 증폭기가 전달하는 RF전력의 비이다. 이절에서는 선형 증폭기의 도통각 감소모드 파형의 해석과 더불어 A급, B급, AB급, 그리고 C급 증폭기의 파형과 효율을 해석한다.

(1) 도통각 감소 모드 파형 해석

트랜지스터의 도통각을 감소시킨 경우의 입력전압 파형과 출력전류 파형을 그림 4.10에 나타내었다. 소자는 A급 바이어스 조건을 지나 컷 오프에 가깝게 바이어스 된다. 충분히 큰 진폭을 가지는 RF 인가 신호가 소자의 컷 오프점, 즉 Vt를 넘어서 음의 부분까지 스윙한다. 전류 역시 이상적 포화점 Imax까지 스윙할 수 있도록 인가레벨은 A급 조건으로부터 충분히 증가시킨다. 이때 정량적으로 필요한 인가전압의 크기는 다음과 같다.

$$V_s = (1 - V_q) \tag{4.31}$$

여기서 Vq는 고정바이어스 점으로 Vt=0, V0=1의 조건에 따라 정의된다. 고정 바이어스 점이 변하면 최대전류 Imax가 유지되도록 식 (4.31)에 따라 신호전압도 증가된다고 가정한다. 또한 소자는 이상적 트랜스컨덕턴스 특성을 갖고 도통 상태를 유지할 수 있도록 소자에 필요한 전압이 공급된다고 가정한다. 그림 4.10에서 소자의 출력전류는 끝이 잘린 정현파 모양을 갖는다. 도통각 α는 RF 사이클에서 트랜지스터가 도통되는 기간을 나타낸다. 표 4.2에 고정바이어스 점과 도통각을 기준으로 동작 모드를 정의한다.

[표 4.2] 바이어스 점에 따른 도통각과 동작모드

모드	바이어스 점	고정 전류	도통각
A	0.5	0.5	2π
AB	0~0.5	0~0.5	π~2π
B	0	0	π
C	<0	0	0~π

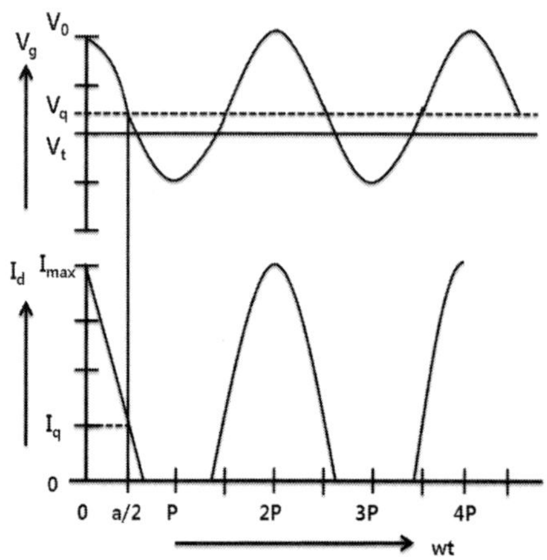

[그림 4.10] 도통각 감소 전류 파형

그림 4.10에서 도통각이 줄어들면 평균 전류(혹은 DC공급)가 줄어들게 됨을 알 수 있다. 또한 고조파 성분이 발생된다. 기본파 성분과 고조파 성분의 크기는 푸리에 변환에 의해 쉽게 구할 수 있다. RF 전류파형은 다음과 같이 쓸 수 있다.

$$\begin{aligned} i_d &= I_q + I_{pk}\cos\theta \quad -\alpha/2 < \theta < a/2 \\ &= 0 \qquad \pi < \theta < -\alpha/2.\ -\alpha/2 < \theta < \pi \end{aligned} \tag{4.32}$$

여기서,

$$\cos(\alpha/2) = -\left(\frac{I_q}{I_{pk}}\right)\text{이고, } I_{pk} = I_{\max} - I_q \tag{4.33}$$

이다. 따라서

$$i_{d(}\theta) = \frac{I_{\max}}{1-\cos(\alpha/2)}[\cos\theta - \cos(\alpha/2)] \tag{4.34}$$

가 된다. 평균전류, 즉 직류성분은 다음과 같이 주어진다.

$$I_{dc} = \frac{1}{2\pi}\int_{-\alpha/2}^{\alpha/2}\frac{I_{\max}}{1-\cos(\alpha/2)}[\cos\theta - \cos(\alpha/2)]d\theta \tag{4.35}$$

또한 n 번째 고조파의 크기는 다음과 같다.

$$I_n = \frac{1}{\pi}\int_{-\alpha/2}^{\alpha/2}\frac{I_{\max}}{1-\cos(\alpha/2)}[\cos\theta - \cos(\alpha/2)]\cos n\theta d\theta \tag{4.36}$$

여기서, 전력 증폭기를 해석할 때 가장 중요한 성분 I_d와 I_1은 다음 식으로 주어진다.

$$I_{dc} = \frac{I_{\max}}{2\pi}\frac{2\sin(\alpha/2) - \alpha\cos(\alpha/2)}{1-\cos(\alpha/2)} \tag{4.37}$$

$$I_1 = \frac{I_{max}}{2\pi}\frac{\alpha - \sin\alpha}{1-\cos(\alpha/2)} \tag{4.38}$$

식 (4.38)에서 도통각을 감소시키면 DC성분의 크기가 감소함을 알 수 있다. 특히 B급 조건($\alpha = \pi$ 일 때)에서 DC성분의 크기는 다음과 같다.

$$I_{dc} = (B급) = I_{max}/\pi \tag{4.39}$$

반면, A급에서의 DC성분의 크기는 다음과 같다.

$$I_{dc} = (A급) = I_{max}/2 \tag{4.40}$$

B급 조건에서 기본파 성분은 식 (4.38)에서 a= π 일 때의 값으로 다음과 같다.

$$I_1 = (B급) = I_{max}/2 \tag{4.41}$$

이는 A급 조건에서의 기본파 성분의 크기와 동일하다. 따라서 전류파형의 관점에서 보면, 기본파 성분의 감소 없이 $\pi/2$의 비율만큼 DC 공급전력을 줄일 수 있다. 즉, 50%인 A급의 효율은 B급의 $\pi/4$(약 78.5%)까지 증가한다. 하지만 이러한 효율 향상을 실현하기 위해서는 출력 종단과 전압 파형을 고려하여야 한다. 도통각이 π 이하인 C급 동작의 경우, DC 성분의 크기는 계속해서 감소하고, 기본파 성분의 크기도 역시 A급 레벨 아래로 감소하기 시작한다. 이때 효율은 높아지나 PUF는 낮아진다. 즉 기본파 전력의 크기가 트랜지스터를 A급으로 동작시켰을 때보다 감소한다.

AB급 전체와 B급 조건의 중간까지는 기본파 성분 이외의 중요한 고조파 성분은 2차 고조파뿐이다. 2차 고조파성분은 기본파 성분과 동위상이다. 주파수 영역의 관점에서 볼 때, 일부분이 컷 오프 된 트랜지스터는 상당한 크기의 2차 고조파를 발생시킨다. 이 고조파가 기본 사인파의 아랫부분은 감소시키고 피크는 날카롭게 만든다. 따라서 동일한 피크 대 피크의 크기를 가지는 파형 보다 평균레벨이 낮아지게 된다. 이처럼 트랜지스터의 컷오프 특성을 이용하여 2차 고조파성분을 발생시킬 수도 있지만 입력 정합회로의 주파수 응답을 조절하여 인가전압이 적절한 동위상의 2차 고조파를 가지도록 할 수도 있다. 이 때 인가전압은 다른 비선형 증폭기의 구동단에서 얻는다. 트랜지스터의 컷 오프 특성을 이용하는 선형 전력 증폭기는 구동 전력 측면에서 비경제적이다. 왜냐하면 통상적으로 전력 트랜지스터의 이득을 최우선으로 고려하기 때문이다.

B급 조건에서 고조파 성분은 영점을 통과하기 때문에 무시할 수 있다. 하지만 AB급 조건에서 3차 고조파는 무사하지 못한다. 일반적으로 진폭이 약 0.1 보다 낮은 레벨에서, 트랜스컨덕턴스 특성의 약 비선형성분(weakly nonlinear component)은 전체 그래프의 모양을 크게 바꿀 수 있다. 3차 고조파 성분의 레벨을 정밀하게 조절하려면 B급 동작점 근처에서 바이어스를 세밀하게 조절하여야 한다.

(2) A급 전력 증폭기

A급 전력 증폭기는 가장 간단한 전력 증폭기이다. 그것은 선호 레벨이 바이어스 레벨의 소수라는 것만 제외하고는 소신호 증폭기라 볼 수 있다. 기본적은 A급 전력 증폭기가 그림 4.11과 같다. A급 전력 증폭기는 RF coke, DC blocking 커패시터, 병렬 LC tank, 그리고 트랜지스터로 구성되었다. RF choke는 DC 전력은 드레인단으로 공급하는데 사용되고 일정한 전류를 트랜지스터로 공급한다. 역시 유도성 부하의 사용은 2가지 효과로 인해 트랜지스터의 전압 진폭을 두 배로 증가시킨다. DC blocking

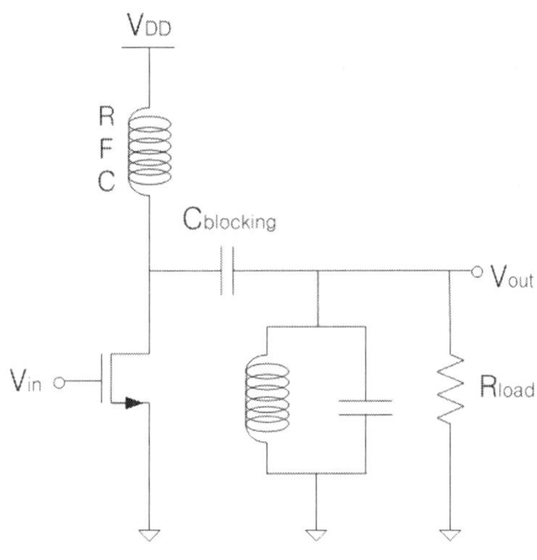

[그림 4.11] A급 전력증폭기

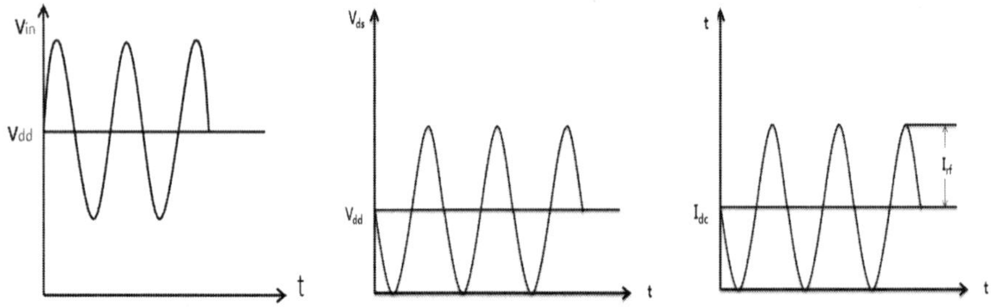

[그림 4.12] 이상적인 A급 전력증폭기의 전압 및 전류파형

커패시터는 DC 전력소모를 막기 위해서 출력단 부하으로의 전류 흐름을 막는다. 트랜지스터의 비선형성 때문에 병렬 LC tank 필터는 출력단에 중심주파수의 사인파 파형만 통과시키기 위해 중심주파수외의 신호들을 제거한다.

그림 4.11에 표시한 NMOS 트랜지스터는 전체 입력 신호의 주기 동안 포화영역 또는 핀치-오프영역에서 동작한다. NMOS 트랜지스터는 입력신호의 주기 동안에 포화영역에서 동작 하도록하기 위해서 Vdd로 바이어스된다. 트랜지스터의 트랜스컨덕턴스와 (g_m)과 출력 저항(R_{out})은 전체 입력주기 동안에 같게 유지된다. 이득$(g_m R_{out})$은 대체로 주기 동안에 일정하다. 그리고 선형성은 다른 전력 증폭기들 중에서 가장 뛰어나다. A급 전력 증폭기의 파형들은 그림 4.12에 나타내었다. 그러나, 100%의 duty cycle 또는 360°도통각 때문에 입력신호 주기 동안 트랜지스터에는 항상 전류가 흐른다. 그리고 0보다 큰 전압이 트랜지스터에 걸리게 된다. 바꾸어 말하면 그 입력신호의 주기 동안에 일정하게 전력을 소모한다. A급 전력 증폭기에서는 낮은 효율대신에 높은 선형성을 얻는다.

효율은 V_{dd}로 바이어스된 트랜지스터와 V_{dd}만큼 큰 출력 전압 파형의 진폭에서 유도될 수 있다. DC 공급전류는 RF 신호 전류(I_{rf})와 같다. 그러므로, A급 전력 증폭기의 DE(Drain Efficiency)는 수식(4.42)과 같다.

$$DE = \frac{P_{rf}}{P_{DC}} = \frac{\frac{1}{2} I_{rf} V_{dd}}{I_{DC} V_{dd}} = \frac{1}{2} \tag{4.42}$$

A급 전력 증폭기 고유의 DE는 50%로 제한된다. 기생성분들과 관련된 손실들과 같은 어떤 비이상적인 효과들은 효율을 더욱 감소시키기 때문에 A급 전력 증폭기는 선형성의 요구조건이 엄격할 때 선택되어진다.

(3) B급 전력 증폭기

A급 전력 증폭기에서 보듯이 트랜지스터가 전체 입력신호의 주기 동안 전류를 흐르게 하지 않고 어떤 주기의 부분 동안에만 전류를 흐르게 한다면 효율을 향상 시킬 수 있음을 알 수 있다.예를 들면, 트랜지스터가 입력신호의 반주기동안에만 동작한다면, 그것은 B급 전력 증폭기로 분류된다. 왜냐하면, 트랜지스터는 180°의 도통각을 가지고 문턱전압에서 바이어스 된다. 그리고 트랜지스터는 그림 4.13에서 보듯이 입력신호의 반주기동안은 컷 오프영역에 있다. 실제로, B급 전력 증폭기는 보통 효율을 최대화시키기 위해서 그림 4.14와 같이 푸쉬-풀 구조로 구현된다. 입력신호의 반주기 동안에 전류는 PMOS 트랜지스터를 통해서 출력 부하 쪽으로 밀어진다. 다른 반주기동안에 전류는 NMOS 트랜지스터를 통해서 부하로부터 당겨진다. 그러나 빠른 동작속도를 가진 PMOS 소자를 설계하기 힘들기 때문에 이 구조는 RF 응용에서 좀처럼 사용되지 않는다.

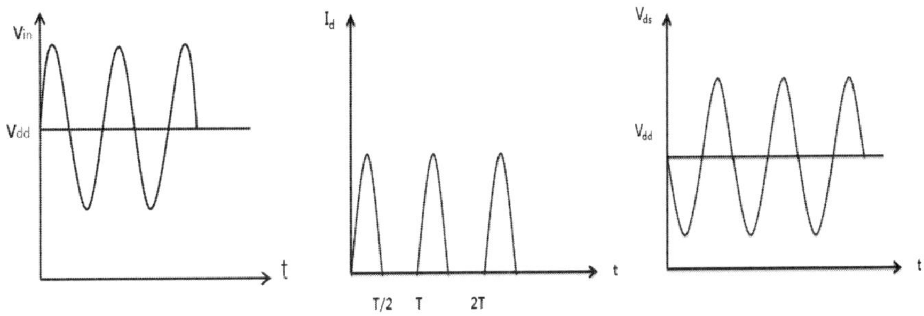

[그림 4.13] 이상적인 B급 전력증폭기의 전압 및 전류파형

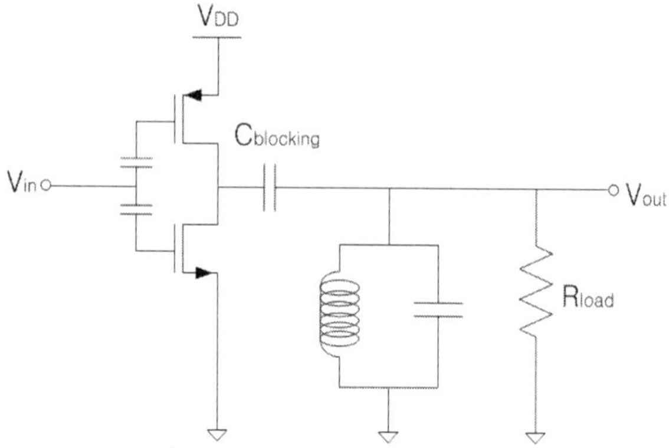

[그림 4.14] 푸쉬-풀 구조의 B급 전력증폭기

그림 4.15에서 보듯이 변압기 결합 B급 전력 증폭기는 2개의 NMOS 트랜지스터가 이용된다. 두 개의 NMOS가 사용되기 때문에, 그것은 high-speed application에 보다 적합하다. B급 전력 증폭기에서 50%의 duty주기를 가지고 DE는 78%까지 얻을 수 있다. 그러나 선형성은 불가피하게 트랜지스터의 컷오프영역과 핀치오프영역의 스위칭 모드 동작 때문에 떨어지게 된다. 현실적으로, 그림 4.15의 B급 전력 증폭기는 두 개의 트랜지스터가 다른 문턱전압을 가지고, 같은 시간에 ON 또는 OFF되기 힘들기 때문에 구현하기가 힘들다.

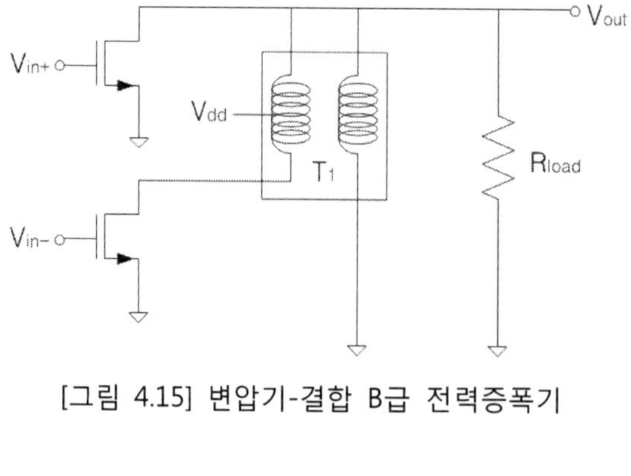

[그림 4.15] 변압기-결합 B급 전력증폭기

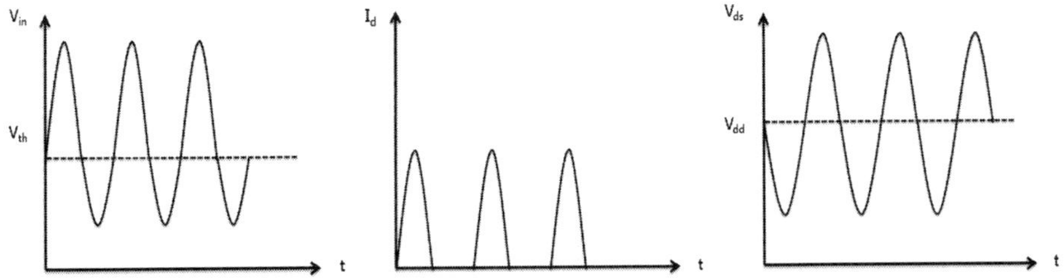

[그림 4.16] 이상적인 AB급 전력증폭기의 전압 및 전류파형

(4) AB급 전력 증폭기

트랜지스터가 어떤 같은 시간동안에만 ON 될 때, 그 전력 증폭기는 AB급 전력 증폭기로 분류된다. AB급 전력 증폭기의 파형들을 그림 4.16에 나타내었다. AB급 전력 증폭기는 이름에서 알 수 있듯이, AB급 전력 증폭기와 관계된 모든 파라미터들은 A급 전력 증폭기와 B급 전력 증폭기 사이에 있다. 예를 들면, AB급 전력 증폭기의 효율은 50%와 78%사이에 있다. 또한, 선형성도 A급 전력 증폭기와 B급 전력 증폭기 사이에 있다. 트랜지스터의 duty 주기가 100%~50%의 범위에 있기 때문에, 트랜지스터는 문턱전압보다 높은 전압에서 바이어스 된다. AB급 전력 증폭기의 회로구조는 A급처럼 간단한 트랜지스터 구조일수도 있고, B급처럼 푸쉬-풀 구조일수도 있다. AB급 전력 증폭기는 B급 전력 증폭기 보다는 높은 선형성과 A급 전력 증폭기보다는 높은 효율을 제공할 수 있기 때문에, 가변 포락선 변조방식의 시스템에서 널리 이용되고 있다.

(5) C급 전력 증폭기

전력 증폭기의 효율은 A급 전력 증폭기의 50%에서 B급 전력 증폭기의 78%로 증가한다. 그러나, 도통각은 360°에서 180°로 감소한다. 따라서 도통각을 180°보다 낮은 수준으로 줄인다면, 효율은 78%보다 높아진다. 이러한 동작특성이 C급 전력 증폭기이다. 사실, A급, AB급, B급, 그리고 C급은 회로적으로 같은 구조라고 할 수 있다. A급, AB급, B급, 그리고 C급의 트랜지스터는 전류원으로 동작한다. 이 네 가지 전력 증폭기들의 가장 큰 차이점은 바이어스 조건이다. A급부터 C급까지는 도통각을 줄이면서 효율을 높이는 일종의 트레이드-오프관계이다. 높은 효율을 가지면 그 만큼 선형성은 낮아진다. 그러므로, 비록 도통각을 0에 가깝게 가지면서 효율을 100%에 가깝게 할 수 있지만, 드레인 전류가 전혀 흐르지 않기 때문에 출력전력은 0에 가깝다.

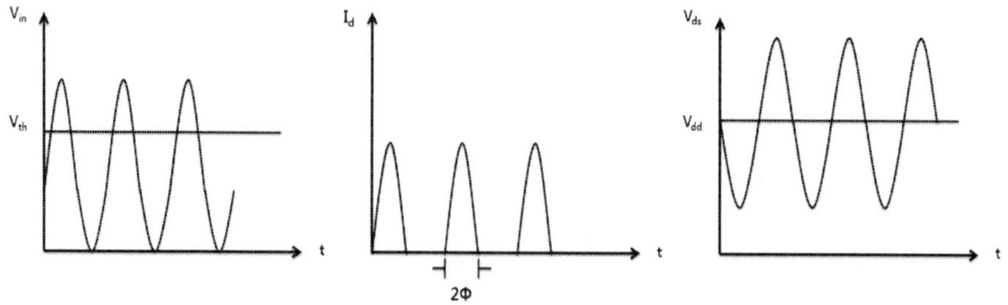

[그림 4.17] 이상적인 C급 전력 증폭기의 전압, 전류의 파형들

그림 4.17은 C급 전력 증폭기의 전압, 전류 파형을 보여준다. 수식 (4.43)로부터, C급 전력 증폭기에서 DE는 Φ항으로 표현된다.

$$DE = \frac{\Phi - \sin\Phi}{4[\sin(\frac{\Phi}{2}) - \frac{\Phi}{2}cos(\frac{\Phi}{2})]} \tag{4.43}$$

수식 (4.43)은 A급의 경우 $2\Phi = 2\pi$로 B급의 경우 $2\Phi = \pi$, 그리고 C급의 경우 $\pi < 2\Phi < 2\pi$ 로 적용될 수 있다. 입력 구동 전력은 출력 파워 수준을 유지하기 위해 소자의 핀치-오프 영역에 유지하기 위해 증가한다. 전통적인 전력 증폭기들 중에서 C급 전력 증폭기의 입력 구동 전력 요구사항이 가장 크다. 그러므로, C급 전력 증폭기는 일정한 포락선 병조방식과 낮은 출력 전력을 필요로 하는 시스템에 가장 적합하다. 일정한 포락선 변조방식과 높은 출력을 필요로 하는 시스템에서는 높은 출력전력과 뛰어난 효율 특성을 나타내는 스위치 모드 전력 증폭기가 사용된다.

4.3 주파수합성기

최근 정보 통신 기술 발전과 시장의 급속한 성장에 따라 보다 향상된 시스템 성능과 서비스에 대한 소비자의 요구가 증가하고 있다. 이러한 요구를 충족시키기 위해 시스템의 송수신 주파수 대역은 증가하고 있으며, 시스템의 소형화, 고속화, 저소비전력화 그리고 저가격화의 방향으로 기술 개발이 이루어지고 있다. 현재 대부분의 유·무선 고속 데이터 통신 시스템이나 이동통신 시스템 송수신기에서는 시스템에 요구되는 특정한 주파수를 합성하기 위한 주파수 합성기로 위상고정루프(phase locked loop; PLL)가 주로 이용된다. 위상고정루프는 부궤환 루프를 이용하여 입력 신호와 출력 신호의 위상차를 동기 시키는 회로로 마이크로프로세서, 디지털 신호 처리장치(digital signal processor; DSP) 그리고 각종 통신 시스템의 송수신기 등에서 널리 사용되고 있다.

일반적으로 SiGe 혹은 BiCMOS와 같은 공정으로 제작된 위상고정루프들은 빠른 위상고정 속도, 낮은 위상잡음 특성을 가지나 소비전력이 크고 고가인 단점이 있다. 반면 최근에 위상고정루프들은 CMOS 공정의 급속한 발전에 따라 최소 크기가 0.13 ㎛ 또는 그 이하인 나노공정으로 제조할 수 있게 되어 높은 주파수에서도 안정적이고 우수한 위상잡음 특성을 가지게 되었다. 그리고 위상고정루프의 위상고정 시간, 위상잡음 및 지터 특성 향상과 무선 주파수(radio frequency; RF) 시스템의 소형화와 저소비전력을 위해 CMOS 기술로 하나의 칩에 집적화하는 SoC(system on a chip) 방향으로 연구들이 활발하게 진행되고 있다.

각종 통신 시스템의 송수신기의 고속화 및 고주파수화 추세를 만족시키기 위해 위상고정루프는 빠른 위상고정 시간과 낮은 위상 잡음 및 지터 특성이 요구된다. 이러한 특성을 얻기 위한 연구에는 단계적 대역폭 변화 방식을 이용한 디지털 위상고정루프, 적응적 대역폭 조절기를 이용한 위상고정루프 그리고 듀얼 슬로프 위상/주파수 검출기(dual slope phase frequency detector; PFD)를 이용한 구조들이 있다[15-17]. 또한 전체 칩 영역의 많은 부분을 차지하는 커패시터의 크기를 최소화 하기위해 다양한 위상고정루프 구조들도 연구되어 왔다. 이러한 구조들은 각각 전체적인 칩 면적 증가, 늦은 동작 속도, 소비전력 증가, 느린 위상고정 시간 및 위상잡음 증가 등의 문제점들을 가지고 있다. 특히 커패시터의 크기를 최소화 하기위해 사용되는 복잡한 구조의 커패시턴스 스케일러는 잡음원이 되며 동작 주파수 범위도 제한되는 문제점 등을 야기할 수 있다.

본 연구에서는 이러한 점들을 고려하여 루프필터의 저항과 커패시턴스의 실효값을 스케일링하고 루프 대역폭을 변화시켜 빠른 위상고정 시간과 낮은 위상잡음을 가지면서 커패시터의 크기를 최소화 할 수 있는 새로운 형태의 위상고정루프를 제안하였다. 제안된 위상고정루프 구조를 이용하여 빠른 위상고정 시간을 목표로 한 고속 위상고정루프와 낮은 위상잡음을 목표로 한 저잡음 위상고정루프를 각각 설계하고 0.35 ㎛ 표준 CMOS 공정으로 제작하여 제안한 구조의 타당성과 그 효과를 확인하였다.

4.3.1. 위상고정루프의 이론 및 구조

(1) 위상고정루프의 기본 개념

위상고정루프의 기본구조는 그림 4.18과 같이 세 개의 기본 요소들로 이루어진다. 즉, 위상 검출기(Phase detector; PD), 루프필터(Loop filter; LF), 그리고 제어 전압에 따라서 주파수를 변화시키는 전압제어 발진기(Voltage controlled oscillator; VCO)로 구성된다. 위상 검출기는 이 신호의 위상을 입력 신호의 위상과 비교한다. 위상 검출기의 출력은 두 입력 신호의 위상차에 비례하는 신호를 출력하고, 루프필터는 이 출력 신호를 전압제어 발진기의 제어전압으로 변환한다. 전압제어 발진기는 루프필터의 출력신호 즉, 제어 신호 Vcont에 따라 변화하는 주파수의 신호를 출력하게 된다.

이와 같이 위상고정루프는 부궤환 구조를 가지고 있어 입력 신호의 주파수와 같은 신호가 전압제어 발진기의 출력으로 나오게 된다. 위상고정루프의 입력 신호와 전압제어 발진기 출력 신호의 주파수와 위상이 같은 때 위상고정루프의 위상이 고정되었다고 한다.

확장된 동작 범위를 갖는 위상고정루프인 전하펌프-위상고정루프(Charge Pump Phase-Locked Loop ; CPPLL)의 기본적인 구조는 그림 4.19와 같다. 이 위상고정루프는 위상/주파수 검출기, 전하펌프, 전압제어발진기, 루프필터 및 주파수 분주기의 5개 주요 부분으로 구성된다.

위상/주파수 검출기는 외부로부터 입력되는 기준 주파수(Fref) 신호와 전압제어 발진기에서 생성되는 신호의 위상과 주파수를 비교하여 위상 및 주파수의 차이에 해당하는 신호를 출력한다. 전하펌프와 루프필터는 입력신호에 비례하는 전류를 구동하여 전압제어 발진기 신호의 주파수(Fout)와 위상을 기준주파수 신호의 위상과 주파수에 동일하게 만드는 전압제어 발진기의 제어전압을 발생시킨다. 루프필터는 차수에 따라 2차, 3차, 4차 필터 등으로 나뉘어지며, 필터에 쓰이는 소자에 따라 능동 필터와 수동 필터로 다시 분류된다. 주파수 분주기는 낮은 기본주파수의 외부입력을 사용할 수 있게 할 뿐만 아니라, 원하는 전압제어 발진기의 출력주파수를 얻을 수 있게 한다.

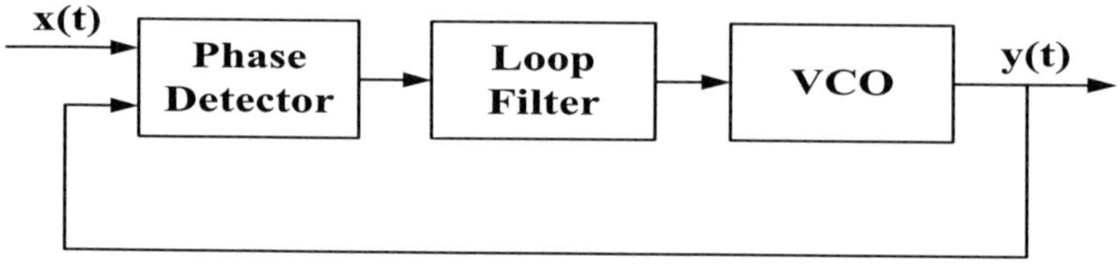

[그림 4.18] 기본적인 위상고정루프 구조

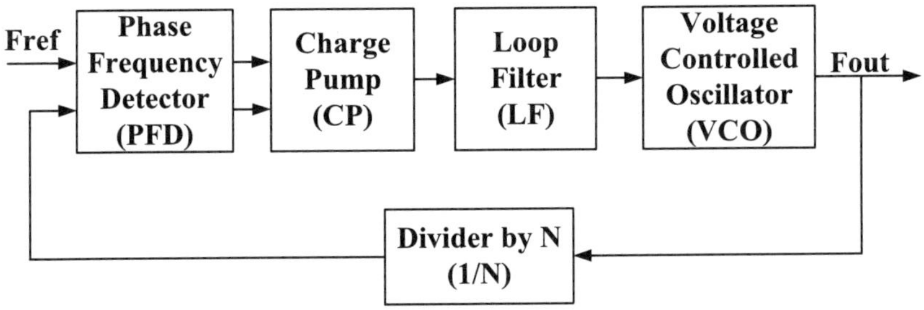

[그림 4.19] 전하펌프-위상고정루프의 블록 다이어그램

(2) 위상고정루프의 기본적인 전달함수

그림 4.20은 선형화된 위상고정루프의 블록 다이어그램을 나타낸다. 위상/주파수 검출기의 출력 전압을 라플라스 변환(Laplace transform)을 하면 다음과 같다.

$$V_{pfd}(s) = K_p\theta_e \tag{4.44}$$

여기서, K_p는 위상 주파수 검출기의 이득이고, 단위는 [V/rad]이다.

루프필터는 전압제어 발진기에서 필요 없는 측파대 신호를 발생할 수 있는 고주파 성분을 제거한다. 루프필터 출력을 라플라스 변환하면 다음과 같다.

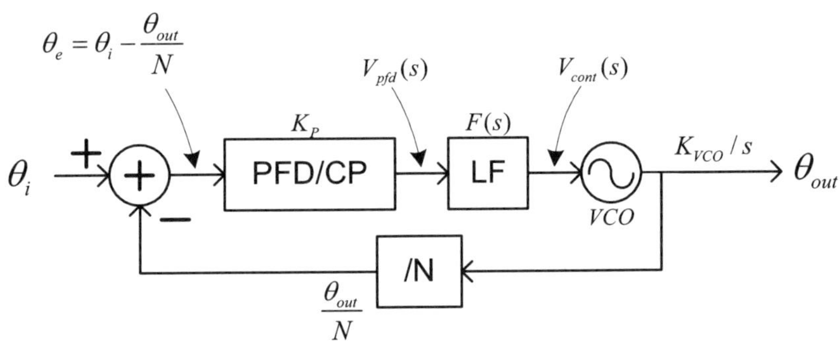

[그림 4.20] 선형화된 PLL의 블록 다이어그램

$$V_{cont}(s) = F(s)\,V_{pfd}(s) \tag{4.45}$$

전압제어 발진기 출력 주파수의 변화를 시간영역에서 고려하면,

$$\omega_{out} = K_{vco}V_{cont} + \omega_{fr} \tag{4.46}$$

이 된다. 여기서, K_{vco}는 전압제어 발진기의 이득이고, 단위는 [rad/s/V]이다. ω_{fr}는 자유 발진 주파수(free-running frequency)이다. 주파수의 시간에 대한 적분이 위상이므로, 전압제어 발진기의 초과위상에 대해서 적분을 취하면,

$$\int \omega_{out}dt = \phi_{out}(t) = K_{vco}\int V_{cont}dt \tag{4.47}$$

로 된다. 라플라스 변환에서 이 초과위상은 다음과 같이 된다.

$$\theta_{out} = \frac{K_{vco}}{s}V_{cont}(s) \tag{4.48}$$

그리고 피드백 부분의 분주기는 S-영역에서는 다음과 같이 간략화 된다.

$$\theta_{out(\div r)} = \frac{\theta_{out}}{N} \tag{4.49}$$

전방(forward) 전달함수 G(s)는 다음과 같이 나타낸다.

$$G(s) = \frac{\theta_{out}}{\theta_e}$$

$$= \left(\frac{V_{pfd(s)}}{\theta_e}\right)\left(\frac{V_{cont(s)}}{V_{pfd(s)}}\right)\left(\frac{\theta_{out}}{V_{cont}(s)}\right)$$
$$= \left(\frac{K_p F(s) K_{vco}}{s}\right) \tag{4.50}$$

피드백 전달함수는,

$$\frac{H(s)}{\theta_{out}} = \frac{1}{N} \tag{4.51}$$

로 나타낸다. 위상고정루프에서의 개루프(open loop) 함수는 다음과 같다.

$$G(s)H(s) = G_{OL}(s) = \frac{\theta_{out/N}}{\theta_e} = \frac{K_p K_{vco} F(s)}{N_s} \tag{4.52}$$

개루프 전달함수에서, 위상고정루프의 루프 대역폭은 $|G(s)H(s)RIGHT| = 1$ 인 경우이다. 위상고정루프의 안정된 동작을 위해서 개루프 이득이 0 dB를 교차할 때 위상 여유(phase margin)는 충분히 확보 되어야 한다. 이 위상 여유는 루프필터의 구조와 값에 따라 변하며 적절한 시스템 레벨의 설계에 의해 최적화 된다.

4.3.2 루프 대역폭과 위상 여유

그림 4.21은 루프필터를 수동소자로 구성한 Type-Ⅱ 3rd 구조의 위상고정루프이다. 루프필터의 전달함수 $F(s)$는 다음과 같다.

$$F(s) = \frac{sR_2C_2 + 1}{s^2(C_1C_2R_2) + s(C_1 + C_2)} \tag{4.53}$$

그림 4.22의 극점과 관련한 시정수를 $\tau_1 = R_2\left(\frac{C_1C_2}{C_1 + C_2}\right)$, 영점과 관련한 시정수를 $\tau_2 = R_2C_2$로 표현하면, $F(s)$는 다음과 같다.

$$F(s) = \frac{(1+s\tau_2)}{sC_1(1+s\tau_1)}\frac{\tau_1}{\tau_2} \tag{4.54}$$

식 (4.54)에 식 (4.53)의 $F(s)$를 대입하면 다음과 같다.

$$G(s)H(s) = \frac{K_P K_{VCO}}{Ns^2 C_1}\frac{\tau_1}{\tau_2} \tag{4.55}$$

식 (4.55)는 개루프 전달함수를 물리적 루프 변수들과 관련지어 표현한 것이다.

그림 4.22는 개루프 보드선도를 나타낸 것이다. 보드선도에서 저주파수 영역은전압 제어 발진기와 전하펌프 두 개의 적분기가 있으므로 -40 dB/decade의 기울기를 가진다. 차단주파수(ω_c)를 구하기 위해, $s = j\omega$로 변환하면,

$$G(s)H(s)|_{s=j}\ \omega = \frac{-K_p K_{vco}}{N\omega^2 C_1}\left\{\frac{(1+j\omega\cdot\tau_2)}{(1+j\omega\cdot\tau_1)}\frac{\tau_1}{\tau_2}\right\} \tag{4.56}$$

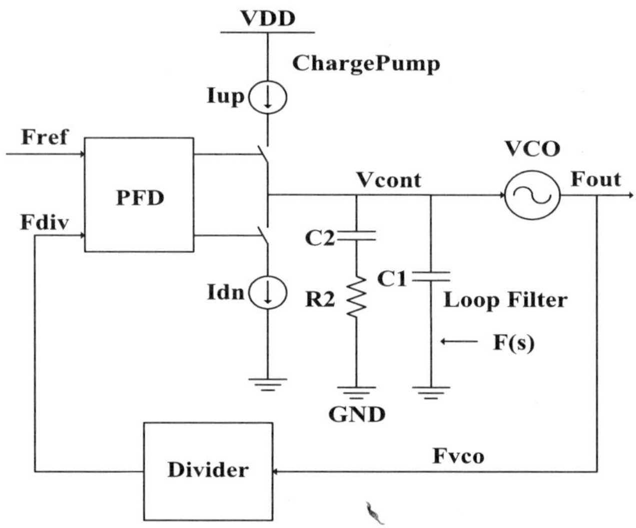

[그림 4.21] Type-Ⅱ Third-order 위상고정루프

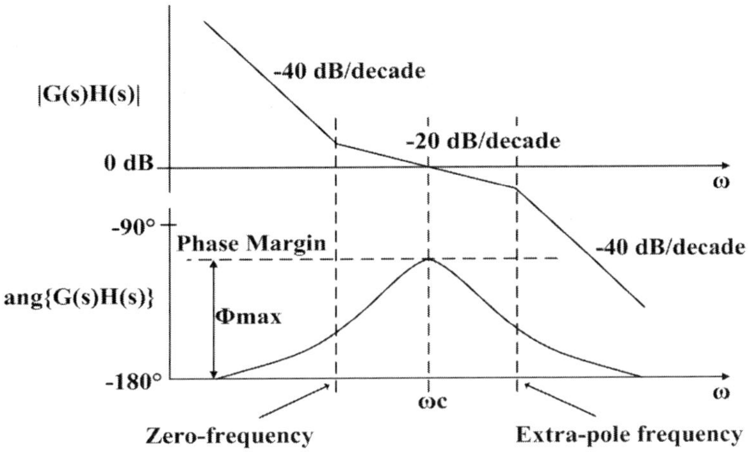

[그림 4.22] 전달함수 G(s)H(s)에 대한 보드선도

로 된다. 이 때의 위상은 다음과 같다.

$$\phi(\omega)=\tan^{-1}(\omega\cdot\tau_2)-\tan^{-1}(\omega\cdot\tau_1)+180 \tag{4.57}$$

그림 4.22에서 알 수 있듯이, 최대 위상 여유($\phi_{\max}$)은 개루프 위상응답의 기울기가 0이 될 때이고 차단주파수(ω_c)의 위치가 된다. 따라서 식 (4.58)을 미분하면,

$$\frac{d\phi(\omega)}{d\omega}=\frac{\tau_2}{1+(\omega\cdot\tau_2)^2}-\frac{\tau_1}{1+(\omega\cdot\tau_1)^2}=0 \tag{4.58}$$

과 같이 된다. 식 (4.58)에서 τ_1과 τ_2에 관련한 차단주파수(ω_c)를 구하면,

$$\omega_c=\frac{1}{\sqrt{\tau_1\cdot\tau_2}} \tag{4.59}$$

로 된다. ω_c의 주파수에서 개루프 전달함수는 0 dB를 통과하며, 최대의 위상 여유를 가지게 된다. 결과적으로, 루프필터의 설계 시 사용되는 소자의 값들은 다음과 같이 된다.

$$C_1 = \frac{K_p K_{vco}}{N\omega_c^2}\frac{\tau_1}{\tau_2}\left\{\frac{\sqrt{1+(\omega_c\tau_2)^2}}{\sqrt{1+(\omega_c\tau_1)^2}}\right\} \tag{4.60}$$

$$R_2 = \frac{\tau_2}{C_2} \tag{4.61}$$

$$C_2 = C_1\left(\frac{\tau_2}{\tau_1}-1\right) \tag{4.62}$$

위상고정루프에서의 특성을 나타내는 변수로 루프필터와 연관된 자연주파수(ωn)와 감쇠율(ζ)은,

$$\omega_n = \sqrt{\frac{1}{N}\frac{K_{vco}I_p}{2\pi C_2}}\ , \quad \zeta = \frac{\omega_n\tau_2}{2} \tag{4.63}$$

와 같이 나타낸다. 감쇠율(ζ)의 함수로 위상 여유와 개루프 전달함수는,

$$|G(s)H(s)| = \frac{\sqrt{1+4\zeta^2(\omega/\omega_n)^2}}{(\omega/\omega_n)^2} \tag{4.64}$$

로 된다. 이때의 위상 여유는,

$$\phi = \tan^{-1}\left(2\zeta\sqrt{2\zeta^2+\sqrt{4\zeta^4+1}}\right) \tag{4.65}$$

로 나타낸다. 위상고정루프의 루프필터 설계할 때 위상 여유의 최소값은 45°,감쇠율 (ζ)은 0.9일 때 최적의 성능을 나타낸다. 루프 대역폭은 측파대의 잡음을 줄이기 위해 $f_{ref}/100$에서 $f_{ref}/10$까지 범위내로 설정하는 것이 이상적이다. 루프대역폭은 위상 여유와 위상고정 시간, 안정도등과 깊게 연관되어 있을 뿐만 아니라, 위상고정루프의 잡음과도 깊은 연관을 지니고 있다. 따라서 위상고정루프를 설계할 때 루프 대역폭의 결정은 신중하게 이루어져야 한다.

4.3.3 위상/주파수 검출기

위상/주파수 검출기는 위상과 주파수 오차를 검출하는 순차 회로이다. 위상/주파수 검출기는 3-상태(3-state) 구조가 가장 많이 쓰이고 보편화 되어 있다. 일반적으로 가장 많이 사용되는 위상/주파수 검출기의 구조는 그림 4.23과 같다.

3-상태 위상/주파수 검출기의 구조는 두 개의 D-플립플롭과 한 개의 AND 게이트로 이루어져 있다. 이 구조는 에지-트리거 순차회로(edge-triggered sequential circuit)이다. 두 개의 D-플립플롭으로 들어오는 기준 신호와 전압제어 발진기 출력 신호의 상승천이(positive transition)에 따라 동작하기 때문에 위상/주파수 검출기의 출력이 입력의 듀티비(duty ratio)에 관계없다.

그림 4.23은 위상/주파수 검출기의 3상태에 대한 다이어그램이다. 위상/주파수 검출기는 기준신호(Fref)와 전압제어 발진기 출력 신호(Fout)의 위상과 주파수를 비교해서 두 가지 신호(UP, DN)를 출력한다. 기준신호가 전압제어 발진기 출력 신호보다 더 빠르면 그 차이만큼의 펄스폭을 가지는 UP 신호를 출력한다. 기준 신호가 전압제어 발진기 출력 신호보다 느리면 그 차이만큼의 펄스폭을 가지는 DN 신호를 출력한다. 위상/주파수 검출기에서 UP 신호는 전하펌프를 구동시켜 루프필터의 출력 전압 즉, 전압제어 발진기의 입력전압(Vcont)을 상승시키게 되어 전압제어 발진기의 출력 주파수를 높인다. 그리고 DN 신호는 전하펌프를 구동시켜 전압제어 발진기의 입력전압을 하강시켜 전압제어 발진기의 출력 주파수를 내려가게 된다. 기준 신호와 전압제어 발진기 출력 신호가 같아지면 이상적인 경우 루프필터에 공급되는 전류가 없으므로 전압제어 발진기의 입력전압은 항상 일정한 값을 유지한다.

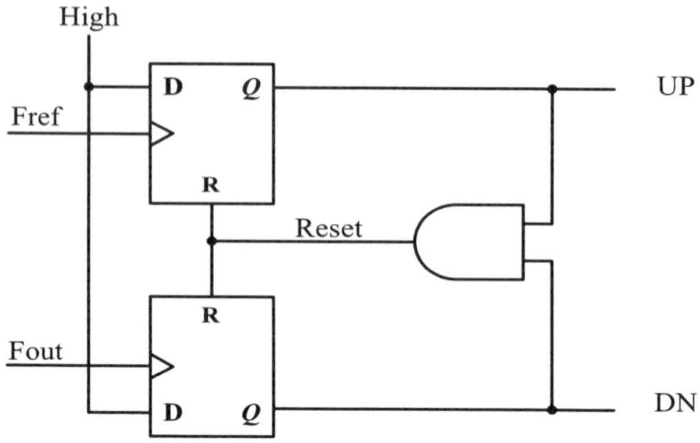

(a) 개념도

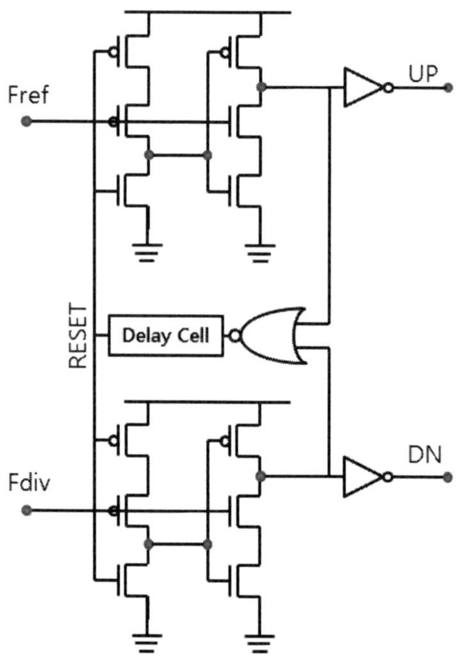

(b) 구현된 회로

[그림 4.23] 3상태 위상/주파수 검출기

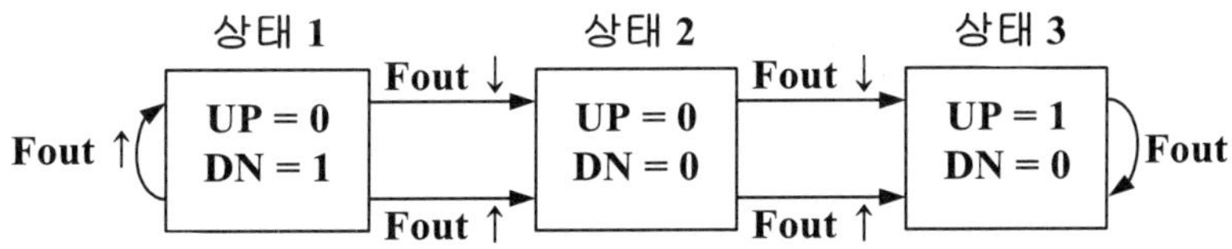

[그림 4.24] 3-상태 위상/주파수 검출기의 상태도

그림 4.25는 기준신호와 전압제어 발진기 출력신호의 위상 및 주파수를 비교하여 나타낸 타이밍(timing) 다이어그램이다.

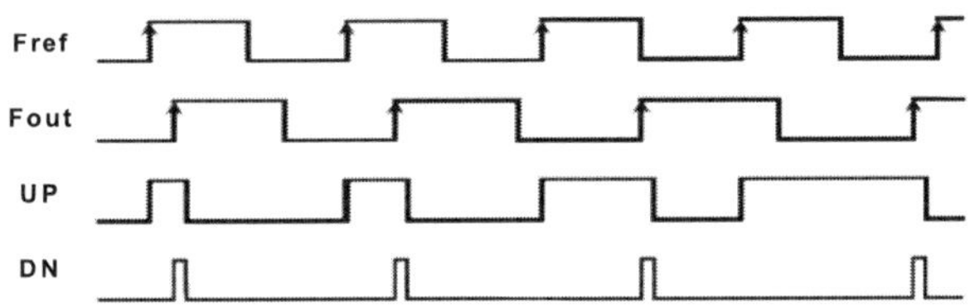

(a) Fref > Fout인 경우

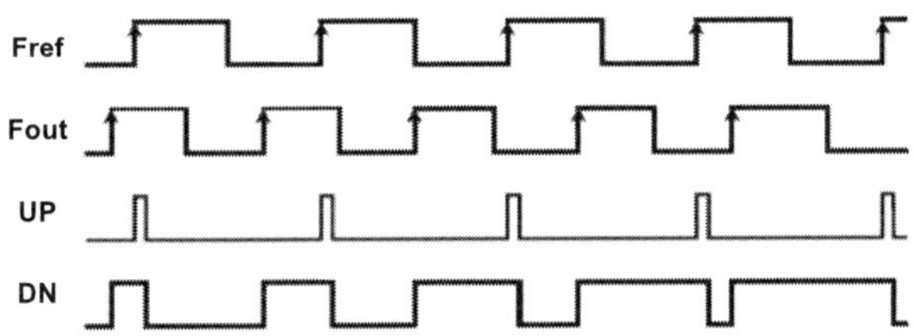

(b) Fref < Fout인 경우

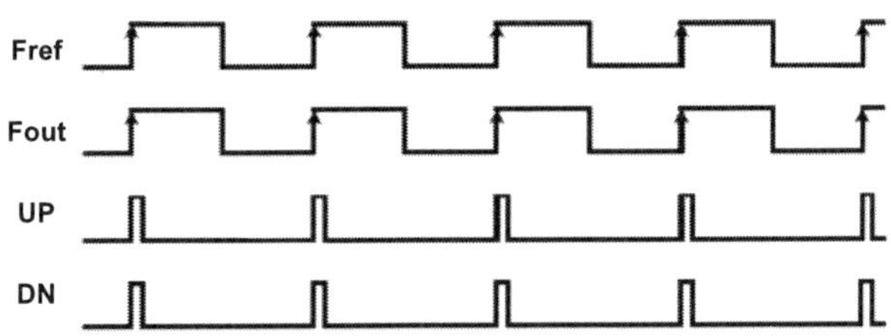

(c) Fref = Fout인 경우

[그림 4.25] 3상태 위상/주파수 검출기의 타이밍 다이어그램

4.3.4 전하펌프 및 루프필터

그림 4.26은 위상고정루프에서 사용되는 전하펌프와 루프필터의 구성을 나타낸다. 전하펌프는 위상/주파수 검출기로부터 오는 기준신호와 전압제어 발진기 출력신호의 위상오차에 해당하는 UP, DN 신호에 의해서 제어된다. UP 신호가 'high'일 경우에는 전하펌프의 S1 스위치가 턴온(turn on)되어 루프필터에 전류 IP가 흐르게 된다. 그러므로 루프필터의 커패시터에 전류가 충전되고 전압제어 발진기 입력 전압인 Vcont전압이 상승하게 된다. DN 신호가 'high' 일 경우에는 전하펌프의 스위치 S2가 턴온되어 루프필터에 전류 In이 흐르게 된다. 이 경우에는 루프필터의 커패시터에 전류가 방전되어 전압제어 발진기 입력 전압인 Vcont전압이 하강하게 된다. 전하펌프에 쓰이는 스위치로는 MOSFET가 쓰이며, 전하펌프에 흐르는 전류의 시간은 UP, DN 신호의 펄스폭에 의해서 결정이 된다. 전하펌프에 흐르는 전류인 Ip와 In은 위상고정 상태에서 똑같은 크기로 흘러야한다. 그러나 스위치로 쓰이는 MOSFET의 특성 중 PMOS와 NMOS의 이동도 차이, 위상 주파수 검출기에서 나오는 UP, DN 신호에 의한 MOSFET 스위치의 턴온 시간 차이, MOSFET 스위치의 클럭 피드스루(clock feedthrough), 전하 공유(charge sharing) 그리고 유한한 출력 저항값 등에 의해 전류 부정합(mismatch)이 일어난다. 이러한 요소들에 의해 생기는 전류 부정합은 전압제어 발진기의 입력전압에 지터(jitter)를 일으키게 하는 주된 원인이 된다.

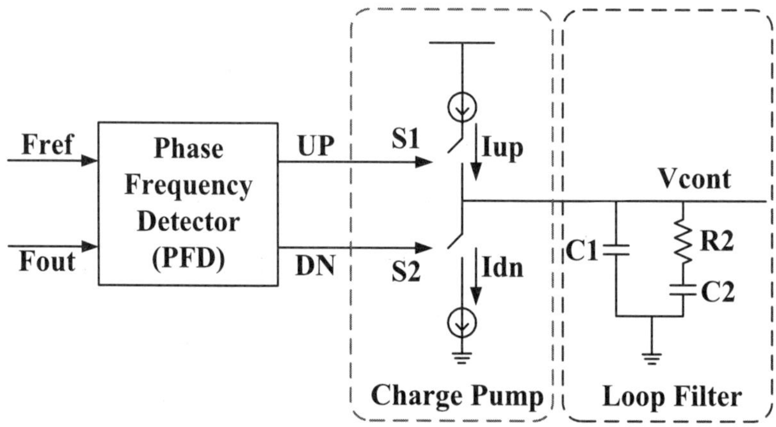

[그림 4.26] 전하펌프와 루프필터

그림 4.26의 루프필터는 일반적으로 전하펌프-위상고정루프에 사용하는 수동 루프필터이다. 이 루프필터는 두 개의 커패시터와 한 개의 저항으로 구성되어 있다. C1 커패시터를 루프 필터에 첨가하는 이유는 전압제어 발진기의 제어 전압이 계단전압(discrete voltage step)의 형태로 되는 것을 막기 위한 것이다. 루프필터의 기능은 크게 두 가지로 나눌 수 있다. 하나는 위상 주파수 검출기 출력의 리플 성분 및 고주파 성분을 제거하여 전압제어 발진기의 제어전압을 직류로 만든다. 이 기능은 전압제어 발진기의 동작 성능과 깊은 관계가 있다. 그리고 두 번째로 더욱 중요한 기능은 루프 필터의 설계에 따라 위상고정루프 시스템의 기본적인 동적특성, 즉 위상고정 시간, 루프 대역폭, 루프 이득 등을 결정하는 것이다. 이것은 시스템의 자연주파수 그리고 감쇠율(damping factor) 등과 밀접한 관계가 있다. 따라서 설계할 때는 많은 주의가 필요하다.

4.3.5 전압제어 발진기

전압제어 발진기는 입력전압인 루프필터의 출력 전압 변화에 따라 선형적으로 변하는 출력주파수의 사인파(sine wave)나 구형파(square wave)를 출력시킨다. 일반적으로 위상고정루프에 사용하는 전압제어 발진기는 부정확한 위상고정(false lock)이나 조화 위상고정(harmonic lock)을 방지하기 위해 넓은 동작주파수 범위와 좋은 선형성을 가져야 한다. 또한 전압제어 발진기 잡음의 주원인이 되는 공급전압 잡음에도 안정된 동작을 해야 한다.

그림 4.27은 전압제어 발진기의 제어 전압(Vcont)에 대한 발진 주파수(Fosc) 특성을 나타낸 것이다. 전압제어 발진기에서 제어 전압 대 발진 주파수의 특성은 위상고정루프에서 중요한 의미를 지닌다. 전압에 대한 주파수의 선형성은 가능한 넓은 주파수 영역에 대해 위상고정루프의 안정도를 제공하여 제어 전압이나 동작 주파수에 따른 전압제어 발진기의 감도변화를 최소화한다. 그리고 그림 4.27에서와 같이 양(positive)의 기울기의 전압 대 주파수 특성이 바람직하다. 이것은 전압제어 발진기의 최대 동작 주파수는 최대 제어 전압에서 발생한다는 것을 의미한다. 만약 전압에 대한 주파수 특성의 기울기가 음(negative)이라면 전압제어 발진기의 최소 동작 주파수는 최대 공급전압에 의해 제한되고, 인가되는 공급전압이 감소함에 따라 최소 동작 주파수는 증가하므로 바람직하지 않다. 그림 4.28은 전압제어 발진기 회로를 보여주고 있다. 전압제어 발진기는 전압제어 저항(voltage controlled resistor; VCR)과 3단의 차동 래치 구조 지연소자(differential latch type delay cell)로 구성 된다. 전압제어 저항은 입력 전압 Vcont

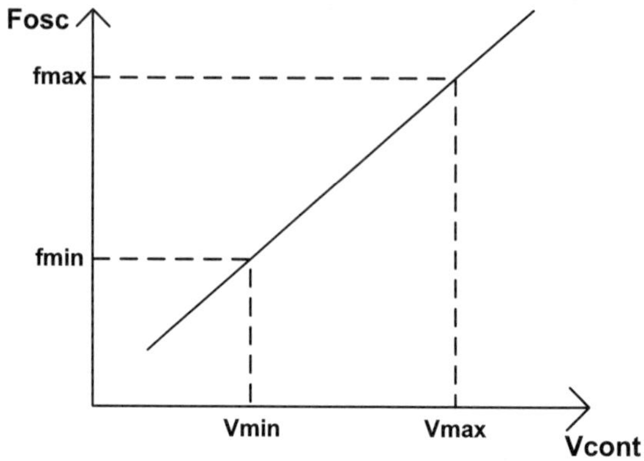

[그림 4.27] 이상적인 제어 전압(Vcont)대 발진 주파수(Fosc)

에 선형적으로 비례하는 전류를 발생시켜 전압제어 발진기의 출력 주파수를 제어한다. 또한, 상대적으로 작은 입력 전압의 변화를 더 큰 전류 변화로 바꾸어 전압제어 발진기의 넓은 튜닝 영역을 가능하게 한다. 전압제어 저항에 연결된 래치 구조 지연소자의 MP1과 MP4는 지연소자에 흐르는 전류와 지연시간을 조절하게 된다. 래치 구조 지연소자의 MP2, MP3, MN2 그리고 MN3은 짧은 동작시간을 갖게 하여 지터 및 위상잡음을 줄여준다.

4.3.6 주파수 분주기

주파수 합성기용 위상고정루프가 널리 사용되는 근래의 무선 통신 시스템은 필요한 출력 주파수가 매우 높기 때문에, 가격이 싸고 전력 소모가 적은 CMOS 공정으로 제조할 경우가 많아지고 있다. 그러나 위상고정루프를 CMOS 공정으로 제조할 경우 다른 블록에 비해 상대적으로 높은 주파수에서 동작하는 주파수 분주기의 잡음 특성은 나빠지기 쉽다. 따라서 일단 매우 높은 주파수에서 동작할 수 있는 간단한 주파수 분주기를 이용하여 전압제어 발진기의 출력 주파수를 일정량 낮춘 후 이를 다시 N으로 나누는 저속의 분주기를 통해 위상고정루프를 형성하는 방법이 널리 사용된다. 이때 전압제어 발진기의 출력을 직접 받아들이는 빠른 주파수 분주기가 전치분주기(prescaler)이다. 그림 4.29는 전치분주기를 이용한 위상고정루프이다. 이 위상고정루프 출력주파수는 다음과 같이 나타낼 수 있다.

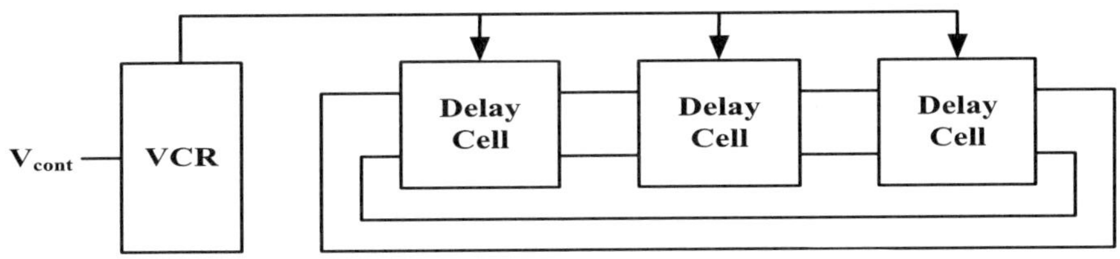

(a) 블록도

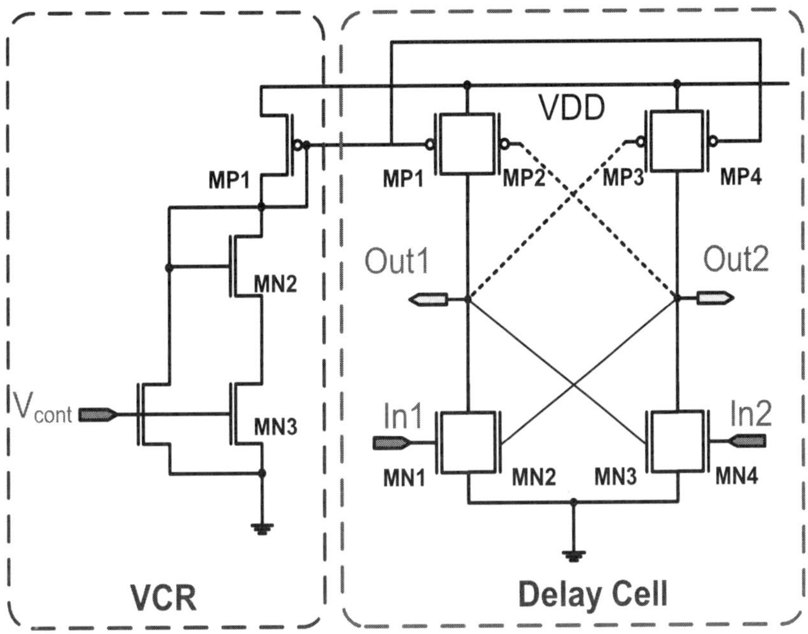

(b) 전압제어 저항과 지연소자 회로

[그림 4.28] 전압제어발진기

식 (4.66)에서 낮은 주파수로 동작하는 분주기의 분주 비율인 N은 프로그래밍을 할 수 있지만 전치분주기의 분주 비율 V는 고정되어 있는 값이므로 출력 주파수의 간격이 NVF_{ref}가된다. 즉, V가 10이고 프로그래밍 가능한 N값이 1, 2, 3이라고 하면 위

$$F_{out} = NVF_{ref} \tag{4.66}$$

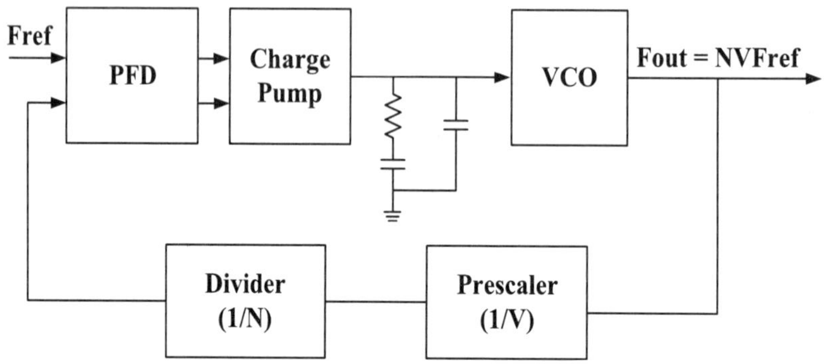

[그림 4.29] 전치분주기가 포함된 위상고정루프

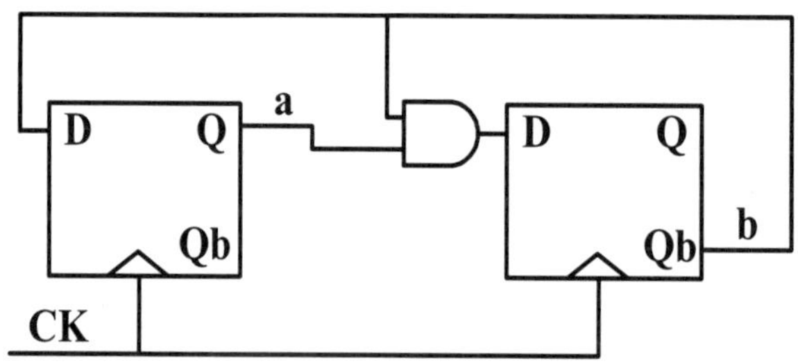

(a) 3 분주기

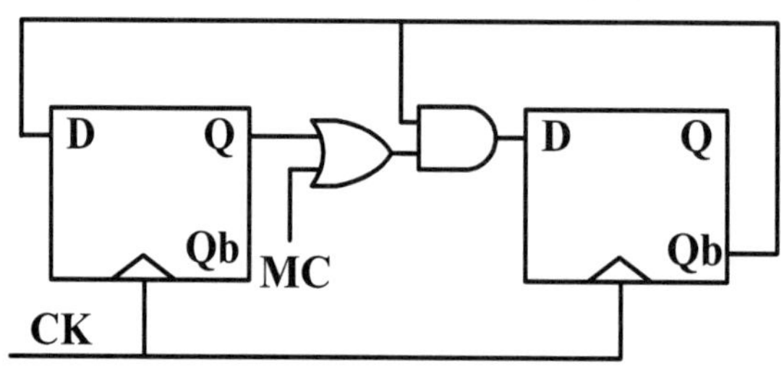

(b) 2/3 분주기

[그림 4.30]

상고정루프는 10 F_{ref}, 20 F_{ref}, 30 F_{ref}의 주파수를 합성할 수 있는 것이다. 따라서 만들어 낼 수 있는 주파수의 간격이 F_{ref}보다 넓어져서, 채널 간격이 좁은 시스템에 적용하기 어려운 단점이 있다.

출력주파수가 높은 위상고정루프는 일반적으로 적용범위가 넓은 2와 3으로 분주되는 듀얼-모듈러스(dual-modulus) 전치분주기가 있는 주파수 분주기를 많이 사용한다. 먼저 그림 4.30(a)에 간단한 3분주기를 나타내었다. 3분주기는 한 개의 AND 게이트와 두개의 D-플립플롭으로 구성되고, 각 D-플립플롭의 출력을 a, b라고 했을 때 ab=01, 10, 11의 세 가지 출력 상태를 가진다. a의 값이 0인 경우 b의 값은 AND 게이트의 출력 신호에 의해 1이 되기 때문에 ab=00 인 경우는 처음 시작할 때를 제외하고 발생하지 않는다.

그림 4.30(b)는 (a)에서 보인 분주기의 첫 번째 플립플롭 과 AND 게이트 사이에 OR 게이트를 추가한 2/3 분주기이다. (b)에서 MC 신호가 high이면 2, low이면 3으로 동작한다. 그러나 제안한 전하펌프-위상고정루프 경우 정수-N 분주(integer-N)방식이므로 MC 신호를 공급전압인 VDD에 연결하여 항상 2 분주기로 동작을 하게 한다.

그림 4.31의 분주기는 로직회로와 D-플립플롭의 구조에 따라 발생되는 출력 신호의 지연이 발생할 수 있다. 주파수 분주기에서 발생하는 시간 지연은 위상고정루프의 잡음 특성을 저하시킨다. 따라서 제안한 위상고정루프의 주파수 분주기의 전치분주기는 다이나믹 확장 단일위상클록(expanded true single phase clock ; E-TSPC)을 이용하여 전치 분주기에서 발생할 수 있는 출력 신호의 지연을 최대한 줄인 구조이다.

4.3.7 고속/저잡음 위상고정루프

시스템의 고속화 및 주파수 호핑(frequency hopping) 방식 혹은 비디오 신호의 다양한 주파수에 의한 동기를 위해 위상고정 시간이 빠른 고속 위상고정루프가 요구되고 있다. 일반적으로 위상고정루프의 주파수추적 과정에서 주파수가 고정지속 영역 안에 도달하면 비교적 빠른 시간에 위상고정이 되기 때문에 이때 까지 걸린 시간을 주파수 추적 시간(pull-in time; TP)이라 하며 이는 위상고정 시간으로 근사화시킬 수 있다. 일반적인 3상태 위상/주파수검출기와 정수 분주비를 사용하는 위상고정루프의 위상고정 시간(TP)은 다음과 같다.

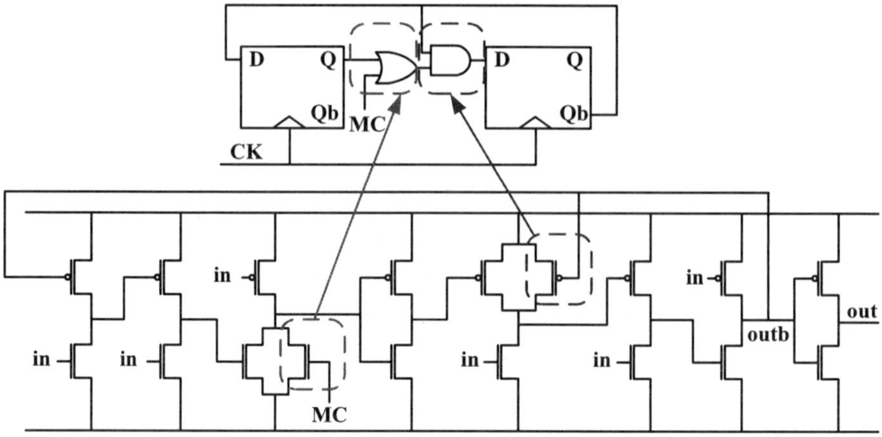

[그림 4.31] 주파수 분주기의 전치 분주기

$$T_P = \frac{8\Delta f}{NK^2} - \frac{8}{K} \approx \frac{8\Delta f}{NK^2} \tag{4.67}$$

여기서, Δf는 현재 주파수와 목표 주파수의 차이, N은 분주비 그리고 K는 위상고정 루프의 대역폭이다.

위상고정 시간을 줄이기 위한 방식으로는 분주비(N)가 시스템에서 고정되어 있으므로, 주파수 차이(Δf)를 줄이거나 위상고정루프의 대역폭(K)을 증가시키는 방식을 주로 사용하고 있다. 위상고정 시간을 줄이는 방법으로 아날로그 방식으로 대역폭을 증가시키는 루프 이득 보상 구조와 이중 루프 구조 위상고정루프 등이 있다. 최근에는 디지털로 모든 회로를 구현하여 제어하는 디지털 위상고정루프(all digital phase locked loop; ADPLL)를 이용하는 방식이 사용되고 있다.

루프 이득 보상 구조에서 적응 이득(adaptive gain)을 사용하여 입력과 출력의 위상차가 큰 영역에서 루프 대역을 증가시켜서 빠른 위상고정 시간을 갖도록 하고, 위상차가 적은 곳에서는 루프 대역폭을 줄여 좋은 잡음 특성을 얻는다. 이 구조는 전하펌프의 양도 피드백 되므로 두 피드백의 안정성을 고려하여야 하며, 주파수 차이가 크면 여전히 위상고정 시간이 오래 걸리는 단점이 있다.

한편 이중 루프 구조는 광대역을 갖는 루프로 주파수를 검출 한 후 협대역을 이용하여 위상고정 하여 잡음 특성을 향상시킨다. 이 구조를 자체에 피드백이 두 개 이상 있어 복잡하고, 주파수 차이에 따라 여전히 위상고정 속도가 느려지며, 입력 클록 잡음이 심하기 때문에 루프 대역폭을 줄일 필요가 있는 클록/데이터 복원 회로에 사용하고 있다.

디지털 방식으로 구현한 디지털 위상고정루프는 전하펌프와 루프필터와 같은 아날로그 회로를 디지털 가감산기와 필터를 이용하여 대체한 것이다. 디지털로 제어하기 때문에 제어가 쉽고 아날로그 피드백에서 문제가 되었던 루프 대역에 따른 안정성이나 분주비에 따른 위상고정 시간의 문제를 해결할 수 있지만 이러한 디지털 방식은 디지털 비트로 주파수를 제어하는 디지털 제어 발진기(digitally controlled oscillator; DCO)의 해상도에 의존한다. 디지털 제어 발진기의 해상도가 낮은 경우, 이 해상도에 의해 지터가 발생하기 때문에 해상도를 증가시켜야 한다. 이러한 해상도의 증가는 제어회로가 커지고 동작속도가 느려지는 문제를 유발한다.

이러한 점에 고려하여 빠른 위상고정 시간을 갖는 고속 위상고정루프를 설계하기 위하여 저항 및 커패시턴스 스케일링 구조를 이용한 위상고정루프 구조를 사용하였다. 위상고정 상태에 따라 세 개의 전하펌프의 전류 크기와 방향을 제어하여 루프 대역폭을 넓혀 빠른 위상고정 시간을 갖도록 한다. 일반적으로 Type-2 2차 루프필터를 사용한 위상고정루프의 대역폭(K)은 다음과 같이 나타낼 수 있다.

$$K = \frac{K_{VCO} I_P R}{N 2\pi} \tag{4.67}$$

여기서, KVCO는 전압제어 발진기의 이득, IP는 전하펌프의 전류 그리고 R은 루프필터의 저항이다. 식 (4.67)에서 알 수 있듯이 전하펌프의 전류와 루프필터의 저항을 변화시켜 대역폭을 조절할 수 있다.

최근 무선 통신 시스템 및 RF 송수신기에서는 빠른 위상고정 시간을 가지면서 낮은 위상잡음과 지터 특성을 가진 위상고정루프를 요구하고 있다. 위상고정루프에서 기준 주파수 의사 잡음(reference spurs)은 전압제어 발진기의 제어 전압의 주기적인 리플(periodic ripples)에 의해 생성된다. 위상고정루프를 기반으로 설계된 주파수 합성기에서 기준 주파수 의사 잡음은 전하펌프의 부정합과 위상/주파수 검출기 신호의 타이밍

에러 때문에 발생한다. 이러한 비이상적인 동작이 주파수 특성을 악화시키게 된다. 기준 주파수 의사 잡음의 크기는 협대역 주파수 변조 근사화에 의해서 쉽게 계산될 수 있다. 일반적으로 캐리어 주파수의 진폭(Acarrier)과 의사 잡음 진폭(Aspur) 사이의 관계는 다음과 같이 나타낼 수 있다.

$$\frac{A_{spur}}{A_{carrire}} = \frac{1}{2} \cdot \frac{K_{VCO} \times V_m}{2\pi f_{ref}} \tag{4.68}$$

여기서, KVCO(Hz/V)는 전압제어 발진기(VCO)의 이득, Vm은 리플의 진폭 그리고 fref는 기준 주파수를 의미한다. 식 (4.68)로부터 의사 잡음의 크기가 리플의 진폭과 전압제어 발진기의 이득에 비례하고, 제어 전압의 주기적 리플 주파수에 반비례함을 알 수 있다. 낮은 위상잡음 특성을 갖기 위한 가장 직관적인 접근은 낮은 이득을 가진 전압제어 발진기를 이용하는 것이다. 집적화된 위상고정루프는 공정과 온도 등의 변화에 의해 전압제어 발진기 주파수의 변화를 가져오게 된다. 따라서 전압제어 발진기의 이득을 줄인 구조는 넓은 튜닝 영역을 제공하지 못한다는 문제점이 있다. 이러한 문제를 해결하기 위해서는 스위치-커패시터(switched-capacitor) 기술이나 디지털 보정 회로와 같은 블록을 필요로 하게 된다. 일반적으로 위상고정루프는 낮은 위상잡음 특성을 위해 좁은 루프 대역폭을 갖도록 설계하고 있다. 하지만 이러한 방법은 전압제어 발진기의 잡음을 효과적으로 제거하지는 못한다. 또한 식 (4.67)에서 알 수 있듯이 좁은 루프 대역폭 때문에 위상고정시간이 너무 늦어지는 문제가 있다.

이러한 점에 고려하여 빠른 위상고정 속도를 가지면서 낮은 위상잡음을 갖는 위상고정루프를 설계하였다. 위상잡음을 최소화하기 위하여 식 (4.68)에 따라 전하펌프의 전류와 루프필터의 저항을 최소화하여 좁은 대역폭을 만들고 전압제어 발진기의 제어 전압의 주기적인 리플의 진폭을 최소화 하였다. 이런 경우, 좁은 대역폭으로 인한 위상고정 시간의 지연 그리고 작은 전하펌프 전류와 루프필터의 저항 때문에 루프필터의 커패시터 크기가 크게 증가하는 문제를 야기한다. 이러한 위상고정 시간 지연과 커패시터 크기 증가 문제는 제안된 저항 및 커패시턴스 스케일링 구조를 이용한 위상고정루프 구조의 적응적 대역폭과 루프

필터의 저항 및 커패시터 스케일링 효과를 이용하여 해결하였다. 루프필터의 대역폭

은 위상고정루프의 위상고정 상태에 따라 각 전하펌프 전류 크기와 방향 제어에 의한 루프필터의 저항과 커패시터 스케일링 효과를 이용하여 조절하도록 하였다. 이미 설면한 두 개의 개념을 결합하여 하나의 위상고정루프로 설계하였으며 그림 4.32는 고속/잡음 위상고정루프를 보여주고 있다.

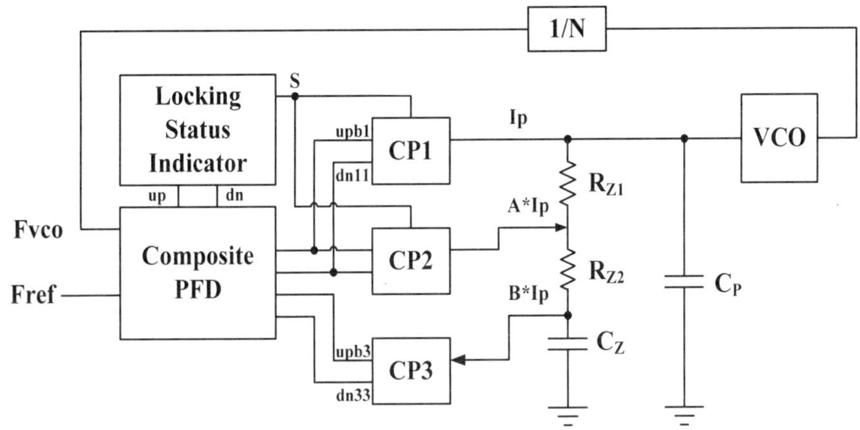

[그림 4.32] 고속/저잡음 위상고정루프.

참고문헌

[1] Behzad Razavi, "RF microelectronics", Prentice Hall PTR 1998.

[2] Thomas. H. Lee, “The Design of CMOS Radio-Frequency Integrated Circuit,” New York: Cambridge University Press, 1998.

[3] Randall L.Geiger, Pillip Allen, Noel R. Strader, “VLSI Design Techniques For Analog and Digital Circuit’, McGraw-Hill, 1990.

[4] J. U. Duncombe,“Infrared navigation—Part I: An assessment of feasibility,” IEEE Trans. Electron Devices, vol. ED-11, pp.34-39, Jan. 1959.

[5] 백선경, 황광수, 김판구,“시각적 형태 정보에 관한 감성어휘 분류”, 2006 한국컴퓨터종합학술대회 논문집, 제 33권, 제 1호, pp. 76-78, 2006년 6월.

[6] J. Williams, "Narrow-band analyzer,” Ph.D. dissertation, Dept. Elect. Eng., Harvard Univ., Cambridge, MA, 1993.

[7] 박경재,“EPL과 로봇 프로그램 교육의 창의성 신장 효과 분석", 부산대학교 석사학위 논문, 2010년 8월

[8] M. Young, The Techincal Writers Hand book, Mill Valley, CA: University Science, 1989.

[9] 박준하, 김병선, 한국어 형용사 사전, 계명문화사, 1991년 4월.

[10] Floyd M. Gardner, Phaselock Techniques, 2nd ed., Jonh Wiley & Sons, 1979.

제 5 장

디스플레이

최첨단 시대를 살아가고 있는 현재, 우리는 수많은 디스플레이 장치들과 함께 살아가고 있다. 가정에서도 TV를 비롯하여 대부분의 가전 기기들에 디스플레이가 장착되어 수많은 정보들을 나타내주고 있고, 길을 걸어가면서도 흔하게 디스플레이 장치를 바라보고 있다. 이제는 버스 정류장에도 정보 표현을 위한 디스플레이 장치가 있고, 우리와 가장 밀접한 휴대폰과 스마트기기에도 디스플레이 장치가 사용되고 있다.

본 장에서는 다양한 디스플레이 장치에 대해서 알아본다. 브라운관을 시작으로 평판 디스플레이, 그리고 플렉시블 디스플레이 등의 다양한 디스플레이 장치들의 구조와 원리, 응용 에 대해서 알아본다. 또한 최근 활발하게 연구되고 있는 차량용 디스플레이 장치에 대해서 자세하게 알아본다.

5.1 디스플레이의 발전

5.1.1 CRT

(1) 개요

고진공전자관으로서 음극선, 즉 진공 속의 음극에서 방출되는 전자를 이용해서 가시상을 만드는 표시장치로서, 이 속에는 차가운 음극에서의 강한 전기장효과로 얻어지는 전자를 이용하는 가이거관(Geiger tube), 크룩스관(Crookes tube)도 포함된다. 좁은 뜻으로는 열음극에서의 에디슨 효과에 의한 전자빔을 전광 변환한 표시장치를 말하며, 브라운관이 그 대표적인 것인데, CRT는 브라운관을 말한다. 텔레비전의 화면은 이 좁은 뜻의 음극선관에 의한 것이다. 관측용 브라운관을 이용해서 전기신호의 파형을 관측하거나, 또는 크기를 측정하는 장치를 음극선 오실로그래프 또는 싱크로스코프라고 한다. 음극선 즉 전자빔을 일정한 원 속에 정밀하게 집중시키기 위해서 전자총이 사용되고, 전자의 가속에는 5~25 kV의 직류전압을 사용한다. 이 밖에 아이코노스코프나 이미지 오르디콘과 같은 촬상관이나 이미지관, 모노스코프, 축적관도 음극선관의 일종이다.

(2) 구성

① 패널(Panel)

CRT의 전면 즉 화면에 해당되는 부분으로서 진공용기의 일부를 구성함과 동시에 전기신호로 전송, 수신된 영상정보가 최종적인 시각정보로 변환되는 곳이다. 패널의 안쪽에 형성된 형광면은 빛의 3원색인 R(Red), G(Green), B(Blue)의 각 색성분으로 구성된 3원색 형광체 화소가 패널 내부에 도포되어 있으며 뒤에서 날아온 전자빔에 충격을 받고 밝게 빛을 내는 부분이기도 하다. 그림 5.1에서는 CRT 주요 부품 구성도를 나타내고 있다.

② 새도우마스크 (Shadow Mask)

형광면 약 10 mm 앞에 붙어있는 두께 0.15 mm의 철판으로 이판에는 0.3 mm정도의 구멍이 뚫어져 있다. 전자총으로 부터 나오는 전자빔은 이 구멍을 통과하여 형광면에 도포한 형광체에 충돌하여 적, 녹, 청색으로 발광한다. 새도우마스크는 전자총에서 발사된 3색의 전자빔이 영상면 즉 패널내부에 형성된 형광면에 정확하게 도달할 수 있도록 하는 것으로서 금속판에 전자빔이 통과할 수 있도록 3만개에 가까운 다수의 구멍이 형성되어 있다. 이러한 새도우마스크는 지지스프링과 고정핀이 결합되어 패널 내에 장착된다. 그림 5.2에서는 새도우마스크를 통과하는 전자빔 투영도를 나타내고 있다.

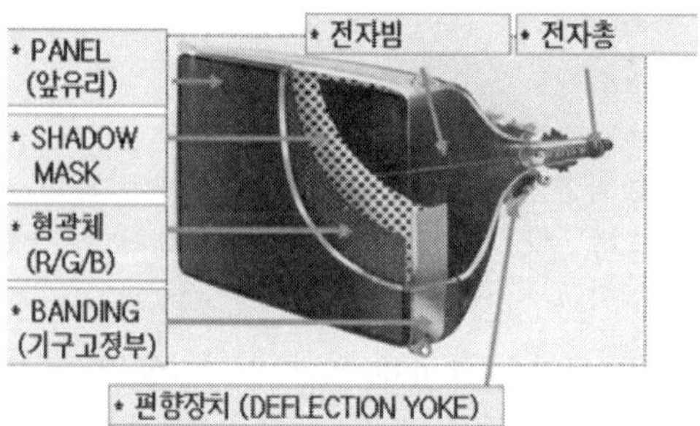

[그림 5.1] CRT TV 주요 부품 구성도

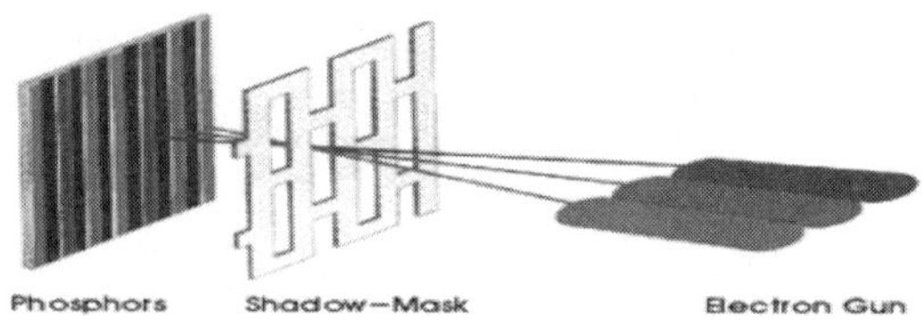

[그림 5.2] 새도우마스크를 통과하는 전자빔 투영도

③ 전자총(Electron Gun)

전자총은 영상정보를 표시하는 전기신호에 따라 전자빔을 발사하는 장치로서 유리진공관 후면의 목 부위에 삽입, 장착된다. 일반적인 새도우마스크형 컬러 브라운관은 3원색 형광체 화소를 독립적으로 자극해야 하며 3색의 형광점을 별도로 발광시키려면 3개의 전자빔이 필요하므로 전자총이 3개 필요하다. 3개의 전자총은 정삼각형의 각 정점에 위치하며, 위가 B, 오른쪽이 R, 왼쪽이 G인 전자총으로서, 각 전자총의 축의 연장선은 새도우 마스크를 직진방향으로 향해 있다. 전자총에서 발사된 전자빔은 각각에 해당하는 형광점에 충돌하여 빛을 내게 되며 이 빛을 영상으로 보게 되는 것이다.

④ 편향요크(Deflection Yoke)

편향 요크는 CRT의 자기장치 중 가장 중요한 요소이다. 시간적 차이를 두고 전송된 전기신호가 CRT에서 영상으로서 재생되기 위해서는 전자총에서 발사된 전자빔을 영상면에 2차원적으로 편향시켜 재생하게 된다. 이러한 전자빔의 전진방향을 다소 기울어지게 편향시키는 장치가 편향요크 혹은 편향장치라고 한다. 전자빔을 편향시키기 위해서 브라운관의 경우 수평편향코일과 수직편향코일을 이용하여 전자빔을 좌우로 또는 상하로 이동시키면서 전자빔을 형광면에 주사시킨다.

⑤ 기타 구성부품

- Funnel Glass : 뒷유리
- Panel Glass : 앞유리
- Band : CRT의 파손을 방지해주는 안전 밴드

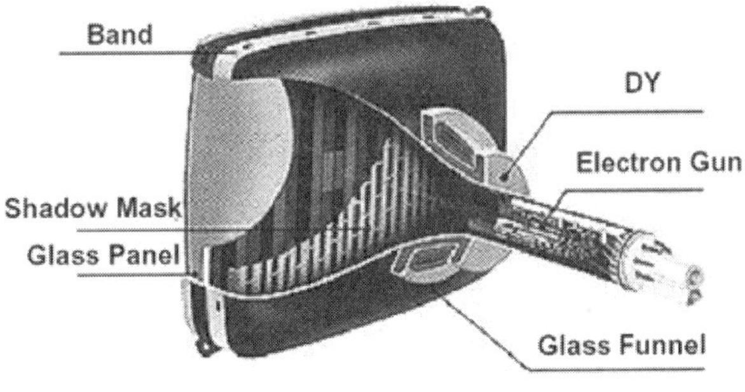

[그림 5.3] CRT 구성 부품 투시 분해도

- 형광체(Phosphor) : 가시광선을 발광하는 물질로써 Color CRT 앞 유리 바로 뒷면에 도포되어 있으며 Red, Green, Blue 3색 형광체가 사용된다.

(3) 동작원리

① 전자빔 투시 동작

현재 일반적으로 사용하고 있는 새도우마스크형 컬러브라운관은 높은 진공상태로 포장된 배기된 유리용기의 Panel 내면에 도포된 형광체 막과 새도우마스크, 전자총으로 구성되어 있다. 바라운관 후면부에 위치한 전자총은 외부에서 부여된 전압에 의해 히터(Heater)에서 열을 내어 캐서드(Cathode)라는 음극선관에서 열전자가 방출시킨다. 이 열전자를 빔 형태로 브라운관 전면으로 가속시키게 되고 이 전면으로 가속되는 전자빔은 형광막에 닿아 형광면을 발광시켜 영상을 만들게 되는데 전자총에서 만들어진 전자빔은 서로 직각으로 배열된 두 개의 편향판이나 편향코일 사이를 통과할 때, 외부로부터 편향판이나 편향코일에 가해진 신호전압에 의해 상하 좌우의 방향으로 편향되어 형광면 위의 휘점이 상하좌우로 이동하여 영상을 그리게 한다. 다시금 정리하자면 전자총에서 나온 전자빔이 입력되는 전기 신호에 따라 편향코일에서 그 입사각도가 꺾이게 되고 이 꺾인 전자빔은 다시 새도우 마스크를 통과하면서 그 입사각이 변화되면서 최종적으로 형광막(Phosphors)에 부딪혀 빛을 내게 된다는 것이다. 그림 5.4에서는 CRT의 동작원리 투시도를 나타내었다.

② 형광체의 색혼합 원리

새도우 마스크를 통과한 전자빔은 형광막에 도달하여 형광체로 하여금 빛을 내게 한다. 이렇게 빛을 내는 형광물체는 각각의 고유의 빛 삼원색인 RGB 파장의 혼합에 따라 다양한 색상을 표현하게 된다. 그림 5.5에서는 색상구현 방법을 나타내고 있다.

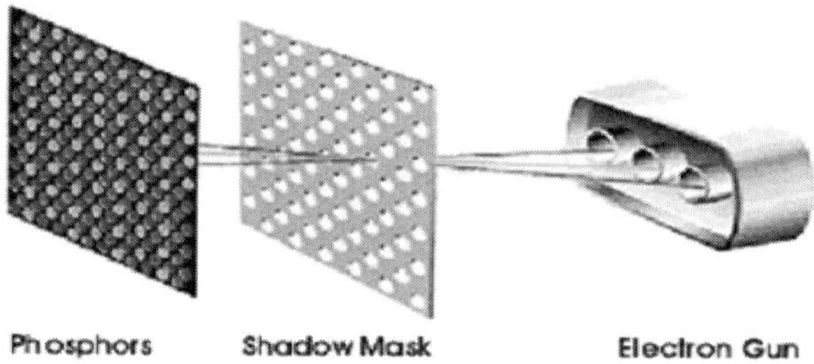

[그림 5.4] 일반적인 CRT의 동작원리 투시도

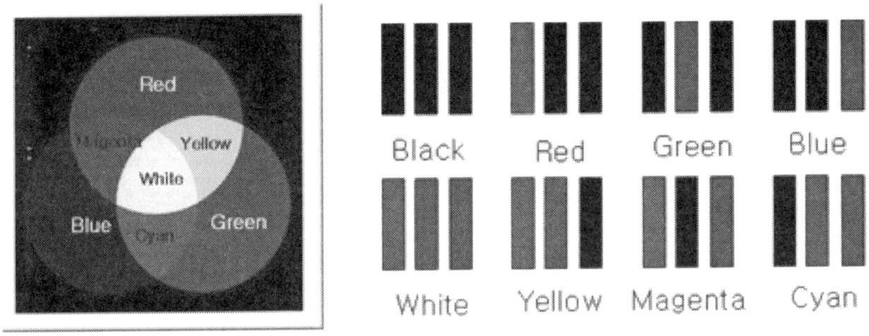

[그림 5.5] 빛의 혼합에 따른 파장변화와 이를 이용한 색상구현

③ 더블포커스 기능

화면을 형성하기 위해 요구되어지는 에너지 공급원으로 CRT의 심장이라고 할 수 있는 전자총은 고정되어 있고 편향장치를 이용해 브라운관의 좌우, 상하로 전자빔을 쏘는데, 이러다 보니 평평한 브라운관의 경우 전자총으로부터의 거리가 중앙부위와 주변부위가 차이가 나게 된다. 즉 중앙부위로 보내는 전자빔과 같은 속도로 주변부위까지 전자를 보내면 주변부위는 형광면까지 제시간에 전자가 도착을 하지 못하고 따라서 해상도가 매우 떨어지게 되는 것이다. 보통 TV는 싱글포커스여서 해상도가 많이 떨어졌으나, 더블포커스는 중앙 및 주변부위까지 포커스를 다이내믹하게 맞춤에 따라 구석구석까지 선명하게 해준다. 더블 포커스의 기능은 평평한 TV가 될수록 더욱 필수적인 기능인 것이다.

④ 자연색 보정회로(AKB) 기능

브라운관상태를 자동으로 감지, 처음 TV를 구매하여 시청한 상태 그대로 색상을 유지해주는 회로이다. 브라운관을 오래 사용할 경우 처음보다 색상이 틀어지는 현상발생하기 쉬운데 이를 영상부분의 내부적인 튜닝을 통해 처음의 색상 값으로 지속 유지시켜주는 기능으로써 사용시간에 관계없이 자연적인 색감을 그대로 지속시켜 주는 기능이다. 그림 5.6에서는 AKB 기능의 색 재현력 향상을 나타내고 있다.

⑤ 콤필터 기능

TV나 VTR에서 방송신호에서 나오는 신호는 밝기신호와 컬러신호가 혼합되어 있다. 이 밝기휘도신호(Y)와 칼라신호(C)를 분리하여야만 영상을 표현할 수 있는데 일반적으로 콤필터를 사용하지 않았을 때는 휘도신호 성분 중에서 칼라신호성분이, 칼라신호

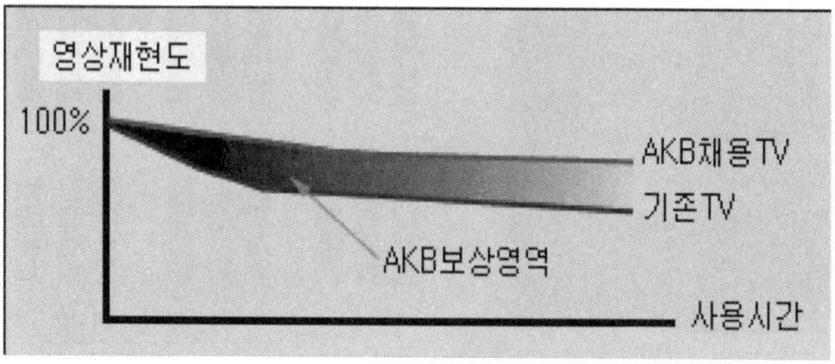

[그림 5.6] AKB 회로 사용에 따른 색재현력 향상 영역

성분 중에서 휘도신호가 완전히 제거되지 않고 남아있어 방해파가 발생하여 해상도가 흐트러진다. 따라서 이러한 문제점을 해결하기 위하여 사용하는 것이 콤필터이다. 이 필터의 모양이 빗(COMB)모양이기 때문에 콤필터라는 명칭을 붙이게 되었으며 콤필터의 종류는 사용되는 소자 부품에 따라 유리콤필터(1차원 콤필터)와 신호처리를 아날로그가 아닌 디지털로 하는 2차원 디지털 콤필터가 있으며 최근에 사용되는 것은 3차원 디지털 콤필터가 많이 쓰인다. 이는 3차원 디지털 기술로 입력되는 휘도신호와 컬러신호를 정밀 분석, 처리하여 색 번짐 현상 및 색 잡음을 획기적으로 개선하고 색의 경계선이 분명해지도록 유도하는 장치이다.

(4) 특징

① 고해상도

다른 박막형태의 디지털 TV들이 현재 HD급 고화질 영상을 재생 할 만큼 높은 해상도를 자랑하고 있으나 기본적인 화면 주사선의 비교를 통해 볼 때 CRT TV의 해상도는 이에 전혀 뒤떨어짐 없는 높은 고해상도를 자랑하고 있다.

② 빠른 응답속도

LCD TV가 6/1000초, PDP TV가 1/1000초 정도의 화면 응답속도를 보이기 때문에 시각이 민감한 사람에게는 빠른 응답속도를 요구하는 동화상에서 그 끌림에 의한 잔상감을 느낄 수 있지만 CRT TV의 경우는 그 응답속도가 20us(100만분의 20초) 밖에 되질 않아 화면응답속도에 있어서 다른 형태의 TV와 비교가 무의미하다.

③ 색재현성 우수

다른 형태의 디스플레이 장치들은 일단 자연색 재현율이 100%가 되질 않고 NTSC라는 방송 화질 규격의 색상범위 내의 72%~99%까지 만을 재생하고 있는 반면에 CRT TV는 100% 가까운 가장 자연에 가까운 색상을 표현해 낸다는 점에서 큰 매력을 지니고 있다.

④ 시야각 특성 우수

현재 CRT가 아닌 기타 디스플레이 장치의 경우 시야각에 있어 많은 한계가 있는 것이 사실이다. 일단 먼저 LCD TV의 경우 현존 최고의 기술이 178°에 머무르고 있으나 대부분은 그 이하에 머무르고 있는 것이 사실이며 PDP TV의 경우에도 160°~170°수준에 머무르고 있다. 프로젝션 TV의 경우에는 두말 할 필요조차 없이 낮은 시야각을 가지고 있는 것이 현실이다. 하지만 CRT TV의 경우 시야각이 180°에 준할 만 큼 상하좌우의 시야각에 대해 한계가 없다고 보는 것이 일반적인 입장이다.

(5) 전망

일반적으로 CRT TV는 전자총을 활용함에 있어 전면으로 방사되는 전자빔의 편향각도를 90°~110°로 이용하는 것이 업계의 일반적인 기술력이었다. 이 이상의 각도를 이용하게 되면 편향장치에 과도한 열이 집적되어 높은 열로 인한 폭발의 위험이나 고장의 위험이 높아지게 되어 유리음극관의 충분한 기술력 없이는 편향각도를 끌어 올릴 수 없는 것이 사실이다. 하지만 날이 갈수록 얇은 두께의 CRT TV개발의 필요성이 높아지면서 기존의 관행화된 편향각도만으로는 살아남기 힘든 영상매체가 될 것이 불 보듯 뻔했다. 이에 편향각도 기술에 큰 변화가 필요하게 되어 유리 음극선관에 대한 연구도 다시 활발해지게 되었다.

하지만 첫 출시된 제품인 만큼 개선의 여지는 남아 있었다. 일단 기존의 90°~110°로 꺾이던 편향장치의 구동각도가 125 ° 로 올라섬에 따라 편향장치에 열이 높아지고 방폭의 위험이 높은 만큼 유리음극관의 두께는 기존보다 다소 두꺼워지게 되었고 이는 곧 제품 전체의 무게 증가로 이어지게 되어 혼자서는 들기 쉽지 않은 문제를 남기게 되었다. 이어서 심하게 굴절된 편향각도는 초기 기술의 한계 상 화면 주변부 모서리 영역에서는 정교하지 못한 직진성을 보이면서 다소 왜곡된 듯 한 영상을 표시하고 있었다. 이 후 주변부에 대한 영상 왜곡도와 화면의 밝기와 균일도에 많은 개선이 이루어져 기존의 일반 CRT 브라운관의 수준에 근접해 있으나 아직도 무게라든지 화면 주변부 직진성에 표현에 있어서는 개선의 여지가 남아 있는 게 사실이다.

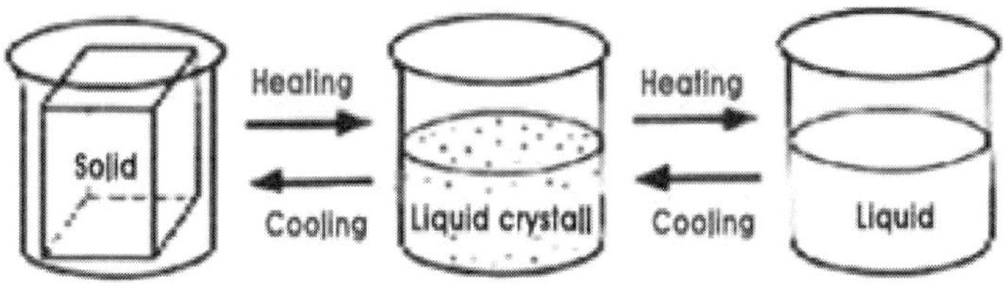

[그림 5.7] 액정 물질의 온도 변화에 의한 상태 변화

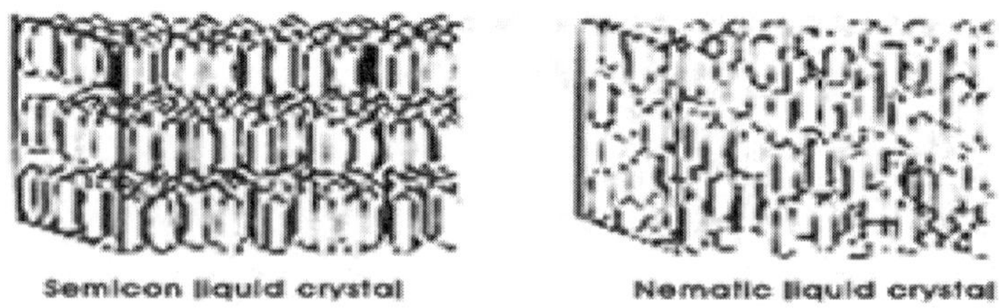

[그림 5.8] 액정상에서의 분자배열구조

5.1.2 LCD

(1) 개요

LCD에서 LC(Liquid Crystals)는 일정 온도 범위에서 유동성을 지닌 액정 상태이며 동시에 광학적으로 복굴절성을 나타내는 결정이다. 보통 물질은 용융 온도에서 고체로부터 투명한 액체로 변화하지만, 액정물질은 용융 온도에서 우선 불투명하고 혼탁한 액체로 일단 변화하고 그 후 더욱 온도를 올리면 보통의 투명한 액체로 변화한다. 액정이란 명칭은 고체상과 액체상의 중간상태인 액정상을 가리키는 경우와 이러한 액정상을 갖는 물질 그 자체를 가리키는 경우의 두 가지 의미로 사용되고 있다. LCD는 이러한 액정의 특성을 이용해 만드는 디스플레이로서 아래와 같은 특성을 가진다. 그림 5.7에서는 액정 물질의 온도 변화에 의한 상태 변화의 개념도를 나타내고 있고, 그림 5.8에서는 액정상에서의 분자배열구조를 나타내고 있다.

(2) 구분

① Matrix Type(TN, STN)

주사전극과 신호전극을 XY형태로 배치하고 그 교차 부분을 표시화소로 이용하기 때문에 소자구성이 단순하다. TN, STN LCD가 여기에 속하며, 표시밀도가 높은 용도에 STN, 밀도가 낮은 용도에 TN이 사용된다.

② Active Matrix Type(TFT)

각 표시화소마다 박막트랜지스터(TFT)를 설치한 3단자소자와 전류, 전압에 비선형(다이오드) 특성을 가진 소자를 설정하는 2단자소자로 크게 분리된다. 하나하나의 화소를 직접 구동하기 때문에 고품질의 화면이 가능하고 컬러표시에 사용되고 있다. 액정디스플레이는 표면에 투명전극을 형성한 2장의 유리 기판 사이에 액정을 주입한 것으로 외부로부터 전계를 가해 액정을 회전시켜 빛을 통과하게 하거나 통하지 않게 하는 이른바 셔터 기능을 이용한다.

(3) 동작원리

① TN-LCD

TN-LCD의 동작원리는 액정분자가 면에 따라서 일축(네마틱) 배향하도록 처리한 유리판을 직각으로 교차시켜 대향시키고 그 사이에 액정을 넣으면 액정분자의 배열이 꼬이고(트위스트), 거기에 전압을 가하면 액정분자가 전계방향으로 배열을 바꾸는 원리이다. 이 액정 셀을 편향축을 직행시킨 편향판으로 끼우면 전압 OFF시에는 입사광이 통과하고, 전압 ON시에는 입사광을 차단하여 명암의 콘트라스트를 얻을 수 있는데 이 효과를 표시장치에 응용하는 것이다. 그림 5.9에서는 LCD의 동작원리를 나타내고 있다.

② STN-LCD

STN-LCD의 동작원리는 TN과 같고 다만 비틀림 각을 더 주었다는 것이 특징이다(90° ->240°정도) TN이 가지는 단점인 정보표시량의 한계에 의해 대화면에의 응용이 불가능하기 때문에 비틀림 각을 크게 하여 전기 광학적 특성의 경사도를 향상시킨 것이다. 위상차 판을 이용하여 바탕색을 보상함으로써 B/W가 가능하며, 컬러필터를 사용하여 컬러화도 가능하게 된다.

③ TFT-LCD

TFT-LCD의 구동원리는 TN의 표시정보량의 한계를 극복하는 다른 방법으로서, 기존 TN 모드를 그대로 사용하면서 수동구동 대신 능동구동방법을 사용한 방식이다. 주어진 신호가 ITO를 통해 각 DOT에 그대로 가해지는 수동구동(TN, STN)과는 달리 능동구동기법은 각 DOT마다 전기적 소자를 제조하여 하나하나의 각 화소를 직접 구동하기 때문에 콘트라스트, 해상도, 시야각, 응답속도 등에서 수동구동보다 훨씬 우수한 특성을 나타낸다.

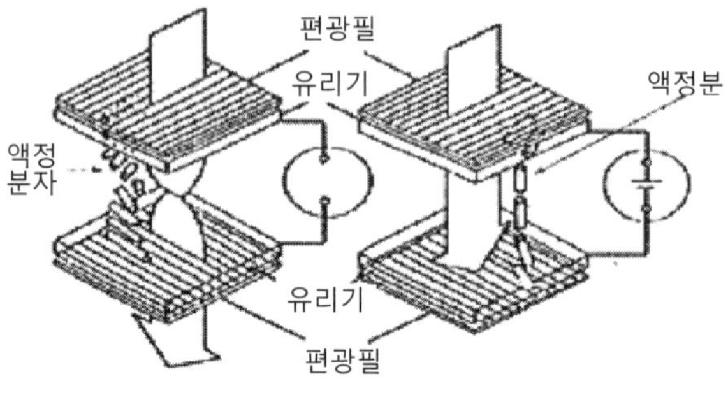

[그림 5.9] LCD 동작원리

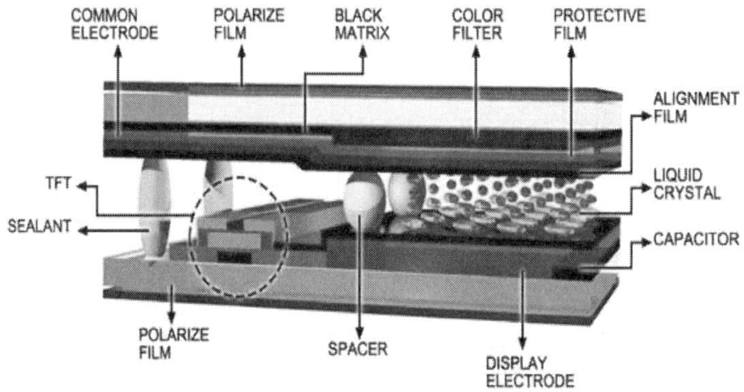

[그림 5.10] LCD의 구조

(4) 구조

10 μm전후 두께의 액정 층이 투명전극과 분자 배향 층을 갖추고 2장의 유리 기판 사이에 삽입돼 외부가 밀봉재로 기밀하게 밀봉된 셀 구조로 되어 있다. 셀의 양쪽 면에는 판상의 편광자가 접착되어 있고 그 한쪽 면에는 매우 얇은 반사판이 부착되어 있다. 편광자를 필요로 하지 않는 표시방식이나 투과형 LCD에서는 그림의 구성에서 편광자 또는 반사판이 제거된 구조로 되어있다. 투과형의 경우는 후면조명광원(back light)이 다시 추가될 필요가 있다. 또한 컬러 표시 LCD의 경우에는 추명전극과 유리 기판 사이에 RGB마이크로 컬러필터 층이 설치된다. 대형 LCD의 구체적인 예로서는 단말 디스플레이로 사용되는 도트매트릭스 STN형 LCD모듈을 들 수 있다. 그림 5.10에서는 LCD의 구조를 나타내었다.

(5) 특성

① LCD의 장점

LCD는 얇고 가벼우며, 저소비전력과 저동작전압 등을 갖고 있는 것이 최대의 특징이다. 이 때문에 현존하는 각종 플랫패널형 전자 디스플레이 중에서 가장 널리 사용될 정도로 성장하였으며, 응용분야는 민생분야에서 산업분야에 이르기까지 다양하다. 장점을 구체적으로 열거하면 다음과 같다. 저소비전력(수~수십)으로 장시간의 전지구동이 가능한 에너지 절약형이다. 저전압에서 동작(수~10 V)하므로 직접 IC구동이 가능하고 구동 전자회로의 소형화, 간략화가 가능하다. 소자가 얇고(수 mm), 또한 대형표시(수십 cm각)에서부터 소형표시(수 mm각)까지 가능하다. 특히 휴대형기기에 적합하다. 수광형 표시이므로 밝은 장소에서도 표시가 선명하다. 표시의 컬러화가 쉽기 때문에 표시기능의 확대, 다양화가 이루어질 수 있다. 투사확대표시나 집적표시가 가능하여 대화면 표시(수 m각)가 용이하다.

② LCD의 단점

비발광형이므로 반사형 표시인 경우에 어두운 곳에서 표시의 선명도가 떨어진다. 선명한 표시가 요구되는 경우 또는 컬러 표시의 경우 후광(back light)을 필요로 한다. 표시 콘트라스트가 보는 방향에 의존하는 경우가 많아서 시각에 제약을 받는다. 응답시간이 주위 온도에 의존하기 때문에 저온 동작(-30°~ -40°)에 어려움이 있다.

(6) 시장성

① CRT모니터에서 LCD모니터로 전환

기존에 사용하고 있던 CRT 모니터는 오랫동안 모니터 시장을 독점하고 있었다. 특히 모니터가 내는 빛의 양을 줄인 완전 평면 CRT 모니터의 경우에는 눈의 피로를 줄여줄 뿐 아니라 화면이 실제보다 더 커 보이게 하는 효과까지 가지고 있다. 이러한 장점에도 불구하고 일반 소비자들은 작고 슬림한 디자인 때문에 공간 활용도가 높은 LCD모니터에 관심을 기울이기 시작하였다. LCD모니터는 액정에 전기 자극을 주어 색을 표시하기 때문에 전자파가 적게 발생하고 액정에 전기적인 신호를 주어 빛을 표시하기 때문에 빛을 표시하는 데 많은 전력을 소모하는 CRT 모니터와 달리 전력을 적게 소비한다. 이 밖에도 화면이 전체적으로 평평하기 때문에 특정 부분만 오목하거나 볼록하게 보이는 왜곡 현상도 나타나지 않고 깜빡임이 적어 눈의 피로도도 적다. 그래픽 카드와 TFT-LCD의 DVI(Digital Visual Interface) 단자를 연결하면 디지털로 처리된 선명한 화질을 볼 수 있

[그림 5.11] LCD의 용도

다는 것도 빼놓을 수 없는 장점을 가지고 있다. LCD는 표시장치로써 실용화된 이후로 아직 20여년 밖에 지나지 않았지만 전자계산기 및 시계의 표시부로부터 시작해서 기계나 전자수첩에도 응용되게 되었고 현재는 대형, 대용량, 칼라화에 의해 PC, workstation, 액정 칼라TV, 오락기계, car navigation 시스템 등에 다양하게 상품화되어 적용되고 있다. 그림 5.11에서는 LCD의 용도를 나타내고 있다.

5.1.3 PDP

(1) 구조

PDP는 일반적으로 일정한 전압을 갖는 연속적인 펄스에 의해 구동되며, 계조 표시는 아날로그 방식이 아니라 디지털 방식에 의해 구현된다. 그러나 기체 방전이 보통 수백 볼트의 비교적 높은 전압이 필요하므로 영상 신호를 증폭하여 구동하게 된다. PDP가 대형화에 적합한 이유는 공정상의 이유뿐만 아니라 기체 방전이 갖는 대형화에 유용한 특성을 구동 방식에 응용할 수 있기 때문이다. 그림 5.12에서는 PDP 패널의 구조를 나타내었다.

PDP의 원리는 두 장의 유리를 포갠 틈새에 작은 셀을 다수 배치하고, 그 상하에 장착된 전극(+와 -) 사이에서 가스(네온과 아르곤)방전을 일으켜 거기서 발생하는 자외선에 의해 자기 발광시켜 컬러 화상을 재현한다. 패널 화면상에 화상을 재현하는 원리를 보면, 브라운관의 경우 왼쪽에서 오른쪽으로 또한 위에서 아래로 전자빔을 주사하여 화상을 그려내지만, 플라즈마는 전면이 동시에 발광하고, 그 횟수가 1초 동안에 60회, 위에서 아래로 화상의 고쳐 쓰기가 그대로 남아 있기 때문에 화상은 상시 발광하게 된다.

그러한 구조에서 보면, Panel은 크게 상판과 하판으로 구성되는데, 아래의 그림은 면방 전형 교류(AC) PDP의 상세한 구조이다. 전극은 상판에 Sustain(X) 전극과 Scan(Y) 전극이 나란히 위치하고, 하판에는 Address 전극을 상판의 두 전극과 직각으로 교차하여 배치하고, 형광막은 반사형태로 채용하고 있다. 우선 하판에 신호 전극을 설치하고, 그 위에 유전층을 도포한다. 그리고 방전 셀을 구분하고, 상/하판의 사이의 공간을 확보하기 위하여 높이 130 ㎛ 격벽(barrier Rib) 을 설치한 다음 형광체를 격벽과 신호전극을 덮고 있는 유전체 위에 도포한다. 격벽을 따라서 도포된 빨강(R), 녹색(G), 파랑(B)에 해당하는 3개의 골이 하나의 화소를 이룬다.

한편, 상판에는 방전 유지를 위한 X전극과 Y전극이 투과도를 고려하여 ITO(Indium Tin Oxide)로 형성되고, 전극의 가장자리에는 ITO의 높은 전극을 보상하기 위하여 은(Ag), 혹은 크롬-구리-크롬(Cr-Cu-Cr)의 버스 전극을 형성한다. 자연스러운 용량성 Capacitance 형성을 통한 전류 제한을 위해서 산화납(PbO) 계열의 유전층을 표면에 도포하고, 그 위에 산화마그네슘(MgO) 보호막을 증착한다. 이 유전층 형성으로 인하여 AC PDP의 주요 특징 중 하나인 메모리 특성이 나타난다.

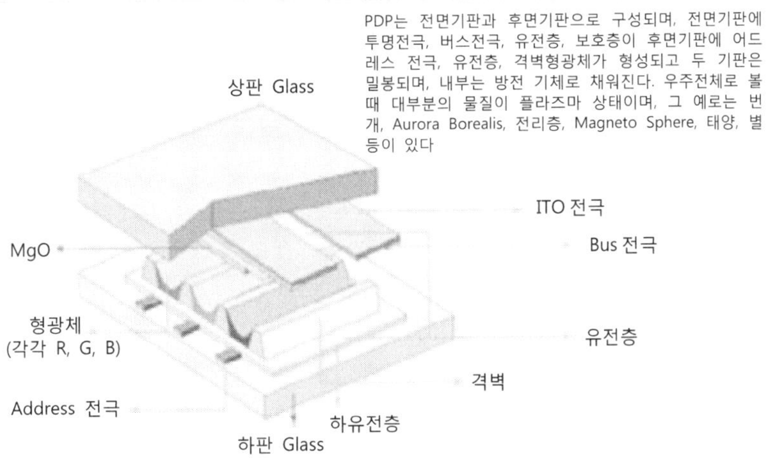

[그림 5.12] PDP 패널 구조

No	ITEM	Rating
1	ITO전극 (유지/주사전극)	방전셀 내에서 방전을 일으키고 유지시킴 가시광 투과율이 높아야 함, 전극저항이 낮을수록 좋음
2	BUS 전극	투명전극의 비교적 큰 저항 값을 보상 → 모든 방전셀에 (거의)같은 전압 인가
3	투명유전층	방전전류 제한 → Glow방전 유지 벽전하 축적 → Memory 기능, 전압 저하 요구 Spec : 높은 내전압, 높은 가시광 투과율
4	보호층 (MgO)	이온층들로부터 투명유전층을 보호 이차전자 방출 → 방전전압 저하
5	Address 전극	전극저항이 낮을수록 좋음
6	하판유전층	Address 전극을 보호함, 높은 절연파괴강도, 광반사율이 높으면 유리함
7	격벽 (Barrier Rb)	방전셀마다 일정한 방전공간 확보, RGB 형광체가 섞이기 않도록 격리 전면적에 균일한 높이로 형성해야 함
8	형광층	방전을 통해 생긴 (진공)자외선을 받아 (각각 RGB의) 가시광으로 변환/방출함 광변환 효율 우수 → 높은 휘도 (특히, B) 색순도 우수 → 높은 색저현성 제공 방전효율 개선을 위해, 고효율 형광체 개발 요구

[그림 5.13] Layer 별 기능 / 특성

MgO 보호막은 PbO 유전층을 이온의 스퍼터링(Sputtering)으로부터 보호하고, 또한 방전 시에 낮은 에너지의 이온이 표면에 부딪혔을 때 비교적 높은 이차 전자 발생 계수의 특성을 가져 방전 플라즈마의 구동 및 유지전압을 낮춰주는 역할을 하며, PDP의 상판과 하판 사이는 주로 사용되는 페닝(Penning)혼합 기체가 방전 기체로서 300~400 Torr 정도 채워진다. 헬륨(He), 네온(Ne), 아르곤(Ar), 또는 이들의 혼합기체로 바탕 기체(Buffer Gas)를 형성하고, 형광체를 발광시키는 진공 자외선의 Source로써 소량의 크세논(Xe)기체를 섞어서 사용한다. 그림 5.13에서는 Layer 별 기능과 특성을 나타내었다.

PDP는 각 화소에 대응하여 광원으로서 기체 방전에 의한 자외선 발광을 이용하므로, 구동회로는 표시 화상을 구현하기 위해서 단순히 각 화소에 대하여 기체 방전을 형성하거나 소거하는 작용을 한다. 구동 회로는 영상을 구성하는 각 화소에 대한 영상 신호 및 신호 제어부와 각 화소에서 발생하는 자외선을 형성 또는 소거시켜 줄 수 있는 고속의 고압 스위칭 제어부로 구성된다.

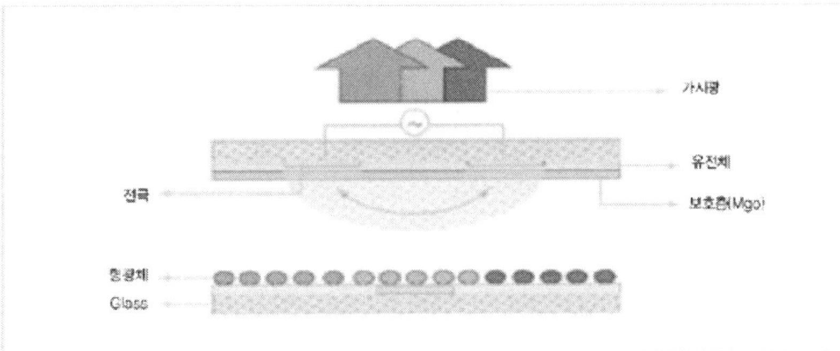

[그림 5.14] PDP 원리

기본적으로 전면과 배면 유리 및 격벽에 의해 밀봉된 가스에 음극 / 양극에 의해 전압을 가해 네온 발광을 일으켜 이 발광을 표시에 이용한다. 그 두장의 유리 기판 사이에 네온과 크세논과 같은 가스를 채워 수많은 격벽으로 구성된 방전 공간에 3원색 R, G, B의 형광체를 발라서 유리 기판에 설치한 전극에 전압을 가하면, 방전 현상이 일어나고 여기서 발생한 자외선이 형광체에 부딪히면서 빛이 나고 색깔이 나타나는 원리이다. 그림 5.14에서는 PDP의 원리를 나타내었다.

(2) 종류

PDP는 인가전압에 따라 교류(AC) 구동방식과 직류(DC) 구동방식으로 그림 5.15에서 도시한 바와 같이 분류된다. AC형 구동방식은 전극이 얇은 유리(Glass) 성분의 절연체로 피복되어 200 kHz 내외의 펄스 전압으로 구동하는 것이다. AC형 구동방식에는 일단 방전한 후에 낮은 방전 유지전압을 가하면 방전이 지속되는 메모리 방식과 표시해야 할 전극 사이에 전압이 높은 펄스 전압을 인가하여 방전시키는 방식이 있다. AC PDP의 구조에서는 각 셀이 격벽에 의해 독립되고 전후면 Panel에 전극이 형성되어 있는 것이 특징이고, 각 전극에 정현파 교류전압 또는 펄스 전압을 인가하여 방전을 일으켜 빛이 전면 유리를 통해 영상을 볼 수 있다. 그림 5.15에서는 PDP의 AC 구동형과 DC 구동형을 나타내었다.

DC형 구동방식은 전극이 방전공간에 노출되어 직류전압으로 구동하는 것이다. DC형은 재생방식에 의한 구동이기 때문에 구동회로는 간단하지만 중화방전을 막기 위해 방전셀 간에 분리하는 장벽(Barrier)을 설치하여 Panel 구조가 약간 복잡하다. DC PDP의

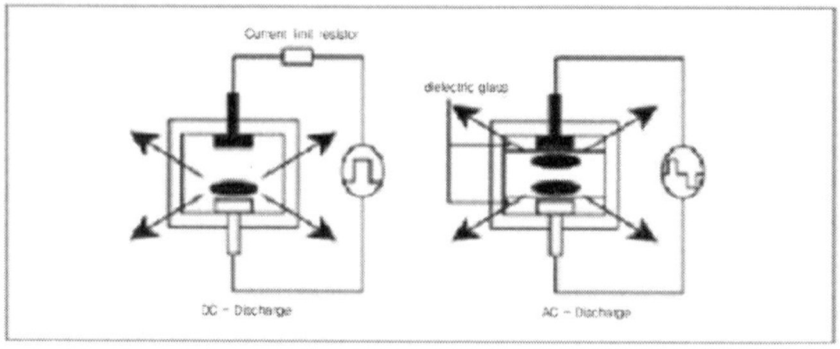

<그림 4> PDP의 AC 구동형과 DC 구동형

[그림 5.15] PDP의 AC 구동형과 DC 구동형

구조는 각 셀이 격벽에 의해 독립되어 있고 전후면 Panel에 양극과 음극이 형성되어 있다. 또한 DC의 경우 전류제한용 저항이 있으며 이러한 셀들이 구성되어 있는 전면/후면의 Panel을 Sealing 한 상태에서 방전가스를 충전시키고 DC전원을 인가한다. 또한, PDP의 발광 휘도는 250~300 cd/㎡ 이며 동작전압은 170 V 내외인데, 평판 디스플레이 중에서 어떤 종류는 EL(Electro Lumination)과 함께 고전압을 필요로 한다. 소비전력은 동작표시 소자 수나 패널 크기에 따라 다르지만, 고전압이므로 낮은 전압으로 만드는 기술과 낮은 소비 전력을 유지하는 기술이 개발되고 있다.

(3) 향후과제

① 고화질화

PDP의 고화질화는 고속 구동기술 개발, 이미지 고착 방지 기술 개발 등을 통해 가능하다. 특히 PDP 구동 기술은 콘트라스트 비(Contrast Ratio)를 향상 시키고 동화상의 화질을 개선하는 핵심 요인 중의 하나이다. PDP의 경우 밝은 곳에서는 반사율이 높아 LCD에 비해 콘트라스트 비가 떨어진다. 현재 패널 배경광을 줄이는 방법, 방전 셀의 효율을 증가시키는 방법, 주변 반사광을 줄이는 방법 등이 연구되고 있다. 예로 의사윤곽 제어 기술이 있는데 이는 관측자의 시점이 이동하는 경우 표시장치가 나타내고자 하는 화상이 왜곡되어 보이는 현상으로, 주로 발광되는 빛의 적분 방향과 사람이 인식하는 빛의 적분 방향이 불일치하기 때문에 나타나는 현상인데 이를 개선하기 위하여 발광 패턴의 비균일성 제거, 동화상의 Disturbance를 덜 인지하게 하는 기술 개발, 보광 발광을 이용하는 방법 등의 연구가 활발하게 이루어지고 있다.

또한 PDP의 피크 휘도를 개선하기 위해서 Panasonic에서는 PLASMA AI라는 구동 방식을 개발하였다. TV field에서 감지된 평균 신호레벨에 따라 Subfield의 수를 변화시키는 방법으로 피크 휘도를 개선하는 방법이다. FHP는 부하에 따라 각 Subfield에 인가되는 Sustain pulse cycle을 조절하는 Adaptive control 방법을 개발하였다. 이 방법은 Display load가 작을 경우 Sustain cycle time을 감소시킴과 동시에 Sustain pulse 수를 증가시켜 피크 휘도를 증가시키는 방법이다. 이미지 고착(Image Sticking) 방지 기술 개발이 이루어지고 있으며 흑색 배경광에서 이미지 고착의 경우는 MgO 보호막의 표면 특성 변화를 중심으로, 백색 배경광의 이미지 고착의 경우에는 패널 온도 변화 및 형광체 열화 감소들을 중심으로 연구가 진행되고 있다.

② 저가격화

PDP 모듈에서 스캔 및 데이터 구동 IC의 가격이 전체의 50% 이상을 차지하고 있기 때문에, 모듈 제조의 저가격화와 저전압/저가격화 구동기술 개발이 PDP패널 제조의 저가격화를 위해서는 필수적이다. LG전자에서는 기존에 사용되던 듀얼 스캔 방식에 비해 소자의 수를 절반 이하로 줄인 싱글 스캔 기술을 50인치 HD급 PDP TV에 적용함으로써 가격을 크게 절감시켰다. HD급에서의 화소 수 증가에 따른 구동시간 확보, 복잡한 구동회로, 제품 신뢰성 문제 등을 해결함으로써 HD급에서의 상용화에 앞장서고 있다. 이외에도 새로운 공정을 이용한 구동 IC 개발 및 패키지 개발 등을 통해 소자의 가격을 절감시키고자 하는 노력이 IC업체를 중심으로 이루어지고 있다.

또한 PDP에서 보호막으로 사용되는 MgO 박막은 e-beam 증착 또는 Ion Beam Plating 공정으로 형성되기 때문에 제조 공정에서 성막 속도가 느리고 진공 공정을 사용하기 때문에 PDP의 제조 원가를 상승시키는 원인중의 하나이다. 기존의 성막 공정보다 성막 속도가 빠른 Sputtering 공정에 대한 연구가 진행 중이며, Sol-gel 공정, 스프레이 코팅 공정에 대한 연구도 진행 중이다. 하지만 이들 제조 공정은 실용성이 입증되지 않은 상태로서, 기존의 제조 공정으로 형성된 MgO 보호막과 유사한 특성을 구현하는 것을 목표로 개발이 진행되고 있다.

③ 고효율화

PDP의 효율 향상을 위한 연구로 신방전 모드의 개발, 신방전 셀 디자인 개발, 방전가스 조성 개발, 고효율 형광체 개발, 반사막의 적용, 신 구동 방식의 개발 등이 있다. PDP의 방전은 Glow discharge 영역 중에서 방전 효율이 상대적으로 낮은 Negative glow를 적용하여 사용하고 있다. 이것은 PDP의 방전 공간의 크기가 100~200 ㎛ 정도로 작기 때문이다. 이를 극복하기 위해 전극간의 길이를 길게 하여 장방전을 유도하여 방전 효율을 높이기 위한 연구가 활발하게 진행되고 있다. 또한 현재 PDP의 방전 가스로는 Ne-Xe의 2원계 조성을 일반적으로 사용되고 있다. 방전 가스의 Xe함량이 증가함에 따라 방전 효율이 비례하여 증가하나, 방전 개시 전압이 상승하는 문제점이 있다. PDP의 방전 효율 및 기타 방전 특성을 향상시키기 위해서 Ne-N_2, Ne-Xe-N_2, Ne-He-Xe, Ne-Kr-Xe 등 2원계 또는 3원계 조성이 활발하게 연구되고 있다.

또한, PDP 방전 셀에서 발생된 VUV 및 가시광선의 상당 부분은 하판 후면으로 손실되기 때문에 이러한 손실을 감소시키기 위해서 하판의 표면에 반사율이 높은 T_iO_2분말을 포함한 하판 유전층이 형성되어 있다. 이러한 유전층에 첨가할 수 있는 T_iO_2분말의 함량이 제한적이기 때문에 하판 유전층을 채용한 하판에서는 후면 쪽으로 15~20% 정도의 가시광선 손실이 발생한다. 이러한 가시광선의 손실을 방지하기 위한 Filter 연구가 Philips 등에서 진행되고 있다. 이 외에도 새로운 개념의 에너지 회수 회로 및 고효율 전원 장치에 관한 연구가 활발하며 이에 따라 SET 소비전력이 감소되고 있다. 이는 최근 40인치 급 패널에서 200 W 이하가 되는 제품들이 발표되고 있다.

(4) 미래

향후 다가올 환경 규제에 대비하기 위하여 PDP용 소재의 주원료인 납(Pb), 창연(B_i) 등을 사용하지 않고 Pb, B_i free 조성을 사용한 소재 및 저가형 보호막, 투명 도전막 등의 개발이 절실하게 요구되고 있다. 최근에 친환경, 저가 소재 분야의 특허 출원(등록)건수가 한국 특허, 미국특허, 일본특허에서 1998년 이후 성장세가 두드러지게 나타나고 있다. 한국은 국내에서의 특허 활동은 활발하지만 일본 3%, 미국 21%로 비해 특허 활동이 미진한 상태를 보이고 있다. 이러한 친환경, 저가 PDP소재 연구개발이 기술발전 흐름의 발전 초기 단계에 있으며, 친환경, 저가 소재 분야에서 국제적인 특허 획득이 필수적이라고 전망되고 있다.

또한 친환경 부품 소재의 국산화는 국내 회사의 디스플레이 세계시장 경쟁력을 높이는 길이 될 것이며, Sealing frit의 수입을 특화된 국산기술로 대체하여 평판 디스플레이의 원가 경쟁력을 확보하고, 우리만의 특화된 기술을 연구 개발 하는데 전력한다면 상기 기술 분야에서 두각을 나타낼 수 있으리라고 판단된다.

PDP의 차량 적용 : 내비게이션용으로 쓸 수는 있으나 PDP는 그 특성상 대형화면을 만들기 위해서 필요한 기술이다. 따라서 소형으로 만들면 그 크기에 비해서 가격이 높아질 수밖에 없으므로 30인치 미만의 차량용 내비게이션용에는 LCD가 주로 사용된다.

5.1.4 LED

(1) LED의 개념

LED(Light-Emitting Diode)는 반도체의 일종으로 발광다이오드라고 한다. 즉 빛을 발산하는 다이오드라는 말이다. 그리고 다이오드는 반도체의 p-n접합에 바탕을 두고 있다. p-n 다이오드에서 전류는 p-type (양극-anode)면에서 n-type(음극-cathode) 면으로만 흐르는 것으로 전류의 흐름에 대한 방향성이 일정하다. LED는 아래 그림처럼 p-n접합부의 구조로 이루어져 있으며, 반도체에 p-type과 n-type이 있는 것은 반도체 안에서 전기를 운반할 수 있는 캐리어의 종류가 다르기 때문이다.

p-type 반도체에서는 +전하(양극-anode)를 갖는 정공이, n-type 반도체에서는-전하(음극-cathode)를 갖는 전자가 캐리어의 대부분을 차지하고 있다. 이 정공과 전자는 서로 반대의 전하를 가지고 있기 때문에 접근하면 흡인력이 작동하게 되고 접근한 정공과 전자가 서로 충돌하면 에너지를 방출하는 것으로 이 에너지가 바로 빛이 되는 것이다. 그림 5.16에서는 다이오드의 발광 원리를 나타내었다.

(2) LED의 특성

발광다이오드(Lighting Emitting Diode)란 반도체로 된 다이오드의 일종이다. 다이오드는 양전극 단자에 전압을 흘려주면 한 방향으로 전류가 주입되고 전자와 정공이 재결합해서 그 일부의 에너지를 빛으로 변환하는 다이오드이다. LED는 반도체로 이루어져 있기 때문에 고체소자의 형상을 하고 있으며, 백열전구와 같이 다른 열 변환 발광 소자에 비해 안정적이고 신뢰성이 있으며, 그 수명도 연속 통전 상태에서 10만 시간 이상으로 길다. 그림 5.17에서는 LED 칩의 기본구조와 대표적인 LED 램프를 나타내었다.

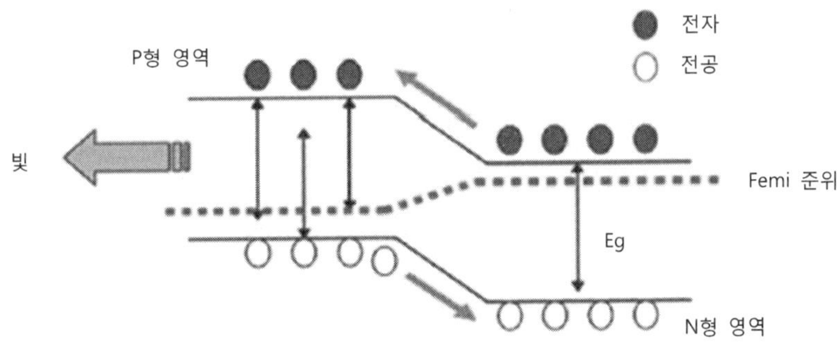

[그림 5.16] 다이오드 발광의 원리

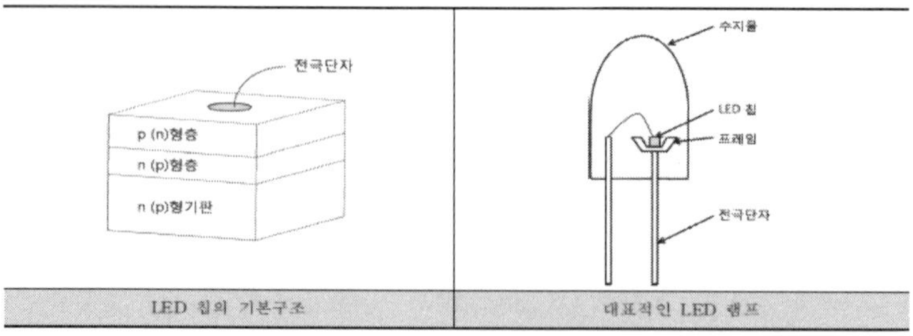

[그림 5.17] LED 칩의 기본구조 및 대표적인 LED 램프

보통 LED의 소자 하나를 구동하기 위해서는 적은 전압, 전류로 구동 가능하다. 그리고 반도체소자와 마찬가지로 LED 소자 그 자체는 칩(chip)이라 칭하며, 그 사이즈는 보통 수백 ㎛각으로 매우 작다.

LED의 주요 특징으로는 소형, 경량이고, 발열이 적다. 또한 반영구적으로 사용 가능하며, Pulse 동작가능, 직류 및 교류 동작이 가능하다. 그리고 전류에 의한 제어의 고속응답으로 광 출력 제어에 적합하다. 다양한 색을 발광하는 LED는 소자의 재료에 따라 적용범위가 넓다. 그러나 적색 및 녹색 발광다이오드는 수십 년 전에 개발되어 디스플레이 및 광원용 장치 등에 폭넓게 쓰이고 있으나, 청색(Blue), 순 녹색(Puregreen)의 빛을 내는 LED의 개발이 어려워 총천연색을 구현하지 못하였다.

1990년대에 일본 S. NAKAMURA가 이끄는 Nichia Chemical의 연구팀을 필두로 하여 HP, Cree, Toyota Gosei 등 세계 최고의 기술을 가진 몇몇 반도체 회사에 의해 질화갈륨을 이용한 청색 발광다이오드가 개발되었고, 램프 및 디스플레이 장치 산업과 짧고 안정된 파장을 요구하는 광메모리 장치 등 여러 LED 응용분야에서 청색 및 순 녹색 LED의 수요가 폭발적으로 증가하였다.

(3) LED의 구조

LED램프를 구성하는 LED chip은 아래 그림과 같이 여러 층의 반도체 물질로 구성되어 있다. LED에 직류전압을 공급하면 active layer층에서 빛을 내며, 그 빛은 직접 방출되거나 반사에 의해 방출되고 연속 스펙트럼을 가지는 광원과는 다르게 특정한 파장으로 광색을 표출한다. LED는 적색, 청색, 백색 LED로 구분되어 진다. 청색에서 적색에 이르는 모든 파장과 백색을 생산하는 LED는 높은 휘도를 얻기 위해서 두 가지 화합물(ALGaInP, InGaN)이 널리 사용된다. 그림 5.18에서는 LED의 구조를 나타내고 있다.

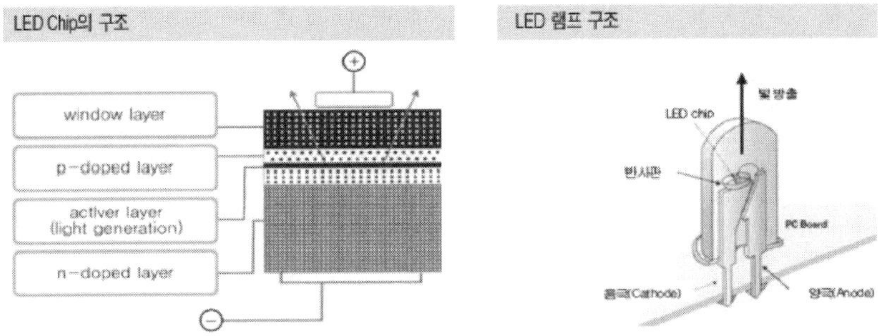

[그림 5.18] LED의 구조

일반적으로 LED 제조공정은 반도체 공정과 유사하게 진행되며 크게 네 가지 단계로 구분된다. 첫 번째로 LED를 제조하기 위한 기초 소재로 사파이어기판 또는 실리콘기판이 사용된다. 두 번째로 사파이어 기판 등의 위에 n형 반도체(n-GaN), p형 반도체(p-GaN)를 MOCVD(Metal Organic Chemical Vapor Deposition ; 유기금속화학 증착법) 방법

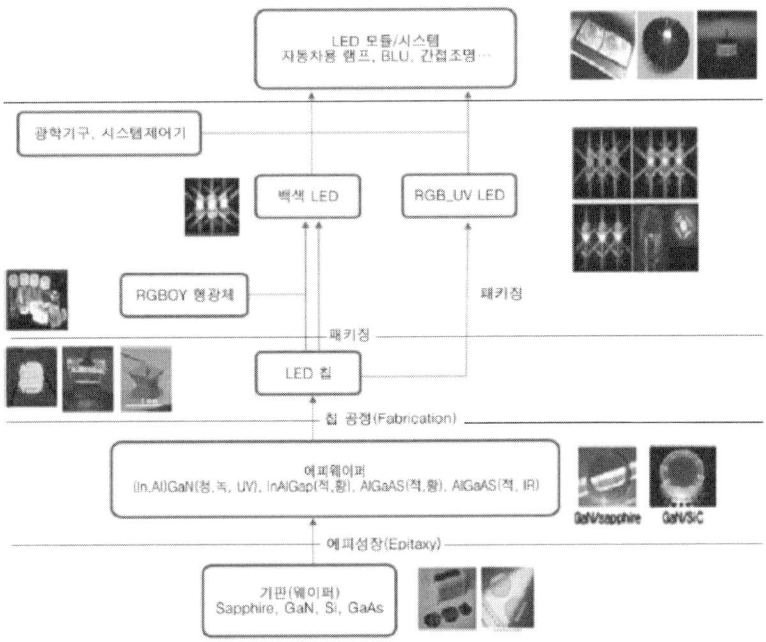

[그림 5.19] LED의 제조공정

을 통해 증착 공정을 거친다. 이 공정을 Epitaxy라고 하는데, LED의 휘도를 결정하는 핵심공정이다.

세 번째 단계는 Epi Wafer 위에 Fab 공정을 거쳐서 LED chip을 생산한다. p형 및 n형 반도체에 금속 전극을 형성하는 공정이다. 마지막으로 개별LED chip을 packaging하여 최종 제품을 생산하게 된다. LED 패키징 공정은 열방출, 렌즈설계, 형광체 도포 등이 핵심기술로서 국내 업체가 주력하고 있는 부문이다. 그림 5.19에서는 LED의 제조공정을 나타내었다.

(4) LED의 재료

LED의 재료는 직접천이 형(direct transition)과 간접천이 형(indirect transition) 반도체로 구별 할 수 있다. 반도체 에너지 구조에서 전도대의 전자가 가전대의 정공과 결합할 때 에너지 방출하게 된다. 이 에너지는 주로 열이나 빛의 형태로 방출되는데, 간접천이 형(indirect transition)은 열과 진동으로서 수평 천이가 포함되어 있어서 효율 좋은 발광 천이를 이루기에는 부적당하고, 직접천이 형(direct transition)은 모두 발광으로 이루어지기 때문에 LED재료로서 좋은 재료라 할 수 있다. 따라서 수직 천이가 일어나는 에너지 폭은 반도체 결정구조의 고유한 특성인 에너지 갭에 따라 결정된다. 그러나 발광하고자 하는 영역에서 직접천이 형(direct transition) 반도체 결정이 존재하지 않았던 LED 초창기에는 간접천이 형(indirect transition) 반도체에 특별한 불순물을 첨가하여 발광파장을 어느 정도 변화시켜 발광영역을 맞추어 왔다.

LED를 구성 할 때의 적합한 재료의 조건으로는 발광파장이 가시 또는 근적외영역에 존재할 것, 발광효율이 높을 것, P-N접합의 제작이 가능할 것 등을 만족 시켜야한다. 주로 Ⅲ-Ⅴ족, Ⅱ-Ⅵ족 화합물 반도체의 GaAs(비소화갈륨), Gap(인화갈륨), GaAsl-xPx(갈륨-비소-인), Gal-xAlxAs(갈륨-알루미늄-비소), InP(인화인듐), Inl-xGaxP(인듐-갈륨-인) 등이 사용되고 있다. 표 5.1에서는 LED의 재료 파장 성장방법을 나타내었다.

[표 5.1] LED의 재료 파장 성장방법

색	기존의 발광 소자			새로운 발광 소자		
	재료	파장	제조기술	재료	파장	제조기술
적색	AlGaAs	660	LPE	AlGaInP	644	MOCVD
주황색	GaAsP	610	VPE	AlGaInP	612	
황색	GaAsP	585	VPE	AlGaInP	590	
녹색	GaP	570	LPE	AlGaInP	562,574	
	GaP	555	LPE	InGaN	525	
청색				InGaN	450	
자외선				InGaAlN	〈350	

(5) LED 조명기술

LED는 1960년대에 개발되었지만, 불과 지난 10년 사이에 다양한 조명활용이 가능한 LED가 나오게 되었으며 점차 수많은 LED사용 응용제품이 개발되었다. 초기의 LED광원응용제품들은 조명(illumination)이 아닌 표시(indication)에 적합한 LED특성을 잘 이용한 것들이다. 일반 전자기기의 표시등이나 숫자 표시에 사용되었던 일상생활에 늘 가까이 있었던 제품이다. 초창기에는 낮은 휘도와 색깔의 한계가 있었으나 현재 새로운 LED 원재료와 진보된 생산기술로 백색을 포함한 가시광선 영역의 모든 색깔의 고휘도 LED가 생산되고 있으며 이러한 고휘도, 고효율, 다양한 색깔의 LED는 이미 선진국 및 국내에서 대형 전광판, 비상구 등, 교통신호등, 승용차, 트럭 각종표시등에 응용되고 있다. 현재도 LED조명기술은 빠르게 발전하고 있고 특정한 성능표준이 주기적으로 향상되고 있다.

① Indication(지시용)과 Illumination(일반조명용)

Indication은 간판, 신호, 전자장비의 표시등과 같이 자신이 빛을 내는 물체로서 자신이 직접 보여주기 위한 광원의 사용을 말한다. LED Indication 응용의 대표적인 예가 바로 비상구 표시등, 교통신호등이다. 반면 illumination은 대부분의 방안에서 볼 수 있는 일반조명 또는 작업등과 같이 그로부터 반사된 빛으로 다른 물체를 보여주게 하는 광원의 사용을 말한다. LED는 색을 필요로 하는 조명응용에 매우 효과적이고 효율적이다. 백색광원과 색이 있는 유리나 플라스틱 필터 또는 렌즈 등을 사용하는 기존의 간판이나 신호등과는 달리 고유한 파장대를 발광하는 LED는 색필터가 필요 없다. 종래의 제품에서는 필터에 의해 흡수된 빛은 필연적으로 버려졌고, 이에 반해 LED광원을 채택한 신호등과 간판의 조명효율은 백색광을 사용하던 기존의 제품보다 매우 높다. 1990년대 중반에 개발된 백색 LED와 같은 최근의 기술진보는 LED조명시스템응용이 가능하게 되었다. 그림 5.20에서는 지시용과 일반조명용 LED를 나타내고 있다.

② LED의 발광색과 광추출

LED는 반도체 소자에 사용된 물질에 의해 색상을 좌우한다. 현재 조명시스템에 사용되는 LED의 주요 2가지 타입은 레드, 오렌지, 옐로우 LED용의 ALGaInP혼합물과 그린, 블루, 화이트 LED용의 InGaInP혼합물이다. 이러한 혼합물의 조성에 있어서의 약간의 변화가 발광 색상을 변화 시킨다.

주로 전자장비에서 표시등으로 사용되던 초기의 LED는 매우 좁은 대역폭이지만 옐로

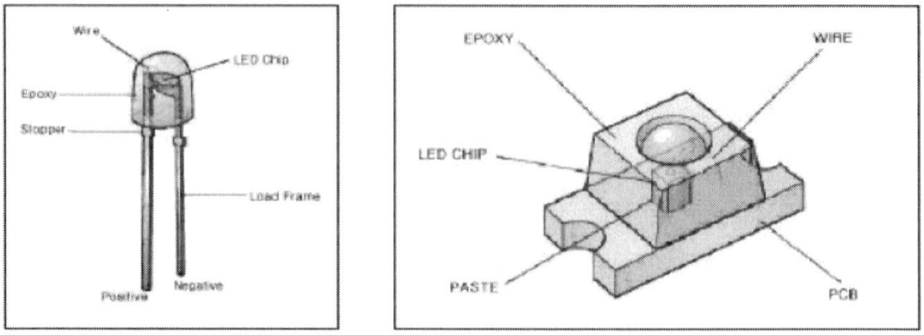

[그림 5.20] 전형적인 indicator용 LED(좌)와 Illummination용 LED(우)

우-그린에서 레드색상에 이르는 아주 단일 파장의 범위가 아닌 빛을 만들었다. 그러나 LED로부터 유용한 광량을 발생시킬 수 있게 된 것은 초기의 표시등 보다 훨씬 더 높은 광 출력을 가진 ALGaInP와 InGaN LED의 발전이 있고 나서였다. 게다가 이러한 물질들은 가시광 스펙트럼 영역에서 최고의 파장을 갖는 LED를 제조할 수 있게 했다. 백색광은 스펙트럼 각각 영역의 빛을 혼합해서 만들어질 수 있다.

더 커진 장치와 패키지는 일부 조명응용에 유용한 정도로 LED의 전반적인 광출력의 향상을 가져왔다. 반도체 소자의 증가된 크기뿐만 아니라, LED구조 또한 LED광 출력을 더욱 효율적으로 향상시켰다. 초기 LED의 접합을 형성하던 크리스탈은 광흡수 기판물질위에 성장되어졌다.

(6) 백색 LED

백색광을 만들기 위해 몇 가지 색상의 LED로부터 빛을 혼합하는 방법으로 소위 3파장 형광램프가 3가지의 형광물질들을 사용하여 램프관에서 수은 아크로부터 방사된 자외선을 받자마자 각각의 형광물질은 청색 녹색 적색 빛의 상대적으로 좁은 대역의 방사하는 것과 유사하다. 적색, 녹색, 청색을 서로 근접하게, LED 위치시킴으로서 그들의 출력량을 적절하게 혼합함으로서 육안으로 보게 되는 빛은 백색광이 된다.

단파장의 LED와 함께 형광물질을 사용하여 백색광을 만드는 방법, 그 예로 LED에 사용되는 한 형광물질이 파란 빛을 받으면 적절하게 넓은 분광복사를 갖는 노란 빛을 방사한다. 450 nm~470 nm파장에서 피크를 갖는 청색 LED의 몸체에 형광물질을 입힘으로서 다수의 파란 빛은 형광물질에 의해 노란색으로 변환된다. 변화되지 않은 나머지의 파란색은 변환된 노랑색과 섞여서 결국 화이트라이트가 된다.

5.1.5 OLED

(1) 개요

현대 사회에서 경쟁력을 키울 수 있는 중요한 수단은 정보이다. 그 정보들 중 대부분은 시야를 통하여 얻어지기 때문에 정보를 표시하여 주는 디스플레이의 중요성은 정보화 사회가 심화됨에 따라 점점 더 증가하고 있다. 디스플레이는 오랫동안 음극선관(CRT; Cathode-Ray Tube)가 사용되었지만 무게가 무겁고 부피가 크기 때문에 최근에는 가벼우면서도 고성능인 평판 디스플레이로 옮겨 가는 추세에 있다. 이러한 평판 디스플레이의 대표적인 것으로는 액정 디스플레이(LCD; Liquid Crystal Display), 플라즈마 디스플레이 패널(PDP; Plasma Display Panel), 전계 방출 디스플레이(FED; Field Emission Display), 유기 발광 다이오드(OLED; Organic Light Emitting Diode) 등이 있다.

하지만 이중에서 OLED는 기존의 디스플레이 소자인 LCD와 CRT등과 다르게 자체 발광형 소자로, 시야각 문제가 없으며, 응답속도가 10 μsec 이하로 빠르기 때문에 동영상에 적합하고 구동전압이 낮으며 발광효율이 높으며 소비전력이 낮은 장점을 가지고 있어 21세기 상용화를 앞두고 활발히 연구가 이루어지고 있다. 최근 들어서 이러한 유기 발광 디스플레이 소자의 모든 재료들을 유기물로 구성하는 전 유기(all-organic) 디스플레이도 개발되고 있어 종이와 같이 휘어질 수 있는 평판 디스플레이의 출현도 곧 가능해질 것으로 예측된다. 지금과 같은 속도로 기술 발전이 이루어질 경우 수년 내에 한 장의 투명 또는 불투명 기판과 수 마이크로 정도의 다층막만으로 구성된 초박형 OLED 디스플레이가 출현할 것으로 예상된다.

(2) OLED의 역사

최초의 OLED는 저분자 유기 소재 중 1963년에 최초로 전계 발광(EL) 현상을 보인 물질인 안트라센(anthracene) 단결정을 이용하고, 금과 나트륨을 각각 정공과 전자 주입 전극으로 사용한 OLED이었으나, 유기 결정 속으로의 캐리어 주입 효율이 낮아 이로부터 제조된 소자의 효율과 수명이 매우 낮아 상용화가 어려운 수준이었다. 1980년대 후반에 들어서면서 Kodak사의 연구진들이 발광층(emitting materials layer)과 정공수송층(hole transport layer)을 사용하여 이층 박막 구조의 소자를 제작함으로써 구동 전압을 낮추고 발광효율이 더 좋은 소자가 만들어졌으며, 이후 보다 나은 효율과 안정성, 그리고 수명을 보장하기 위한 다양한 종류의 저분자 유기 소재들이 개발되고 있다.

고분자 소재 개발에 있어서는 1990년대 초에 들어 영국 Cambridge 대학 연구진이

PPV라는 π-공역 고분자 박막으로부터 EL 특성을 관찰하였는데, 고분자 소재를 용매에 녹여 사용함으로써 spin-coating법이나 ink-jet printing법 등의 용액 코팅 공정에의 적용이 가능해 비교적 제조 공정이 단순하고 대면적 소자의 제조가 가능하다는 장점을 가지고 있다. 또한 기존의 저분자 발광 소재를 핵(core)으로 하여 그 주위에 branching group과 surface group으로 구성된 유기 dendron을 둘러쌓아 만든 dendrimer에 관한 연구도 활발히 진행되고 있는데, 이러한 dendrimer의 경우 한 물질이 발광 기능과 전자수송(electron transport) 및 정공수송(hole transport) 기능을 모두 가짐으로써 소자의 제조 공정을 획기적으로 단순화 시킬 수 있다는 장점을 가지고 있다.

(3) OLED의 정의

OLED는 Organic Light Emitting Diode의 약자로, 유기물을 빛을 내는 층인 발광층으로 사용하며, 소자의 전기적 특성이 다이오드의 전기적 특성과 유사하여 유기 발광 다이오드라고 한다. OLED는 유기물 박막(저분자 또는, 고분자)에 양극과 음극을 통하여 주입된 전자와 정공이 발광층에서 재결합하여 여기자(excitation)를 형성하고, 형성된 여기자로부터의 에너지에 의해 특정한 파장의 빛이 발생하는 현상을 이용한 것이다. 이 발광을 형광 또는 인광이라고 하며, 이것이 OLED의 기본 원리가 된다. 발광층을 구성하고 있는 유기물질이 어떤 것이냐에 따라 빛의 색깔은 달라지며 Red, Green, Blue를 내는 각각의 유기물질을 이용하여 Full Color를 구현할 수 있다. 그림 5.21에서는 OLED의 구조를 나타내었다.

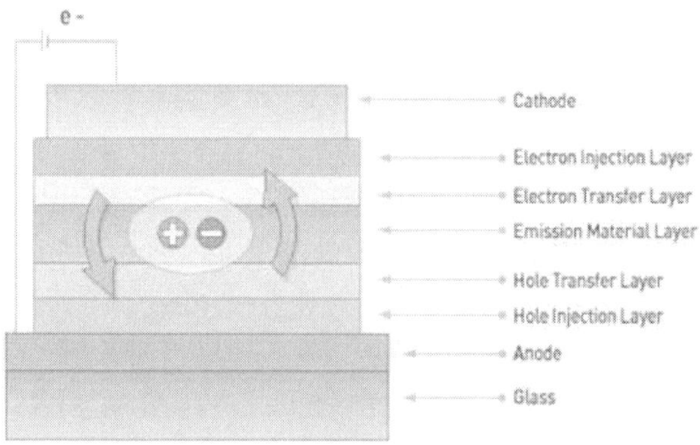

[그림 5.21] OLED의 구조

(4) OLED의 특징

✓ 소자 자체가 스스로 빛을 내는 자체 발광형이다. LCD와 커다란 차이점은 자체 발광형이라는 것이다. 자체 발광형이라는 것은 소 자 자체가 스스로 빛을 내는 것으로 어두운 곳이나 외부의 빛이 들어 올 때도 시 인성이 좋은 특성을 갖는다.

✓ 시야각이 넓어 흑색의 재현성이 좋고 contrast가 높기 때문에 화상이 깨끗하다. 시야각이란 화면을 보는 가능한 범위로써 일반 브라운관 텔레비전같이 바로 옆 에서 보아도 화질이 변하지 않는다.

✓ 응답속도는 ㎲ 정도로 매우 빠르고 온도 의존성이 작다. 동화상의 재생시 응답속도의 높고 낮음이 재생 화면의 품질을 좌우한다. OLED 는 텔레비전 화면 수준의 동화상 재생에도 자연스러운 영상을 표현 할 수 있다. (LCD의 약 1,000배 수준)

✓ 소자 자체의 두께는 0.5 ㎛ 정도로 매우 얇고 가볍다. 백라이트가 필요 없기 때문에 저소비력(LCD의 1/2)과 초박형(LCD 두께의 1/3)이 가능하다.

✓ OLED의 제조 공정이 간단하고 저렴하다. 62단계 공정인 LCD에 비해 OLED는 55단계 공정으로 일반 표준 공정단계가 더 적어 공정이 간단하므로 제조비용 절감 효과를 볼 수 있다.

(5) OLED의 기본구조

전계를 인가할 때 발광층에서 만난 전자와 정공의 재결합 시 에너지가 방출되면서 특정한 파장의 빛이 발생하는 원리를 이용한 디스플레이 소자인 OLED는 전하들의 주입,

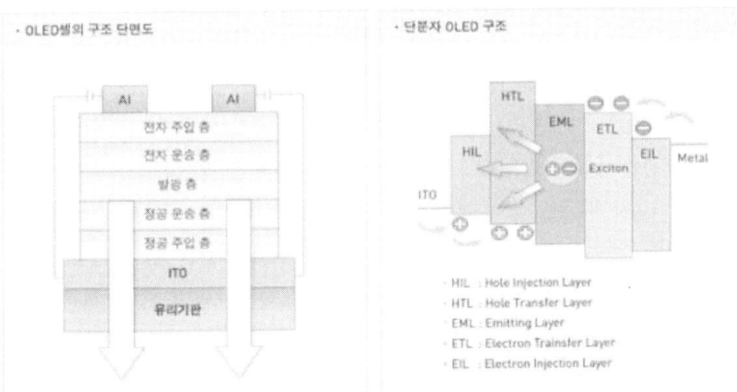

[그림 5.22] OLED셀의 구조 단면도와 단분자 OLED 구조

이동, 결합 및 발광의 과정을 거치므로 이러한 각각의 과정이 가능하도록 하는 구조를 갖는다. Cathode로부터 전자가 주입되는 전자 주입층, 주입된 전자를 발광층으로 이동시키는 전자수송층, 정공과 전자가 결합하여 발광이 일어나는 발광층, 주입된 정공을 발광층으로 이동시키는 정공수송층, Anode로부터 정공이 주입되는 정공주입층과 발광층으로 이름 붙여진 전도성 유기 다층막이 양 전극 사이에 형성된 샌드위치 구조로 되어 있다. 기판으로는 일반적으로 투명한 유리가 쓰이고 있으나 투명한 플라스틱 기판을 사용할 수도 있다. 그림 5.22에서는 OLED의 구조를 나타내었다.

(6) OLED의 동작원리

전원이 공급되면 전자가 이동하면서 전류가 흐르게 되는데 음극에서는 전자(-)가 전자수송층의 도움으로 발광층으로 이동하고, 상대적으로 양극에서는 Hole(+개념, 전자가 빠져나간 상태)이 Hole 수송층의 도움으로 발광층으로 이동하게 된다. 유기물질인 발광층에서 만난 전자와 홀은 높은 에너지를 갖는 여기자를 생성하게 되는데 이것이 낮은 에너지로 떨어지면서 빛을 발생하게 된다. 발광층을 구성하고 있는 유기물질이 어떤 것이냐에 따라 빛의 색깔이 달라지며, R, G, B를 내는 각각의 유기물질을 이용하여 Full Color를 구현할 수 있다. 단순히 Pixel을 열고 닫는 기능을 하는 LCD와는 달리 직접 발광하는 유기물을 이용한다.

OLED를 구동시키는 방식에는 두 가지 방식이 있다. 먼저 수동 모드는 표시 영역을 양극과 음극에 의한 단순 매트릭스로 구성하고, 음극과 양극이 교차한 부분에 발광시키는 방식이다. 이것은 로우(Row) 라인, 즉 음극이 선택될 때만 점등하는 Duty 구동이다. 수동 모드는 이처럼 음극이 선택되면 점등하므로 순간적으로 높은 휘도로 발광한다. 수동 모드의 경우 해상도가 높아지면, 순간 발광 휘도가 높아져야 한다. 따라서 대면적 디스플레이를 구현하기 위해 로우 라인의 수를 증가시킬수록 휘도는 감소하여 해상도가 떨어지는 단점이 있다. 또한 높은 휘도의 빛을 내므로 OLED 소자의 열화에도 큰 영향을 미치게 된다. 이에 비해 능동 모드의 경우 픽셀 하나하나에 이것을 조절하기 위한 TFT 소자가 같이 구성되기에 한 화면 동안 픽셀에서 계속적으로 빛을 발산하므로 낮은 전류로 구동이 가능해져 해상도에도 영향을 적게 받는다. 또한 수동 모드와는 달리 기생 커패시터가 적기 때문에 소비전력도 낮다. 다만 픽셀 형성이 복잡해 비용이 많이 든다는 단점이 있다.

(7) OLED의 Full color 표시방법

유기EL 디스플레이의 표시는 다른 플랫 디스플레이와 같은 화면을 작은 화소로 분해하고 각 화소를 발광시키는 방식 이다. 각 화소는 풀 컬러를 내기 위해 이른바 빛의 3원색인 적 (R), 녹(G), 청색(B)의 서브픽셀로 구성된다. 이러한 3색의 발광량을 변화시켜 원하는 색을 얻게 되지만 그 3색을 얻는 방법으로 3가지 방식, ① 3색 분리 도포방식, ② 색 변환방식, ③ 컬러 필터 방식이 제안되고 있다. 그림 5.23에서는 대표적인 3가지 full color 표시방법을 나타내었다.

3색 분리 도포방식은 RGB 3색의 재료를 칠 분할하여 배치한다. 3색 칠 분할은 저분자 재료계에서 섀도 마스크를 사용 하여 필요한 부분만 열고 다른 부분은 마스크하여 증착한다. 고분자 재료계에서는 잉크젯법이나 그라비어 인쇄법이 사용 된다. 색 변환방식은 청색 발광을 형광색소가 분산된 색 변환층 에 흡수시켜 장파장의 녹색과 적색으로 변환하는 방식이다. 분리 도포가 필요 없으므로 제조법은 간편하다. 색 변환층은 컬러 필터의 제조방법인 포토리소그래피법에 의해 제조할 수 있다. 컬러 필터 방식은 발광층에서 백색발광을 실행하고 컬러 필터를 사용하여 3색을 얻는 방법이다. 백색은 기본적으로 3색의 발광층을 적층함으로써 얻어지지만 통상적으로는 보색관계를 이용하여 적색과 청색 발광층을 적층, 백색을 얻는다.

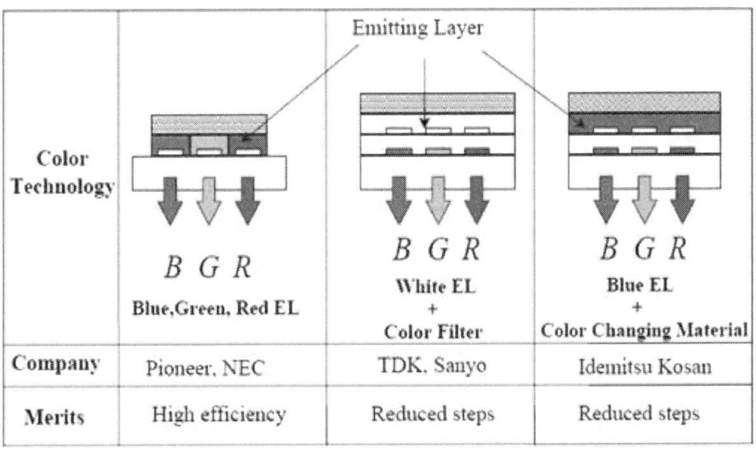

[그림 5.23] 대표적인 3가지 full color 표시방법

(8) OLED vs 액정디스플레이

① 시야각

액정은 비스듬히 또는 위에서 보면 색 배합이나 명암대비 등의 시인성이 급격히 악화된다. 그러나 유기 EL은 액정이 갖는 것과 같은 특유의 시야각에 의한 제한을 받지 않는다. 이것이 유기 EL의 큰 장점이다.

② 소비전력

유기 EL은 자발광인 데 반해 액정은 백라이트를 사용하고 있다. 원리적으로는 유기 EL 쪽이 유리하지만 현재는 여전히 유기 EL의 발광효율이 나쁘고, 둘 다 거의 비슷한 수준이다. 하지만 앞으로는 유기 EL이 액정보다 소비전력 면에서 절대적으로 유리해질 가능성을 잠재하고 있다.

③ 수명

액정의 수명은 백라이트의 수명(5~6만 시간)이다. 현재의 유기 EL의 수명은 수천 시간이다. 액정의 휘도가 휴대전화기 등에서 예상이상으로 향상되어 있는 가운데, 액정 수준으로 맞추려면 소비전력이 늘어나고 수명도 짧아지는 것이 최대 문제이다. 그림 5.24에서는 OLED와 TFT-LCD의 원리와 특성을 비교하고 있다.

OLED	TFT-LCD
■ 발광원리 - 전압을 가하면 유기물이 빛을 발하는 특성을 이용 - 유기물에 따라 R,G,B를 발하며, Full Color 구현	■ 발광원리 - 전압을 가하면 액정셔터(액정+편광판)가 빛을 통과/차단 - Backlight에서 비추는 백색광이 액정셔터를 통과 후 - Color Filter에 의해 R,G,B로 바뀌게 되어 Full Color 구현
■ 특성 - 자발 광소자로 휘도/색순도 특성이 뛰어남 - 시야각 제한 무 - 응답속도 매우 빠름 (수 ㎲) - 브라운관과 동일수준	■ 특성 - 수광소자로 휘도/색순도 떨어짐 - 시야각 제한 유 - 응답속도 느림 (수십 ㎳) - 동화상시 눈에 거부감

[그림 5.24] OLED와 TFT-LCD의 원리와 특성

5.1.6 플렉시블 디스플레이

(1) 개요

영화 "마이너리티 리포트"에서는 손에 쥐고 있던 신문이 갑자기 컴퓨터 모니터처럼 되면서, 주인공의 얼굴이 클로즈업되어 나타나는 장면이 나온다. 이러한 상황은 향후 10년 후 flexible display 기술의 개발로 현실화가 될 가능성이 점차 높아지고 있다. 또한, 백화점의 대형 벽면과 터널의 곡면 천정에 설치된 대형화면에서 쉴 새 없이 동영상 광고가 나오며, 옷에 여러 가지 디스플레이를 부착시킨 채 거리를 활보하는 젊은 이들로 거리는 가득한 상황이 아주 먼 미래는 결코 되지 않을 것이다.

정보 디스플레이의 발전 추세는 현재의 사물을 현실감 있게 나타내 주는 고성능화와 정보단말기의 이동성에 맞추어 mobile 및 편리성을 지향하게 된다. 정보 단말기기의 소형, 경량화에 따른 소형화로의 추세로 가지만 인간이 인식하는 디스플레이는 고정화 및 대형화가 요구되고 있어, 디스플레이가 접을 수 있으면 이러한 요구를 만족시키는 것이 되어, 종이와 같은 디스플레이 및 플렉시블 디스플레이의 수요가 증가하게 된다. 그림 5.25에서는 디스플레이 발전방향을 나타내고 있다.

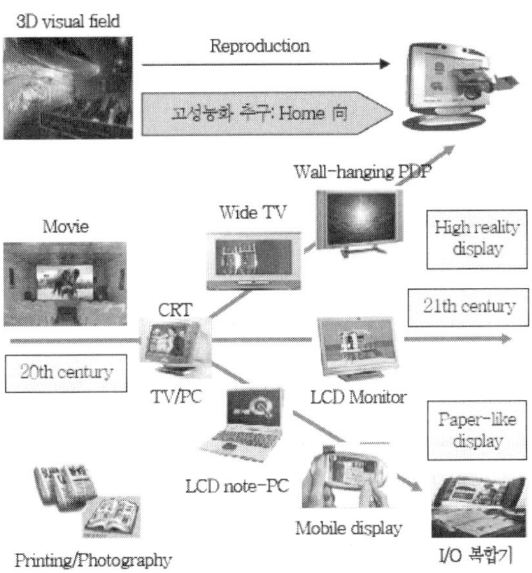

[그림 5.25] 디스플레이 발전방향

플렉시블 디스플레이란 기존의 디스플레이 특성의 손실 없이 종이와 같이 수 센티미터 이내로 휘거나, 구부리거나, 말 수 있는 얇고 유연한 기판을 사용하여 제조된 디스플레이이며, 기존의 딱딱한 디스플레이와는 달리 가볍고, 얇고, 내충격성이 강하며, 구부림을 자유롭게 할 수 있는 디스플레이로 정의된다. 플렉시블 디스플레이는 용도 및 기능으로 깨지지 않는(rugged) 디스플레이, 굽혀지는 디스플레이, 두루마리가 가능한(rollable) 디스플레이로 구별할 수 있다. 단기적으로는 가볍고, 견고하며, 구부림이 가능한 디스플레이는 DMB, WiBro, PDA 등 휴대화되고 있는 고품위 모바일용으로 적용될 수 있으며, 장기적으로는 두루마리형 디스플레이는 필요한 기술개발을 거쳐 상용화 될 전망이다.

실제 PDA 크기의 LCD를 유리 기판에서 플라스틱기판으로 변경하여 제작하였을 시 무게는 1/3 이하로 줄어들었다. 플렉시블 디스플레이를 구현하기 위한 핵심기술로는 플렉시블 기판과 플렉시블 디스플레이용 표시방식, 플렉시블 능동구동소자의 기술을 각각 분류할 수 있다. 플렉시블 기판으로는 기존의 유리 기판 대신 고분자 필름을 위주로 하는 플라스틱기판, 금속 foil, 약간의 구부림이 가능한 유리 등을 들 수 있다. 플렉시블 디스플레이용 표시방식으로는 LCD, OLED, 전자종이 방식이 연구되고 있다. 그림 5.26에서는 표시방식별 플렉시블 디스플레이의 성능을 비교하여 나타내고 있다.

기존의 디스플레이가 가지는 표시특성의 수준이나 그 이상의 특성을 구현하기 위해서 플렉시블 기판상의 고성능 스위칭소자의 개발이 필수적이다. 플렉시블 기판 상에 능동구동 스위칭소자 기술은 전 세계적으로 초기 개발단계로 디스플레이의 고화질, 고성능화를 위한 핵심기술이다. 플렉시블 능동구동 스위칭소자 기술 및 OLED 기술은 디스플레이의 대형화, 저가격화, 고실감화 등의 핵심기술로 중소형 디스플레이의 많은 부분을 대체할 수 있을 뿐 아니라, 새로운 응용을 기대할 수 있다.

	Cholesteric LCD	OLED	전자종이
Reflectivity	40%	NA	40%
Full Color	○	○	△
Response Time	30~100ms	<1ms	100ms
Contrast	20~30:1	20~30:1	10~30:1
Driving	Passive	Active	Active
Developer	Kent Display	Kodak	E-ink

[그림 5.26] 표시방식별 플렉시블 디스플레이의 성능비교

응용분야	기판	형태	크기(inch)
Appliances/Other consumer electronics	plastic	curved	< 1 to 3
Automotive	glass, metal, plastic	curved	Up to ~7
Mobile phone	plastic	curved, flexible	< (1 to 2)
Dynamic signage	metal, plastic	flexible, rollable	~7 to >20
Electronic book	plastic	flexibl	5~8
Electronic paper	plastic	rollable	12~15
PDA/Handheld computer	plastic	curved	2~4
Smart card	plastic	flexible	<1

[그림 5.27] 플렉시블 디스플레이의 응용분야

향후, 플렉시블 디스플레이의 응용 분야는 그림 5.27에 나타낸 것과 같이 e-Book, e-Newspaper, 전자칠판, 스마트카드, CAD/CAM, 광고용 전광판, 매장가격표, PDA와 같은 모바일 기기용 디스플레이, cell phone 보조 디스플레이 등 응용분야가 다양하다.

(2) LCD 기술

액정 디스플레이 모드의 경우 오랜 기간의 상업화를 통한 신뢰성, 안정성, 넓은 온도 범위, 생산능력, 시장 확보 등을 고려할 때 공급자의 측면에서 가장 큰 장점을 가진다. 기존 LCD는 유리 기판을 사용하여 액정의 액체적 특성에 의해 패널이 영향을 받지 않았지만 플라스틱과 같은 플렉시블한 기판을 사용하여 구부리는 경우, 액정의 흐름(flow) 현상으로 화질이 크게 좌우되어 안정성 있는 모드의 개발이 요구된다. 모드의 안정성 향상을 위해 액정을 어떠한 방법으로 인캡슐레이션 할 것인가가 가장 중요한 관건이 된다. 기존의 ball spacer의 산포방법을 이용하거나 rigid spacer의 형성을 통하여 여러 기관에서 개발된 바 있다. 그러나 이러한 방법을 통하여서는 고정세화 대면적 LCD를 구형하기는 어려운 단점이 있다.

고분자와 액정의 복합계를 이용한 안정화 구조가 널리 연구되고 있다. PDLC는 수~수십 마이크로 크기의 액정방울들이 고분자에 분산된 필름형태로 현재 많은 연구가 이루

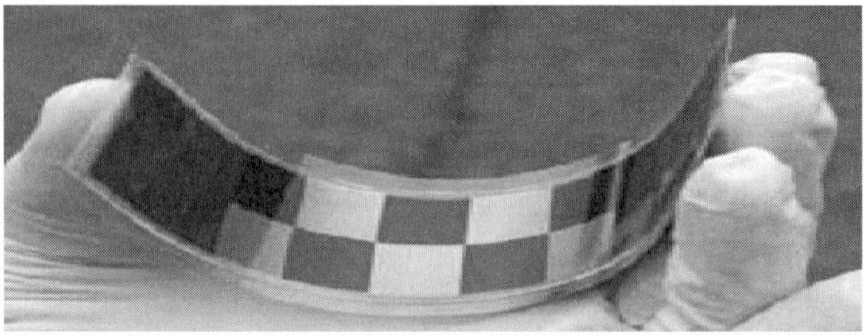

[그림 5.28] Flexible LCD의 예

어지고 있다(그림 5.28 참조). 이때 고분자 매트릭스는 단단한 지지대 역할을 하고 있어 내충격성, 대면적, 플렉시블 디스플레이에의 응용이 가능하다. 또한, PDLC는 액정과 고분자의 굴절률차를 이용한 산란형 디스플레이로 polarizer 없이 광투과를 조절할 수 있다. 그러나 높은 구동전압, 느린 응답속도 및 낮은 대조비 등의 단점이 있다.

Bi-stable 특성을 이용한 메모리 모드는 콜레스테릭 액정을 이용한 고분자 안정화 콜레스테릭 액정(PSCT) 모드가 많이 연구되고 있다. PSCT는 planar texture에서의 선택반사를 bright 상태로, focal conic texture의 산란을 dark 상태로 사용하는 것으로 광학특성 및 양산성이 우수하여 e-book으로 유리하다. 이러한 방식은 이미지의 메모리가 가능하므로 전력소모가 매우 적고 컬러 필터 없이도 색구현이 가능한 장점을 가진다. 그러나 고해상도와 full-color 구현이 어렵고, 구동전압이 높은 단점이 있다. 또한, 구동파형이 복잡하여 현재는 간단한 디스플레이에만 적용되고 있다.

AM LCD 즉, TFT-LCD 형태의 플렉시블 LCD 역시 많이 연구되고 있는데, 이는 PM에 비하여 고화질, 저소비전력, 대형화에 유리하다. 플렉시블 LCD를 구현하기 위하여 TFT 기술이 중요한 기술이 되는데, 기존의 유리기판상의 제조온도가 약 350℃ 부근인데 비하여 플라스틱 기판을 사용하는 경우 150℃ 이하로 공정온도를 낮추어야 한다.

TFT 기술로 비정질 실리콘 TFT, OTFT, 저온 폴리 실리콘 TFT 등이 시도되고 있다. 비정질 실리콘 TFT의 경우, 기존의 제조라인을 그대로 이용할 수 있는 장점이 있지만, 플라스틱 기판의 열팽창으로 인해 양산적인 측면에서 고정세화, 대형화가 어려운 실정에 있다. OTFT의 경우 유연성에 있어서 플렉시블 LCD를 구현하기에 많은 장점이 있으나, 양산화 관점에서 개발의 여지가 많다.

(3) OLED 기술

OLED는 자발광형의 표시소자로 시야각과 대조비가 우수하고 저소비전력과 빠른 응답 속도, 저렴한 제조비용과 사용 환경이 넓은 장점을 가지고 있으며, 단일가판상에 제조 가능하기 때문에 유연성이 있는 소자로 쉽게 만들 수 있는 장점이 있다. 1987년 이스만 코닥사의 Tang이 적층구조의 유기물질에서 고휘도로 빛을 내는 데 성공한 것을 시작으로 OLED는 2005년 현재까지 많은 기술적인 진보가 이루어졌다. 휴대형 소형 정보단말기에 OLED가 채택되어 상용화가 급진전을 이루고 있다. OLED를 제조하는 방법으로 크게 유기 저분자를 진공에서 가열하여 증착하는 방법과 고분자 용액을 잉크젯 프린팅이나 스크린 프린팅하는 방법으로 나 눌 수 있다. OLED 특성은 저분자를 진공 증착하는 방법이 가장 우수한데, Pioneer, UDC, 삼성 SDI, LG 전자 등 대부분의 회사가 이 방법을 사용하고 있다. Dupont, Philips 등은 고분자용액을 이용한 잉크젯 방식을 사용하고 있다.

플렉시블 OLED의 상용화를 위한 핵심 기술로는 고기능 플라스틱 기판 기술, 저온 전공정 기술, 능동구동(AM)을 위한 박막 트랜지스터 기술, 박막 passivation 기술을 들 수 있다. OLED 디스플레이는 유기 소재를 사용하므로 산소나 수분에 노출될 경우 수명이 급격하게 감소하는 문제점이 있다. 특히, 일반적인 플라스틱 기판의 투습도가 10~1,000g/m^2/day으로 OLED의 장수명화를 위하여 필요한 1×10-5 g/m^2/day 이하의 투습 특성을 위해서는 기판에 수분 차단막을 형성하는 것이 불가피하다. 차단막은 유기막과 무기막을 적층하게 되는데 무기막으로는 SiOx, SiNx, SiON, AlO, AlON 등이 사용되어 수분과 산소를 차단하며, 유기막은 무기막의 증착시 발생하는 pinhole과 스트레스를 완충하는 역할을 한다. 따라서 유기막과 무기막을 교대로 적층하는 다층구조를 사용하게 된다.

차단막은 용액공정과 진공증착법으로 형성할 수 있으며, 저투습, 저투산소 특성뿐만 아니라 고광투과 특성과 유연성을 확보해야 한다. 또한 OLED 상부에 형성하는 passivation은 차단막의 특성을 확보하며 OLED의 특성에 영향을 주지 않도록 주의를 요한다. 그림 5.29에서는 ETRI가 개발한 플렉시블 PM OLED를 나타내고 있다. AM OLED 형태의 플렉시블 OLED를 구현하기 위하여서는 역시 TFT 기술이 중요한 기술이 되는데, 기존의 유리기판상에서의 TFT 기술이 이슈가 되고 있는 실정이다. 전류구동 능력 등이 고려되어 다른 TFT 방식보다 저온 폴리 실리콘 TFT가 가장 현실적인 대안으로 채택되고 있다. 그러나 플라스틱 기판 상에서의 TFT 방식은 공정의 난이도, 양산성, 소자성능 등이 종합적으로 고려되어야 하므로 다양한 TFT 제조기술이 현재 개발되고 있다.

[그림 5.29] ETRI의 Flexible PM OLED(2003년)

(4) 전자종이 기술

전자종이를 구현하기 위한 기술로 캡슐형 전기영동 디스플레이(microencapsulated electro-phoreticdisplay), Twisted Ball, REED, MEMS 기반 전자종이 기술 등으로 구분할 수 있다. 캡슐형 전기영동법은 1996년 MIT Media Lab.에서 개발한 방법으로 특정한 전하를 가진 특정색의 잉크 미립자와 반대전하를 띤 다른 색의 잉크 미립자와 투명 유전유체를 지름 100~200 μm의 크기의 마이크로캡슐로 감싸는 구조를 만들고 이 마이크로캡슐을 바인더와 혼합하여 전극 사이에 위치시켜 마이크로캡슐 내부의 잉크 미립자를 동작시킨다. 양으로 전압을 인가시킬 경우, 음의 미립자가 표면으로 다가와 미립자의 색으로 표시할 수 있으며, 반대전압을 인가하는 경우, 반대미립자 색깔을 나타낼 수 있다. Media Lab에서 spinoff하여 설립된 E-ink사는 백색 반사율이 우수한 T_iO_2 미립자에 흑색으로 카본계열의 재료를 사용하고 있다. 이러한 전자종이 기술은 종이질감에 가까운 특성과 시인성이 우수하며, 메모리 기능이 있어 소비전력이 극히 작다는 장점을 지닌다. 그러나 응답속도가 약 100 ms로 동영상 구현에는 많은 개선이 필요하며, 컬러 필터를 이용하여 컬러표시가 가능한 소자는 현재 연구 중이다.

AM 방식의 전자종이를 구현하기 위하여서는 초기에는 비정질 실리콘 TFT를 많이 사용해 오다가 근래에는 Philips 등이 OTFT를 이용한 능동구동 기술이 구현되면서 많은 개발자들이 이 방식을 따르고 있으며, OTFT의 양산 적용 가능성이 높아지고 있다(그림 5.30 참조). Xerox의 자회사인 Gyricon Media사는 우선 투명한 두 장의 고분자 기판 사이에 수백만 개에 이르는 30~100 μm 크기의 볼이 오일로 채워진 실리콘 합성고무(silicone elastomer) cavity에 분산된 형태를 가지고 있다. 여기서 분산되어진 볼의 양쪽이 강하게 대조되는 반구 형태로 한쪽에는 빛을 흡수할 수 있도록 흑색으로 되어 있으며 다른 쪽의 반구에는 빛을 반사할 수 있도록 백색으로 되어 있다. 볼의 흑색과 백색의 영역은 서로 반대의 전하를 가지고 있어 외부에서 인가해 주는 전기장의 방향에 따라서 볼은 회전하게 되는데, 이와 같은 특성을 이용하여 검게 표시할 부분에는 흑색으로 되어 있는 부분이 상부에 있도록 전기장을 형성해 주며, 반대로 하얗게 표시될 부분에는 백색으로 되어 있는 부분이 상부에 있도록 전기장을 반대로 형성하게 된다.

일본의 Bridgestone사가 2004년에 개발한 QRLPD를 이용한 전자종이 기술은 대전된 입자를 이용하는 것은 기존기술과 유사하지만 잉크입자가 액체처럼 동작하는 고체 입자이므로 색깔이 전환되는 스위칭 시간이 0.2 ms로 매우 빨라 동영상이 가능한 기술이어서 많은 주목을 받고 있다(그림 5.31참조). 그러나 QRLPD 기술이 상용화되기 위해서는 200 V 이상의 구동전압을 10 V대로 현저히 낮추어야 하는 장애물을 통과하여야 한다.

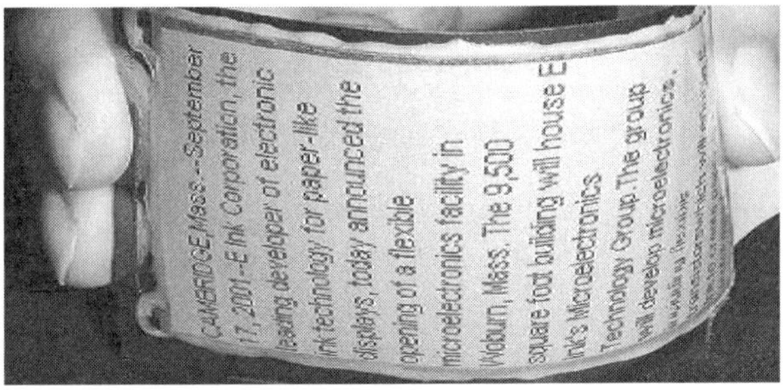

[그림 5.30] E-ink사의 전자종이

[그림 5.31] Bridgestone사의 전자종이

5.2 차량용 디스플레이

5.2.1 TFT-LCD

(1) 개요

자동차 내비게이션용으로부터 시작된 차량용 TFT-LCD는 뒷좌석 엔터테인먼트(RSE : Rear Seat Entertainment)용을 비롯하여 안전 확인 용도로서 전면계기 패널 및 후방감시 모니터용 등으로 확대되고 있다. 또한, 터치패널방식의 입력기능 추가와 대형화에 따라 2000년 연간 300만대를 넘는 시장으로 발전했다. 이러한 차량용 TFT-LCD에 있어서 시장의 니즈변화와 이에 대응한 Toshiba mobile display사의 TFT-LCD 기술이 있다.

차량용 TFT-LCD는 내비게이션의 고기능화와 함께 TV, DVD 화면도 탑재된 엔터테인먼트 기능이 추가됨에 따라 미니밴, 화물겸용승용차등 다양한 차종에 적용이 확대되고 있다. 안전 확인 용도에 있어서 후방감시 모니터 기능은 북미, 유럽 국가들의 법제화 움직임으로 소형 자동차용 중심으로 TFT-LCD는 2011년 이후 급속 확대될 것으로 예상된다. 그림 5.32에서는 차량용 TFT-LCD의 모습을 나타내고 있다.

(2) 요구사항

이러한 차량용 TFT-LCD에 있어 유저의 요구사항은 다음과 같이 요약된다. 내비게이션용도에서는 LCD재료 특성인 저온시 응답속도지연과 고온시의 표시불량에 대해 필요한 차량탑재온도인 - 30~85℃에서의 동작보증과 - 20℃에서의 응답속도개선이 요구된다. 또한, 시야각 확대도 요구되고 있다. RSE 용도에서는 수납공간 제약과 후방시야 간섭을 피하기 위해박형, 경량 등이 필요하고, 앞좌석 머리받침(head rest)이나 시트에 매입되는 방식에서는 상하 시야각 확대와 고화질이 요구되고 있다.

[그림 5.32] 차량용 TFT-LCD

계기 패널용도에서는 시동 직후의 정확한 표시 기능이 요구되고 있으며, 저온(-30℃) 시의 휘도 시동성 및 응답성 개선과 함께 표시오동작에 대한 방지책이 필요하다. 또한, TFT-LCD 가스 모그 색상의 전면판 내부에 설치됨에 따라 고콘트라스트, 고휘도화가 요구된다. 그리고 백라이트의 발열 기능의 대형발열판을 소형화시키기 위한 소비 전력 절감이 요구되고 있다.

(3) 기술수준

저온 응답성의 경우, 저점성 액정 재료 적용과 셀의 틈새(gap)를 좁힘으로써 실효전계강도를 올려 저온특성개선을 진행하고 있다. TN(Twisted Nematic) LCD를 사용하는 차량용 TFT-LCD는 현재 -20℃에서 100 ms의 응답성을 확보함으로써 패널용으로도 사용 가능하다.

저온시동성에서는 종래의 백라이트광원인 냉음극형광관(CCFL)은 가스의 압력·조성을 개선, 점등회로의 초기 전류부스트등으로 개선하고 있다. 이 문제는 LED가 백라이트 광원에 사용됨에 따라 해결됐다.

차량용 LCD에는 민생용과 같은 TN광시야각LCD가 주로 적용되어 있어 좌우방향 시야각 특성은 색변화를 제외하면 실용상 충분한 콘트라스트 시야각을 갖는다. 하지만 상하각방향에는 계조반전(grey level invension) 영역이 존재 한다. 따라서 차량용에는 전 방위에서 계조반전이 일어나지 않는 HEAD(Hybrid Electric field Advanced Display) TFT-LCD 액정기술을 적용하고 있다. HEAD는 콘트라스트 시야각 특성이 종래의 TN 광시야각 LCD에 비해 흰색영역이 확대, 즉 시야각이 커진다. LCD에 광범위하게 사용되고 있는 터치패널은 저항막 방식이 주류이지만 향후의 차내정보단말로의 전개를 감안하면, 현재민생용으로 넓게 보급되고 있는 조작성이 좋고 다점 입력도 쉬운 정전용량방식이 유력하다. 다결정실리콘(p-Si)기술을 응용, TFT-LCD 내부에 센서를 내장한 터치패널 기능 겸비의 차량용 p-Si TFT-LCD도 개발진행 중이다.

비교적 상세하게 지도를 표시가 요구되는 자동차용 내비게이션은 현재, 해상도 W-VGA (800×400화소)를 주로 적용하고 있지만 RSE용도에 대해서는 지상 디지털 방송 확대로 고해상도화를 일부 진행하고 있다. RSE용(9인치)과 내비게이션용(7인치)으로서 고해상도가 가능한 p-Si TFT 기술을 적용하는 W-XGA(1280×720)상품이 제품화됐다.

엔진대신 모터로 구동하는 전기자동차가 도입됨에 따라 차량 탑재 부품의 소비 전력 감축도 매우 중요하다. 내비게이션용의 경우, 백라이트를 LED로 대체함으로써 백라이트 광원 소비전력은 2005년의 8 W에서 2007년 5 W로 개선됐다. 계속하여 고효율 LED가 도입됐으며, p-Si TFT-LCD와 함께 구동·전원회로 개선 등으로 2013년에는 2005년 대비 74% 감축을 예상하고 있다. 또한, 경량화에서도 백라이트의 LED 적용으로 중량이 1/2수준으로 감소됐으며, 박판셀 적용 등에 의한 추가 경량화가 진행 중이다. 향후 유저의 니즈 증가와 함께 전기자동차의 확대로 차량용 전기·전자부품에 대한 고기능·고성능·품질개선 요구와 함께 소비 전력 감소와 경량·박형화 요구는 계속 높아질 것이다. 향후 진화하는 자동차의 미래를 고려하여 p-Si TFT-LCD등 새로운 디스플레이 기술을 활용한 고기능 차량용 TFT-LCD 보급 확대를 기대한다. 그림 5.33은 측후방 확인을 위한 TFT-LCD를 나타내고 있다.

5.2.5 HUD

(1) HUD의 정의

헤드업디스플레이(HUD)란 운행 정보가 자동차 전면 유리에 나타나도록 하는 전방표시 장치다(그림 5.34 참조). HUD는 원래 비행기에서 조종사의 전방 시야를 확보해주기 위해 도입됐다. 하지만 최근 들어 미래형 자동차 개발과 함께 운전자에게 전달할 정보가 많아지면서 자동차에도 적용되기 시작했다. 내비게이션을 포함한 각종 차량 디스플레이는 화면 위치가 운전자 시야 정면에 있지 않아 사고위험이 뒤따르기 때문이다. 주행에 필요한 정보를 보기 위해 정면에서 시야를 떼야 하는데 도로 위의 상황은 시시각각 변하기 때문에 운전자는 도로에 시선을 집중해야 한다. 이 때문에 HUD가 차량에 필요하게 되었다.

HUD는 차량 주행에 필요한 정보를 운전자의 시야 정면에 3차원적으로 중첩시켜 표시해 준다. 이를 장착하면 운전자들은 계기판의 속도나 방향지시등 등을 제어하기 위해 운전 중에 시선을 옮길 필요가 없다. 자동차 앞 유리창에 형성되는 사각형 모양의 상에 비치는 정보들을 보며 조작하면 된다. 운전자 앞 유리창에 필요한 정보들을 그래픽

[그림 5.33] 측후방 확인 TFT-LCD 모니터

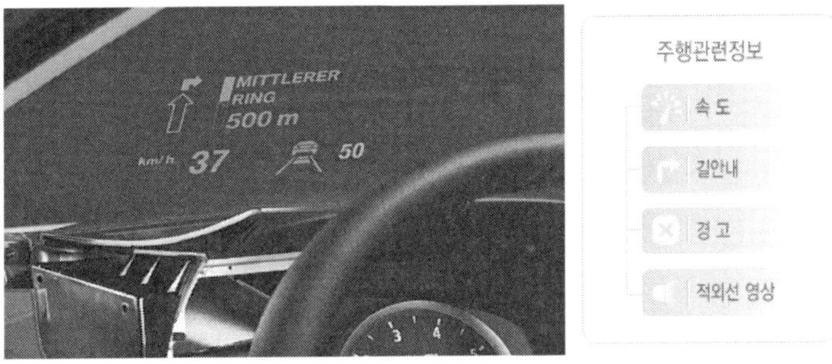

[그림 5.34] HUD의 정의

으로 투영함으로써 운전자들 불필요한 시선 최소화해준다. 또한 밤에는 운전자의 가시거리 밖에 있는 앞쪽물체에서 방출되는 적외선을 감지해 디스플레이하는 나이트비전 기능으로 낮처럼 손쉽게 운전할 수 있다. 앞으로 이 장치는 거의 모든 미래형 차량에 장착되는 표준장치 역할을 할 것으로 보인다.

(2) HUD의 기원

HUD가 가장 먼저 적용된 것은 1960년대 개발된 전투기나 민간 항공기였다. 전투 중 비행사가 시선을 다른 곳으로 옮기는 순간 적에게 공격당할 수 있기 때문에 군사목적으로 개발된 것이 민간으로 기술 이전이 된 것이다. 당시에는 녹색 레이저 빔을 활용해 녹색 빛만 반사시키는 전투기 앞 유리창에 홀로그램 방식으로 투영시키는 방식이었다.

과거 전투기의 조종석 앞면엔 기관총 조준경만 있었고, 항공기의 기타 정보는 모두 계기판의 빽빽한 바늘로 표시되었습니다. 그래서 급박한 공중전 상황 속에서도 항공기의 속도, 고도, 자세나 적기 정보 등을 보기 위해선 필히 적기에서 눈을 떼어 아래 계기판을 봐야 했다. 이러한 문제점을 해결하고자 나온 것이 HUD이다. 그 원리는 조종석 앞에 비스듬히 기울인 유리판을 놓고, 거기에 문자나 기호 등을 표시해주는 것이다. 최근의 항공기는 단순히 문자, 기호뿐만 아니라 항공기 전방의 모습을 사진처럼 그대로 표시해주기도 한다.

(3) HUD의 종류

HUD는 형태에 따라 Conventional HUD(굴절식)과 Holographic HUD(홀로그래피식)로 나눈다. 그 원리를 한 번 살펴보면. 유리도 얼마정도 경사를 기울여 보면 흐릿하게 반사가 이루어지게 된다. 물론 빛을 100% 투과시키지 않기 때문이다. 두 가지 방식 다 표면반사율이 우수한 재질의 투명판을 기울여 놓고 그 투명판에 디스플레이 정보를 반사시키는 건 똑같지만 일그러짐 없는 선명한 심볼을 비추는 방식을 어떻게 조절하느냐가 다르다. 그냥 투명판에 반사시킨다고 선명한 심볼, 영상이 잡히지는 않는다. 이것이 HUD를 실용화하는 데 가장 어려운 점이었다. 그래서 1960년대 초에서 시제품이 나왔고 쓸만한 HUD가 전투기에 장착되기 시작한 것 10년 쯤 지난 1970년대 초였다.

첫째로 굴절식은 반사판 밑에 특수한 디스플레이 장치를 갖추고 있다(그림 5.35 참조). 소형 CRT 모니터 위에 대형 렌즈를 놓고 그 광선을 굴절시킨 화면이 다시 투명판에 반사되는 구조를 하고 있다. 조종사의 전방시야는 유지되면서 심볼을 비롯한 각종 정보가 투명판에 반사되면서 나타난다. 다시 말해 투명판 밑에는 커다란 렌즈가 있고 이 밑에 소형 모니터가 있는데, 이게 통상적인, 초기형 HUD의 모습이다.

CRT로부터 나온 광선은 상이 형성되는 지점을 반사판 각에 정확하게 맞추기 대형 렌즈에 의해 굴절된다. 왜냐하면 CRT는 수평으로 있고 그 위에 반사판이 경사져 있기 때문에 거리가 동일하지가 못하기 때문이다. 그냥 반사시키면 가까운 쪽은 작게 먼 쪽은 길게 상이 맺히고 초점도 다 달라져서 흐릿하게 된다. 이걸 균일하게 하여 선명하게 상을 맺히게 하려고 두꺼운 렌즈를 사용한다. 굴절된 빛은 대형 렌즈의 유리면과 공기층을 번갈아 통과할 때 매질이 서로 다르기 때문에 그 굴절도가 변화하는데 이걸 정밀하게 조종하여 초점을 정확히 맞추고 크기도 균일하게 하여 글자나 심볼의 왜곡현상을 방지한다.

실제로 굴절식 HUD에 비추어지는 숫자나 심볼은 일그러짐 없이, 크기도 균일한 게 아주 깨끗합니다. 렌즈로 굴절시켜 조절하지 않으면 절대 불가능하다. 이 렌즈는 사실

[그림 5.35] 굴절식 HUD

정밀 광학기술의 산물로 초정밀 렌즈의 하나이다. 그러나 굴절식 렌즈보다 2배 이상의 넓은 시야를 갖는 홀로그래피식이 등장하면서 좁은 시야로 인한 고민은 많은 부분이 해결되었다. 아울러 이 HUD는 전투기 전자장비의 중추인 레이더와 연동된 화기관제 컴퓨터와 연결되어 조종사가 선택한 각종 모드에 따라 다양한 화면을 보여준다.

그 다음으로 개발된 홀로그래픽 방식은 회절식이라고도 한다(그림 5.36 참조). 통상적인 HUD, 즉 굴절식 HUD에서 커다란 렌즈가 하던 역할을 레이저를 이용한 홀로그래피 방식으로 바꾼 것이다. 홀로그램 (Hologram)에 의해 빛의 회절을 조절하여 반사판에 선명한 상이 맺히도록 하는데, 그 밝기가 훨씬 밝아졌고 넓은 면적을 커버할 수도 있고 무게도 가볍고 부피도 작아 요즘 최신예 전투기들은 대부분 이 홀로그래피식을 사용하게 된다. '광각 HUD'라고 하는 표현들은 바로 이 홀로그래피식 HUD이다.

원리는 그렇지만 실제로는 굴절식 HUD보다 훨씬 복잡하다. 반사판에 코팅되거나 두 장 사이에 끼워진 감광성물질 (중크롬산염 젤라틴)의 표면에 두개의 일치된 레이저 광선이 쬐여짐으로써 홀로그램이 만들어지는데, 이 홀로그램은 젤라틴 필름의 두께를 통해 화면에 맺히는 상의 일그러짐을 조절하게 된다.

HUD는 이런 구조를 하고 있다. HUD에 표현되는 정보는 엄청 많다. 옛날에는 그저 숫자, 심볼 이런 것들뿐이었는데, 요즘은 극히 높은 해상도의 사진, 동영상도 비추어 진다. 펄스 도플러 레이더가 작성하는 고해상도 지형매핑이나, 랜턴포드의 레이더나 적외선으로 이미징된 정밀 타격 목표물 화면들도 다기능 디스플레이가 아닌 HUD에 비출 수 있다.

[그림 5.36] 회절식 HUD

구체적으로 종류를 들어보자면, 안전비행을 위한 각종 정보들, 비행속도, 대지고도, G 하중, 방위, Mach수, 영각, 비행자세 같은 것들과 화력통제 정보들, 목표물 거리, 속도, 방위, 소요무기의 상태, 조준 심볼, 록온 상태 등을 다 표시해 준다.

HUD는 크게 D.U와 E.U 두 가지 부분으로 나눈다. D.U는 조종사에게 직접 시각정보를 제공하는 Display Unit이고 E.U는 디스플레이를 위한 각종 정보를 전자적으로 처리하는 Electronic Unit을 뜻한다. 우리말로 번역하면 화상표시부와 전자계산부라고 할 수 있을 것이다. 물론 전자계산부는 화력통제컴퓨터와 별도이면서 최소한의 데이터 처리 유닛을 독자적으로 갖고 있다. 디스플레이 유닛은 다른 모든 디스플레이 장치와 마찬가지로 수평 ***라인, 수직 ***라인 하는 고유의 해상도를 가지고 있다. 전자계산부(Electronic Unit)는 일반 컴퓨터와 마찬가지로 일정량의 기억용량 (메모리)과 CPU, 이와 연동된 고유의 소프트웨어를 갖고 있다.

(4) HUD의 원리

기본적인 차량용 헤드업 디스플레이의 원리는 현재 국내에서도 널리 보급된 LCD TV의 원리와 유사하다. 똑같이 LCD 기술을 사용하기 때문. 디스플레이에 나타나는 색의 기본 단위인 화소(픽셀. 빨간색, 녹색, 파란색)를 전기 신호에 따라 자유자제로 표현하는 트랜지스터를 이용하기 때문에 기존 방식보다 좀 더 다양하고 복잡한 모양의 이미지를 자동차 앞 유리창 부근에 투영시킬 수 있게 된다. 그림 5.37에서는 HUD의 개념도를 나타내었다.

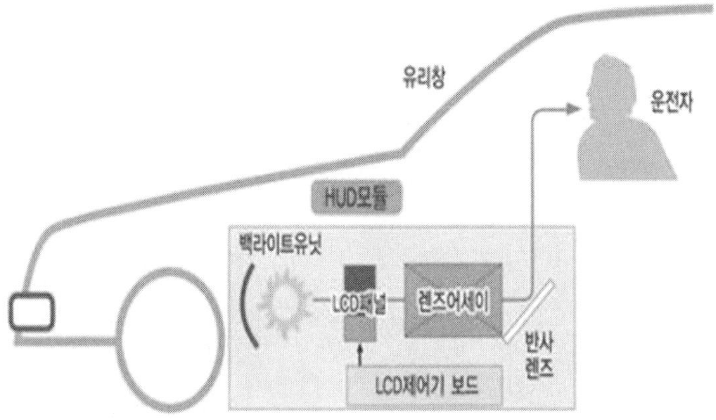

[그림 5.37] HUD 개념도

자동차에서는 그림에서 보는 것같이 운전석 전방의 윈드쉴드 하부의 인스트러먼트 내에 발광 표시기를 놓고, 윈드쉴드에 반사시켜서 자동차 전방에 나타나는 허상 표시를 본다. 윈드쉴드의 반사면 부분(실내측)에 박막에 의하여 컴바이너 처리되어 있다. HUD로 표시되는 내용은 본래의 계기판에도 표시되는 내용의 보조로서 스피드 미터의 디지털 표시와 마스터 워닝 등 간간한 것이 표시되고 있다.

헤드업 디스플레이 장치는 크게 정보의 이미지를 결정짓는 LCD 패널과 이를 빛을 쏴서 인간의 눈으로 볼 수 있게 해주는 백라이트 유닛(BLU), 도출된 이미지를 최종 운전자 앞 유리창에 비추기 위한 반사렌즈 등으로 구성된다. 이 장치는 운전석 계기반 뒤쪽의 대시보드 부분에 설치되게 된다. 속도나 연료잔량, 주행거리, 라디오 채널, 길안내 방향표시 등 각종 정보는 이 같은 일련의 과정을 거쳐 앞 유리창 부근에 표시된다. 이 때 앞쪽으로 기울어진 유리창 표면에 이미지가 나타나는 것이 아니라 운전자 시각과 거의 직각 상태로 마치 공중에 떠 있는 듯 보인다. 이는 투영된 정보 이미지가 앞 유리창과 부딪히면서 맺히는 상을 운전자가 보기 편한 각도로 조절했기 때문이다. 이 때 나타나는 이미지 상은 유리창 바로 앞이 아니라 마치 저 뒤편 보닛 끝 부분에 떠 있는 것처럼 보이는데, 이는 광학적 착시현상에서 비롯된 것이다. 이는 LCD패널에 생성된 이미지가 여러 개의 반사렌즈로 굴절되면서 상이 멀리 맺혀 보이는 것인데, 빛의 도달거리를 인위적으로 늘리면 실제 상이 맺히는 위치보다 훨씬 뒤쪽에 맺히는 것처럼 느껴진다고 한다.

(5) 자동차 도입 현황

자동차에 이 기술을 처음 적용한 것은 1980년대 GM 등 미국 자동차 제조사들이었다. 하지만 당시 휘도가 낮아 대낮에는 잘 보이지 않았고, 흑백의 이미지만 나타나는 등 단점이 있었다고 한다. 이런 가운데 1990년대 후반 `TFT-LCD'(Thin Film Transistor 박막 트랜지스터 액정화면)라는 전자 디스플레이 기술이 상용화됐고, 이 기술을 응용해 밝고 선명한 컬러 이미지를 자동차 앞 유리창에 반사시키는 현재 방식의 차량용 헤드업 디스플레이가 출현하게 되었다.

2001년 GM이 캐딜락 브랜드 차량에, 2003년 BMW가 5시리즈부터 적용하는 등 주로 해외 고급차에 적용되어 왔다. 국내에선 BMW코리아가 이 시스템을 장착한 550i를 지난해 처음 수입했고, 올해 출시한 뉴 5시리즈 전 모델, 650i 컨버터블, M5, 뉴X5 등에 헤드업 디스플레이를 기본 탑재해 판매하고 있다. 현대기아차 등 국내 자동차 업체들은 아직 도입할 계획을 가지고 있지 않지만, 몇 년 내로 적용할 것으로 보인다. 그림 5.38와 5.39에서는 HUD가 도입된 차량을 나타내고 있다.

[그림 5.38] BMW 차량의 HUD

[그림 5.39] Chevrolet Corvette Z06차량의 HUD

(6) HUD의 현재

우리나라에서는 자동차부품연구원과 현대오토넷, ODS 등이 공동으로 산업자원부의 지원을 받아 2002년부터 HUD 개발에 착수하여 2006년에 완료하였다. 장초점 광학계와 LCD, 고휘도 LED를 사용하여 밝은 낮에도 충분한 밝기를 확보하여 상용화 가능한 국내 최초의 HUD 시스템이라는 면에서 그 위미가 크다고 할 수 있다. 그림 5.40에서는 HUD 시스템의 구성도를 나타내었다.

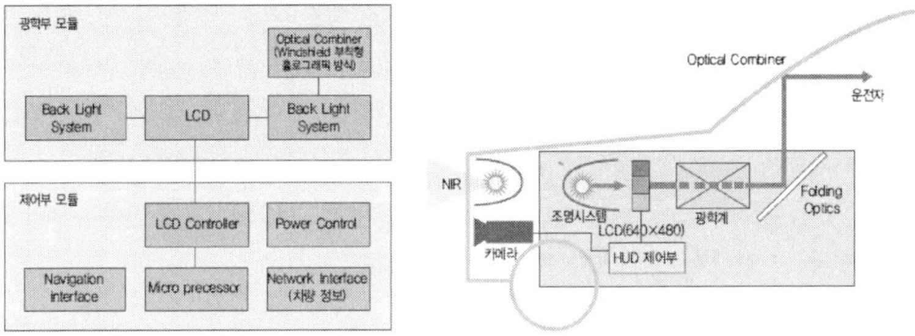

[그림 5.40] HUD 시스템 구성도

- 시선하향각 : 4.5도 하향
- 영상의 위치 : 운전자로부터 2.0 미터 전방
- 영상의 크기 : 160×120 mm (직경 200 mm)
- 영상의 위치이동 범위 : 상향 약 3도 이상
- 헤드 이동범위 : 좌우 100 mm, 상하 80 mm 이상
- LCD 선정 : 2인치, 20만 화소 수준
- 광원 : 고휘도 백색 LED로 투영 영상 밝기가 5000B 이상

시스템 설계 요소를 반영한 광학계 최종 설계 및 차량 장착도는 그림과 같다. 여기서 중요한 점은 대부분의 자동차 윈드쉴드가 곡면이기 때문에 광학계 최종 단에 곡률 보정 미러를 사용하여 영상의 일그러짐을 보정해 주어야 한다는 것이다. 또한 차량 장착을 위해서는 최대한 작게 제작해야 하는 어려움도 있다. 그림 5.41에서는 HUD 시스템의 설계 및 차량 장착도를 나타내고 있다.

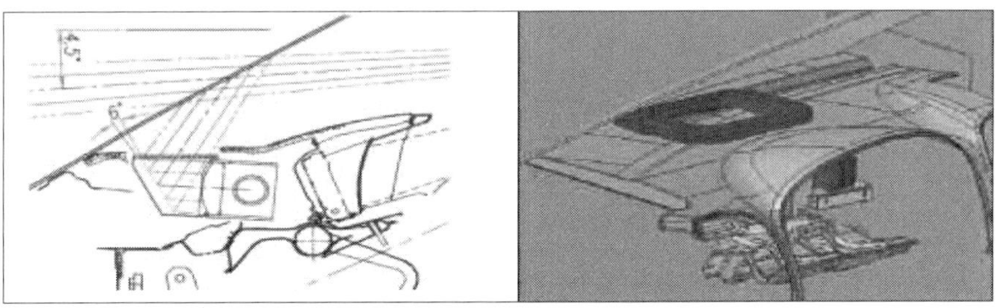

[그림 5.41] 설계 및 차량 장착도

개발된 최종 HUD 시스템은 그림 5.42과 같다. 개발된 시제품을 두 대의 차량에 장착하여 지속적인 주행 시험을 실시한 결과 시인성, 상의 크기, 상의 거리등에서는 만족스러운 결과를 얻을 수 있었다. 다만, 터널 진입 등 급격한 조도 변화 상황에서 밝기를 조정하는 부분과 특정 빛 환경에서 나타나는 플레어 현상은 향후 개선되어야 할 점이다. 그림 5.43에서는 국내에서 최초로 개발된 HUD 시스템을 나타내고 있으며, 그림 5.44에서는 외장형 HUD의 모습을 나타내고 있다.

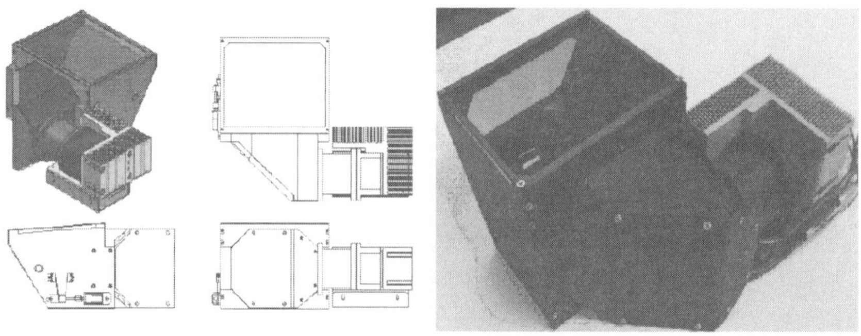

[그림 5.42] 최종 개발된 HUD 시스템

[그림 5.43] 국내 최초로 개발된 HUD

[그림 5.44] 외장형 HUD

(7) HUD의 응용

HUD는 차량 속도 등의 데이터를 운전석 앞 유리창에 반사시켜 운전자의 시선 상에 나타냄으로써 운전자가 전방의 교통 상황을 주시하며 중요한 주행 정보들을 확인할 수 있게 해주는 장치다. 이 HUD를 응용한 기술로 “나이트 비전”을 들 수 있다(그림 5.45참고).

BMW의 ‘나이트비전’과 메르세데스-벤츠의 ‘나이트 뷰 어시스트’, 혼다의 ‘인텔리전트 나이트비전’도 사실 같은 시스템을 달리 부르는 말이다. 이는 야간 주행 시 전조등이 미치는 범위를 넘어서 전방 도로에 대한 시야를 확보해 주는 장치다. 특히 육안으로 보이지 않는 물체도 적외선 기술로 감지해 비디오 이미지로 전환, 자동차 앞 유리에 투사하거나 계기판 내 모니터에 나타낸다.

[그림 5.45] 나이트비전

[그림 5.46] BMW의 Night Vision

이에 따라 카메라에 인식된 사람이나 동물, 사물 등은 모니터에 더욱 크고 선명하게 표시돼 운전자가 쉽게 인식할 수 있다. BMW는 나이트비전을 프랑크푸르트 모터쇼에서 선보인 뒤 7시리즈에 장착하고 있다(그림 5.46참고).

메르세데스-벤츠도 뉴 S클래스에 나이트 뷰 어시스트를 적용했다. 다만 7시리즈와 뉴 S클래스 모두 우리나라에 도입된 모델엔 이 시스템이 아직 장착되지 않고 있다.

내년에 국내에 시판될 혼다 '레전드'에도 인텔리전트 나이트비전이 장착된다. 혼다의 인텔리전트 나이트비전은 2개의 원적외선 카메라로 야간 운행 시 장애물의 위치나 움직임을 감지하고 차량 내부에 설치된 카메라 화면 뿐 아니라 음성을 통해 운전자에게 이를 전달한다.

캐딜락 드빌 2000모델에 야간운전을 혁신적으로 개선할 나이트 비젼(Night Vision)을 선보였다. 력셔리카의 대명사인 캐딜락은 걸프전 당시 사막의 폭풍작전에 사용된 기술을 자동차 제조업체로는 처음으로 캐딜락 드빌 2000의 나이트 비젼을 통해 선보였다. 적외선 기술을 응용한 나이트 비젼은 일반인들에게는 해리슨 포드의 주연영화'패트리어트 게임' 에서 다양한 기능을 보여준바 있고, 실제로 경찰, 소방서, 해양 구조대 뿐만 아니라 군대에 이르기 까지 광범위 하게 채택되어지고 있다.

나이트 비젼은 어둠속에서 인간의 시각능력을 훨씬 능가하는 시각정보를 제공하여 운전자가 위험한 상황을 감지할 수 있도록 하여 자동차의 안전성을 배가시킨 획기적인 안전장치이다. 또한, 이것은 상황에 따라 헤드라이트의 하향광선보다 3~5배 멀리 있는 대상을 볼 수 있게 할 뿐 아니라 다가오는 차량의 헤드라이트 불빛보다 더 멀고 넓게 볼 수 있도록 설계된 장치이다.

[그림 5.47] 나이트 비전의 작동원리

작동원리를 살펴보면, 그림 안쪽에 설치된 적외선 카메라가 물체의 열에너지를 감지하여 흑백영상 이미지로 재현한 후 HUD(Head-Up Display)기술을 이용하여 운전석 정면 좌측 유리에 투영시킨다. 그리고 이것은 운전자가 도로에서 눈을 떼거나 다시 주시하고도 투영된 가상 이미지를 일별할 수 있도록 설계되어 도로 시야를 방해하지도 않는다. 운전석 좌측 핸들에 부착된 제어장치로 나이트 비젼 시스템을 켜고 끌 수 있으며 명암 조절 또한 가능하다(그림 5.47 참조). 캐딜락 드빌 2000에는 나이트 비젼을 포함하여 알루미늄 4.6 L DOHC 32밸브 V8 노스스타(NorthStar) 엔진을 장착하여 저공해 고연비를 실현한 첨단 테크놀로지의 결정체이다. 그림 5.48와 5.49에서는 각 업체별 나이트비전 제품의 모습을 나타내고 있다.

[그림 5.48] 혼다 인텔리전트 나이트비전

[그림 5.49] 벤츠의 나이트비전

5.2.3 HMD

(1) HMD의 개요

HMD는 보안경이나 헬멧 형태로 눈앞의 지근거리에 초점이 형성된 가상스크린을 보는 안경형 모니터 장치로서 예전에는 군사용 시뮬레이션이나 가상현실(VR)을 실현하기 위해 개발되었으며, 양쪽 눈의 근접한 위치에 설치된 1인칭 l하의 LCD, OLED 등 마이크로 디스플레이에서 발생되는 이미지를 광학시스템을 통해 확대하여 대형 가상화면을 형성한다(그림 5.50 참조). IT산업의 비약적인 발전에 힘입어 휴대용 동영상 및 정보검색의 시대가 대두됨에 따라 휴대폰이나 PMP의 작은 화면으로는 만족하지 못하는 소비자의 수요에 적합한 개인 휴대용 모니터 장치로써 향후 크게 형성될 웨어러블 컴퓨터 산업의 핵심제품이다.

최근 HMD(Head Mounted Display) 또는 EGD(Eye Glass Display)라고도 하는 안경형 모니터가 게임 모바일 기기 등의 단말기에 장착되어 젊은이들 사이에서 널리 퍼지고 있다. HMD 장치의 핵심기술은 형성되는 가상스크린의 크기가 소비자들의 욕구를 충족시킬 수 있을 정도로 충분히 커야할 뿐 아니라 광학적 분해능이 뛰어나며 왜곡과 광학수차가 최소화되어야 한다. 또한 제공되는 이미지 및 영상이 고화질의 선명도를 확보하기 위하여 마이크로 디스플레이는 DVD급 이상의 해상도를 가진 제품을 선택함으로써 사용자가 원하는 대화면과 고화질의 두 가지 요소를 모두 충족할 수 있어야 한다.

그런데 안경 또는 헬멧 형태의 모니터 제품의 최초 개발이 70년대임을 감안할 때 오랜 기간 동안 소비자를 대상으로 한 제품화에 성공하지 못했던 가장 큰 원인 중의 하나는

[그림 5.50] HMD에 연결된 PDA

애플리케이션의 부재를 들 수 있다. 그 동안은 단순이 컴퓨터에 연결하거나 다른 영상원에 연결하여야만 볼 수 있는 고가의 제품군 위주로 제품 개발이 이루어져 상업화가 불가능하였으나, 최근 개인 휴대산업과 동영상 산업이 비약적으로 발전함에 따라 안경형 모니터 장치가 개인 휴대용 정보습득 및 동영상 모니터 장치로 발전 가능성이 대두되고 있다. 새로운 개념의 디스플레이가 창출되는 것이다. 이는 발전하는 휴대단말기와 더불어 필연적으로 생겨날 수밖에 없는 시장인 것이다.

(2) HMD의 기술 동향

HMD가 시장에서 먹히게 하려면 독립적인 휴대인터넷 동영상 재생장치로 상용화해야 하는데 현존하는 HMD 제품 중 최고로 컨트롤러에 WIN CE 가 내장된 PMP 시스템을 적용하고 WiBro 드라이버를 장착하여 휴대인터넷이 가능하도록 함은 물론, WMV, DivX, Xvid, MP4, H.264 등 대부분의 영상을 재생 가능하도록 디코딩 시스템을 내장하여 사용자가 HD급의 고화질 영상을 언제 어디서나 다운받아 시청할 수 있도록 해야 한다. 진정한 의미의 휴대용 대화면 모니터 기능을 구현하도록 해야 한다는 것이다.

IT 관련제품은 전자부품 및 정보통신 산업의 발전 속도가 매우 빠르기 때문에 새롭게 출시되는 제품이 항상 경쟁과 복제제품, 그리고 또 다른 산업트렌드 변화의 위험성에 노출되어 있다. 이와는 달리, HMD용 관련 산업은 그 발전 속도가 매우 느리고 기초과학의 발달과 더불어 수많은 시행착오를 겪어야만 하기 때문에 선진국형 산업이라 할 수 있으며 상위 몇 나라만이 패널 및 광학기술이 발전을 이루어나가고 있다. HMD의 광학 기술만을 보았을 때 최근 국내의 광학 산업 또한 휴대폰 카메라 모듈을 통해 급속히 성장하였으나 극소형 렌즈에 국한되고 있기 때문에 기술 개발이 이루어질 경우 상기 IT 산업에서 나타날 수 있는 잠재적인 위험성은 제한된 상태이다. HMD는 현재 기술 개발의 도입기(D)이나 본격적인 제품 출시가 이루어지면 급격한 성장(B)이 예상되며 지적소유권을 확보할 경우 후발주자의 핵심기술 확보를 위한 시행착오 기간을 감안할 때 제품의 수명은 10년 이상이 될 것으로 판단된다. 그림 5.51에서는 HMD 제품의 개발흐름을 나타내었다.

기술적으로 HMD의 핵심기술은 Controller Board와 초소형 MEMS PKG Assy, Microdisplay Panel, MicroOptics, 인체공학적인 기구물 등으로 크게 구성되어 있다. 그림 5.52는 외곽 기구물을 제외한 EGD 내부 모델 구성을 나타낸 그림이다. HMD 핵심기술 중 패널에서 보이는 영상을 옵틱스(Optics)를 통해서 20 " 에서 40 " , 60 " , 80 " 이상의 대형 화면을 볼 수 있기 때문에 옵틱스의 개발이 무엇보다 중요하다. 또한 HMD의 모델의 상당부분의 비용을 광학계가 차지하므로 광학계의 비용을 절감하면 HMD의 가격 변화를 줄

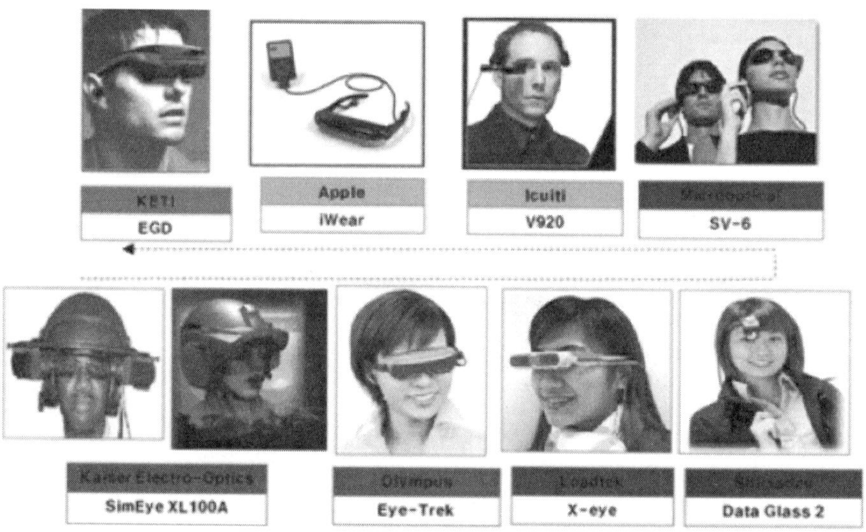

[그림 5.51] HMD 개발흐름

수 있다. 옵틱스를 사용하여 확대된 가상화면을 구현하기 위한 광학계 구성은 동공 크기, 가상 이미지를 보기위한 광학계와 눈까지의 거리(eye relief), 확대 배율, 화각(FOV) 등을 고려하여 옵틱스를 설계하여야 한다. 또한, 확대된 가상 이미지를 보기 위한 디스플레이 모듈의 부피, 무게, 휴대성을 고려하여 설계하여야 한다. 그림 5.53는 HMD용 VGA급 옵틱스를 시뮬레이션을 수행한 결과를 나타낸 것이다.

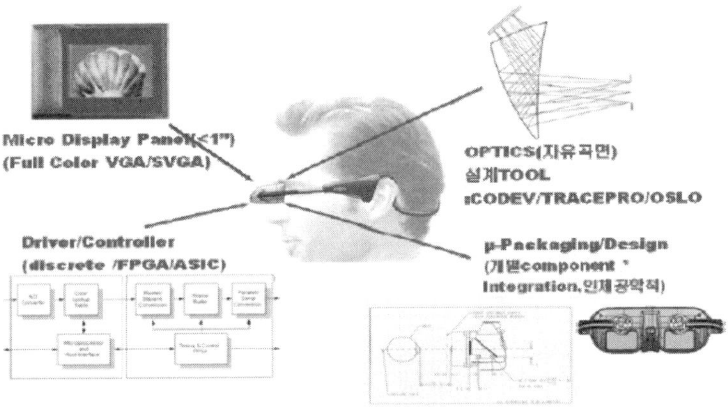

[그림 5.52] HMD의 핵심기술

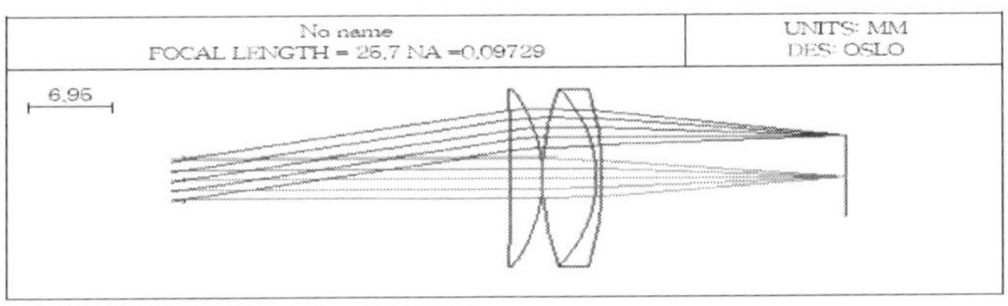

['그림 5.53] Optics의 ray tracing 예

[그림 5.54] HMD의 응용 예

HMD 모니터 제품은 산업 절반에 걸쳐 응용이 가능하다(그림 5.54 참조). 예를 들면 고속버스의 경우 현재는 운전석 옆 상단에 부착된 LCD모니터를 통하여 모든 승객이 본인의 의지와는 상관없이 동일한 영상을 시청하여야 하나 고급버스에 각 좌석에 안경형 모니터 시스템을 구축하고 간단히 서버와 접속하면 승객 개개인이 원하는 영상을 시청하거나 정보검색을 즐길 수 있다. 이는 비행기나 선박 등 많은 사람들이 오랫동안 함께 있어야 하는 공간에서 유효한 도구로 이용할 수 있다.

또한, HMD, 안경형 모니터 장치가 향후 유용하게 응용될 수 있는 분야는 온 오프라인 게임 분야이다(그림 5.55 참조). 국내 게임 산업은 오프라인 게임이 대부분인 미국, 일본과는 달리 온라인 게임이 대세이며 세계 온라인 게임 산업을 주도하고 있다. 온라인 게임은 인터넷에 접속해야 하기 때문에 현재로서는 외부에서 즐기기는 힘든 상황이다. 게임에 대하여도 안경형 모니터 장치는 고정되어 있는 TV 또는 모니터와는 달리 머리 즉, 시선과 함께 움직이게 되므로 보다 몰입하여 실감나는 게임을 즐길 수 있게 된다.

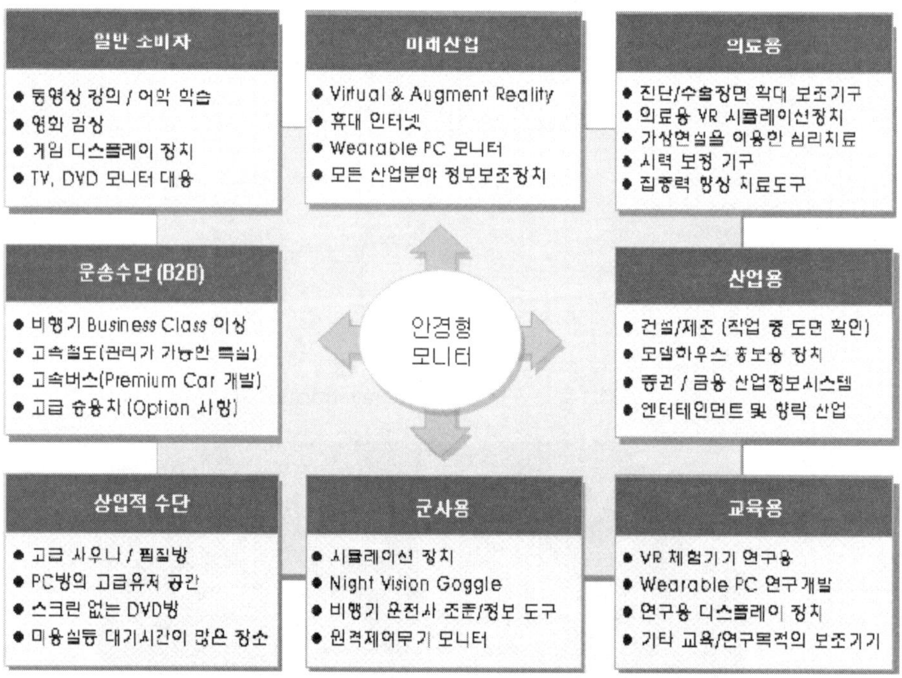

[그림 5.55] HMD의 응용범위

(3) 시장 동향

HMD 구현을 위한 새로운 개념의 디스플레이 방식에 대한 연구는 미국과 일본을 중심으로 한때 활발히 진행되었다. 특히 미국의 경우에는 세계 최초로 새로운 개념의 HMD를 개발하여 상품화하고 휴대용 전화기와 접속한 초소형 핸드폰의 디스플레이부에 이용하여 신 모델을 선보이고 있고 기술을 응용하여 이동통신 제품과 휴대용 디스플레이 등 다각도로 응용하기 위한 연구를 진행해 왔다. Kopin, Microdisplay, Displaytech 사 등 초기 미국의 여러 벤처기업과 Hitachi, Sony, Sanyo, Seiko-Epson 등의 일본의 대기업을 중심으로 AMLCD, FLCD를 이용한 마이크로디스플레이 방식을 연구, 일부는 아직 개발 중이고 일부는 상품화되고 있다. 그러나 시장이 예상보다 늦게 열려지는 바람에 많은 회사가 사라졌고 현재까지는 아직 남아 있는 디스플레이 방식이 경합 중이다. 그림 5.56에서는 앞서 언급한 여러 가지 HMD회사, Panel, 방식에 대한 2005년까지의 목록이다.

최근 해외의 HMD 제품은 Emagin Corp.사의 'Z800', I-O Display Systems사의 'I-theater', Myvu Corp.사의 'Myvu', Vuzix사의 'Vuzix' 및 기타 중국산 저가제품 등이 있다.

국내에서는 아직까지 낮은 인지도와 고가격으로 인하여 군수용 및 특수용도를 제외하고는 대중화가 되지 않고 있다. 국산화된 HMD를 개발하면 기존의 수입제품들에 비하

Company	Display Type	Application	Company	Display Type	Application
Colorado Microdisplay	NLC reflective	Projector Virtual display	Seiko-Epson	TN transmissive	Projector Virtualdisplay
Displaytech	FLC reflective	Projector Virtual display	Sony	TN transmissive	Projector Virtual display
Kopin	TN transmissive	Virtual display	Hitachi	TN transmissive	Projector Virtual display
Microdisplay	TN reflective	Projector Virtual display	Microvision	Microelectro-mechanical system	Virtual display
Micropix	FLC, TN	Projector Virtual display	Microdisplay technology	Field emission	Projector Virtual display
Three-Five system	TN reflective	Projector Virtual display	Reflection Technology	GaAs LED array	Virtual display
S-Vision	TN reflective	Projector Virtual display	Silicon Light Michinne	Diffraction Micromechanical	Projector Virtual display
Misubishi	TN reflective	Projector Virtual display	Motorola	GaAs LED matrix	Virtual display

[그림 5.56] 해외 panel 회사

여 낮은 가격에 HMD를 생산 공급할 수 있게 되므로 수입 대체효과가 크며, HMD 뿐만 아니라 다른 Near Eye Display 수요도 증가할 것으로 보인다. 유리재료에 대한 광학설계를 이용한 일반적인 안경형 모니터 장치의 광학시스템은 대화면 구현과 광학적 수차 보정을 위하여 렌즈를 3매 이상 사용하여야 한다. 그러나 이러한 구성은 HMD 장치의 부피를 간편화 할 수 없도록 키우거나 무게가 증가될 수밖에 없다. HMD 장치를 휴대용으로 큰 불편 없이 사용하기 위해서는 부피가 작아야 하며, 일반적으로 전체 무게가 100 g 이하가 될 수 있도록 광학시스템의 설계가 이루어져야 하며, 1매의 유리렌즈를 비구면 플라스틱 코팅으로 대체함으로써 2매의 렌즈를 이용하여 HMD 전체 무게가 100 g 이하가 되도록 한다.

현재 세계 최고 수준이라 평가받고 있는 HMD 장치의 광학시스템은 미국의 Emagin Corp.에서 보유하고 있는 자유 곡면 프리즘 렌즈로써 2 m 전방에 55인치 정도의 가상화면을 구현한다. 그러나 프리즘 렌즈가 안경 형태로 착용하기 불편할 만큼 큰 부피를 가지고 있고 광학적 분해능이 떨어짐을 감안하면, 앞으로의 연구가 성공적으로 이루어질 경우 가상화면의 크기는 약간 작아지지만 광분해능이 월등하고 부피를 최소화할 수 있어 뛰어난 휴대성을 제공하기 때문에 새로운 개념의 HMD 광학시스템이 부각되어야

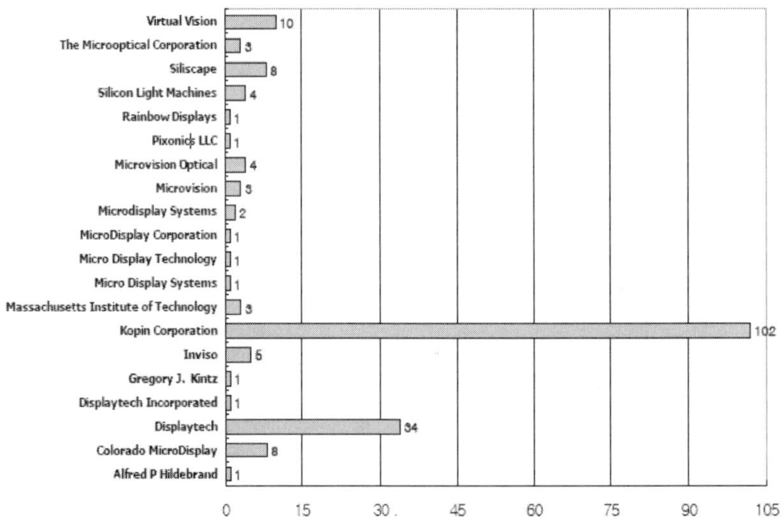

[그림 5.57] HMD 관련특허

야 할 것이다. 전자부품연구원의 새로운 개념의 광학 설계를 세계 최고 수준으로 평가할 수 있다. 여타 현재 출시된 HMD는 화면이 매우 적어 사용자에게 만족감을 주기에는 부족한 수준으로 평가된다. 그림 5.57에서는 HMD 관련 특허를 나타내고 있다.

5.3 요약

지금까지 다양한 디스플레이 장치에 대해서 알아보았다. CRT를 시초로 하여 LCD와 PDP, LED 등의 다양한 평판 디스플레이 장치와 최근 이슈가 되고 있는 플렉시블 디스플레이 장치의 특징과 원리에 대해서 알아보았다. 그리고 차량에서 사용될 수 있는 TFT-LCD와 HUD, HMD 등의 디스플레이 장치의 기술과 현재 개발 수준, 향후 기술의 응용과 미래 예측에 대해서도 알아보았다. 디스플레이 장치의 발전은 향후에도 제약 없이 발전할 것으로 예상되며 상상력이 곧 현실이 되는 시대가 올 것으로 예측된다.

참고문헌

[1] Rolf R. Hainich and Oliver Bimber, "Displays: Fundamentals and Applications," CRC Press, 2011.

[2] Achintya K. Bhowmik, Zili Li, and Philip J. Bos, "Mobile Displays: Technology and Applications," Wiley, 2008.

[3] James E.Melzer, Kirk Moffitt, "Head-Mounted Displays", McGraw-Hill, New York, chap.3, 1997.

[4] Grigore C. Burdea, Philippe Coiffet, "Virtual Reality Technology." Wiley-Interscience, Second Edition, chap.1, 2003.

[5] "Coverstory-Flexible Display," Display Asia, 2003.

[6] N. Stutzmann, R. H. Friend, and H. Sirringhaus,"Self-Aligned, vertical-channel, polymer field-effect transistors" Science,. 2003, 299, 5614, 1881.

[7] H.E.A. Huitema et al., "Plastic Transistors in Active-Matrix Displays," Nature, 2001, pp.599-600.

[8] J. H. Cheon and J. Jang et al., "A 4.1 inch Topemission AMOLED on Flexible Metal Foil," SID, 2005.

[9] Antoine Kahn, Norbert Koch, and Weiying Gao, "Electronic Structure and Electrical Properties of Interface between Metals and π-Congugated Molecular Films," Polymer Science, Polymer Physics 41, 2003, p.2529.

[10] Overviews, 12th FPD Manufacturing Technology Expo & Conference, 2002.

[11] 이준신, 이성은, 김도영, 최병덕, 모연곤, 디스플레이공학, 홍릉과학출판사, 2009.

[12] 김상수, 디스플레이 공학 I (LCD), 청범출판사, 2005.

[13] 노봉규, LCD Engineering, 성안당, 2000.

[14] 이충훈, TFT & LCD, 북스힐, 2003.

[15] 박갑종 외, LED 제조설비 제어기술, 상학당, 2007.

[16] 한철종, LED 고효율 고신뢰성 기술, 전자부품연구원, 2008.

제 6 장

차량용 레이터 이미징

지난 수년간 소자 및 통신기술의 급속한 발전으로 인하여 자동차 레이더 분야에서는 자동차 순항제어(cruise control)을 위한 77GHZ 대역의 레이더 및 충돌방지를 위한 24/26GHz 대역의 레이더에 있어서 활발한 연구가 수행되어 왔으며, 최근 높은 분해능을 위한 초광대역(ultra wideband, UWB) 하드웨어 기술의 발달로 저가의 고정밀 레이더 시스템이 상용화될 수 있는 계기가 마련되었다 [1].

특히, 처프(chirp) 형태의 넓은 펄스를 송신하는 UWB 레이더를 이용하여 차량으로부터 수신된 신호를 적절히 압축할 경우, 클러터로부터 차량의 신호를 분리할 수 있으며, 여러 관측각도에서 얻어진 차량 고유의 고해상도 profile인 거리측면도(high resolution range profile, HRRP) 내의 차량 도플러 정보를 이용하여 2차원의 차량 이미지를 주야 및 기상 상태에 상관없이 얻을 수 있다. 이는 충돌방지 및 차선변경 등에 큰 도움을 줄 수 있으며, 고정된 체크포인트에서 레이더를 사용하여 야간 차량 통제에 큰 도움을 줄 수 있다. 이 장에서는 기본적인 레이더의 원리에 대하여 설명하고, 거리-도플러 알고리즘을 이용하여 차량의 2차원 전자파 영상을 얻는 원리에 대해서 설명한다.

6.1 레이더의 기본원리

레이더(RADAR)는 RAdio Detection And Ranging의 약자로, 송수 전환기(duplexer) 및 안테나를 통하여 송신된 전파(Radio) 신호가 어떠한 표적으로 반사되어 수신기에 수집될 경우, 송,수신간 시간지연을 이용하여 거리 및 속도를 측정하는 장비이다 [2]-[3]. 그림 6.1은 레이더의 기본 구성을 나타낸다.

레이더에 포함된 Radio라는 단어에서도 알 수 있듯이, 레이더는 주로 파장이 10^{-6}~10^{-7}인 전자파를 사용하지만, 대부분의 레이더는 파장이 1~300 mm 범위의 초고주파(microwave)를 사용하여 표적을 탐지한다. 기본적으로 전자파를 사용하기 때문에 레이더는 주야 및 날씨에 상관없이 표적의 정보를 제공할 수 있으므로 아주 중요한 정보제공 요소이다. 특히 과거에는 군사용으로 레이더가 사용되어 왔으나, 근래에 들어서 소자 기술의 급속한 발달로 말미암아 저가의 고성능 레이더가 개발되게 되어 충돌방지, 차선변경 및 야간 교통통제에 많은 기여를 하고 있으며, 앞으로 그 사용도가 증대될 전망이다.

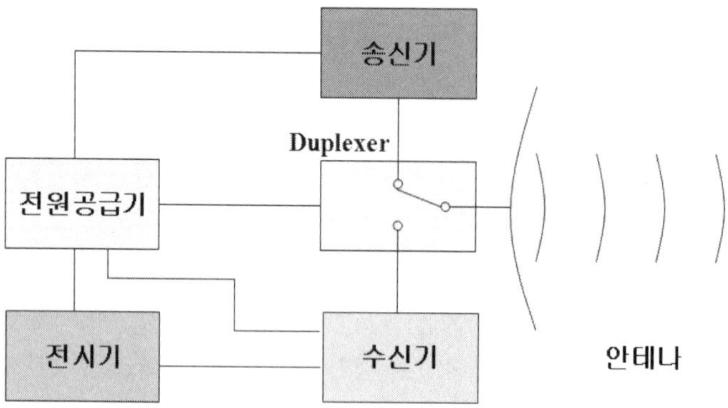

[그림 6.1] 레이더의 기본 구성

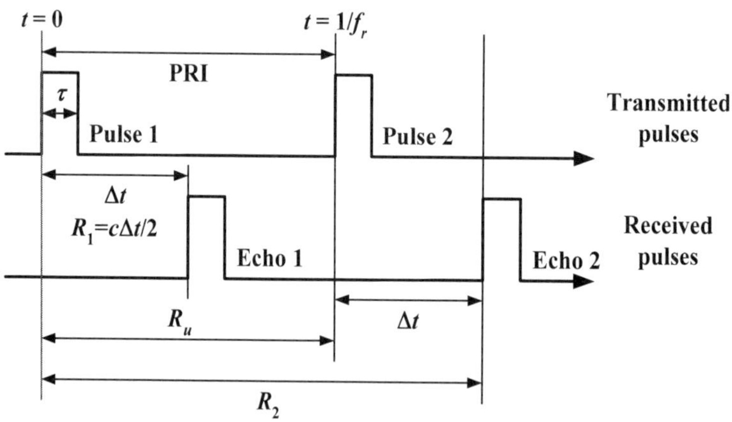

[그림 6.2] 레이더 사각 펄스 송·수신([4]에서 인용)

레이더에는 다양한 형태의 신호가 이용되는데, 가장 대표적인 레이도 신호는 일정한 반복 주파수(pulse repetition frequency, PRF) f_r로 송신되는 길이 τ의 사각 펄스이다 (그림 6.2). 다른 대역의 통신 신호들과 충돌하는 것을 방지하기 위하여 각 사각 펄스는 반송파(carrier) 주파수를 가지는 사인파가 혼합되어 송신된다. 표적에서 반사된 echo 신호가 레이더 송신부까지 돌아오는 시간 지연이 Δt일 경우, 공기 중에서 전파는 빛의 속도 $c = 3 \times 10^8\ m/s$로 이동하므로 그림 6.2에서 보는 바와 같이 표적까지의 거리 R_1은 매 펄스마다 $c\Delta t/2$로 계산될 수 있다. 하지만 송신된 레이더 펄스가 다음 펄스 또는 여러 개의 펄스가 송신된 후에 도착 할 경우, 어떠한 송신 펄스로부터의 반사 신호인지 알 수가 없으므로 $R_1 = c\Delta t/2$의 공식 을 적용할 수 없다. 따라서 레이더가 탐지할 수 있는 최대 거리는 펄스간 시간 간격 $T_p = 1/f_r$에 의해서 결정되며, 이를 최대 탐지 거리(maximum unambiguous range)라 하며 다음 식에 의해서 결정된다 [4].

$$R_{un} = \frac{cT_p}{2} = \frac{c}{2f_p} \tag{6.1}$$

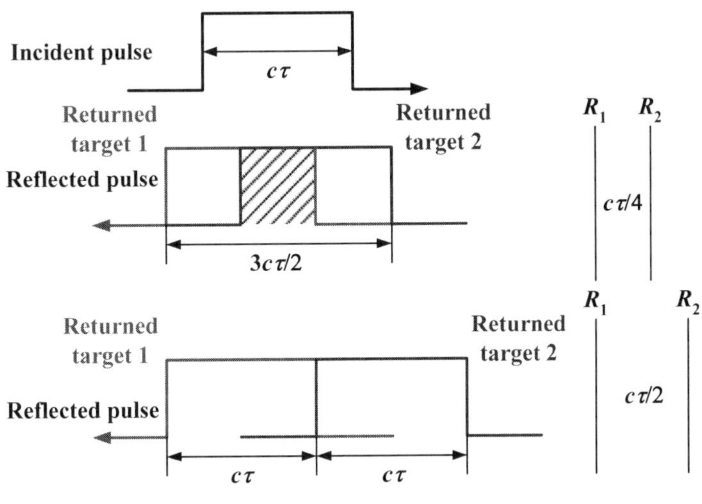

[그림 6.3] 레이더 해상도([4]에서 인용)

일반적으로 100~300 kHz PRF의 경우 고PRF, 10~30 kHz일 경우 중PRF, 1-3 kHz일 경우 저PRF 레이더로 불리며, 각각 근거리, 중거리 및 장거리 탐지에 적용된다.

PRF와 더불어 레이더를 특징짓는 가장 중요한 요소는 해상도(resolution)이다. 그림 6.3에서 보는 바와 같이, 시간 영역 폭이 τ인 펄스는 공간에 $c\tau$ 미터에 걸쳐 존재한다. 전파의 왕복을 고려할 경우, 두 표적이 $c\tau/2$미터 이내에 존재할 경우 각 표적에서 반사된 파들은 합쳐서 하나의 표적으로 보이게 된다. 따라서 그림 6.3의 두 번째 그림에서 $c\tau/4$미터 떨어진 두 표적으로부터 반사된 신호는 중첩되어 $3c\tau/2$미터 길이의 단일 펄스가 되게 되며, 이는 결국 하나의 표적으로 인식되게 된다. 하지만 세 번째 그림의 $c\tau/2$미터 떨어진 표적의 경우, 각 표적으로부터 반사된 펄스는 두 개의 펄스로 분리되어 두 개의 표적으로 인식되게 된다. 따라서 레이더의 해상도는 다음 식과 같다.

$$\Delta R = \frac{c\tau}{2} = \frac{c}{2B} \tag{6.2}$$

위 식에서 B는 사각 펄스를 푸리에변환 했을 때의 3dB 대역폭이다. 즉, 높은 해상도를 얻기 위해서는 짧은 폭의 펄스가 필요하며, 이는 넓은 대역폭의 신호를 의미한다.

6.2 처프(Chirp) 신호 소개, 펄스압축 및 정지된 표적의 ISAR 이미징

6.2.1 처프신호

처프 신호는 시간에 따라 주파수가 증가(Up-Chirp) 또는 감소(Down-Chirp)하는 신호이다. 이 신호는 주로 소나(sonar)나 레이더(radar)에 사용되지만, 광대역 통신을 포함한 여러 분야에 사용된다. 본 교안에서는 이 신호를 사용하여 ISAR 이미징을 수행한다. 처프신호를 수학적으로 표현하면 다음과 같이 주파수 성분에 시간의 제곱이 포함된 식으로 나타낼 수 있다 [5].

$$r(t) = A_0 \exp[j2\pi(f_0 t + 0.5\frac{B}{\tau}t^2)] \times rect(\frac{t}{\tau}) \tag{6.3}$$

$$x(t) = A\exp(j2\pi[f_0(t-\tau_0)+0.5\frac{B}{\tau}(t-\tau_0)^2])\times(\frac{t-\tau_0}{\tau}) \tag{6.4}$$

여기서 $r(t)$ 는 송신된 처프 신호, $x(t)$는 표적으로부터 반사된 처프 신호, f_o,B, $rect$ 는 각각 시작 주파수, 대역폭, 사각펄스(rectangular pulse)를 나타내고, τ, τ_0, A_0, A는 각각 펄스 지속시간(duration), 시간지연(time delay), 송신 처프의 진폭, 수신 처프의 진폭을 나타낸다. 이 처프 신호의 순시 주파수는 아래와 같다.

$$f_i = \frac{d}{dt}(f_0 t+0.5\frac{B}{\tau}t^2) = f_0 + \frac{B}{\tau}t, 0 \le t \le \tau \tag{6.5}$$

그림 6.4와 6.5는 처프 신호의 시간 영역과 주파수 영역에서의 특성을 나타낸다. 주파수 영역의 응답을 구하기 위해서 Fresnel 적분이 사용되었다 [5].

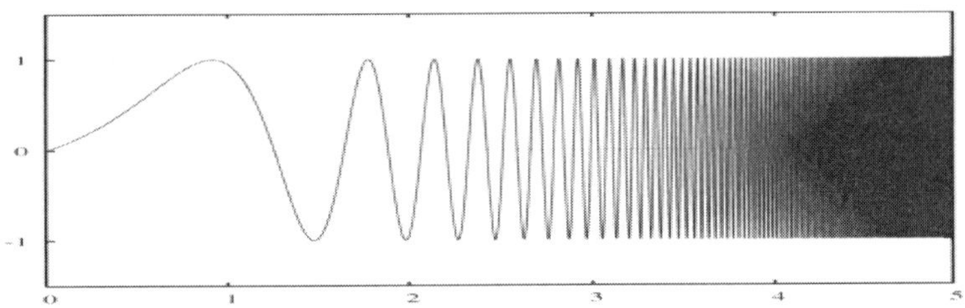

[그림 6.4] Chirp 신호 시간영역 (Up-Chirp)

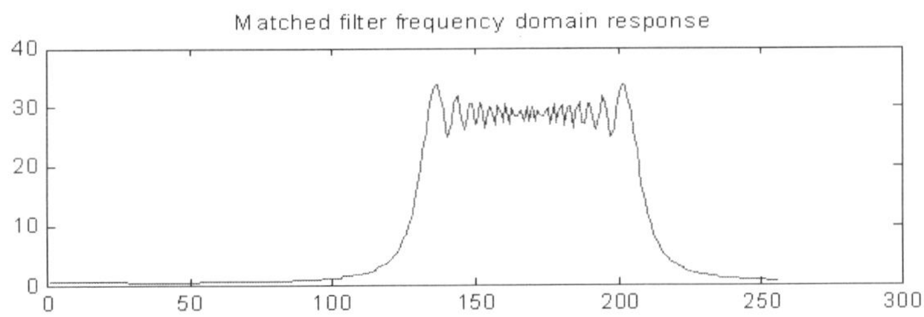

[그림 6.5] 신호 주파수 영역 (Up-Chirp)

6.2.2 정합 필터링(펄스 압축)

식 (6.2)에서와 같이 주어진 레이더의 거리 해상도를 향상시키기 위해서는 아주 짧은 펄스를 사용하면 된다. 하지만 이러한 펄스를 사용할 경우에 평균 송신 파워가 감소되어서 문제가 된다. 그러므로 적절한 거리 해상도를 유지하고 송신 파워를 증가시키기 위해서 펄스폭을 넓히는 것이 바람직하다. 이는 펄스 압축을 통해서 이루어 질 수 있는데, 송신 시에 긴 펄스에 주파수 변조된 신호를 더한 후에, 수신시에 정합 필터를 이용하여 수신된 긴 펄스를 압축하는 방법이다.

이 교재에서 표적으로부터 반사된 각 펄스로 인한 거리측면도는 반사된 펄스를 정합 필터링을 하여 얻어진다. 즉, 송신된 신호의 시간축으로 대칭이동 신호의 켤레값과 표적으로부터 반사된 신호를 컨볼루션(convolution)하면 레이더 시선 방향에 존재하는 산란원의 위치와 크기를 얻을 수 있다(그림 6.6 참조).

수학적으로 표현하면 아래와 같이 나타낼 수 있다[4].

(a) 도플러로 인한 주파수 이동이 없을 경우

$$|\chi(\tau,f_d)| = \left| \int_{\infty}^{\infty} s(t)s^*(t+\tau)dt \right|^2 \tag{6.6}$$

(b) 도플러로 인한 주파수 이동이 있을 경우

$$|\chi(\tau,f_d)| = \left| \int_{\infty}^{\infty} s(t)s^*(t+\tau)e^{j2\pi f_d t}dt \right|^2 \tag{6.7}$$

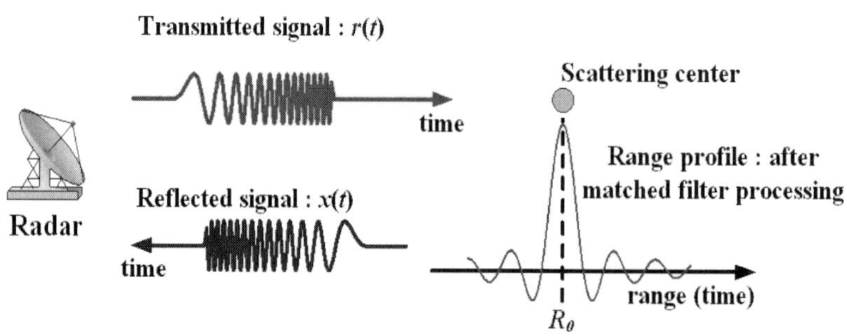

[그림 6.6] 펄스 압축

하지만 정합필터링을 할 때 컨볼루션을 수행할 경우, 모든 이동 τ에 대하여 식 (6.6)을 수행해야 하므로 많은 계산 시간이 들어 실시간 적용에 큰 단점이 있다. 따라서 주파수 영역에서 신호의 컨볼루션이 곱으로 변환되므로 이러한 특징을 이용한다. 이를 위하여 두 신호를 주파수 영역으로 현환한 후, 각각의 원소를 곱해서 역푸리에 변환을 통하여 수행한다. 식 (6.6)은 convolution이 아니라 correlation이므로, 이를 위하여 시간 윈도우를 씌운 반사된 신호의 푸리에 변환된 값에 저장된 송신신호의 주파수 영역 켤레값을 곱한 후 역 푸리에변환을 하면 레이더 시선 방향의 거리측면도를 얻을 수 있다(그림 6.7 참조). 여러 관측각도에서 얻어진 거리측면도들을 정렬한 후, 각 거리성분별로 각도방향(세로)으로 역푸리에 변환을 하게 될 경우, 각 거리성분에 존재하는 산란원들이 수직방향으로 배치되게 되므로 2차원 거리-주파수 영역의 ISAR 영상이 형성되게 된다. 정합 필터링을 위한 시스템의 계통도(Block Diagram)은 그림 6.7과 같다.

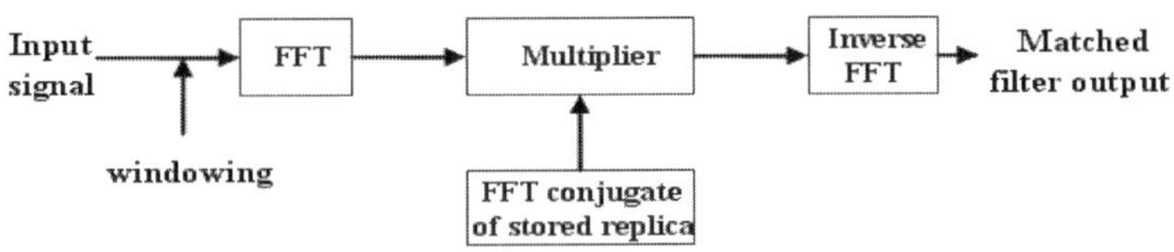

[그림 6.7] 정합 필터링 계통도

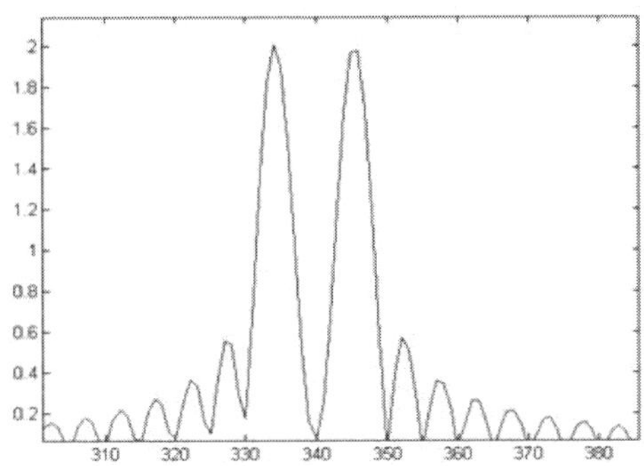

[그림 6.8] 두 점산란원의 거리측면도

[표 6.1] 레이더 파라미터

중심주파수	9.0 GHz	펄스폭	30 μs
대역폭	100 MHz	표적위치	80,000 m

그림 6.8은 2미터 떨어진 두 개의 산란원의 거리측면도를 나타낸다. x축은 거리 방향의 index이고, y축은 산란원의 크기이다. 사용된 레이더 파라미터 들은 표 6.1에 있다. 정합 필터링을 하여 얻은 거리측면도의 거리 해상도는 $\frac{c}{2B}$이며, 여기서 c는 빛의 속도, B는 대역폭을 나타낸다. 따라서 높은 해상도를 얻기 위해서는 넓은 대역폭이 요구됨을 알 수 있다.

6.2.3 ISAR 이미징 소개

ISAR(Inverse Synthetic Aperture Radar) 이미지는 어떠한 표적의 2차원 산란원 분포를 나타내는 영상이다. 이러한 이미지는 기본적으로 차량과 같은 표적의 회전 성분이 존재할 경우, 앞서 설명된 처프 신호의 정합 필터를 통하여 얻어진 거리방향의 1차원 산란원 분포들을 여러 각도에서 얻어서 적절히 처리하여 2차원적으로 산란원들을 배치하여 얻어진다(그림 6.9). 그림 6.10에서 보는 바와 같이 차량이 이동할 경우, 차량의 여러 관측각도에서 거리측면도를 얻을 수 있으며, 전체 거리측면도를 각 거리 성분별로 합성하여 ISAR 이미지를 형성할 수 있다 [6]-[8].

ISAR 영상에서 가장 중요한 성분은 거리 방향 해상도(down-range) 및 수직 방향(cross-range) 해상도이다. 그림 6.11에서 보는 바와 같이, 거리 방향 해상도는 레이더의 시선 방향의 해상도이며, 이는 앞서 처프신호를 이용한 거리측면도상의 해상도이며, $\Delta r = \frac{c}{2B}$로 사용되는 레이더의 대역폭에 의해서 결정되는 값이다.

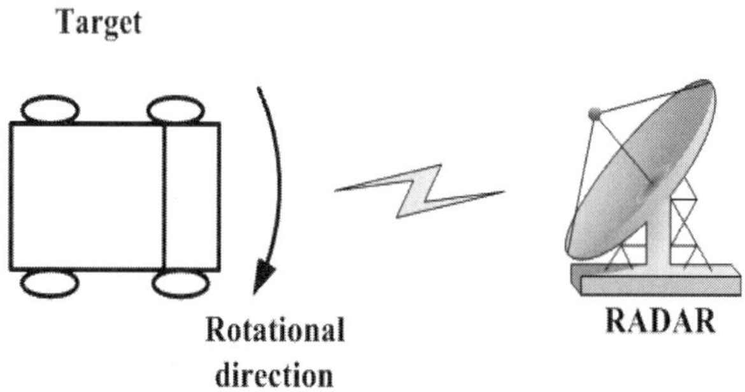

[그림 6.9] ISAR 이미지의 기본원리

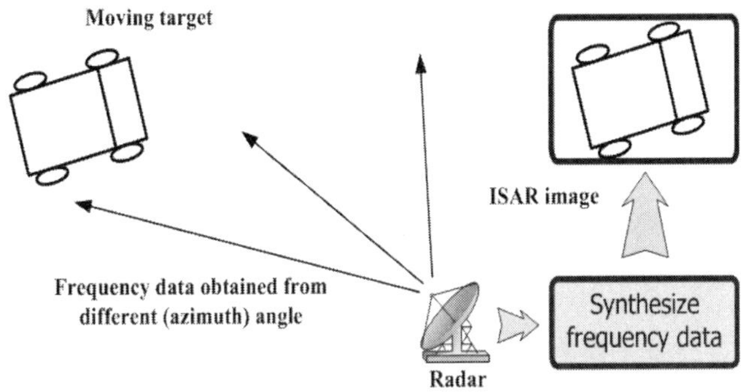

[그림 6.10] 차량용 ISAR 이미지 측정 시나리오

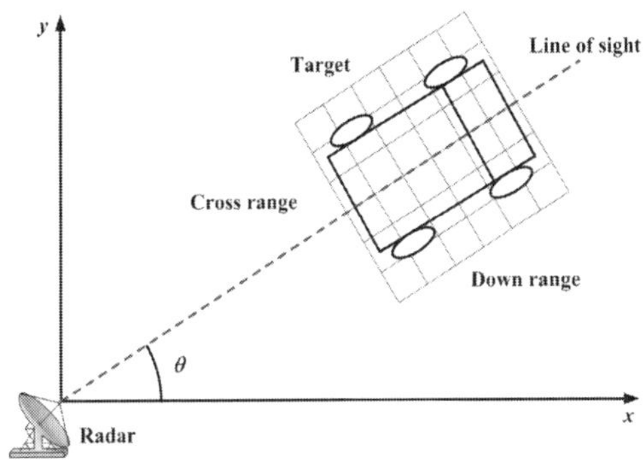

[그림 6.11] 거리 방향 및 수직 방향 해상도의 정의

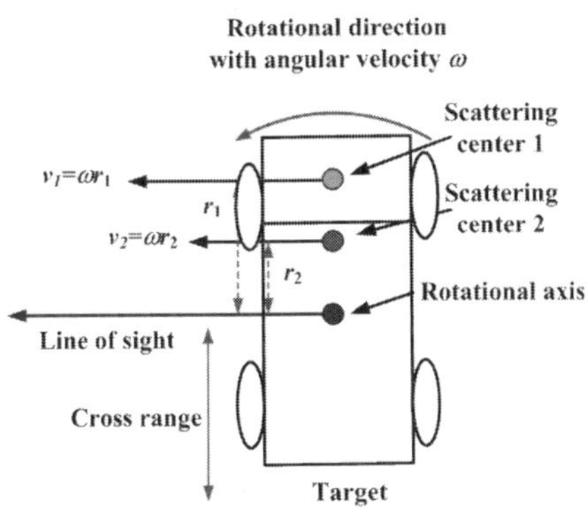

[그림 6.12] 수직 방향 해상도의 정의

수직방향 해상도는 거리 방향 해상도의 수직 방향의 성분이며, 이는 레이더 시선 방향에 수직 방향으로 두 개의 산란원을 분리할 수 있는 최소의 거리이다. 그림 6.12에서 보는 바와 같이, 수직방향 해상도는 표적의 회전에 따른 산란원의 각속도와 관련이 있으며, $\Delta r_c = \dfrac{\lambda}{2\Delta\theta}$이며, 여기서 $\Delta\theta$는 표적의 관측각도 변화이다. 즉, 표적의 회전이 많을수록 수직방향의 해상도는 증대된다. 따라서, 실제 ISAR 이미징 시에는 높은 수직방향 해상도를 위하여 최대한의 관측 각도를 얻는 것이 매우 중요하다.

6.2.4 정지된 표적의 ISAR 이미징

(1) 데이터 획득 (Data Acquisition)

일반적인 SAR (Synthetic Aperture Radar, 복합 개구면 레이더)와는 달리 ISAR 에서는 이미지를 얻을 때 레이더가 고정되어 있고 표적이 움직인다. 표적이 움직일 경우 (회전할 경우), 각 레이더 시선별로 데이터를 수집하여 2차원의 ISAR 이미지를 얻을 수 있다. 각 산란원으로부터의 수신된 신호는 앞의 거리측면도와 마찬가지로 식 (6.4)의 수학적 원리에 근거하여 얻어진다. 그림 6.13은 x축 상에 중심점을 두고 회전을 하는 표적을 나타낸다.

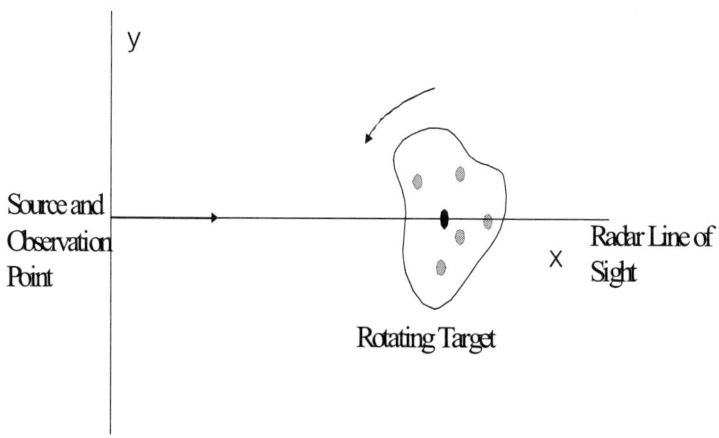

[그림 6.13] 정지되어 회전하는 표적

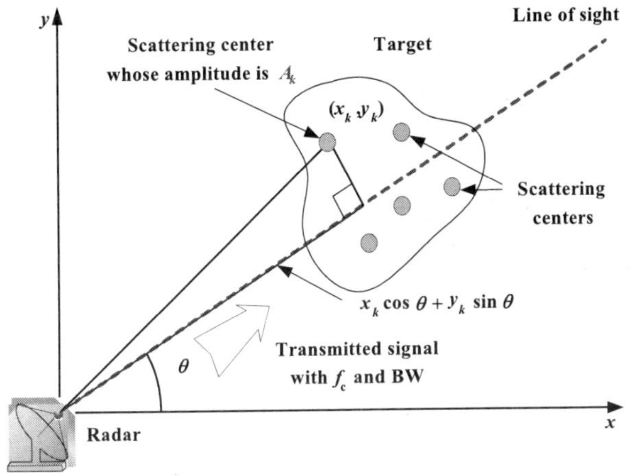

[그림 6.14] 산란원 모델

(2) ISAR 이미징을 위한 수학적인 모델

ISAR 이미징을 위한 수학적인 모델에서의 가정은 2차원 고주파 GTD 모델에 따라 표적은 여러 개의 산란원으로 이루어져 있고, 레이더의 어떤 시선 각도에서의 총 반사된 신호는 개개 산란원으로 부터의 반사된 신호의 중첩(superposition)으로 나타낼 수 있다는 것이다 [9]. 이러한 수학적은 모델을 이용하여 ISAR 이미징을 하면 실제 표적의 이미지와 상당히 유사하다. 그림 6.14는 어떤 표적의 산란원 모델을 나타낸다.

원거리 평면파를 가정할 경우, 그림 6.14에서의 반사된 신호는 아래와 같이 나타낼 수 있다.

$$g(t) = \sum_{k=1}^{K} A_k \cos\left(j2\pi\left[(f_0 + f_d)(t-\tau_k) + 0.5\frac{B}{\tau'}(t-\tau_k)^2\right]\right) \times rect\left(\frac{t-\tau_k}{\tau'}\right)$$

$$\tau' = \frac{c-v}{c+v}\tau, \quad f_d = \frac{2v}{c}f_0, \quad \tau_k = x_k(t)\cos\theta + y_k(t)\sin\theta \tag{6.8}$$

위의 식에서는 표적의 속도가 고려되어 있다. 이 장에서는 표적의 속도가 v가 0이라고 가정하므로 v와 f_d가 모두 0이고, τ'은 τ이다. 이 경우, 각각의 산란원으로부터 반사된 신호는 그림 6.13에서와 같이 레이더는 고정되고 표적이 회전할 경우와 동일한 식이 된다.

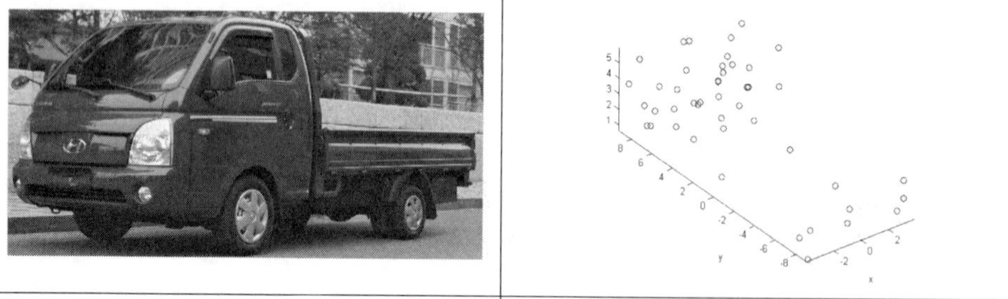

(a) 1번 표적(사진) | (b) 1번 표적(점산란원)

[그림 6.15] ISAR 이미징에 사용된 1번 차량 표적 및 산란원 모델

(a) 2번 표적(사진) | (b) 2번 표적(점 산란원)

[그림 6.16] ISAR 이미징에 사용된 2번 차량 표적 및 산란원 모델

[표 6.2] 레이더 파라미터

중심주파수	9.0 GHz	윈도우 크기	$30\ \mu s + \alpha$
대역폭	300 MHz	펄스 개수	64
펄스폭	30 μs	표적 윈도우	7950~8050 m

(3) 정지된 표적의 ISAR 이미징

그림 6.15과 6.16은 ISAR 이미징에 사용된 자동차의 사진 및 각각의 점산란원 자동차 모양의 표적을 나타내고, 표 6.2는 이미징에 사용된 레이더 입력 값들을 나타낸다. 차량의 경우, 실제 용달차 및 고급 세단의 캐드 자료를 확보한 후, 3차원 좌표를 추출하여 점표적을 구성하였다. ISAR 이미지를 얻기 위해 앞에서 언급한바와 같이 각각의

레이더 시선 각도에서 표적으로부터 반사된 신호에 대해 정합 필터링을 한 후, 각 거리 지점에 대해 각도방향(수직)으로 역 푸리에변환을 하여 ISAR 이미지를 얻을 수 있다. 여기서 속도는 0로 설정된다.

그림 6.17와 6.18은 관측 각도에 따른 그림 6.15 및 6.16 표적의 거리측면도 변화이다. 좌측 그림은 모든 관측 각도에 대하여 거리측면도를 중첩해 놓은 것이고, 우측 그림은 관측 각도에 따른 거리측면도를 2차원 그림에 나타낸 것이다. 우측 그림에서 거리측면도의 크기는 색으로 구분된다. 그림에서 보는 바와 같이, 고해상도 레이더 신호처리로 인하여 각 관측각도에 따라서 산란원의 분포가 잘 나타남을 알 수 있다.

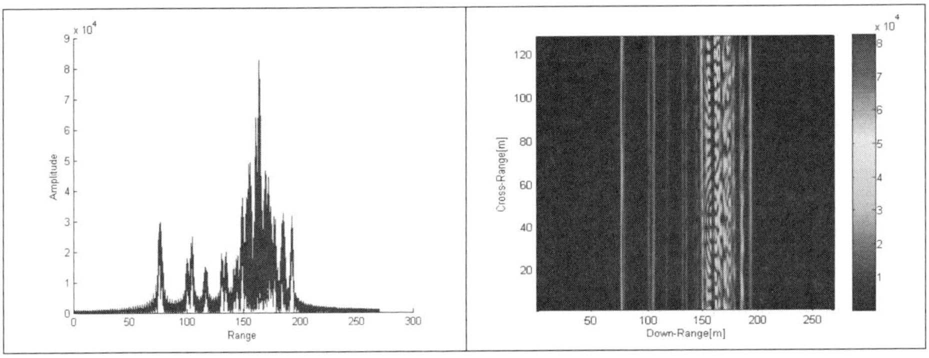

[그림 6.17] 관측각도에 따른 거리측면도 변화(표적 1번)

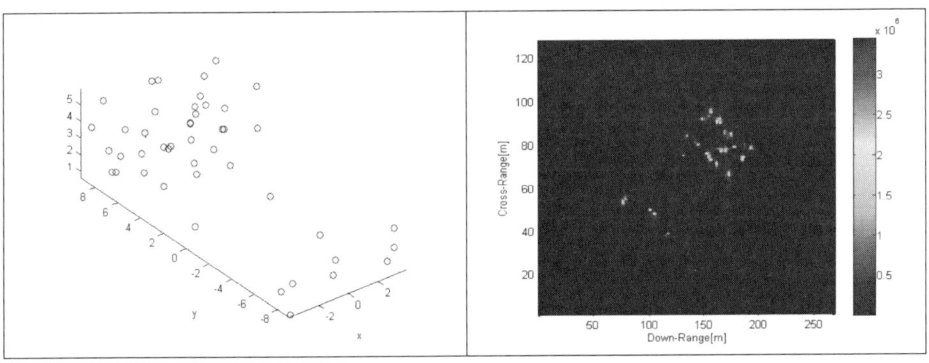

[그림 6.19] 첫 번째 표적의 ISAR 영상

그림 6.19와 6.20은 두 표적을 ISAR 이미징하여 얻은 결과이다. 표적별로 모든 산란원이 이미지에 선명하게 나타남을 알 수 있다.

6.3 ISAR 이미징을 위한 요동 보상

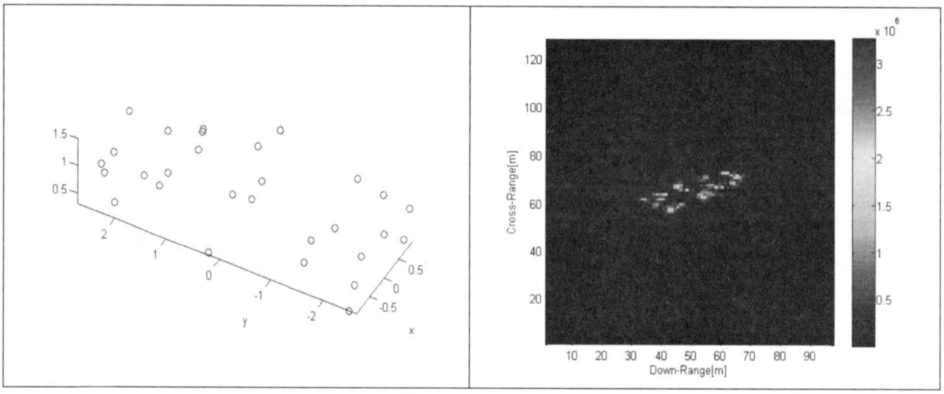

[그림 6.20] 두 번째 표적의 ISAR 영상

앞의 두 장에서는 처프 신호를 이용하여 정지된 표적의 ISAR 이미징을 함에 있어서의 기본 개념과 절차에 대해서 설명을 하였다. 하지만, 표적이 움직일 경우에는 ISAR 이미지가 심하게 흐려진다. 이는 항공기나 기타 표적의 실제 ISAR 이미징 환경과 유사하다. 그러므로 ISAR 이미징을 할 경우 이러한 움직인 보상 문제가 핵심이며, 표적의 움직임을 가능한 한 빠르게 보상하기 위한 많은 방법이 제시되고 있다. 기본적으로 이러한 움직임 보상 방법에 있어서 속도와 가속도를 찾아서 2차원 이미지에서 직접 보상하는 방법과 [10], 2차원에서 이미지 흐림을 최소화 시키는 phase를 찾아서 2차원 이미지에서 보상하는 방법이 있는데 [11]-[17], 본 교재에서는 후자를 이용한다. 그 이유는 펄스 내, 또는 펄스 사이에서도 속도와 가속도가 변화할 수 있기 때문이다. 이 장에서는 움직임을 보상하기 위해 1차원 엔트로피 최소화 방법을 통한 range bin 정렬, 단계적 접근 알고리즘(SSA)을 통한 위상 보상 방법에 대해 소개한다. 아울러 움직임으로 인하여 흐려진 이미지와 움직임 보상을 한 후의 ISAR 이미지를 비교한다.

6.3.1 거리(range bin) 정렬

(1) 거리 정렬 개념

거리 정렬, 즉 range bin 정렬은 위상 보상에 앞서서 수행해야 하는 예비적인 필수 단계이다. Range bin 정렬이 없을 경우, 각 거리 방향의 산란원들이 정렬되지 않으므로 수직 방향으로 역 푸리에 변환을 할 경우 초점이 맞추어진 영상을 얻을 수 없다. Range bin 정렬 방법은 1980년에 Prickett에 의해서 제안된 이후로 많은 방법이 꾸준히 제시되어 왔다. 이들 중에, 최소 엔트로피 방법 (minimum entropy method)은 전반적인 표적의 정보를 사용하기 때문에 아주 강력하다. 이는 인접하는 거리측면도가 정렬되어 있을 경우 거리측면도 끼리의 엔트로피가 최소가 된다는 원리에 근거한다 [12].

G_m, G_{m+1} 이라는 두 개의 인접한 거리측면도가 있다고 가정할 경우, range bin 정렬의 목표는 표적의 움직임으로 인한 두 거리측면도 사이의 지연을 예측하는 것이다. 여기에 사용되는 엔트로피 함수는 아래와 같다 [8].

$$H_{G_m, G_{m+1}} = -\sum_{0}^{N-1} \overline{G}(\tau,n) \ln \overline{G}(\tau,n) \tag{6.9}$$

여기서 $\overline{G}(\tau,n)$은 다음과 같다.

$$\overline{G}(\tau,n) = \frac{|G_m(n)| + |G_{m+1}(n-\tau)|}{\sum_{0}^{N-1} \left(|G_m(n)| + |G_{m+1}(n-\tau)| \right)} \tag{6.10}$$

이 엔트로피 함수를 이용하여 두 개의 거리 측면도 중에 하나를 자리옮김(shift)하면서 함수값을 계산한 후, 엔트로피 함수의 값을 최소화 시키는 상대적인 자리옮김이 표적의 움직임으로 인한 값이다. 하지만 실제 상황에서 현재 거리측면도를 인접한 거리측면도와 정렬할 경우 에러가 축척되게 된다. 이러한 에러를 감소시키기 위해서 기준 인벨로프(reference envelope)를 지수적으로 평균을 취한 인벨로프로 정의하면 현재 거리측면도에 대해서는 에러가 특별히 줄어들지는 않지만 이전에 거리측면도에 대해서는 에러가 현저하게 줄어든다. 여기서는 레이더 시선 각도의 변화가 작을 경우에 관측시간동안 거리측면도의 변화가 작다는 가정 하에 이전의 정렬된 인벨로프들의 평균을 취한 거리측면도를 기준 인벨로프로 정의하여 반복 연산을 행한다. 즉, m번째 이전의 모든 거리측면도가 정렬되었다고 가정할 경우, m+1번째 거리측면도에 있어서 기준이 되는 인벨로프는 아래와 같이 정의된다.

$$R_{m+1}(n) = \frac{m}{m+1} R_m(n) + \frac{1}{m+1} |\widetilde{G}(n)| \tag{6.11}$$

여기서 $\widetilde{G}$는 G_m의 정렬된 값이고, $\widetilde{G}_o(n) = G_o(n)$ 이다. 이 경우, m+1번째 거리측면도의 자리 옮김 크기는 아래와 같다.

$$\hat{\tau}_0 = \underset{\tau}{\arg\min}[H_{R_{m+1}, G_{m+1}}(\tau)] \tag{6.12}$$

이러한 과정을 모든 거리측면도에 대해서 수행할 경우, range bin 정렬이 완료되고 각 산란원들은 모든 관측각도에 대하여 동일한 거리에 위치하게 된다.

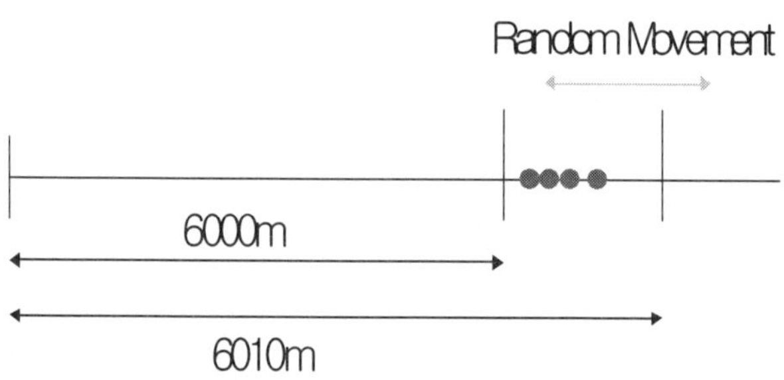

[그림 6.21] 시작점이 6000~6010 m 사이에서 임의의 위치에 배치되는 4개의 산란원들

(2) 거리 정렬 결과

이 장에서는 식 (6.11)과 (6.12)를 이용한 range bin 정렬의 예를 보여준다. 그림 6.21은 시작점으로부터 [10, 20, 30, 40] 미터에 위치한 4개의 산란원을 나타낸다. 총 64개의 거리측면도가 이용되었으며, 각 산란원의 시작점은 6000~6010 m 사이의 랜덤 위치에 존재한다. Range bin 정렬 알고리즘의 효율성 보기 위해서 최악의 조건을 부여하기 위해 랜덤으로 설정하였다. 레이더에 이용되는 파라미터들은 표 6.1과 동일하다. 거리측면도를 얻기 위해서, 1장에서 소개된 모델링 방법과 정합필터링이 사용되었다.

그림 6.22는 range bin 정렬 전후로 포개진 64개의 거리측면도를 보여주며, 그림 6.23은 각 펄스별로 range bin 정렬 전후로 거리측면도 변화를 나타낸다. 두 그림에서 알 수 있듯이, range bin 정렬 알고리즘을 사용하면 성공적으로 range bin이 정렬된다.

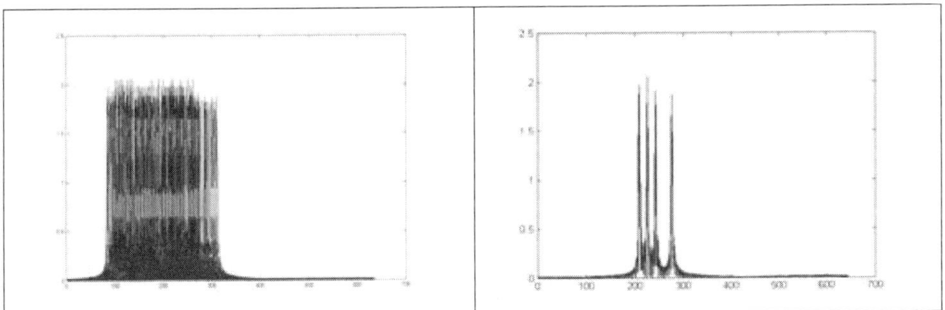

정렬전	정렬후

[그림 6.22] Range bin 정렬 전후의 포개진 64개의 거리 측면도

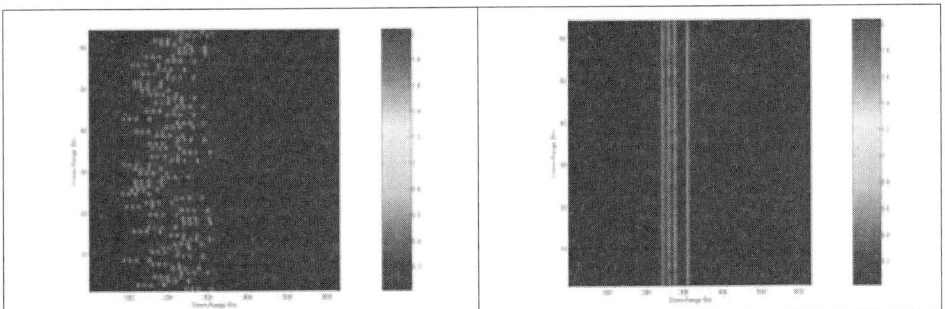

전	후

[그림 6.23] Range bin 정렬 전후의 포개진 64개의 거리 측면도

6.3.2 위상 보정

(1) 2차원 엔트로피 최소화에 근거한 위상보상 개념

6.3.1에 제시된 알고리즘을 통한 range bin이 정렬되었다면 그 다음의 단계는 정렬된 거리측면도에 잔존하는 위상오차를 보정이다. 이러한 위상보상이 없이는 초점이 맞춰진 이미지를 얻을 수가 없다. 하지만, 위상 보정의 경우 더 정확성이 요구되기 때문에 더 어렵고 시간이 많이 걸린다.

각 거리측면도의 위상 오차를 포함하는 위상 오차 벡터는 다음과 같이 가정할 수 있다.

$$\Phi_c = [\phi_c(0)\phi_c(1)..........\phi_c(M-1)]^T_{1\times M} \tag{6.13}$$

여기서 M은 총 거리측면도의 개수이며, $\phi_c(0)=0, \phi_c(m) \in [-\pi,\pi]$으로 가정할 수 있다. 위상보상 후의 거리측면도는 다음 식과 같이 나타낼 수 있다.

$$G'(m,n) = \widetilde{G}(m,n)\exp[-j\phi_c(m)] \tag{6.14}$$

여기서 $\widetilde{G}(m,n)$은 정렬된 전체 펄스이며, m은 펄스의 번호이고, n은 range bin을 나타낸다. 1.1.3에서 제시된 바와 같이 $G'(m,n)$으로부터 ISAR 이미지 $I(m,n)$을 얻은 후 계산된 2차원 엔트로피는 아래와 같이 나타낼 수 있다 [12].

$$H_e(\Phi_e) = -\sum_{m=0}^{M-1}\sum_{n=0}^{N-1}\overline{I_{m,n}}(\Phi_e)\ln\overline{I_{m,n}}(\Phi_e) \tag{6.15}$$

여기서 $\overline{I_{m,n}}(\Phi_e) = \dfrac{|I_{m,n}(\Phi_e)|^2}{\sum_{m=0}^{M-1}\sum_{n=0}^{N-1}|I_{m,n}(\Phi_e)|^2}$ 이고, 이는 $G'(m,n)$의 정규화된 ISAR 이미지이다. 위상보상 개념은 여기서 식 (6.15)를 최소로 하는 Φ_c를 얻는 과정이라고 할 수 있다. Range bin 정렬 후 이와 같이 2차원 엔트로피가 최소가 될 경우 이미지의 초점이 맞춰진다.

(2) 단계별 접근 알고리즘(Stage by Stage Approach, SSA)

식 (6.15)를 최소화 하는 벡터를 얻기기 쉬워 보이지만, 실제로 매우 어려운 과정이다. 이는 사용되는 비용함수가 ISAR 영상이므로 최적화 과정 동안 매번 ISAR 이미징이 수행되어야 하기 때문이다. 따라서 최적의 위상오차 벡터를 얻기 위한 여러 탐색 알고리즘이 있지만 이 논문에서는 SSA(Stage by Stage Algorithm, 단계별 접근 알고리즘)을 이용한다. 이 과정에서 탐색스텝의 길이는 단계(stage)별로 작아지는데, $\pi \rightarrow \frac{\pi}{2} \rightarrow \frac{\pi}{4}$............이러한 식이다. 각 단계(stage)에서는 단계별로 이미지 비용함수(cost function)값이 명백하게 변할 경우 SSA 알고리즘을 이용한 각 펄스의 위상오차를 연속적으로 예측하고 보상한다. 만약 비용함수기 단계별로 두드러지지 않는다면 위상은 보상된 것이다. SSA 알고리즘은 아래와 같이 요약할 수 있다 [12].

i : SSA 알고리즘의 단계 Δ_i : 탐색스텝 길이

$\widehat{\Phi_{e\,i,m}}$: i번째 펄스의 m번째 단계에서의 위상에러 벡터 (m=0~M-1)

◆ 스텝 1 : 초기화 (i=1)

$\Delta_i = \pi$, tolerance0=10^{-4} , tolerance1=10^{-4}

$\widehat{\Phi_{e\,i,m}} = [0]$

◆ 스텝 2 : 각 펄스별로 현재 단계에서의 위상에러 벡터를 예측한다.

a. m번째 펄스에 대해서 각 단계별로 3개의 위상후보 중에서 선택한다. 위상 후보는 다음과 같다.

$$\widehat{\Phi}_0 = \Phi_{\widehat{e\,i,m-1}}$$

$$\widehat{\Phi}_0 = \Phi_{\widehat{e\,i,m-1}} + [\overbrace{0.......0}^{m}\ \Delta_i\ \ 0.....0]^T_{1\times M}$$

$$\widehat{\Phi}_0 = \Phi_{\widehat{e\,i,m-1}} + [\overbrace{0.......0}^{m} - \Delta_i\ \ 0.....0]^T_{1\times M}$$

이 세 위상 후보 중에서 식 (6.15)에서의 2차원 엔트로피(이미지 비용함수)를 최소화 시키는 것 중에 하나를 선택한다. 이 단계를 m=1(두번째 펄스)~M-1까지 반복한다.

b. a 단계를 전 펄스에 걸쳐서 수행한 후, 첫 번째와 마지막 펄스 사이에 이미지 비용함수의 변화가 tolerance0보다 작을 경우,

즉 $D_0 = \frac{\left|H(\widehat{\Phi_{e\,i,0}}) - H(\widehat{\Phi_{e\,i,M-1}})\right|}{H(\widehat{\Phi_{e\,i,0}})}$ 〈 tolerance0 이면, 스텝 3으로 진행한다.

그렇지 않을 경우에는 $H(\widehat{\Phi_{e\,i,0}})$를 $H(\widehat{\Phi_{e\,i,M-1}})$로 갱신한 후, 스텝 2로 가서 다시 반복한다.

◆ 스텝 3 : 인접한 단계별 이미지 비용함수의 상대적인 변화를 계산한다. 즉,

$$D_1 = \frac{\left|H(\widehat{\Phi_{e\,i-1,M-1}}) - H(\widehat{\Phi_{e\,i,M-1}})\right|}{H(\widehat{\Phi_{e\,i,M-1}})}$$

이 값이 만약 tolerance1 보다 클 경우 이는 인접한 단계 사이에 명백한 변화가 있는 것으로 간주되므로 아래와 같이 갱신하고 스텝 2 과정을 이행한다.

$$i = i+1\ ,\quad \Delta_i = \frac{\Delta_{i-1}}{2},\quad H(\widehat{\Phi_{e\,i,0}}) = H(\widehat{\Phi_{e\,i-1,M-1}})$$

그렇지 않을 경우에는 이 알고리즘은 종료되고 $H(\hat{\Phi}_e)$ = $H(\hat{\Phi}_{e\,i,M-1})$이 된다. 이는 엔트로피를 최소화 시키는 위상오차 벡터이다.

그림 6.24는 이러한 SSA 알고리즘의 흐름도(Flow Chart)이다.

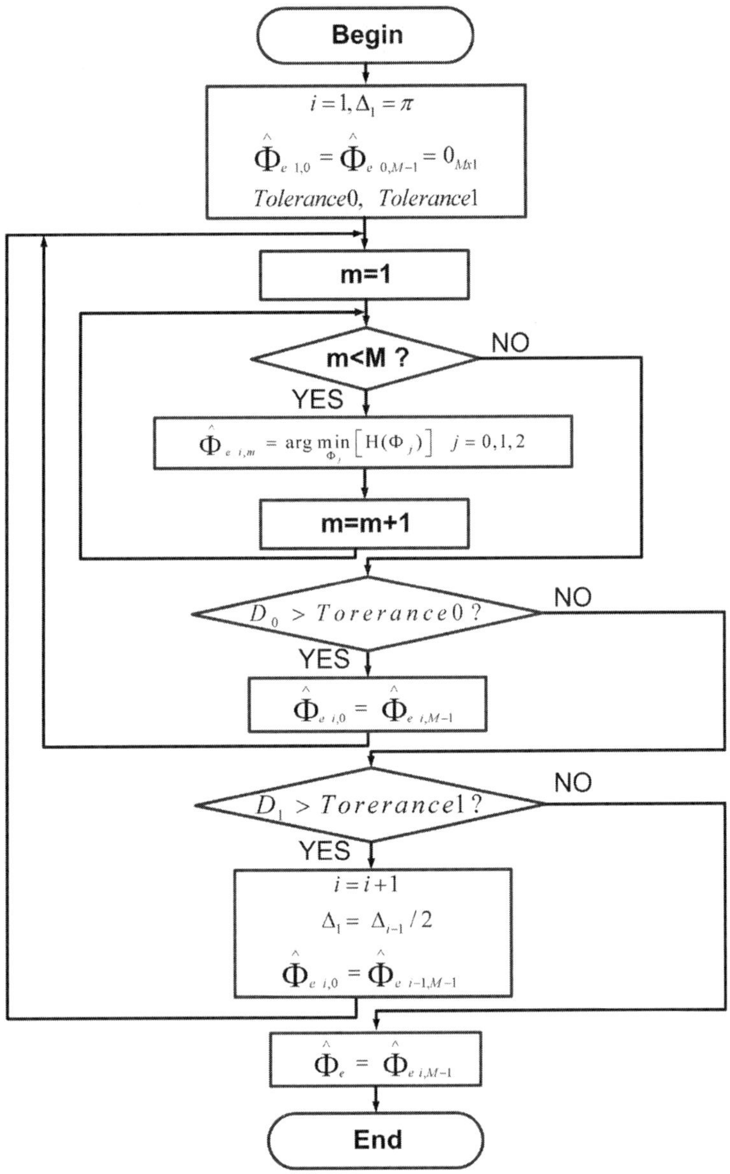

[그림 6.24] SSA 알고리즘의 흐름도

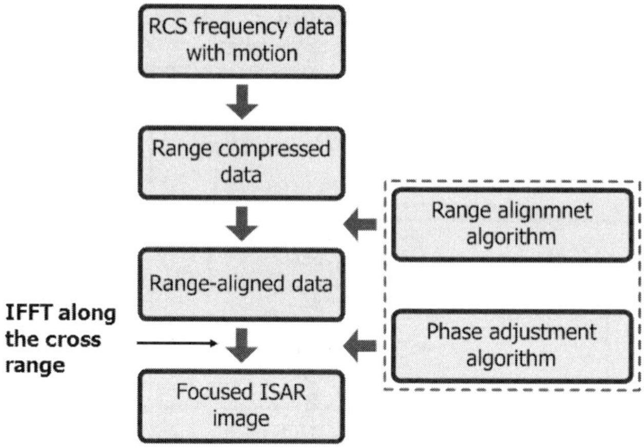

[그림 6.25] ISAR 영상 형성 과정

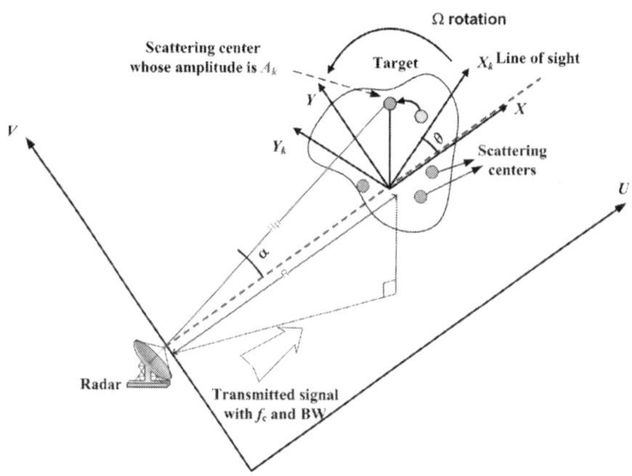

[그림 6.26] ISAR 영상 형성 과정

6.3.3 ISAR 영상 형성의 수학적 원리

지금까지는 그림 6.25와 같이 ISAR 영상을 형성하는 전반적인 기본 과정에 관하여 논하였다. 본 장에서는 더 세부적인 수학적 원리를 통하여 ISAR 영상에 대하여 설명한다.

우선 앞에서 설명한 바와 같이, 그림 6.26과 같이 중심이 R만큼 떨어져서 회전하는 K개의 산란원의 관측 시 송신된 처프 신호는 다음과 같다.

$$p(t) = A_0 \exp\left[j2\pi\left(f_0 t + 0.5\frac{B}{\tau}t^2\right)\right] \times rect\left(\frac{t}{\tau}\right) \tag{6.16}$$

그림 6.26의 K개로 구성된 산란원으로부터 반사되어 수신된 신호는 다음과 같이 각 산란원들의 거리에 따른 처프 신호의 지연의 합으로 나타낼 수 있다.

$$s(t,t_s) = \sum_{k=1}^{K} A_k \exp\left(j2\pi\left[(f_0 + f_d)(t-\tau_k) + 0.5\frac{B}{\tau'}(t-\tau_k)^2\right]\right) \times rect\left(\frac{t-\tau_k}{\tau'}\right) \tag{6.17}$$

여기서 t는 fast-time(거리 방향 시간)이고, t_s는 slow-time(수직 방향 시간)이다. c는 빛의 속도이고, v는 표적의 레이더 시선 방향 속도, f_0는 중심주파수이고 τ는 펄스 폭이다. 위 식의 각 변수는 다음과 같다.

$$\tau' = \frac{c-v}{c+v}\tau,\ f_d = \frac{2v}{c}f_0,\ \tau_k = \frac{2}{c}Rp_k \tag{6.18}$$

$$\begin{aligned} Rp_k &= \sqrt{(R(t_s) + (x_k\cos\theta(t_s) - y_k\sin\theta(t_s)))^2 + (x_k\sin\theta(t_s) + y_k\cos\theta(t_s))^2} \\ &= \sqrt{\begin{aligned}&R(t_s)^2 + 2R(x_k\cos\theta(t_s) - y_k\sin\theta(t_s)) + (x_k\cos\theta(t_s) - y_k\sin\theta(t_s))^2 \\ &+ (x_k\sin\theta(t_s) + y_k\cos\theta(t_s))^2\end{aligned}} \\ &= \sqrt{R(t_s)^2 + 2R(x_k\cos\theta(t_s) - y_k\sin\theta(t_s)) + (x_k^2 + y_k^2)} \\ &\approx R(t_s) + (x_k\cos\theta(t_s) - y_k\sin\theta(t_s)) \end{aligned} \tag{6.19}$$

식 (6.19)에서 (x_k, y_k)는 k번째 산란원의 좌표이며, $\theta(t_s)$는 slow-time 영역에서의 표적의 회전각도이다. $R(t_s)$ 및 $\theta(t_s)$는 다음과 같이 나타낼 수 있다.

$$\begin{aligned} R(t_s) &= R_0 + V_R t_s + \frac{1}{2}a_R t_s^2 + \ldots.. \\ \theta(t_s) &= \theta_0 + \Omega t_s + \frac{1}{2}\gamma t_s^2 + \ldots\ldots \end{aligned} \tag{6.20}$$

위 식에서 R_0는 초기 거리, V_R 및 a_R은 각각 시선 방향의 표적의 속도이고, θ_0는 시선 방향에 대한 표적의 초기 각도이고, Ω및 γ는 각각 각속도 및 각가속도이다.
정합필터링을 하기 위한 식 (6.17)의 $(f,\theta(t_s))$영역의 데이터는 아래와 같다.

$$S(f,\theta)=\sum_{k=1}^{K}A_k\exp(-j2\pi f\tau_k)F.T\left[\exp\left(j2\pi\left[(f_0+f_d)t+0.5\frac{B}{\tau'}t^2\right]\right)\right]\times rect\left(\frac{t}{\tau'}\right) \tag{6.21}$$

여기서 F.T는 아래와 같은 푸리에 변환을 의미한다.

$$\int_{-\tau'/2}^{\tau'/2}\exp\left(j2\pi\left[(f_0+f_d)t+0.5\frac{B}{\tau'}t^2\right]\right)\times\exp(-j2\pi ft)dt \tag{6.22}$$

푸리에 변환을 구하기 위한 기저함수인 $\exp(-j2\pi ft)$가 매우 빠르게 변한다고 가정할 경우, 다음과 같이 stationary phase 근사화를 통하여 전체 exponential 성분의 위상이 0이 되는 지점을 이용하여 얻어진 시간-주파수 관계식 도출할 수 있다.

$$\frac{d}{dt}\left[(f_0+f_d)t+0.5\frac{B}{\tau'}t^2\right]=f_0+f_d-f+\frac{B}{\tau'}t=0$$

$$\therefore t=\frac{\tau'}{B}(f-(f_0+f_d)) \tag{6.23}$$

이와 같이 주파수로 표현된 시간을 이용하여 다음과 같이 exponential 성분의 주파수 영역의 신호를 구할 수 있다.

$$\int_{-\tau'/2}^{\tau'/2}\exp\left(j2\pi\left[(f_0+f_d)t+0.5\frac{B}{\tau'}t^2\right]\right)\times\exp(-j2\pi ft)dt=\exp\left(-j2\pi\left(0.5\frac{\tau'}{B}(f-(f_0+f_d))^2\right)\right) \tag{6.24}$$

따라서 이를 이용하여 각 관측 각도별로 다음과 같이 식 (6.21)의 주파수 영역의 신호를 표현할 수 있다.

$$S(f,\theta)=\sum_{k=1}^{K}A_k\exp(-j2\pi f\tau_k)\exp\left(-j2\pi\left(0.5\frac{\tau'}{B}(f-(f_0+f_d))^2\right)\right) \tag{6.25}$$

다음 단계로 stationay phase 방법을 이용하여 아래와 같은 참조(reference) 신호 $s_0(t)$를 이용한 정합 필터링을 하기 위하여 주파수 영역 $S_0(f)$를 구한다.

$$s_0(t)=\exp\left(j2\pi\left[f_0t+0.5\frac{B}{\tau}t^2\right]\right)\times rect\left(\frac{t}{\tau}\right) \tag{6.26}$$

$$\begin{aligned}S_0(f)&=\int_{-\tau'/2}^{\tau'/2}\exp\left(j2\pi\left[f_0t+0.5\frac{B}{\tau}t^2\right]\right)\times\exp(-j2\pi ft)dt\\&=\exp\left(-j2\pi\left(0.5\frac{\tau}{B}(f-f_0)^2\right)\right)\end{aligned} \tag{6.27}$$

식 (6.27)을 이용한 수신된 주파수 영역의 정합 필터링 된 신호 $S_M(f,\theta)$는 다음과 같다.

$$\begin{aligned}S_M(f,\theta)=&\sum_{k=1}^{K}A_k\exp(-j2\pi f\tau_k)\exp\left(-j2\pi\left(0.5\frac{\tau'}{B}(f-(f_0+f_d))^2\right)\right)\\&\times\exp\left(j2\pi\left(0.5\frac{\tau}{B}(f-f_0)^2\right)\right)\end{aligned} \tag{6.28}$$

일반적으로 빛의 속도 c는 표적의 속도 v보다 매우 빠르므로 $\tau'\approx\tau$이다. 따라서 식 (6.28)은 다음과 같이 나타낼 수 있다.

$$S_M(f,\theta)=\sum_{k=1}^{K}A_k\exp(-j2\pi f\tau_k)\exp\left(-j2\pi 0.5\frac{\tau}{B}(-2(f-f_0)f_d+f_d^2)\right) \tag{6.29}$$

위 식에서 두 번째 exponential 성분은 표적의 도플러 주파수 f_d로 인한 것이며, f

영역에서 거리 방향의 거리측면도를 얻기 위하여 역푸리에 변환을 수행할 때 거리측면도를 흐리게 만드는 요인임을 알 수 있다. 일반적으로 대역폭 B에 비하여 τ가 매우 작으므로 두 번째 exponential 성분은 첫 번째 exponential 성분에 비하여 매우 작다. 따라서 아래와 같이 식 (6.29)를 근사화할 수 있다.

$$S_M(f,\theta) \approx \sum_{k=1}^{K} A_k \exp(-j2\pi f \tau_k) \tag{6.30}$$

최종적으로 식 (6.30)을 f방향으로 푸리에 변환을 수행할 경우, 산란원 위치 τ_k에 따른 sinc 함수를 얻을 수 있으며, 이는 앞서 언급한 거리측면도가 된다.

다음 단계로 수직방향의 압축을 위하여 식 (6.29)의 각도에 따른 τ_k를 이용하여 식 (6.30)을 다음과 같이 표현할 수 있다.

$$\begin{aligned} S_M(f,\theta) &\approx \sum_{k=1}^{K} A_k \exp(-j2\pi f \tau_k) \\ &\approx \sum_{k=1}^{K} A_k \exp\left(-j2\pi f \frac{2}{c}(R(t_s) + x\cos(\theta(t_s)) - ysin(\theta(t_s)))\right) \\ &\approx \sum_{k=1}^{K} A_k \exp\left(-j4\pi \frac{f}{c} R(t_s)\right) \exp\left(-j4\pi \frac{f}{c}(x_k \cos(\theta(t_s)) - y_k \sin(\theta(t_s)))\right) \end{aligned} \tag{6.31}$$

여기서 첫 번째 exponential 성분은 slow-time t_s에 따른 표적 중심의 이동이므로, 표적의 중심이 동일한 위치에 있기 위하여 6.3.1장에서 설명된 거리정렬이 수행되어야 함을 나타낸다. 거리 정렬이 성공적으로 수행될 경우, 첫 번째 성분에 의한 영향은 없어지게 되고, 모든 산란원들은 정지된 중심점을 따라서 시간에 따라 회전하는 표적이 된다. 하지만 정렬시 산란원들이 거리 방향 샘플링 간격 $c\Delta\frac{t}{2}$에 의해서 수행되므로, 이 값의 절반에 해당하는 오차가 각 거리측면도별로 발생하게 된다. 따라서 이를 보상하기 위하여 위상보정이 수행되어야 한다.

식 (6.31)에서 $\theta(t_s) = \Omega t_s + \theta_0$로 가정할 경우, (x, y)에 위치한 산란원의 도플러 주파수는 다음과 같이 표현할 수 있다.

$$
\begin{aligned}
f_d &\approx \frac{2V_R}{\lambda_0} \\
&\approx \frac{2f_0}{c}[-x\Omega\sin(\Omega t_s+\theta_0)-y\Omega\cos(\Omega t_s+\theta_0)] \\
&\approx \frac{2f_0}{c}\begin{Bmatrix}-x\Omega[\sin\theta_0\cos(\Omega t_s)+\cos\theta_0\sin(\Omega t_s)] \\ -y\Omega[\cos\theta_0\cos(\Omega t_s)-\sin\theta_0\sin(\Omega t_s)]\end{Bmatrix}
\end{aligned}
\tag{6.32}
$$

여기서 관측각도가 매우 작다고 가정할 경우, $\cos\Omega t \approx 1$이고 $\sin\Omega t \approx \Omega t$이다. 따라서, 식 (6.32)는 다음과 같이 근사화하여 거리 및 회전 성분으로 분리할 수 있다.

$$
\begin{aligned}
f_d &\approx \frac{2f_0}{c}\{-x\Omega[\sin\theta_0+\cos\theta_0(\Omega t_s)]-y\Omega[\cos\theta_0-\sin\theta_0(\Omega t_s)]\} \\
&= \frac{2f_0}{c}\{-[xsin\theta_0+ycos\theta_0]\Omega-[xcos\theta_0-ysin\theta_0]\Omega^2 t_s\}
\end{aligned}
\tag{6.33}
$$

위 식에서 특이한 점은 회전으로 인한 도플러 주파수가 시변이라는 점이며, 각속도가 클 경우 이를 보상해야 한다는 점이다. 하지만, 관측 각도가 작을 경우 각속도 Ω는 매우 작아서 제곱 성분을 무시할 수도 있다. 편의상 초기 각도 θ_0를 0으로 둘 경우, 거리 정렬 및 위상 보정 후의 식 (6.31)은 다음과 같이 나타낼 수 있다.

$$
S_{MR}(f,\theta(t_s)) \approx \sum_{k=1}^{K} A_k \exp\left(-j2\pi f\frac{2}{c}(x_k\cos(\Omega t_s)-y_k\sin(\Omega t_s))\right) \tag{6.34}
$$

여기서 관측 각도 $\Omega t_s \ll 1$임을 가정하고 식 (6.35)와 같은 테일러 근사화를 사용할 경우, 식 (6.34)는 식 (6.36)과 같이 표현될 수 있다.

$$
\begin{aligned}
\cos x &= \sum_{n=0}^{\infty}\frac{(-1)^n}{(2n)!}x^{2n} = 1-\frac{x^2}{2!}+\frac{x^4}{4!}-\cdots\cdots \\
\sin x &= \sum_{n=0}^{\infty}\frac{(-1)^n}{(2n+1)!}x^{2n+1} = x-\frac{x^3}{3!}+\frac{x^5}{5!}-\cdots\cdots
\end{aligned}
\tag{6.35}
$$

$$S_{MR}(f,\theta(t_s)) \approx \sum_{k=1}^{K} A_k \exp\left(-j2\pi f \frac{2}{c}(x_k + y_k \Omega t_s)\right) \tag{6.36}$$

식 (6.36)을 fast-time 방향의 주파수 f 영역에서 역 푸리에 변환을 수행하고, 각 fast time t에서 slow-time t_s방향으로 푸리에 변환을 수행할 경우, 각 산란원을 (거리, 도플러) 영역에서 배치할 수 있다. f 영역에서의 역푸리에 변환은 다음과 같이 나타낼 수 있다.

$$s(t,\theta(t_s)) = \sum_{k=1}^{K} A_k \int_{f_0}^{f_{0+B}} \exp\left(\frac{-j2\pi f}{c}(x_k + y_k \Omega t_s)\right) \exp(j2\pi f t)\, df \tag{6.37}$$

$P = \frac{2}{c}(x_k + y_k \Omega t_s)$로 둘 경우, 위 식은 다음과 같이 나타낼 수 있다.

$$\begin{aligned}
s(t,\theta(t_s)) &= \sum_{k=1}^{K} A_k \int_{f_0}^{f_{0+B}} \exp(-j2\pi f(t-p))\, df \\
&= \sum_{k=1}^{K} A_k \frac{\exp(j2\pi(f_0+B)(t-P)) - \exp(j2\pi f_0(t-P))}{j2\pi(t-P)} \\
&= \sum_{k=1}^{K} A_k \frac{\exp(j2\pi\frac{B}{2}(t-P)) - \exp(-j2\pi\frac{B}{2}(t-P))}{j2\pi(t-P)\exp\left(-j2\pi\left(f_0+\frac{B}{2}\right)(t-P)\right)} \\
&= \sum_{k=1}^{K} A_k \frac{B}{2} \frac{\sin\left(2\pi\frac{B}{2}(t-P)\right)}{\pi\frac{B}{2}(t-P)} exp\left(j2\pi\left(f_0+\frac{B}{2}\right)(t-P)\right) \\
&= \sum_{k=1}^{K} A_k B \operatorname{sinc}(\pi B(t-P)) \exp\left(j2\pi\left(f_0+\frac{B}{2}\right)(t-P)\right) \\
&= \sum_{k=1}^{K} A_k B \operatorname{sinc}(\pi B(t-\frac{2}{c}(x_k+y_k\Omega t_s))) \\
&\qquad \times \exp\left(j2\pi\left(f_0+\frac{B}{2}\right)(t-\frac{2}{c}(x_k+y_k\Omega t_s))\right)
\end{aligned}$$

$$\approx \sum_{k=1}^{K} A_k B \mathrm{sinc}(\pi B(t - \frac{2}{c}x_k))$$
$$\times \exp\left(j2\pi\left(f_0 + \frac{B}{2}\right)t\right)\exp\left(-j2\pi\left(f_0 + \frac{B}{2}\right)\frac{2}{c}(x_k + y_k \Omega t_s)\right) \tag{6.38}$$

위 식에서 회전 각속도가 매우 작을 경우, sinc함수의 시간 지연은 $\frac{2}{c}x_k$이며, 이는 산란원의 x좌표의 시간 지연과 동일하다.

최종적으로, 각 t에 대하여 t_s방향으로 푸리에 변환을 수행할 경우, 산란원을 각각의 2차원 위치에 배치할 수 있다. $\Omega t_s = \theta$로 둘 경우, 식 (6.38)의 두 번째 부분에 대한 θ방향의 주파수 영역 f_s로의 푸리에 변환은 아래와 같다.

$$\int_{\theta_1}^{\theta_2} \exp\left(-j2\pi\left(f_0 + \frac{B}{2}\right)\frac{2}{c}(x_k + y_k\theta)\right)\exp(-j2\pi f_s\theta)d\theta$$
$$= \exp\left(-j2\pi\left(f_0 + \frac{B}{2}\right)\frac{2}{c}x_k\right)\int_{\theta_1}^{\theta_2} \exp\left(-j2\pi\left[\left(f_0 + \frac{B}{2}\right)\frac{2}{c}y_k + f_s\right]\theta\right)d\theta \tag{6.39}$$

따라서 최종적으로 다음과 같은 (시간, 주파수) 영역의 결과를 얻는다. 즉, 다음과 같이 각 산란원이 해당되는 2차원 (시간, 주파수) 영역에 sinc 함수 형태로 존재하게 된다.

$$S(t, f_s) \approx \sum_{k=1}^{K} A_k B\, \mathrm{sinc}\left(\pi B\left(t - \frac{2}{c}x_k\right)\right)\exp\left(j2\pi\left(f_0 + \frac{B}{2}\right)t\right)$$
$$\times \Delta\theta \mathrm{sinc}\left(\pi\Delta\theta\left(\left(f_0 + \frac{B}{2}\right)y_k + f_S\right)\right)\exp\left(-j2\pi\left(\frac{\theta_1 + \theta_2}{2}\right)\left[\left(f_0 + \frac{B}{2}\right)y_k + f_s\right]\right) \tag{6.40}$$

6.3.4 실제 차량 운행 상황에서의 ISAR 이미징

(1) 차량 운행 시나리오

이 장에서는 range bin 정렬 알고리즘과 위상오차 보상 알고리즘을 이용하여 그림 6.27과 같은 실제 차량 운행 상황을 고려하여 점 산란원 차량의 ISAR이미지를 얻는다. 편의상 x-y 평면을 이미지 평면으로 설정한다. 3차원으로 이동하는 표적의 산란원들을 레이더 시선을 포함하는 2차원의 평면으로 투사시키므로 편의상 x-y 평면을 이미지 평면으로 설정한 것이다.

위 그림에서 표적은 x축과 일정한 각도를 이르면서 직선경로로 비행을 하고 추적 레이더가 이 표적을 추적한다. 움직이는 표적의 레이더 시선각도의 변화를 이용하면 ISAR 이미지를 계산할 수 있다. 레이더와 표적의 움직임 파라미터는 표 6.3에 제시되어 있다. 표적은 x-y 평면에서 (0, 500 m) 위치에서 시작하여 80 Km/h의 일정한속도로 직선 주행을 하고, 차량에 부착된 레이더가 이를 추적한다. 편의상 거리방향 해상도가 수직방향 해상도($\Delta r_c = \frac{\lambda}{2\Delta\theta}$)가 같도록 총 관측각도를 1.91˚로 설정하였다. 가속도나 다른 요인을 고려할 수 있지만 다음 장에서 이에 관해서 논한다.

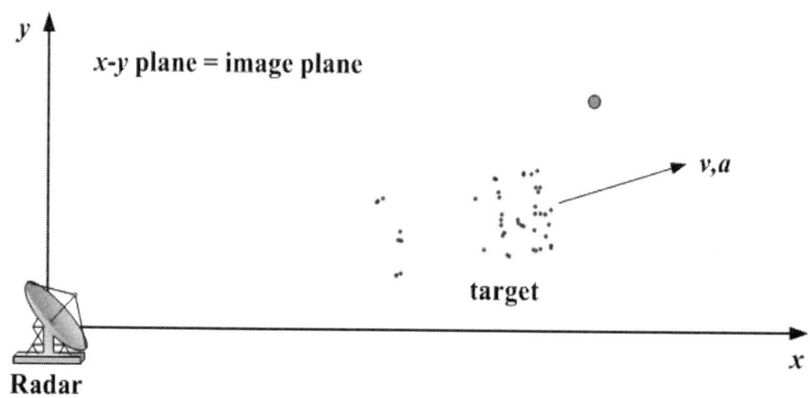

[그림 6.27] 차량 운행 시나리오

[표 6.3] 레이더와 움직임 파라미터

중심주파수	27.0 GHz
대역폭	300 MHz(수직해상도 = 0.5 m)
펄스폭	30 μs(9 Km)
윈도우 크기	30 $\mu s+\alpha$
표적 속도	80 Km/h
펄스 개수	128
표적 윈도우	300 m
초기 위치	(300,0) m

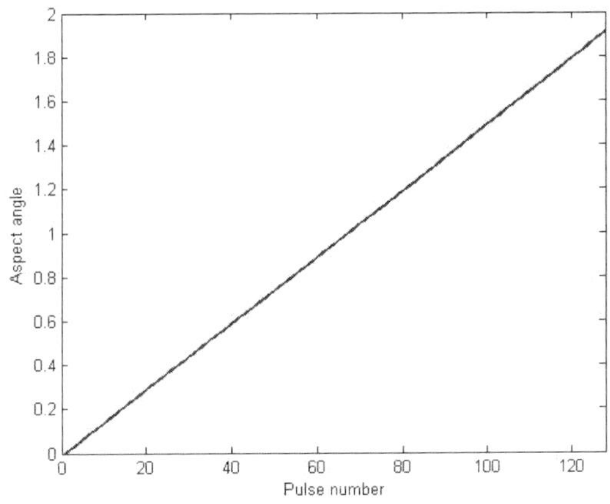

[그림 6.28] 차량의 관측 각도 변화

(2) 시뮬레이션 결과

본 장에서는 6.3.2 (2)의 시뮬레이션 조건 및 앞에서 언급된 range bin 정렬 및 위상 보정 알고리즘을 이용하여 그림 6.15와 6.16에 제공된 표적의 ISAR 이미징에 관한 시뮬레이션을 수행하였다. 여기서 다른 각도도 있을 수 있으나 편의상 x축과 45°의 각도로 차량이 운행됨을 가정하였다. 처프 신호의 Sampling 주파수는 500 Mhz이다. 그림 6.28은 주어진 표적이 80 Km/h로 이동할 경우에 펄스별 레이더 시선각도의 변화를 나타낸다. 속도가 80 Km/h로 일정하기 때문에 펄스별 각도의 변화가 선형임을 알 수 있다. 이러한 각도변화를 이용하여 이미징을 할 수 있다.

그림 6.29~6.32는 앞에서 제시된 range bin 정렬을 하지 않을 경우와 한 경우 펄스별 거리측면도의 차이를 나타낸다. 그림 6.29 좌측의 그림에서 보면 움직이는 표적으로 인하여 거리측면도들이 정렬되지 않아서 전체 그림이 퍼져 있음을 알 수 있으며, 우측의 그림의 경우 1차원 엔트로피 최소화 방법을 이용하여 각 range bin이 잘 정렬되어 하나의 거리측면도와 같이 보임을 알 수 있다. 또한 6.30의 거리측면도 변화에서 보는 바와 같이, 정렬 전에는 차량의 이동으로 인하여 거리측면도가 휘어 있으며, 정렬 알고리즘 실행 후에는 잘 정렬되어 있음을 알 수 있다. 마찬가지로 그림 6.31과 6.32에서 보는 바와 같이 2번 표적의 경우에도 1번 표적의 경우와 동일한 결과를 얻을 수 있었다.

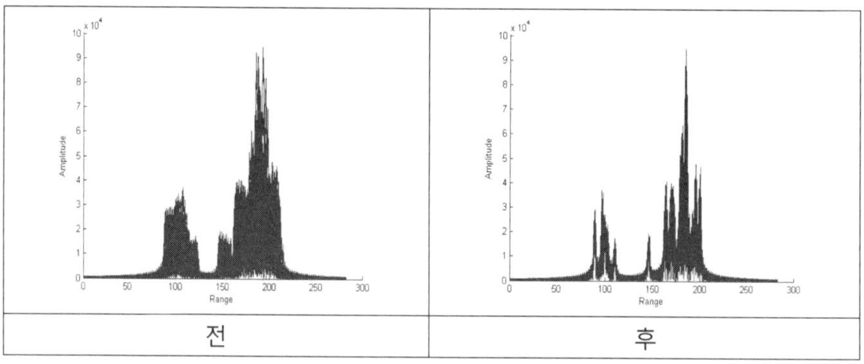

[그림 6.29] Range bin 정렬 전후의 포개진 거리측면도(1번 표적)

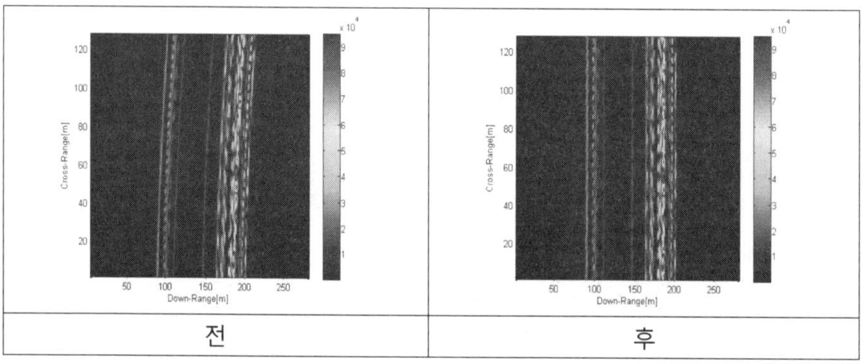

[그림 6.30] Range bin 정렬 전후의 거리측면도 변화(1번 표적)

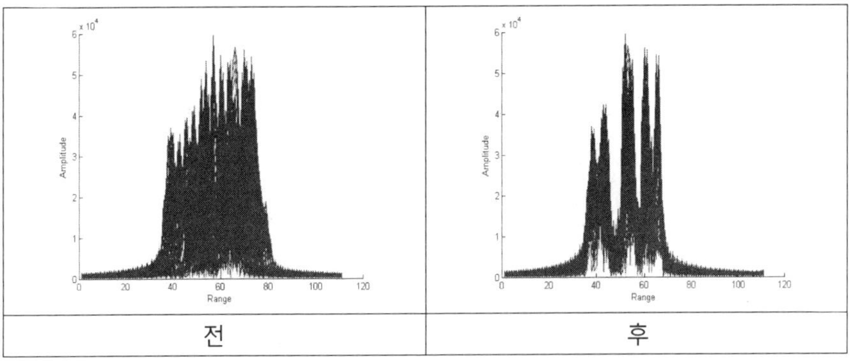

[그림 6.31] Range bin 정렬 전후의 포개진 거리측면도(2번 표적)

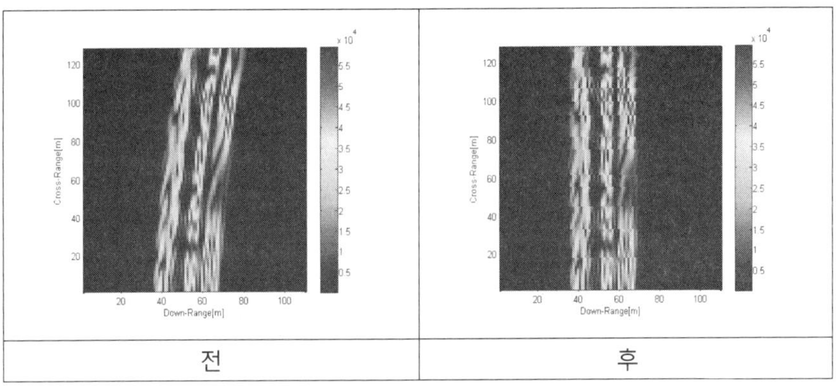

[그림 6.32] Range bin 정렬 전후의 거리측면도 변화(2번 표적)

Range bin 정렬을 한 후, 최종적인 단계는 앞서 제시된 위상에러 보상을 한 후 이미지를 얻는 것이다. 그림 6.33~6.36은 1번과 2번 표적의 위상 보정 전후를 비교한 것이다. 그림에서 보는 바와 같이, 위상 보정으로 인하여 성공적으로 초점이 맞추어진 영상이 형성됨을 알 수 있다.

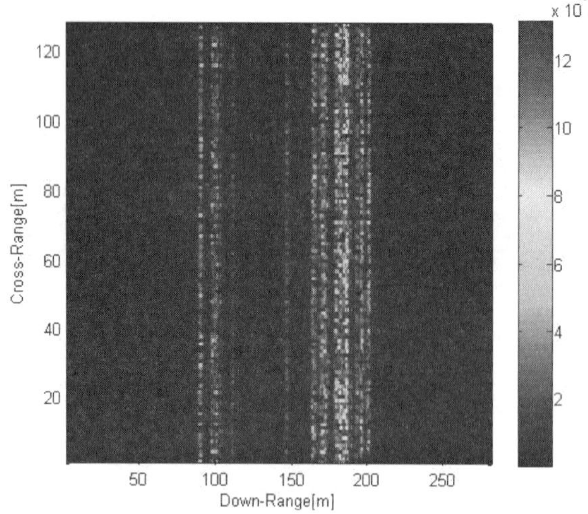

[그림 6.33] 위상보정을 하지 않은 영상(1번 표적)

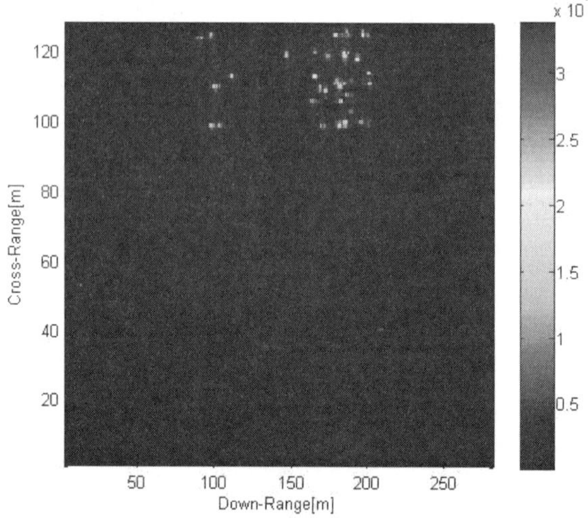

[그림 6.34] 위상보정 후의 영상(1번 표적)

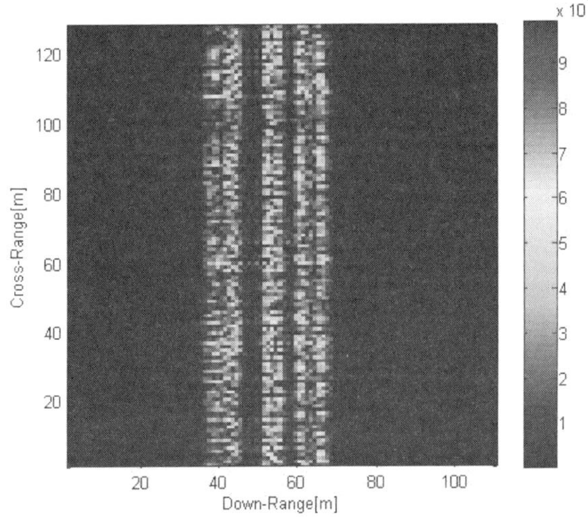

[그림 6.35] 위상보정을 하지 않은 영상(2번 표적)

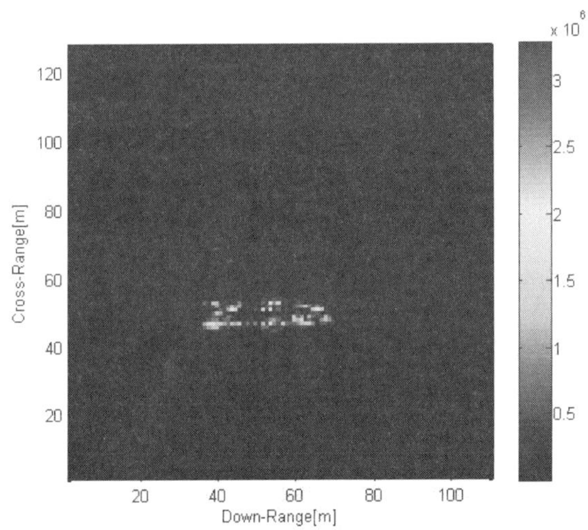

[그림 6.36] 위상보정 후의 영상(2번 표적)

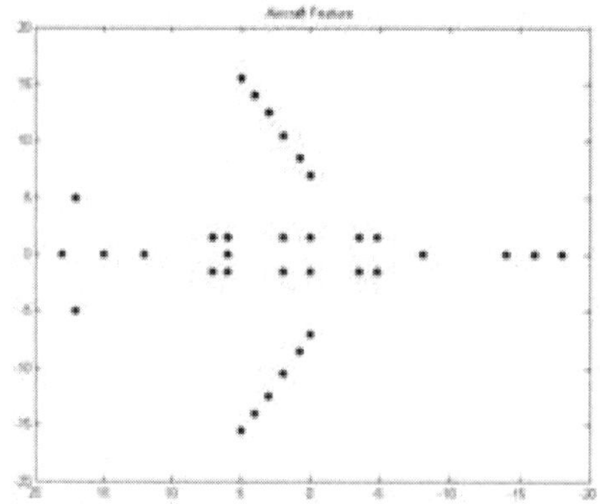

[그림 6.37] 영상 품질 분석용 표적

6.4 여러 요인들에 의한 ISAR 영상에 대한 영향

이 장에서는 실제 상황에서 직면할 수 있는 ISAR 이미징에 영향을 주는 여러 요인들에 대한 영향을 알아본다. 예를 들면, 가속도가 존재할 경우 레이더 시선각도변화 그래프가 선형이 아닌 비선형이 되도록 할 수 있다. 이로 인하여 ISAR 이미지에 어떠한 영향이 갈 수 있다. 또한 잡음으로 인하여 이미지가 흐려질 수 있다. 이 장에서는 실제 이미징 상황에서 고려해야 하는 여러 요인들에 대해서 알아보고 이들이 ISAR 이미지에 주는 영향에 대해서 알아본다. 레이더 움직임 파라미터는 다른 특별한 것이 명시되어 있지 않을 경우 표 6.3에 제시된 값을 사용한다. 표적의 경우, 다양한 형태의 표적을 시험해 보기 위하여 위 그림 6.37과 같은 비행기 모양의 표적을 사용하였다.

6.4.1 샘플링 주파수에 의한 영향

6.3장에서는 처프 신호가 500 MHz로 샘플링 되었다. 따라서 각 펄스 압축에 이와 같은 주파수로 샘플링된 값들이 사용되었다. 펄스폭이 $30\mu s$이므로 각 펄스별로 15000개의 데이터가 존재한다. 하지만 실제 상황에서 500 MHz 샘플링 주파수로 샘플링할 경우, 데이터의 개수가 너무 많게 되므로 샘플링 주파수를 감소시킬 필요가 있다. 이 장에서는 이러한 샘플링 주파수가 이미지에 주는 영향에 관해 논한다.

Nyquist 이론에 따르면, 펄스압축에 사용되는 펄스에서 샘플링된 data의 개수는 $B\tau$보다 커야 한다. 여기서 B는 샘플링 주파수이고, τ는 펄스폭이다. 이 공식을 이용하면

본 논문에서의 최소 샘플링된 데이터 수는 아래와 같다.

$$B_T = 300 \times 10^6 \times 30 \times 10^{-6} = 9000$$

$$900 \text{ sample/pulse of } 300\ \mu s = 300 \text{ MHz} \tag{6.41}$$

따라서 최소한 100 MHz의 샘플링 주파수가 보장되어야 한다. 그림 6.38은 500, 400, 310 MHz의 샘플링 주파수에 따른 ISAR 이미지를 나타낸다. 샘플링 주파수가 낮아질수록, 표적의 산란원들이 덜 선명해 짐을 알 수 있다. 이는 데이터의 개수가 작아짐에 따른 당연한 결과이다.

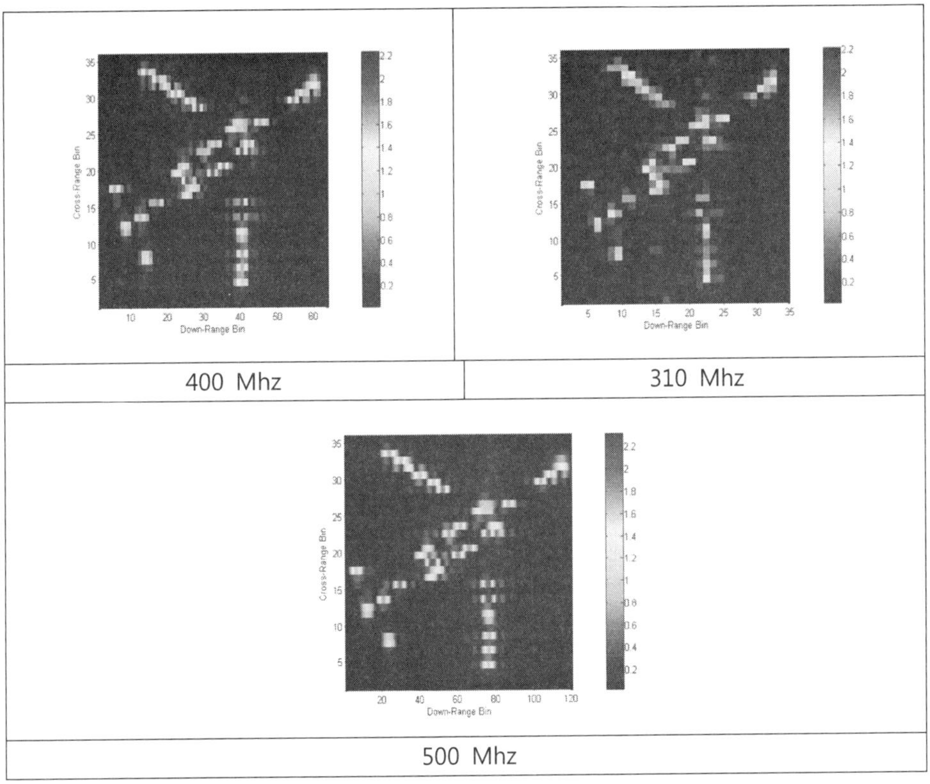

[그림 6.38] 3가지 샘플링 주파수에 따른 ISAR 이미지 변화

6.4.2 ISAR 이미징 시간 감소에 따른 영향

앞 장에서 언급한 바와 같이, SSA 알고리즘에서 2차원 엔트로피를 최소화하는 위상오차 벡터를 찾기 위해서는 ISAR 이미징이 필요하고, 이에 더하여 2개의 tolerance를 가지는 루프가 존재한다. 이로 인하여 ISAR 이미징을 하는데 수십분의 시간이 걸리게 된다. 따라서 실시간으로 ISAR 이미징을 하기 위해서는 이러한 계산시간을 줄일 필요가 있다.

SSA 알고리즘에서 소요되는 계산시간을 줄이기 위한 방법으로는 2가지가 있다. 첫째는 tolerance를 10^{-4}보다 큰 값으로 설정하여 ISAR 이미지의 질을 희생하면서 시간을 단축시키는 방법이다. SSA 알고리즘에서의 tolerance가 너무 작으므로 루프를 빠져 나오는데 걸리는 시간이 많이 걸린다. 10^{-4}보다 큰 값으로 할 경우에 더 빠르게 루프를 빠져나올 수 있다.

SSA 알고리즘 계산시간을 줄이는 또 다른 방법으로는 SSA 알고리즘 내에서 각 스텝에서 엔트로피를 계산할 때 전체 데이터를 쓰지 않고 일부분을 이용하여 ISAR 이미징을 하는 것이다. 2장에서는 모든 데이터가 이용되었기 때문에 많은SSA 알고리즘에서 많은 시간이 소요되었다. 하지만 어떤 레이더 시선 각도에 대해 산란원이 큰 순서대로 20 또는 30개만 사용하면 2차원 엔트로피 계산 과정이 현저하게 줄어들 수 있다.

만약 앞의 두 방법이 샘플링 주파수를 줄이면서 사용될 경우, 계산 시간에 있어서 더 효율적일 것이다. 표 6.4는 320 및 500 MHz의 샘플링 주파수에 대해서 엔트로피 계산 시에 모든 데이터가 사용되고 tolerance가 10^{-4}인 경우와 산란원 크기순으로 40개만 선택하여 tolerance를 10^{-3}인 경우에 한하여 이미징 시간을 비교한 것이다. 그림 6.39는 이러한 조건을 통하여 SSA 알고리즘을 수행한 후의 이미지를 나타낸다. 그림에서 보듯이 이미지의 질에는 많은 저하가 없으면서 이미징 시간이 5~7배 단축될 수 있음을 알 수 있다.

[표 6.4] 계산시간 비교

2D Entropy(전체사용), tolerance = 10^{-4}		
샘플링 주파수	320 MHz	500 MHz
시간(초)	340~360	500~520
2D Entropy(40개 첨두치 사용), tolerance = 10^{-3}		
샘플링 주파수	320 MHz	500 MHz
시간(초)	50~70	75~100

6.4.3 잡음에 의한 영향

앞서 ISAR 이미징에 사용되는 데이터는 잡음이 없다는 가정 하에 얻어진 결과들이다. 하지만 실제로 표적으로부터 반사되는 처프 신호는 잡음에 의해 심하게 왜곡되어 있으므로 ISAR 이미징에 잡음이 주는 영향에 대해 알아볼 필요가 있다. 그림 6.40은 잡음이 AWGN(Addictive White Gaussian Noise)이고 샘플링 주파수가 320 MHz일 때 SNR이 -20 dB인 상황에서 거리측면도를 나타낸다. -20 dB SNR에서는 잡음의 파워가 신호 파워보다 100배 크다. 그림에서 보듯이 거리측면도가 심하게 왜곡되어 있음을 알 수 있다.

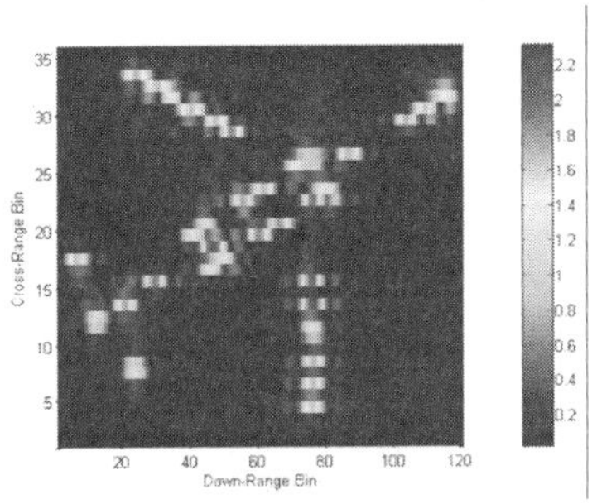	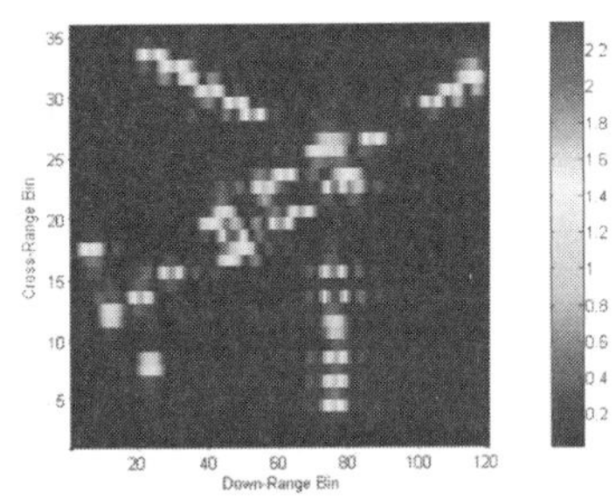
1st case (full data and 10^{-4} tolerance)	2nd case (40 peaks and 10^{-3} tolerance)

[그림 6.39] 표 6.4의 두 경우에 대한 ISAR 이미지 비교 (320 Mhz)

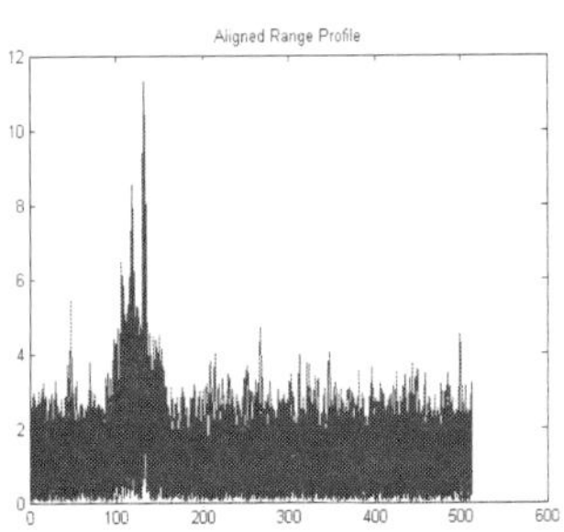	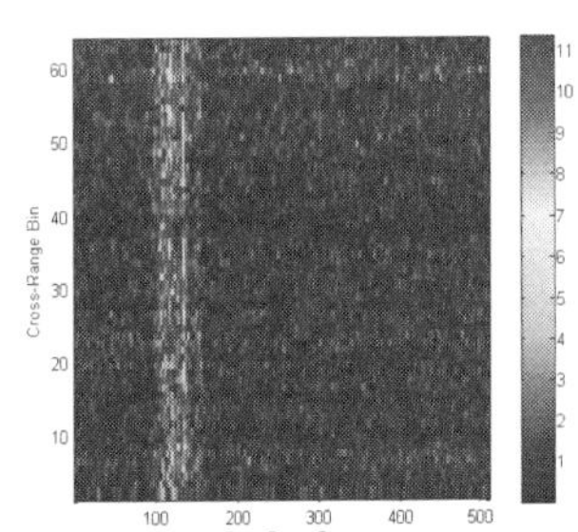
Overlapped Range Profiles	History of Range Profiles

[그림 6.40] SNR = -20dB에서 잡음에 의한 거리측면도 왜곡

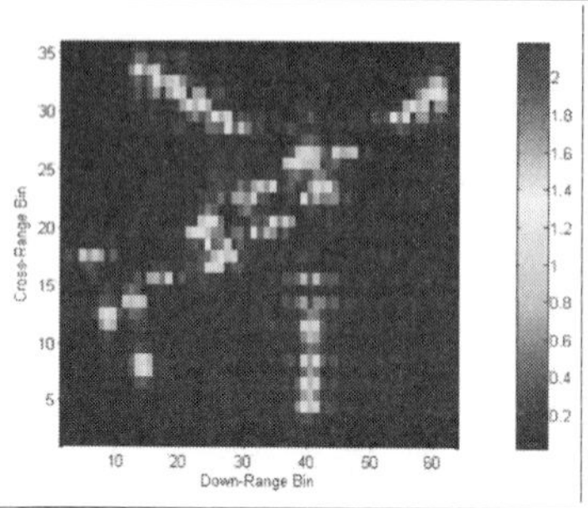	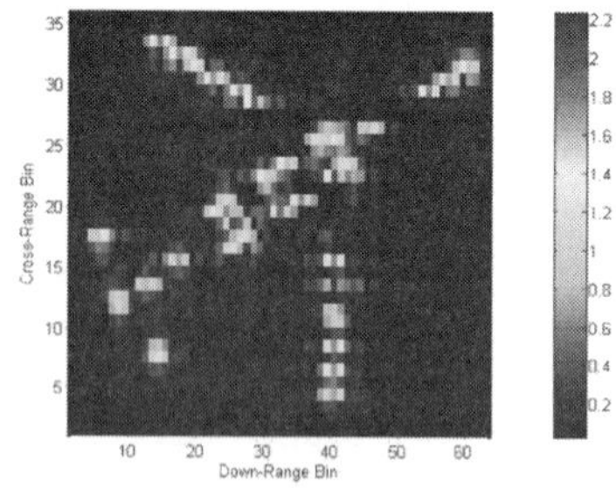
10 dB	0 dB
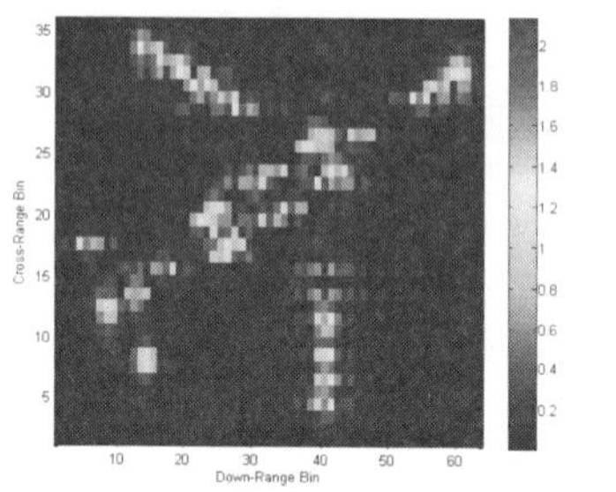	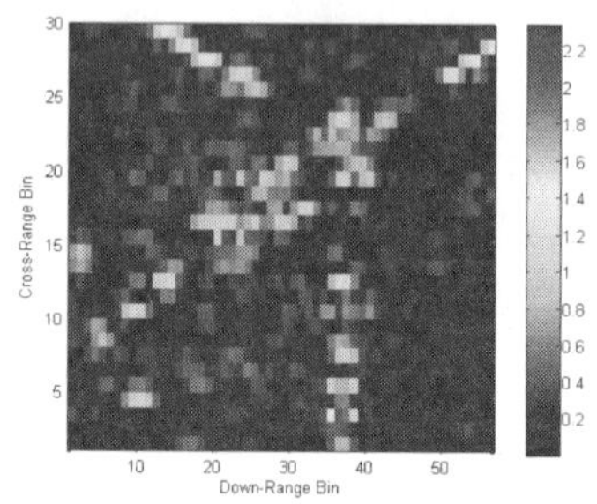
-10 dB	-20 dB

[그림 6.41] SNR 이 [10, 0, -10, -20]dB일 때 ISAR 이미지 비교

왜곡되어 있으므로 ISAR 이미징에 잡음이 주는 영향에 대해 알아볼 필요가 있다. 그림 6.40은 잡음이 AWGN(Addictive White Gaussian Noise)이고 샘플링 주파수가 320 MHz일 때 SNR이 -20 dB인 상황에서 거리측면도를 나타낸다. -20 dB SNR에서는 잡음의 파워가 신호 파워보다 100배 크다. 그림에서 보듯이 거리측면도가 심하게 왜곡되어 있음을 알 수 있다.

그림 6.41은 SNR이 -20, -10, 0, 10 dB일 경우에 각각의 ISAR 이미지를 나타낸다. SNR이 작아질수록 ISAR 이미지가 흐려진다. 하지만 0dB 이하에서도 ISAR 이미지가 잘 형성되는 것으로 보아, 정합 필터링이 잡음에 강함을 알 수 있다. 이는 잡음이 있더라도 정합 필터링에 이용되는 신호가 잡음과 수직(orthogonal) 이기 때문이다.

6.5 형성된 영상의 해상도 증대

이 장에서는 형성된 영상의 해상도를 증대시킬 수 있는 auto-regression(AR) 기법 및 estimation of signal parameters via rotational invarance technique(ESPRIT) 기법 등에 대하여 소개한다. 실제 영상형성 시에는 사용할 수 있는 대역폭이 제한되어 있으므로, 소개되는 기법들은 앞에서 소개된 영상형성 과정을 통하여 얻어진 영상의 품질을 크게 증대시킴으로써 차량 식별에 기여할 수 있다.

6.5.1 AR 기법

AR 모델은 선형예측(linear prediction) 모델이다. 이전 또는 이후의 데이터를 현재의 데이터 중 L개의 선형결합으로 나타낼 수 있다고 가정하면, 순방향 선형예측과 역방향 선형예측을 각각 다음과 같은 식으로 나타낼 수 있다.

$$\hat{y_n} = -\sum_{i=1}^{L} a_i y_{n-i},\ n = L+1, L+2, \ldots, L \tag{6.42}$$

$$\hat{y_n} = -\sum_{i=1}^{L} a_i^* y_{n+i},\ n = 1, 2, \ldots, N-L \tag{6.43}$$

여기서 $*$ 은 켤레 복소수를, a_i는 AR 계수를, L은 AR 모델 차수를, 그리고 N은 데이터 샘플 개수를 각각 나타낸다. 위의 선형예측모델의 전달함수를 z-변환(z-transform)을 이용하여 구하면 다음과 같이 표현된다.

$$H(z) = \frac{1}{\sum_{i=0}^{L} a_i z^{-i}} \tag{6.44}$$

위의 모델은 모두 극점(pole) 만으로 이루어진 식의 형태(all pole model)로서 이런 모델의 형태를 AR(Auto-Regressive) 모델이라고 한다. 위 식들을 이용하여 선형예측하기 위해서는 주어진 데이터 샘플로부터 AR 계수를 구해야 한다. 결국 선형예측의 문제는 바로 선형예측계수를 구하는 문제와 동일하며, 일단 AR 계수, 즉 선형예측계수를 구하면 위 두 식에 의해 이전 값과 이후 값을 예측할 수 있는 것이다. AR 계수를 구하는 방법으로 Burg 알고리즘이 널리 사용된다.

Burg 알고리즘은 Levinson 귀납(recursion)의 순차적인 알고리즘(iterative algorithm)을 이용하는데, 모델 차수가 1일 때 계수 $a_1(1)$을 구하고 먼저 구해진 $a_1(1)$을 이용하여 차수가 2일 때의 $a_2(1)$과 $a_2(2)$를 구하고, 다음으로는 차수 3일 때의 계수들을 다시 차수 2일 때의 계수들을 이용하여 구하는 방식으로 귀납적으로(recursively) 구하는 방식이다 [18]. 즉, 원하는 차수까지 작은 차수의 계수부터 차례로 구하는 방법으로 다음과 같은 귀납적인 식에 의해 주어진다.

$$a_i(l) = a_i(l-1) + a_l(l)a^*_{l-i}(l-1) \tag{6.45}$$

$$a_l = \frac{-2\sum_{j=l+1}^{N} e^f_j(l-1)e^b_{j-1}(l-1)^*}{\sum_{j=l+1}^{N} \left|e^f_j(l-1)\right|^2 + \left|e^b_{j-1}(l-1)\right|^2} \tag{6.46}$$

위 식에서 i = 1, 2, ..., l-1이고, l=1, 2, ... L이다. 앞의 식에서 순방향과 역방향 오차 $e^f_j(l)$, $e^b_j(l)$은 다음과 같이 주어진다.

$$e^f_j(l) = e^f_j(l-1) + a_l(l)e^b_{j-1}(l-1) \tag{6.47}$$

$$e^b_j(l) = e^b_j(l-1) + a_l(l)^* e^f_{j-1}(l-1) \tag{6.48}$$

위의 식에서 이용하는 Levinson 귀납방법은 신호극점들이 단위원안에 항상 존재하도록 하는 안정된(stable) 필터의 특성을 가진다. 이때 최종적인 차수 L은 차수를 예측할 수 없을 경우 보통 L=N/3으로 정하는 것이 적절하다고 알려져 있다.

6.5.2 ESPRIT 기법

ESPRIT 알고리즘은 다음과 같다 [18].

$P\times(M-P+1)$ 크기의 Hankel 블록행렬 Y_1을 다음과 같이 정의할 수 있다.

$$Y_1=\begin{pmatrix} Y_{(0)} & Y_{(1)} \dots & Y_{(M-P)} \\ Y_{(1)} & Y_{(2)} \dots & Y_{(M-P+1)} \\ \dots & \dots \dots & \dots \\ Y_{(P-1)} & Y_{(P)} \dots & Y_{(M-1)} \end{pmatrix} \tag{6.49}$$

이 경우, 각각의 블록행렬 $Y_{(m)}$은 크기가 $Q\times(N-Q+1)$이고 다음과 같이 정의할 수 있다.

$$Y_{(m)}=\begin{pmatrix} y(m,0) & y(m,1) \dots & y(m,N-Q) \\ y(m,1) & y(m,2) \dots & y(m,N-Q+1) \\ \dots & \dots \dots & \dots \\ y(m,Q-1) & y(m,Q) \dots & y(m,N-1) \end{pmatrix} \tag{6.50}$$

또한 $PQ\times(M-P+1)(N-Q+1)$크기의 Hankel 블록행렬(Hankel block matrix) Y_2을 다음과 같이 정의한다.

$$Y_2=\begin{pmatrix} Y^{(0)} & Y^{(1)} \dots & Y^{(N-Q)} \\ Y^{(1)} & Y^{(2)} \dots & Y^{(N-Q+1)} \\ \dots & \dots \dots & \dots \\ Y^{(Q-1)} & Y^{(P)} \dots & Y^{(N-1)} \end{pmatrix} \tag{6.51}$$

여기서 각각의 블록 $Y^{(n)}$은 크기가 $P\times Q$인 행렬이고 아래와 같다.

$$Y^{(n)}=\begin{pmatrix} y(0,n) & y(1,n) \dots & y(M-P,n) \\ y(1,n) & y(2,n) \dots & y(M-P+1,n) \\ \dots & \dots \dots & \dots \\ y(P-1,n) & y(P,Q) \dots & y(M-1,n) \end{pmatrix} \tag{6.52}$$

Y_1과 Y_2를 아래와 같이 합성하여 최종적으로 Y matrix를 구하여 최종적으로 공분산 행렬 (covariance matrix) R을 구할 수 있다.

$$Y = \begin{bmatrix} Y_1 \\ Y2 \end{bmatrix}, \quad R = \frac{1}{(M-P+1)\times(N-L+1)} \times Y \times Y \qquad (6.53)$$

여기서 구한 공분산 행렬 R을 이용하여 MUSIC 에서와 마찬가지로 고유치 분해 (eigen value decomposition)한 후, 신호공간(signal space)와 잡음공간(noise space)를 분리한 후 ISAR Image를 구할 수 있다.

6.5.3 시뮬레이션 결과

앞의 두 기법에 대한 검증은 실제 측정된 레이더 신호를 이용하여 수행되었다. 포항공과대학교 무반향실에서 8.3~12.3 GHz 범위의 X-band 대역에서 실험을 수행하였으며, 사용된 모델은 그림 6.42와 같다. 포항공과대학교 전파기술 연구실에서 지금까지 군관련 과제를 수행한 관계로 함정 모양의 모델이 사용되었다. 모델은 나무로 제작하였으며, 표면에 은페인트를 입혀 완전한 도체가 되도록 하였다. 동일한 과정으로 차량 모양의 표적에 적용할 경우, 같은 결과를 얻을 수 있다.

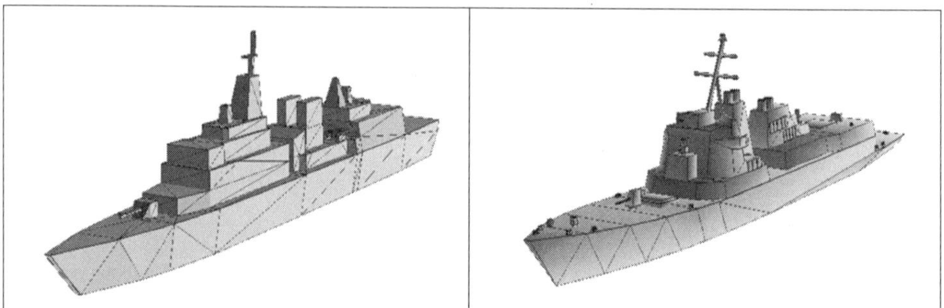

모델 1	모델 2

[그림 6.42] 고해상도 기법 검증을 위하여 사용된 모델

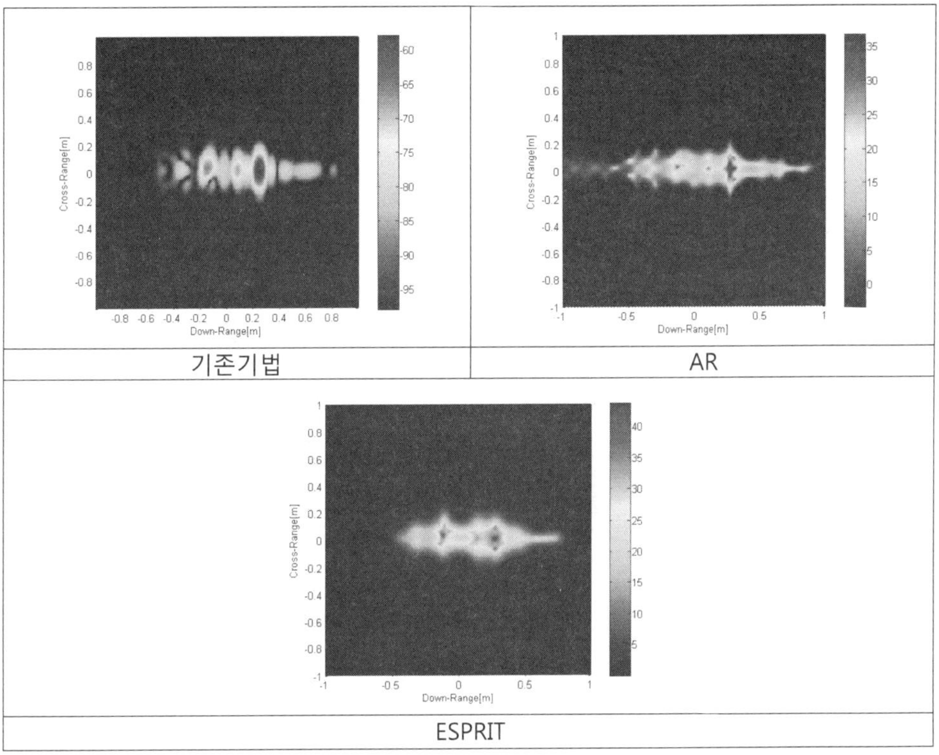

[그림 6.43] 기법별 이미지 비교(모델 1)

그림 6.43은 정면에서 보았을 경우의 모델 1번에 대한 ISAR 영상이다. 기존의 기법에 비하여 AR 및 ESPRIT의 기법이 해상도가 크게 증대됨을 확인할 수 있다. AR의 경우 다항식으로 인ㅇ하여 산란원 주변에 ripple들이 형성됨을 알 수 있는데, 이는 표적식별에 방해가 되므로 적절한 thresholding을 이용하여 제거해야 한다. ESPRIT의 경우, 아주 해상도가 높고 깨끗한 영상을 얻을 수가 있다. 모델 2의 경우도 그림 6.44에서 보는 바와 같이 모델 1과 동일한 결과를 나타낸다.

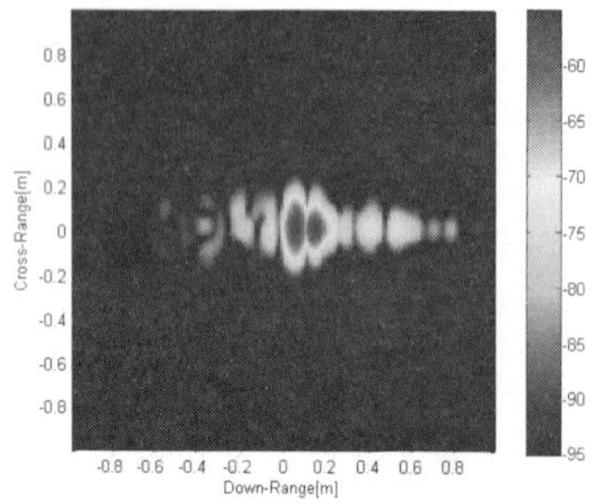

기존기법

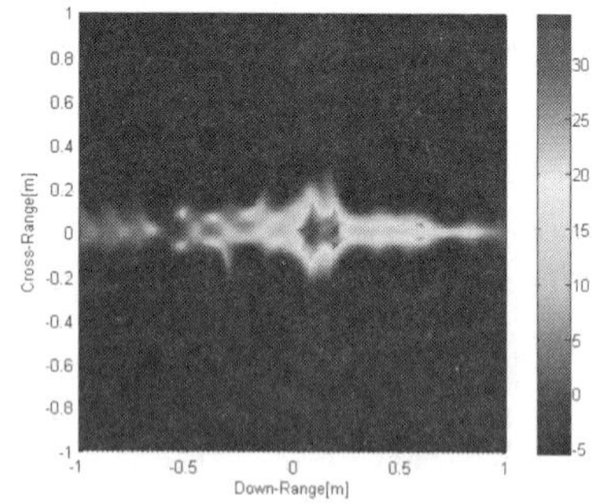

AR

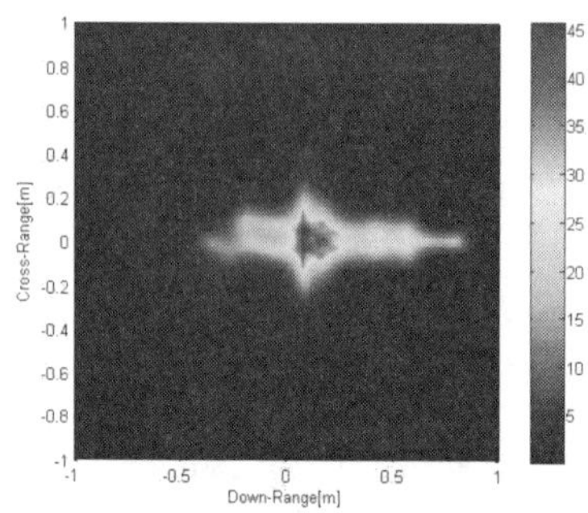

ESPRIT

[그림 6.44] 기법별 이미지 비교(모델 2)

6.6 요약

본 장에서는 실제 차량에 적용 가능한 ISAR 이미징의 기본 이론에 대하여 소개하였다. 본 전공에 익숙하지 않은 학생들의 이해를 돕기 위하여 먼저 표적으로 부터의 반사 신호를 점산란원을 이용하여 수학적인 모델링 하였으며, 처프 펄스의 수학적 표현 및 펄스 압축 이론을 간략히 소개하였다. 또한 움직인 보상을 위한 1차원 엔트로피 최소화 방법을 통한 range bin 정렬에 대한 기본 이론을 제공하였으며, 단계적 접근 알고리즘을 이용한 2차원 엔트로피 최소화 기법을 적용한 위상보정에 관하여 소개하였다. 이러한 간략한 설명 후, 심층적으로 수학적 원리를 적용하여 산란원들이 2차원 평면에 적용되는 원리를 증명하였으며, 최종적으로는 점산란원으로 구성된 두 대의 트럭 및 자가

용 형태의 차량을 이용하여 움직임 보상 전후의 ISAR 이미지 결과를 비교하여 움직임 보상의 필요성을 확인할 수 있었다. 또한 실제 차량용 ISAR 이미징 상황에 더 근접하기 위하여 잡음, 샘플링 주파수 등의 여러 요인들이 ISAR 이미지에 어떠한 영향을 주는지에 관하여 시뮬레이션을 수행하였으며, 각각의 요인이 이미지의 질적인 면에 두드러진 영향을 주지 않음을 확인하였다. 마지막으로, 제한된 대역폭의 효율을 극대화하기 위하여 고해상도 기법에 대한 시뮬레이션을 수행하여 그 성능을 검증하였다.

하지만 본 교재에서 가정한 반사된 신호는 2차원 GTD 모델이 근거한 수학적인 가정이므로 실제 이미징 상황에서는 어떠한 영향이 발생할지 모른다. 실제 차량에서의 산란원이 앞에서 모델링 된 차량의 산란원들과 개수 및 위치에서 차이가 날 것이며, 앞에서 가정한 등방향의 산란원이 아닌 관측각에 따라서 가려지는 산란원이 있을 수 있으며, 주파수 변화에 따라서 그 크기가 매우 변하는 산란원이 존재할 수 있을 것이다. 또한 주행 측면에서 실제 차량의 주행 시에는 본 교재에서 제시된 바와는 다른 엔진의 떨림, 바람으로 인한 급격한 차량의 움직임 및 길의 높낮이에 의한 차량의 고각변화 등으로 인하여 차량이 시뮬레이션과는 다르게 움직여서 ISAR 이미지가 예상한 값과는 다르게 나올 수가 있다. 따라서 이러한 요인으로 인하여 실제 장비와 차량을 이용한 실제 고속도로에서의 ISAR 이미징이 필요하며, 컴퓨터 시뮬레이션을 통한 이미지와 비교하여 차이에 대한 원인을 분석할 필요가 있다. ISAR 영상을 측정할 수 있는 실험 장비는 현재로서는 매우 고가이며, 또한 부경대학교에 이러한 실험 장소가 설치되어 있지 않으므로, 차후 국가의 지원이나 부산광역시의 지원, 또는 차량 업체의 지원을 통한 실험이 매우 필요할 것이다. 성공적인 실험을 통하여 차량용 ISAR 이미지를 분석할 수 있을 경우, 실시간 차량 인식을 통한 차량 안전 운전에 크게 기여할 것이다.

참고문헌

[1] 김동호, 조평동, "차량용 레이더 응용 기술 및 발전 방향," 전자통신동향분석, 제 18권, 제 1호, pp. 33-41, 2003년 2월.

[2] Merill l. Skolnik, Introduction to Radar Systems (third edition), McGraw-Hill, 2001.

[3] Merill l. Skolnik, Radar Handbook (second edition), McGraw-Hill, 1990.

[4] Bassem R. Mahafza, Radar Systems Analysis and Design Using MATLAB, Champman & Hall/Crc, 2000.

[5] Ian G. Cumming and Frank H. Wong, Digital Processing of Synthetic Aperture Radar Data, Artech House, 2005.

[6] Chen, C. C. and H. C. Andrews, "Target-motion-induced radar imaging,"IEEE Trans. Aerospace and Electronic Systems, vol. 16, no. 1, pp. 2-4, Jan. 1980.

[7] D. A. Ausherman, A. Kozma, J. L.Walker, H.M. Jones, and E. C. Poggio, "Development in radar imaging,"IEEE Trans. Aerosp. Electron. Syst., vol. AES-20, no. 4, pp. 363-00, Jul. 1984.

[8] Mehrdad Soumekh, Synthetic Aperture Radar Signal Processing with MATLAB Algorithms, John Wiley & Sons, 1999.

[9] L. C. Potter, D,-M. Chiang, R. Carriere, and Michael J. Gerry, " GTD-based parametric model for radar scattering," IEEE Trans. on Antenna and Propagation, vol. 43, no. 10, October 1995.

[10] Jae Sok Son, Gabriel Thomas and Benjamin C. Flores, Range-Doppler Radar Imaging and Motion Compensation, Artech House, 2001.

[11] Li, J., R. Wu, and V. C. Chen, “Robust autofocus algorithm for ISAR imaging of moving targets,” IEEE Trans. Antennas Propagat., vol. 37, No. 3, pp. 1056-069, 2001.

[12] Li, X., G. Liu, and J. Ni, “Autofocusing of ISAR images based on entropy minimization,” IEEE Trans. Aerospace and Electronic Systems, Vol. 35, No. 4,

1240-251, Oct. 1999.

[13] Wang, J., X. Liu, and Z. Zou, "Minimum-entropy phase adjustment for ISAR," IEE Proc. Radar Sonar Navig., Vol. 151, No. 4, 203-09, Aug. 2004.

[14] Lazarov, A. and C. Minchev, "ISAR signal modeling and image reconstruction with entropy minimization autofocusing," Proc. DASC 2006 , 1-1, Portland, USA, Oct. 17-9, 2006.

[15] S.-H. Park, M.-G. Joo, and K.-T. Kim "Construction of ISAR Training Database for Automatic Target Recognition," Journal of Electromagnetic Waves and Applications, vol. 25, pp. 1493-1503, 2011.

[16] S.-H. Park, H.-T. Kim, and K.-T, Kim, "Segmentation of ISAR Images of Targets Moving in Formation," IEEE Transactions on Geoscience and Remote Sensing, vol. 48, no. 4, pp. 2099-2108, April 2010.

[17] S.-H. Park, H.-T. Kim, K.-T. Kim, "Enhanced range alignment using a combination of a polynomial and gaussian basis functions," VSP BV(Progress In Electromagnetics), vol. 95, pp. 381-396. 2009.

[18] S.M. Kay, Modern Spectral Estimation, Theory and Applications, Prentice-Hall, Englewood Cliffs, N.J., 1988.

찾아보기

자동차 융합부품 및 시스템 공학

2012년 2월 20일 초판 인쇄
2012년 2월 25일 인쇄 발행

저 자	최혁환, 정완영, 류지구, 최영식, 문광석, 박상홍
발 행 인	송기수
발 행 처	도서출판 GS인터비전
편 집 처	도서출판 GS인터비전
인 쇄 처	선우문화사
등록번호	제 313-2011-120호
I S B N	978-89-97231-17-1 (92550)

주 소	서울 마포구 신수동 448-6 한국출판협동조합 B동 2층
전 화	02-976-7898, 0707-720-7898
팩 스	02-6468-7898
Homepage	gsintervision.co.kr
E-Mail	gsinter7@chol.com

정 가 25,000원